ニック・レーン

生命、エネルギー、進化

斉藤隆央訳

みすず書房

THE VITAL QUESTION

Why Is Life the Way It Is?

by

Nick Lane

First published by Profile Books, London, 2015

この謎多き旅をともにし、私にインスピレーションを与えてくれたアナへ

生命、エネルギー、進化　目次

はじめに——なぜ生命は今こうなっているのか？

生物学の中心には、ブラックホールがある。率直に言って、なぜ生命は今こうなっているのかがわかっていないのだ。地球上の複雑な生命はすべて共通の祖先をもち、それは、単純な細菌から40億年でただ一度の機会に生じたひとつの細胞だった。これはひょんな出来事だったのか、それとも複雑さの進化において、ほかの「実験」は失敗に終わったのだろうか？　わからない。わかっているのは、この共通祖先がすでに非常に複雑な細胞だったということだ。それはあなたの細胞のひとつとおおよそ同じぐらいの精巧さを備えており、その大いなる複雑さをあなたや私だけでなく、木からハチに至るまであらゆる子孫に受け継がせていた。自分の細胞を顕微鏡で見て、キノコの細胞と見分けてみよと言ったとする。どちらもほとんど同じだ。それでも私はキノコとよく似た生き方はしていない。ではなぜ私の細胞はそんなにも似ているのだろう？　見かけが近いだけではない。複雑な生命はすべて、性行動から細胞の自殺、さらには老化に至るまで、巧緻な形質の膨大なリストを手にしているが、どの形質も、そうした生命と形態の近い細菌には見られない。なぜそんなにも多くのユニークな形質がそのひとつの祖先に蓄積されたのか、なぜどの形質も細菌において単独で進化する徴候がないのかについては、意見の一致が見られていない。そのような形質がどれも、ひとつひとつの段階で何か小さな優位を授ける自然選択によって生じたのだとしたら、種々の細菌のグループでほかの機会に同等の形質が生じなかったのはなぜだろうか？

このような疑問は、地球上の生命の奇妙な進化の道筋を際立たせている。生命は地球ができてからおよそ5億年後、おそらく今から40億年ほど前に誕生したが、それから20億年以上、地球の年齢の半分ぐらいも細菌レベルの複雑さにとどまっていた。それどころか、細菌は40億年間ずっと、形態上は単純なままでいる（生化学的には変化しているが）。これとまったく違って、形態の複雑なあらゆる生物――あらゆる植物、動物、菌類、海藻、それにアメーバなど単細胞の「原生生物」――は、15～20億年ほど前のただひとつの祖先から生まれたものだ。この祖先は明らかに「時代の新しい」細胞で、精妙な内部構造とそれまでにない分子メカニズムをもち、それらはどれも、細菌ではほとんど知られていない数千の新しい遺伝子がコードする高度なナノマシンを原動力としている。現在、進化の中間体として生き残っているものはない。こうした複雑な特徴がなぜ、どのようにして生まれたのかをなんらかの形で示す「ミッシング・リンク（失われた環）」はなく、ただ、形態の単純な細菌とおそろしく複雑なほかのすべてとのあいだに、説明のつかない空隙があるだけなのだ。進化のブラックホールである。

われわれは年に何百億ドルも生物医学研究に費やし、病気の原因について、とんでもなく複雑な疑問の答えを探り出そうとしている。そして、遺伝子とタンパク質がどのように関わり合っているのか、遺伝子の調節ネットワーク同士がどのようにフィードバックをかけ合っているのかを、非常につぶさにつかんでいる。精巧な数学モデルを作り、コンピュータシミュレーションをデザインして、予測を展開している。それでも、生体のパーツがどのように進化を遂げたのかはわかっていないのだ！　なぜ細胞が今のような仕組みになっているのかがわからなければ、病気の理解など望めるはずがないではないか。歴史を知らなければ社会を理解できないし、細胞がどのように進化したかを知らなければ、細胞の仕組みも理解できない。これは、単に実際的な意味で重要な問題なのではない。なぜわれわれはここにいるのかに関わる人間的な問いなのだ。どんな法則が、宇宙、星々、太陽、地球、そして生命そのものを生み出したのか？　同じ法則が、宇宙のどこかほかの場所でも生命を生み出すのだろうか？　異星の生命もわれわれとそう違わないのだろうか？　そんな形而上学的疑問が、われわれを人間たらしめているものの核心にある。細胞の発見から350年ほど経った現在でも、われわれは、地球上の生命がなぜ今こうなっているのかを知らないのである。

あなたは「知らない」とは知らなかったかもしれない。それはあなたの落ち度ではない。教科書や学術誌には情報があふれているが、こうした「子どものような」疑問にはたいてい取り組んでいない。インターネットには、多かれ少なかれナンセンスの混じった雑多な事実が満ちている。だがそれは、単に情報過多の一例で済む話ではない。みずからの分野の中心にブラックホールがあることに、はっきり気づいている生物学者はほぼいないのだ。ほとんど全員がほかの疑問に取り組んでいる。大多数は大型生物、つまり動植物の個々のグループを研究している。比較的少数が微生物を対象とし、細胞の進化に取り組んでいるのはさらにわずかしかいない。創造論者やインテリジェント・デザイン〔訳注　進化論を否定し、人類はなんらかの知的存在の設計に従って生まれたとする主張〕に対する懸念もある――すべての答えを知っているわけではないと認めると、進化について確かな知識を手にしているのを否定する人々に隙を与えてしまうのである。もちろん、われわれはそれを手にしている。とてもたくさんのことがわかっている。生命の起源と細胞の初期の進化にかんする仮説はさまざまな事実を説明し、既存の知識とも矛盾しない形で、実験で検証できる意外なつながりを予測してくれるにちがいないのだ。自然選択と、ゲノムを作り上げるもっとランダムなプロセスの一部については、多くのことがわかっている。そうした事実はすべて、細胞の進化と合致している。しかし、この同じ事実関係がまさに問題を生んでいる。生命がなぜこんな特異な道筋を辿ったのかがわかっていないのだ。

科学者は好奇心に満ちた人々なので、この問題は、私の言うほど明確ならよく知られているはずだ。実際には――決して明確ではない。競い合うように存在するさまざまな答えは難しげで、ほとんど疑問そのものをぼやかしてしまっている。さらに、手がかりが生化学、地質学、系統学、生態学、化学、宇宙論といった多様な分野からもたらされるという問題もある。こうしたすべての分野で本物の専門知識をもつと断言できる人はまずいない。そして今は、ゲノムの革命の真っ只中だ。われわれは完全なゲノムの配列を何千も手にしており、そうしたコードは数百万〜数十億文字に及び、えてして遠い過去からの相反するシグナルが含まれている。このようなデータを解釈するには、厳密な論理と計算と統計のノウハウが必要で、それに加えて生物学が少しでも理解できていれば儲けものだ。だから議論のたびに、視界を遮る雲が立ちこめてきた。雲が切れるごとに、どんどん奇想天外な景色が現れる。なじみ深い景色は消えつつある。いまやわれわれは、まったく新しい光景を目の前にしており、それが現実であり、厄介でもある。そして、何か解決すべき重要な新しい問題を見つけたがる研究者から見れば、まったくもってわくわくする状況なのだ！　生物学で最大の疑問の数々はまだ解決されていない。本書は、私自身がそれに着手する試みなのである。

細菌がどのように複雑な生命と関係しているのだろう？　この疑問のルーツは、１６７０年代のオランダの顕微鏡学者アントニ・ファン・レーウェンフックによる微生物の発見にまでさかのぼる。彼の「小さな動物」たちが顕微鏡下でうようよしているという話はちょっと信じがたいものだったが、ほどなく彼に劣らず才気あふれるロバート・フックによっても確かめられた。レーウェンフックは細菌も発見し、それについて1677年の有名な論文に記している。「とんでもなく小さい。それどころか、私の見るかぎり、あまりにも小さいので、こうしたとてもちっぽけな動物をまっすぐにして100個並べても、粗い砂粒にも届かないだろう。もしそうなら、この生き物を100万個集めても粗い砂粒の塊にかろうじて匹敵する程度だ」多くの人は、レーウェンフックがただの単レンズの顕微鏡で細菌を見られたとは思わなかったが、今では彼がそれを見たという事実は議論の余地がなくなっている。際立っている点はふたつだ。レーウェンフックは細菌を至るところで見つけた――自分の歯だけでなく、雨水や海にまで。彼はまた、そうした「とてもちっぽけな動物」と「大きな怪物」――微小な原生生物！――とを、興味深い行動と「小さな足」(繊毛)によってある程度直感的に区別していた。さらに、一部の大型の細胞がたくさんの「小球」でできていることにも気づき、それを細菌と比較した(細菌という言葉は使っていないが)。こうした小球のひとつとして、レーウェンフックはほぼ間違いなく細胞核を目にしていた。あらゆる複雑な細胞がもつ、遺伝子の貯蔵庫だ。そして数世紀にわたりその段階でとどまっていた。有名な分類学者カール・リンネは、レーウェンフックの発見から50年後、微生物を一緒くたに蠕形(ぜんけい)動物門のカオス(無定形という意)属に押し込んだ。19世紀には、ドイツの偉大な進化論者でダーウィンと同じ時代を生きていたエルンスト・ヘッケルが、細かい区別を定式化し、細菌をほかの微生物と分けた。それでも概念の点では、20世紀の半ばまでほとんど進歩が見られなかった。

生化学的にまとめてみると、問題がはっきりした。その妙技としか言いようのない代謝のおかげで、細菌は分類不能のように思われた。細菌は、コンクリートからバッテリー液やガスに至るまで、なんでも食べて育つことができる。こうしたまったく異なる生き方になんら共通点がないとしたら、細菌をどう分類できるだろう？　周期表が化学に整合性をもたらしたように、生化学は細胞の進化に秩序をもたらした。これまたオランダ人のアルベルト・クリューファーが、類似の生化学的プロセスが生命の驚くべき多様性の土台となっていることを明らかにしたのだ。呼吸と発酵と光合成ほど異なるプロセスにも共通のベースがあり、その概念上の統合性は、すべての生命になんらかの共通祖先がいることを立証していた。細菌に言えることはゾウにも言える、と彼は言った。生化学のレベルで言えば、細菌と複雑な細胞とを隔てる障壁はほぼ存在しない。細菌のほうが圧倒的に多才だが、自分を生かしつづける基本的なプロセスは似ているのだ。ひょっとするとクリューファー自身の教え子であるコルネリス・ファン・ニールが、ロハー・スタニエとともに、その違いの理解に一番近づいていたのかもしれない。細菌は原子のように、それ以上分けることはできない、とふたりは言った。細菌は最小の機能単位なのである。たとえば多くの細菌は、われわれと同じように酸素呼吸ができるが、それをおこなうのにその細菌全体を必要とする。われわれの細胞と違って、内部に呼吸に特化した部分がないのだ。細菌は増殖するときにふたつに分かれるが、機能は分けられないのである。

　それから、過去半世紀にわれわれの生命観を打ち砕いた三大革命の、第一のものが訪れた。これを起こしたのはリン・マーギュリスで、１９６７年の愛の夏（サマー・オブ・ラブ）のことだ〔訳注　サマー・オブ・ラブはアメリカで絶頂を迎えた１９６７年のヒッピームーブメントの呼び名でもある〕。マーギュリスいわく、複雑な細胞を生み出したのは「標準的な」自然選択ではなく行きすぎたまでの協力関係で、細胞同士があまりにも親密に関わり合って、相手のなかに入ってしまいさえしたのである。共生は、ふたつ以上の種間に見られる長期的な相互作用で、たいていはある種の取引として品物やサービスをやりとりする。微生物の場合、そうした品物は生命の素材であり、代謝のベースとして細胞に生命力を与えている。マーギュリスが語ったのは、「内部」

共生だった――同様の取引ではあるが、親密すぎて、協力する細胞のなかには、物理的に宿主の細胞のなかで生きるようになるものもあるのだ。寺院のなかで物を売る商人のように。このようなアイデアは、20世紀の初めにまでルーツを辿ることができ、プレートテクトニクスを連想させる。それはまるで、アフリカと南米がかつては一緒で、のちに引き離されたのだが、この子どもじみた発想が長いこと嘲笑われていたという状況にも「似ている」。複雑な細胞のなかの構造体にも、細菌に似ているものがあり、独立に成長して分裂しているようにさえ見える。ひょっとしたら、説明は実際にそのぐらい単純なのかもしれない――それは細菌なのである！

プレートテクトニクスと同様、このアイデアも時代を先取りしており、１９６０年代の分子生物学の時代になるまで強力な論拠を提示できなかった。マーギュリスはこれを、細胞内で専門の機能をもつふたつの構造体について提示した。ミトコンドリア――呼吸の場であり、そこで酸素によって食物を燃やし、生きるのに必要なエネルギーを供給している――と葉緑体――植物にある光合成のエンジンで、太陽エネルギーを化学エネルギーに変換している――である。このどちらの「細胞小器官」も、それぞれに特化した小さなゲノムをもっており、どちらもひとにぎりの遺伝子が、呼吸や光合成のメカニズムに関わるたかだか数十のタンパク質をコードしている。こうした遺伝子の厳密な配列によって、ついに秘密が解き明かされた――率直に言って、ミトコンドリアと葉緑体は確かに細菌に由来しているのである。だがここで「由来している」と言っていることに注意してもらいたい。両者はもはや細菌ではなく、なんら本当の意味で独立してもいない。それらの生存に必要な遺伝子（少なくとも１５００）の大多数が、細胞の遺伝子の「コントロールセンター」である核のなかにあるからだ。

マーギュリスは、ミトコンドリアと葉緑体については正しかった。１９８０年代になるころには、これらについて疑いを抱く者はほとんど残っていなかった。しかし彼女の企てははるかに大規模なものだった。マーギュリスにとって、複雑な細胞──今では一般に「真核」細胞（英語の eukaryotic は「真の核」を意味するギリシャ語に由来）と呼ばれている──は全部が共生のパッチワークだったのである。彼女の見たところ、複雑な細胞を構成するほかの多くのパーツ──とくに繊毛（レーウェンフックが言った「小さな足」）──も、細菌（繊毛の場合はスピロヘータ）に由来していた。それらの融合が次々と起きたというのであり、それをマーギュリスは「連続細胞内共生説」として明確な形にした。個々の細胞だけでなく、世界全体が細菌の協同する巨大なネットワークなのだ。「ガイア」という、彼女がジェームズ・ラヴロックとともに提唱した概念である。ガイアの概念は近年、（ラヴロックの元々の目的論をそぎ落として）「地球システム科学」というもっと改まった装いで復活を遂げたが、複雑な「真核」細胞が細菌の集まりだという考えには、裏付けとなるものがはるかに少なかった。細胞の構造のほとんどは、細菌に由来しているようには見えず、遺伝子にもそれをうかがわせるものがない。そのためマーギュリスは、一部のことについては正しかったが、ほかのことについてはほぼ確実に間違っていた。彼女は十字軍的な熱意の人であり、力強いフェミニストでありながら、ダーウィン的な競合型の進化を否定し、陰謀論を信じる傾向があったため、２０１１年に天寿を全うせずに脳卒中で亡くなると、明らかに二面的な評価をあとに残した。ある人にとってはフェミニストのヒロインだが、別の人にとっては何を言い出すかわからない危うい人物で、この評価の多くは残念ながら科学とはかけ離れていた。

第二の革命は、系統学的革命だった──遺伝子の祖先の把握である。その可能性は、フランシス・クリックが早くも１９５８年に予想していた。持ち前の冷静さで、彼は書いている。「生物学者は、ほどなく『タンパク質分類学』と呼べる分野ができることに気づくはずだ。生物のタンパク質のアミノ酸配列と、種間でのその比較に関わる研究である。そうした配列は生物の表現型のなかでも最高に精妙な表現であり、進化に関わる莫大な量の情報がひそんでいそうだと言うこともできる」そしてなんと、本当にそうなった。生物学は、いまやかなりの部分がタンパク質や遺伝子の配列にひそむ情報を扱う学問となっているのだ。われわれはもはやアミノ酸配列を直接比べるのでなく、ＤＮＡの文字列（タンパク質のコードとなっている）を比べているため、いっそう高い感度で情報がもたらされる。だが、クリックにそんなビジョンがありながら、彼もほかのだれも、遺伝子から実際に明らかになる秘密は想像だにできなかった。

「傷ついた革命家」は、カール・ウーズだった。１９６０年代にひっそりと始まり、10年後まで実を結ばなかった研究において、ウーズはひとつの遺伝子を選んで種間で比較した。当然ながら、その遺伝子はすべての種に存在するものでなければならなかった。しかもそれは種が異なっても同じ目的を果たさないといけなかった。この目的はあまりにも根本的で、細胞にとって重要なので、その機能が少しでも変わると自然選択の罰を食らってしまう。大半の変化を排除すると、残るのはあまり変化のないものとなるにちがいない――進化がきわめて遅く、長大な時間でほとんど変わらないものだ。まさしく数十億年かけて種間に蓄積されている差異を比較し、生命の大系統樹を最初までさかのぼって作り上げたければ、これが必要となる。ウーズの抱いた野心は、それほどの規模だった。こうした要件をひととおり念頭に置いて、彼はすべての細胞がもつ基本的な特性として、タンパク質を合成する能力に目を向けた。

タンパク質は、すべての細胞にあるリボソームという驚くべきナノマシンで組み立てられる。ＤＮＡの象徴的な二重らせんを除けば、リボソーム以上に生物学の情報化時代を象徴するものはない。リボソームの構造は、スケールという点で、人間の頭ではとらえにくい不可解さの好例でもある。リボソームは想像を絶するほど小さいのだ。細胞ですら、すでに顕微鏡で見るような小ささだ。われわれは、人類史の大半にわたってその存在に気づいていなかった。リボソームはそれよりさらに何桁も小さい。あなたの肝臓の細胞1個に１３００万個もリボソームが入っている。だがリボソームは、不可解なほど小さいだけではない。原子のスケールで見れば、巨大で複雑な超構造を有している。数十の重要なサブユニットからなり、オートメーション化された工場の製造ラインよりもはるかに精密に働く機械部品を動かしている。誇張ではない。リボソームは、タンパク質のコードとなる「紙テープ」のコードスクリプト〔暗号文〕を吸い込みながら、その配列をひと文字ずつ正確に翻訳してタンパク質を合成する。そのために、必要な構成要素〔アミノ酸〕をすべて駆り集め、コードスクリプトに指定された順序でつなげて長い鎖にする。リボソームはエラー率がおよそ1万字に1文字で、われわれの高品質の製造工程における欠陥率よりはるかに低い。それに1秒にアミノ酸約10個の速さで働き、1分もかからずに数百個のアミノ酸が連なったタンパク質を組み上げる。ウーズは、リボソームからサブユニットのひとつ、いわば機械部品1個を選び、その配列を、大腸菌などの細菌から酵母やヒトに至るまで、さまざまな種で比較したのである。

　そうして彼が得た結果は驚くべき新事実で、われわれの世界観を覆した。ウーズは細菌と複雑な真核生物を容易に区別し、そんな明確なグループのなかやグループ同士の遺伝的つながりを示す系統樹を描くことができた。このなかでただひとつ意外だったのは、植物と動物と菌類との差がわずかしかない点だった。これらのグループについて、ほとんどの生物学者は人生の大半を費やして研究してきたのだが。だれも予想していなかったのは、生命の第三のドメイン〔訳注　生物の界より上の最も高い階層の分類。超生物界〕の存在だった。その単細胞生物のいくつかは何世紀も前から知られていたが、細菌と誤認されていた。見かけは細菌だったのだ。細菌にそっくりで、同じように小さく、同じようにはっきり見分けられる構造がなかった。しかし両者のリボソームの違いは、チェシャ猫の笑いのように、違う種類の欠如の存在を示していた

〔訳注　『不思議の国のアリス』で体が消えて笑う口だけになったチェシャ猫を、アリスが「笑わない猫」なら知っているけど「猫のない笑い」なんて初めてだと言ったのを念頭に置いている〕。この新しいグループには真核生物の複雑さはなかったにしても、もっている遺伝子やタンパク質は細菌のものとはまるっきり違っていた。この第二のグループの単細胞生物は「古細菌」として知られるようになった。細菌よりさらに古い感じがしたからだが、それはおそらく正しくない。現代の見方では、細菌と古細菌は同じぐらい古いとされている。しかし遺伝子や生化学的特性という深遠なレベルでは、細菌と古細菌とを隔てる溝は、細菌と真核生物（われわれ）とを隔てる溝ぐらい大きい。ほとんどそのとおりだ。ウーズの有名な「3ドメイン」の生命の系統樹では、古細菌と真核生物は「姉妹グループ」で、比較的最近に共通の祖先をもっている。

ある意味で古細菌と真核生物には、とくに情報の流れ（みずからの遺伝子を読み取ってタンパク質に変換するやり方）にかんして、多くの共通点があるのは確かだ。基本的に古細菌には、パーツ——真核生物の複雑さのもと——こそ少ないが、真核生物のものに似た高度な分子マシンがいくつかある。ウーズは、細菌と真核生物とのあいだに何か深い形態上の溝があるという見方には賛同せず、3つの対等なドメインを提唱した。どのドメインもそれぞれに莫大な進化の余地を探っていて、どれもほかより先に生まれたものとは見なされなかった。そしてなによりも力強く、ウーズは「原核生物」（文字どおり「核以前」という意味で、古細菌と細菌の両方に当てはまる）という古い言葉を拒否した。彼の系統樹には、その区別の遺伝的基礎となりそうなものがなかったからである。それどころか彼は、3つすべてのドメインがきわめて遠い過去にまでさかのぼれ、謎めいた共通祖先からどうにかして「結晶した」のだと考えた。晩年にウーズは、進化のこうした最初期の段階についてほとんど神秘的な考えを抱くようになり、生命に対してもっと全体論的な見方を追い求めた。彼の起こした革命がひとつの遺伝子の完全に還元論的な分析にもとづいていたことを考えれば、これは皮肉な話だ。細菌と古細菌と真核生物がまるっきり別個のグループで、ウーズの革命が現実にあったことは間違いないが、彼の全体論のレシピは、全生物・全ゲノムを考慮に入れ、いまや第三の細胞の革命の到来を告げ——ウーズ自身の革命をも覆している。

第三の革命はまだ終わっていない。その理屈はもう少しややこしいが、これまでで最大の威力がある。この革命はそれ以前のふたつの革命に根差しており、とくに「ふたつがどう関係しているのか?」という疑問に根源がある。ウーズの系統樹は、生命の3つのドメインにおける、ひとつの根本的な遺伝子の分岐を描いている。一方でマーギュリスは、異なる種の遺伝子が内部共生という合併においてひとつにまとまると考えていた。系統樹として描かれはするが、これは分岐ではなく融合だ——ウーズとは反対である。ここで両方が正しいということはありえない! どちらも完全に間違っているということもない。真理は、科学ではよくあるように、両者のあいだのどこかにあるのだ。しかし妥協と思ってはならない。現れつつある答えは、どちらの選択肢よりも胸躍らされるものなのだ。

ミトコンドリアと葉緑体は実際に細菌の内部共生に由来しているが、複雑な細胞に存在するほかのパーツは従来のやり方で進化を遂げたにちがいないということは、すでにわかっている。問題は、「いったい、いつなのか?」だ。葉緑体は藻類と植物にしか見つかっていないので、これらのグループの、ある祖先だけが獲得した可能性が高い。すると葉緑体は、比較的遅い時期に獲得されたものと見なせる。それに対しミトコンドリアは、あらゆる真核生物に見つかる(この背景には第1章で検討する話がある)ので、早い時期に獲得されたにちがいない。だがどのぐらい早い時期か? 別の言い方をするなら、どんな種類の細胞がミトコンドリアを取り込んだのか? 標準的な教科書の見方では、それは相当高度な細胞で、アメーバのように、這いまわって形を変え、食作用と呼ばれるプロセスでほかの細胞を飲み込む捕食者ということになる。つまりミトコンドリアは、れっきとした真核生物からそうかけ離れてはいない細胞によって獲得されたというのである。今ではそれが間違いだとわかっている。ここ何年かで、種の代表的なサンプルで大量の遺伝子を比較することによって、宿主細胞は実は古細菌——古細菌ドメインの細胞——だったという明快な結論に達した。古細菌はすべて原核生物である。すると当然、核や性のほか、食作用など複雑な生命のもつ特徴をもたない。形態上の複雑さは、この宿主細胞には無きに等しかったはずなのだ。やがてどうにかして、細菌を獲得してそれがミトコンドリアになった。その後ようやく、複雑な特徴のすべてを進化させた。もしそうなら、複雑な生命が生まれたただ一度のチャンスは、ミトコンドリアの獲得にかかっていたのかもしれない。ミトコンドリアがなぜか引き金を引いたのだ。

　この過激なシナリオ——複雑な生命が、古細菌という宿主細胞と、ミトコンドリアになる細菌とのただ一度の内部共生によって生じた——は、1998年、直感に優れ柔軟な発想をする進化生物学者ビル・マーティンによって、真核細胞の遺伝子が奇妙なモザイクとなっている事実をもとに予想されていた。そのモザイクの多くは、マーティン自身が明らかにしたものである。ひとつの生化学的経路、たとえば発酵を取り上げてみよう。古細菌と細菌では、発酵のやり方が異なる。関与する遺伝子が違うのだ。真核生物は、細菌から遺伝子をいくつか、古細菌から別のいくつかを取り出し、織り合わせて緊密な複合経路を形成している。こうした遺伝子の合体は、発酵だけでなく、複雑な細胞におけるほぼすべての生化学的プロセスに当てはまる。めちゃくちゃな状況なのだ！

　マーティンはこのすべてを実に詳細に考え抜いた。なぜ宿主細胞はそんなにも多くの遺伝子をみずからの内部共生体から取り出し、なぜそれをみずからの素地にしっかり組み込んで既存の遺伝子の多くと取り替えたのか？　彼がミクロス・ミュラーと出した答えは、水素仮説と呼ばれている。マーティンとミュラーは、宿主細胞が、水素と二酸化炭素というふたつの単純なガスによって生きられる古細菌だと主張した。内部共生体（将来のミトコンドリア）は多芸な細菌（細菌としては至ってふつう）で、宿主細胞の生存に必要な水素を提供した。この関係の詳細は、少しずつ論理的に解明されたが、単純なガスで暮らしはじめた細胞が有機物（食物）をあさり、みずからの内部共生体に与えるようになったわけを説明してくれる。だが、それは今ここで重要な点ではない。大事なのは、複雑な細胞がふたつの細胞のあいだでただ一度の内部共生によって生まれた、とマーティンが予想していた点である。彼は、宿主細胞が、真核細胞のごてごてした複雑さのない古細菌だと予想していた。また、中間体としてミトコンドリアのない単純な真核細胞はないとも予想していた。ミトコンドリアの獲得と複雑な生命の誕生は同時の出来事というわけだった。さらに彼は、核や性から食作用まで、複雑な細胞のもつあらゆる巧緻な特徴が、ミトコンドリアの獲得よりあとに、そのユニークな内部共生を背景に進化を遂げたのだと予想していた。これは進化生物学で最高にすばらしい洞察のひとつであり、はるかによく知られてしかるべきだ。連続細胞内共生説（のちほどひとつも同じ予想をしていないことがわかるはずだ）と混同されやすくなければ、よく知られていただろう。こうして明言された予想はどれも、ここ20年にわたるゲノム研究によって詳細に裏づけられている。生化学の論理の威力を示す記念碑だ。生物学にノーベル賞があれば、ビル・マーティン以上に受賞に値する人はいまい。

結局、話は振り出しへと戻った。われわれはとてもたくさんのことを知っているが、生命がなぜ今こうなっているのかはまだ知らない。複雑な細胞が40億年の進化でただ一度の機会に、古細菌と細菌とのただ一度の内部共生によって生まれたのは知っている（図1）。複雑な生命の特徴がこの融合のあとに生まれたのは知っているが、そうした個々の特徴が、細菌や古細菌では進化した様子がないのに、真核生物でなぜ生まれたのかは知らない。どんな力が細菌や古細菌を縛りつけているのか――なぜそれらが、生化学的

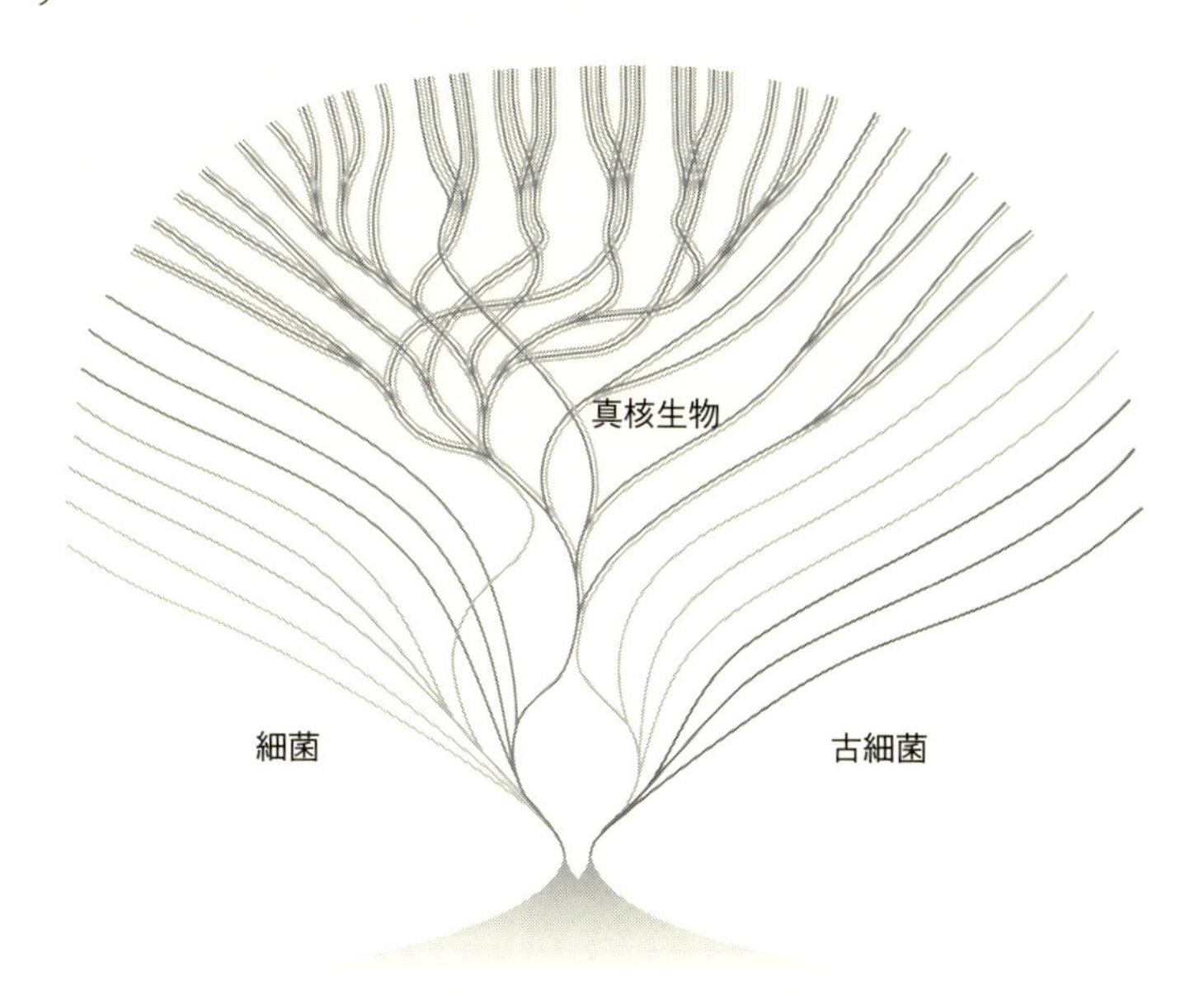

図1　複雑な細胞の起源がキメラであることを示す生命の系統樹. ビル・マーティンが1998年に描いた，すべてのゲノムを考え合わせた系統樹．細菌と古細菌と真核生物の3ドメインの存在を示している．真核生物の起源はキメラで，宿主細胞となる古細菌と内部共生体となる細菌の遺伝子が融合し，宿主の古細菌がついには形態上複雑な真核細胞へ進化を遂げ，内部共生体はミトコンドリアになった．真核生物の一群はのちに第二の内部共生体となる細菌を獲得し，それが藻類や植物の葉緑体となった.

特徴は大きく違い、遺伝子も大きく異なり、ガスや岩石から生存に必要なものを取り出す能力も実に多様なのに、形態上単純なままなのか――も知らない。われわれが手にしているのは、この問題に取り組むための画期的な枠組みだけなのだ。

手がかりは、細胞内での生物学的エネルギー生成の特異なメカニズムにあるように思う。この奇妙なメカニズムは、広範に見られるがほとんど真価を認められていない物理的制約を、細胞に課している。ほぼすべての生体細胞は、プロトン［陽子］（正電荷を帯びた水素原子）の流れによってエネルギーを得ている。その流れは、電子の代わりにプロトンを用いたある種の電気――プロティシティー――の形をとっている。われわれが呼吸で食物を燃焼させて得るエネルギーは、膜を通してプロトンを汲み出し、膜の片側に貯蔵庫を形成するのに使われる。この貯蔵庫から戻るプロトンの流れを用いると、水力発電のダムのタービンと同じように仕事の原動力となる。このように膜を隔てたプロトン勾配を細胞のエネルギー源として利用するというのは、まったく予期せぬ原理だった。これは、20世紀屈指の独創的な科学者ピーター・ミッチェルが1961年に最初に提唱し、30年かけて発展させた概念で、ダーウィン以来生物学で最も直感に反したアイデアと呼ばれ、物理学におけるアインシュタインやハイゼンベルクやシュレーディンガーのものに比肩する唯一のアイデアとも言われている。タンパク質のレベルでは、われわれはもう、プロトンが仕事の原動力となるさまを詳しく知っている。プロトン勾配が、地球上の生命に普遍的に利用されていることも知っている――プロトン・パワー（プロトンの原動力）は、普遍的な遺伝コードと同じぐらいあらゆる生命に欠かせないものなのだ。それなのにわれわれは、この直感に反するエネルギー利用のメカニズムがなぜ、どのようにして最初に生まれたのかについて、ほとんど何も知らない。したがって私には、今日の生物学の核心に未解明の大きな問題がふたつあるように思える。なぜ生命は、こんな不可解なプロセスで進化を遂げたのか？　そしてなぜ細胞は、そんな奇妙なやり方でエネルギーを得ているのか？

本書は、密接に絡み合っているように思えるこれらの問題に答えようとするものだ。エネルギーは進化の要（かなめ）であり、エネルギーを方程式に持ち込んで初めて生命の特質が理解できる、とあなたを納得させたいのである。このエネルギーと生命の関係は生命の始まりにまでさかのぼる――生命の根本的な特質は、たゆまず活動する惑星に生じた不均衡から必然的に現れた――ということを示したい。生命がエネルギーの流れによって誕生し、プロトン勾配が細胞の出現の鍵を握り、その利用が細菌と古細菌の構造に制約を課したということを明らかにしたい。そうした制約がのちの細胞の進化を決定づけ、細菌と古細菌を、生化学的には巧緻でありながら形態は永久に単純なままにしていることを立証したい。1個の細菌が1個の古細菌のなかに入った内部共生（細胞内共生）というまれな出来事が、そうした制約を打ち破り、はるかに複雑な細胞の進化を可能にしたことを証明したい。またそれが簡単には起きないことも示したい——内部共生する細胞同士は親密な関係でないといけないから、形態の複雑な生物が一度しか生じなかったわけが説明できるのだ。さらに私は、この親密な関係から実際に複雑な細胞の形質の一部が予測できるということも納得させられたらいいと思っている。そのような形質には、核、有性生殖、ふたつの性、さらに不死の生殖細胞と死を免れぬ体との区別——寿命が有限で死が遺伝子によって運命づけられていることの要因——まである。最後に、このようにエネルギーの観点から考えると、われわれ自身の生命活動、とくに若いうちの繁殖力や健康と、老化や病気とのあいだに見られる、進化にまつわる深遠なトレードオフの関係が予測できるということも、わかってもらいたい。こうした知見がわれわれ自身の健康を向上させたり、少なくとも健康状態への理解を深めるのに役立つものと考えたいのである。

科学で提唱者となると冷ややかな目で見られることもあるが、生物学ではダーウィン以来まさにそれをおこなう立派な伝統があり、ダーウィンは自著『種の起源』（渡辺政隆訳、光文社など）を「ひとつの長い議論」と呼んだ。書籍は今も、科学という生地の全体にわたりファクト（事実）が互いにどう関係しているかについてのビジョン——物事の輪郭をとらえる仮説——を提示するのに最良の手段だ。ピーター・メダワーは仮説を、未知なるものへの創意に富む飛躍と表現した。この飛躍がなされると、仮説は人間に理解できる話を語ろうとする試みとなる。科学となるには、仮説は検証可能な予測をしなければならない。そ科学において、議論が「間違ってすらいない」（つまり反証不可能）と言われるほどひどい侮辱はない。そこで、本書で私は、エネルギーと進化を結びつけるひとつの仮説を提示する——筋道の通ったストーリーを語る――つもりだ。反証可能な程度に事細かに提示するつもりだが、一方でできるだけわかりやすく、刺激的に記すことにしよう。このストーリーは、一部は私自身の研究（本書の参考文献のページに原論文を示す）に、また一部はほかの人々の研究にもとづいている。私は、正しい主張をすることにかけては天下一品と思ったデュッセルドルフのビル・マーティンや、ユニヴァーシティ・カレッジ・ロンドンで随一の同僚である数学に強い進化遺伝学者アンドルー・ポミアンコフスキー、それにきわめて有能な博士課程の学生数名と協力して、とりわけ多くの成果を上げた。それは名誉であり、大変な喜びでもあったが、われわれはまだ果てしない旅を始めたばかりなのだ。

私は本書を簡にして要を得たものにし、本題を離れた話や、面白いが無関係な話を削ろうとした。本書は議論であり、必要なだけ簡潔だったり詳しかったりしなければならない。たとえや（願わくば）楽しんでもらえる話をなくすというのではない。生化学に根差した書籍を一般読者のために面白くするうえで、そうしたものは欠かせない。ほとんどの人は、巨大分子が相互作用する極微の異質な世界――生命の本質――をたやすく思い浮かべることはできない。だが、ここで問題となるのは科学そのものなので、それが私の書き方を決定づけた。（シャベルをシャベルと言うように）ありのままに語るのが、古き良き美徳なのだ。簡潔で、問題まで直行する。数ページごとにシャベルは人を埋葬するために掘る道具だと書いて訴えたら、すぐに読者をいらつかせてしまうだろう。ミトコンドリアをミトコンドリアと言うのは不親切でも、つねに「われわれ自身にあるような大型の複雑な細胞のどれにも微小な発電所があり、それは太古の自由生活性の細菌に由来し、今ではわれわれに必要なエネルギーのほぼすべてを供給している」と書くのもやはり煩わしい。しかし代わりにこう書くことができる。「すべての真核生物にはミトコンドリアがある」。このほうが明快で、ずっと効果的だ。いくつかの用語になじめば、それでより多くの情報を伝えられるが、とても簡潔なので、この場合はすぐに「どうしてそうなったのか?」という問題が提起される。それが、未知なる物事の辺縁、すなわち最高に興味深い科学へと直結する。そこで私は、不要な専門用語は避け、ときたま用語の意味を思い出させる言葉を記すことにしたが、それ以外は何度も出てくる言葉に慣れてほしい。念のため、巻末に主な用語を解説した短いリストを載せた。このようにところどころダブルチェックをかけることで、本書が関心のあるだれにでも親しみやすいものになればいいと願っている。

そして私は、あなたに関心をもってもらえることを心から願っている! どれほどなじみがなくても、この「すばらしい新世界」は、真に刺激的だ。アイデアと可能性に満ち、この広大な宇宙におけるわれわれの位置づけがわかりだしている新世界。このあと、ほとんど未知の新しい景色の輪郭を示そう。生命の起源そのものから、われわれ自身の健康や死に至るまでの眺望である。これはとてつもない広がりをもつが、膜全体のプロトン勾配に関係するいくつかの単純なアイデアによって、ありがたいことにまとめられる。私の見たところ、ダーウィン以来、生物学で最高に優れた本はどれも議論だった。本書もその伝統に従うことを目指したい。私が論じるのは、エネルギーが地球上の生命の進化に制約を課したということ、同じ効果が宇宙のほかの場所にも当てはまるはずだということ、そして、エネルギーと進化の結びつきは生命現象を予測しやすくするための土台となり、地球上だけでなく宇宙のどこであれ、なぜ生命はそうなっているのかの理解を助けてくれるだろうということである。

第 I 部

問　題

1　生命とは何か?

四六時中まじろぎもせず、電波望遠鏡群は空を凝視する。42基のそれは、北カリフォルニアの低木の茂る山地の一角に無造作に散らばっている。白い大皿はのっぺりした顔にも似て、地平線の向こうのどこか一点に期待に満ちたまなざしを一斉に向ける。まるでそこが、異星からの侵略者が故郷へ帰るための集合地点であるかのように。だがその存在は場違いと言うべきか。望遠鏡群はＳＥＴＩ（地球外知的生命探査）のものであり、この組織は半世紀にわたり天空に生命の徴候を探してきたが、いまだ見つけていない。主唱者たちさえ成功の可能性をあまり楽観視していないが、何年か前に資金が尽きたとき、世間に直接訴えるとほどなくこのアレン望遠鏡群は再稼働できるようになった。思うにこの冒険的事業は、宇宙におけるわれわれ人類の位置づけに対して抱く不確かな思いと、それどころか科学そのものの脆弱さまでも、鋭くも象徴しているのではなかろうか。万能の科学を思わせるほど途方もない、ＳＦじみたテクノロジーが、ほとんど科学的根拠のないほど素朴な、われわれは孤独ではないという夢によって培われているのだ。

この望遠鏡群には、生命が見つけられないとしても価値がある。こうした望遠鏡では向けられた方しか見ることはできないかもしれないが、それこそが真価なのだ。われわれはいったい、遠くの宇宙に何を探しているのだろう？　宇宙のどこでも生命はわれわれと似ていて、彼らも電波を使うはずなのか？　生命はどこでも炭素ベースのはずとわれわれは考えているのか？　生命に水は必要なのか？　酸素は？　これらは実際には、宇宙のどこか別の場所に棲む生命の成り立ちにかんする疑問とは言えない。地球の生命にかんする疑問であり、生命がなぜわれわれの知る形態なのかをめぐる疑問なのだ。こうした望遠鏡は、地球の生物学者にそのような疑問を映してみせる鏡となっている。問題は、科学が結局のところ予測だという点にある。物理学でなにより切実な疑問は、物理法則はなぜ今あるようになっているのかというものだ。どんな根本原理があって、この宇宙で知られている特性を予測できるのだろう？　生物学はそこまで予測のできる学問ではなく、物理学のものに匹敵する法則はないが、それにしても進化生物学の予測の力は情けないほどお粗末だ。進化の分子的メカニズムと地球の生命史についてはかなりよくわかっているが、その歴史のどの部分が偶然――ほかの惑星ではかなり違った軌跡を辿ったかもしれない――で、どの部分が物理学の法則や制約に決定づけられているのかは、ほとんどわかっていないのだ。

それは決して努力が足りないせいではない。この領域は、かつてのノーベル賞受賞者をはじめ、生物学の巨人たちの活躍の舞台だ。しかし、彼らの知識と知性をもってしても、合意に至る気配も見えていない。40年前、分子生物学の黎明期に、フランスの生物学者ジャック・モノーは名著『偶然と必然』（渡辺格・村上光彦訳、みすず書房）を著した。この本では、地球上の生命の起源は突拍子もない偶然の出来事であり、われわれは空っぽの宇宙で孤独な存在なのだと淡々と論じられている。本の末尾は、科学と形而上学の混じり合った詩に近い。

旧約は破られた。人間はついに、自分がかつてそのなかから偶然によって出現してきた〈宇宙〉という無関心な果てしない広がりのなかでただひとりで生きているのを知っている。彼の運命も彼の義務もどこにも書かれてはいない。彼は独力で〈王国〉と暗黒の奈落とのいずれかを選ばねばならない。

〔『偶然と必然』（渡辺格・村上光彦訳、みすず書房）より引用〕

その後、正反対の主張もなされた。生命は、宇宙の化学反応が必然的にもたらした産物なのだ。ほとんどどこにでも、すぐに生まれるのだと。いったん生命が惑星に栄えたら、次はどうなるだろう？　ここでも意見の一致は見られない。工学的制約が、生命を、どこで始まっても似たようなところへ収斂するルートにどうしても導くのかもしれない。重力を考えれば、飛翔する動物は体重が軽くなりやすく、翼のような何かをもつ。もっと一般的には、生命は細胞でできている必要があるのではないか。内部を外界と異なるように保つ小さなユニットで成り立っていないといけないのではないか。そうした制約が圧倒的なら、どこの生命も地球の生命とよく似ているかもしれない。逆に、偶発的な出来事が決定的となる可能性もある——生命の成り立ちは、恐竜を絶滅させた小惑星衝突のような地球規模の災害をランダムに生き延びたものによって決まるという可能性だ。動物が化石記録に爆発的に現れだした5億年前のカンブリア紀に時計を戻し、ふたたび針を進めてみよう。そのパラレルワールドは、われわれの世界と似たものになるだろうか？　ひょっとしたら、陸地に巨大な陸生のタコがうじゃうじゃいるようになるかもしれない。

宇宙に望遠鏡を向ける理由のひとつは、この地球上でわれわれが扱っているサンプル（標本）のサイズが1にすぎないからだ。したがって統計の観点からは、たとえあるとしても、地球の生命の進化に制約を課したものが何だと言うことはできない。だが本当にそうなら、本書も、ほかのどの本も、土台を失ってしまう。物理学の法則は宇宙全体に当てはまり、元素の特性や存在量もそうなので、妥当そうな化学的性質も全宇宙に当てはまる。地球上の生命には奇妙な特性――性や老化などの特性――が数多くあって、何世紀もトップクラスの生物学者の頭を悩ませてきた。そうした特性がなぜ生じたか、生命がなぜ今こうなっているのかを第一原理から――宇宙の化学的組成から――予測できたら、統計的確率の領域に改めて入り込めるようになる。地球上の生命は、実はただひとつのサンプルではなく、事実上、果てしない時間をかけて進化を遂げてきた無数の種類の生物なのだ。しかし進化論は、地球上の生命がなぜこうした道筋を辿ったのかを第一原理から予測するものではない。だからといって私は進化論が間違いだと思うわけではなく――間違ってなどいない――ただ進化論で予測はできないと言いたいだけだ。本書で私が主張するのは、進化には実は、生命のきわめて根本的な特性の一部を第一原理から予測できるようにする強い制約――エネルギーの制約――があるということだ。この制約の話に取り組む前に、進化生物学になぜ予測ができないのか、このエネルギーの制約がなぜほぼ見過ごされてきたのか、それればかりか、問題があることになぜわれわれがほとんど気づきさえしなかったのかを考える必要がある。生物学の核心に深く厄介な断絶があるということが、ここ数年でようやく、進化生物学の動向を追っている人にだけ、はっきりわかるようになったのだ。

ある程度は、このみじめな状況をＤＮＡのせいにすることもできる。皮肉にも、現代の分子生物学と、それが必要とする驚くべきＤＮＡテクノロジーのすべては、ひとりの物理学者によって始まったと言っていい。具体的には、１９４４年にエルヴィン・シュレーディンガーの著書『生命とは何か』（邦訳は岡小天・鎮目恭夫訳、岩波書店）が刊行されたのがきっかけだ。シュレーディンガーはふたつの主張をした。第一に、生命はなんとかして崩壊――熱力学第二法則で決まっているエントロピー（無秩序さ）の増大――という普遍的傾向に逆らう。第二に、生命がエントロピーの増大を局所的に回避する秘訣は遺伝子にあると。彼は、遺伝物質が、厳密に繰り返す構造をもたない「非周期性」結晶なので、「コードスクリプト（暗号文）」――生物学の文献でこの言葉が使われたのはこれが最初と言われる――の役目を果たしうるのではないかと言った。シュレーディンガー本人は、当時の大半の生物学者と同じく、その準結晶がタンパク質にちがいないと考えていたが、喧噪の10年のうちに、クリックとワトソンがDNAそのものの結晶構造を推測した。1953年に公表した2報目の『ネイチャー』誌の論文で、ふたりはこう書いている。「それゆえ塩基の厳密な配列が、遺伝情報を運んでいるコードと思われる」この文は現代生物学の土台をなしている。今日、生物学は情報であり、ゲノムの配列はコンピュータに収められ、生命は情報の移動という観点で定義されている。

ゲノムは魅惑の地への入口だ。膨大な量のコードは、われわれヒトの場合30億文字で、実験小説のように読める。時たま筋が通るような話で、短い章に分かれ、それらがまた反復するテキストの塊、詩句、白紙のページ、いくつもの思考の流れ、さらにはおかしな句読点によってばらばらになっているのだ。われわれ自身のゲノムのうち、2%にも満たないごくわずかが、タンパク質をコードしている。もっと大きな割合は調節の役目を果たしている。残りの機能については、本来なら慎ましい科学者のあいだに激しい口論を引き起こしがちだ[1]。しかしここではそれは問題にしない。明らかなのは、ゲノムが最大何万もの遺伝子とたくさんの複雑な調節機能をコードでき、芋虫を蝶に変身させたり、ヒトの子どもを大人にしたりするのに必要なものをなんでも指定できるということだ。動物、植物、菌類、単細胞のアメーバでゲノムを比べると、同じプロセスが働いていることがわかる。まったく異なるサイズやタイプのゲノムに、同じ遺伝子、同じ調節因子、同じ利己的な複製子（ウイルスなど）、同じ長さで反復されるナンセンスコードの変種が見つかるのだ。タマネギやコムギやアメーバには、われわれより多くの遺伝子やDNAがある。カエルやサンショウウオなどの両生類がもつゲノムのサイズには2桁以上の幅があり、一部のサンショウウオではわれわれより40倍も大きく、一部のカエルではわれわれの3分の1に満たない。ゲノムに対する構造上の制約をひとことでまとめなければならないとしたら、「どれでもあり」と言わざるをえないだろう。

これは重要だ。ゲノムが情報で、ゲノムのサイズや構造に根本的な制約がないとしたら、情報にも制約がない。だからといって、ゲノムにはいっさい制約がないというわけではない。もちろん制約はある。ゲノムに働く力には、自然選択のほか、もっとランダムな要因がある。遺伝子や染色体やゲノム全体の偶発的複製、逆位〔訳注　染色体の一部が切れ、反転してつながること〕、欠失、寄生体(パラサイト)ＤＮＡの侵入などだ。結果的にそれがどうなるかは、ニッチ（生息環境）、種間の競争、集団のサイズなどの要因に左右される。われわれから見て、こうした要因はどれも予測できない。環境の一部なのだ。環境が厳密に規定できれば、特定の種のゲノムのサイズを予測できるかもしれない。しかし無数の種が、ほかの細胞の内部から、人間の都市や高圧の海洋底に至るまで、無数のタイプの微小環境で生きている。「どれでもあり」というよりも、むしろ「全部にあり」なのである。こうした多様な環境で働きかける因子の数だけ、ゲノムにバラエティがあると考えなければならない。ゲノムで未来は予測できないが、過去を振り返ることはできる。ゲノムは歴史上の厳しい状況の数々を反映しているのだ。

ふたたびほかの世界を考えてみよう。生命が結局のところ情報で、情報に制約がないのなら、別の惑星の生命がどんなものになるかは予測できず、それは物理法則に反しないはずだとしか言えない。ＤＮＡであれ、ほかの何かであれ、なんらかの形態の遺伝物質が生じたら、とたんに進化の道筋は情報の制約を受けなくなり、第一原理から予測できなくなる。実際にどんな進化を遂げるかは、具体的な環境や歴史の偶然、選択の巧みさに左右されるだろう。だが地球を振り返ってみよう。この見解は、途方もなく多様な現存の生命に対しては妥当だが、地球の長い歴史の大半に対してはまるで当てはまらない。数十億年間、生命はゲノムや歴史や環境では容易にとらえられない形で制約を受けていたらしい。最近まで、われわれの惑星の奇妙な生命史は決して明らかでなく、今でも詳細については議論がかまびすしい。そこでまだ生まれたての見方の概要を紹介し、今では間違いと思われる古い見方と対比させてみよう。

生命最初の20億年小史

われわれの惑星は45億年ほど前に生まれた。最初の7億年ほど、初期の太陽系が落ち着くまでのあいだは、小惑星の重爆撃によって痛めつけられていた。初期にあった火星サイズの天体との大衝突で、おそらく月ができた。地質の活動が盛んで地殻が絶えずかき回されている地球とは違い、月の手つかずの表面はこの初期の爆撃のあかしをクレーターに残しており、アポロの宇宙飛行士が持ち帰った石で年代も決定されている。

地球でこれに近い時代の石がなくても、初期の地球の状況を知る手がかりはいくつかある。たとえば、ジルコン（ケイ酸ジルコニウムの微結晶で、砂粒より小さく、多くの岩石中に見つかる）の組成が、これまで思われていたよりもはるかに早く海洋ができていたことを示唆している。ウランによる年代決定から、こうしたきわめて頑丈な結晶の一部は44～40億年前に形成され、その後堆積岩中に砕けた粒として貯えられたことがわかる。ジルコンの結晶は不純物をとらえる小さなカゴの役目を果たし、その不純物は結晶ができた環境を教えてくれる。初期のジルコンの化学的組成から、それが比較的低温で、水の存在下でできたことがうかがえるのだ。専門用語で「冥王」代〔訳注　冥王とは冥界すなわち黄泉の国の王のこと〕と呼ばれるものから絵描きの心に鮮やかにとらえられた、溶岩の海が沸き立つ火山の地獄というイメージどころか、ジルコンの結晶は、陸地の少ないもっと静かな水の世界を示しているのである。

同様に、原初の大気がメタンと水素とアンモニアといったガスで満ちていて、それらが反応して有機分子ができたという従来の考えは、ジルコンをよく調べると成り立たない。セリウムなどの微量元素は、大半が酸化された形でジルコンの結晶に取り込まれている。最初期のジルコンにセリウムが多量に含まれているのは、大気が火山から出る酸化型のガス、とくに二酸化炭素、水蒸気、窒素ガス、二酸化硫黄で占められていたことの間接的な証拠となる。この混合ガスは、酸素がない点を除けば今日の空気とさほど組成が違わない。酸素が豊富になるのはずっとあと、光合成が登場してからだった。失われて久しい世界の構成を、散在する少数のジルコンの結晶から読み取るのは、最終的に砂粒となるものばかり重視することになるが、それでも証拠が何もないよりはいい。その証拠は、どうしても今日われわれが知っているのと意外なほど近い惑星を想起させる。ときおり起こる小惑星衝突で海洋の一部は蒸発したかもしれないが、深海に棲む細菌を叩きのめした可能性は低い――すでに細菌が生まれていたとしても。

生命の最初期の証拠も同じぐらいお粗末だが、グリーンランド南西部のイスアとアキリアで見つかっている最初期の岩石のいくつかにまでさかのぼれるかもしれない。およそ38億年前の岩石だ（図2の年表参照）。この証拠は、化石や、生体細胞に由来する複雑な分子（「バイオマーカー」）の形態をとってはおらず、グラファイト（黒鉛）中の炭素原子の非ランダムな選別にすぎない。炭素には、同位体と呼ばれるわずかに質量の異なる安定な形態がふたつある。[2] 酵素（生体細胞での反応の触媒となるタンパク質）は、軽いほうの炭素12をわずかに選り好むので、有機物に炭素12を蓄積しやすい。炭素原子を小さなピンポン玉と考えてみよう。その玉がわずかに小さければ、わずかに速く跳ねまわり、酵素に当たりやすくなり、有機物の炭素になりやすくなる。逆に、重いほうの炭素13——炭素全体の1・1％しかない——は、海洋中に残りやすく、炭酸塩として析出して石灰岩などの堆積岩に蓄積しやすい。わずかな差異だが十分信頼性が高いので、生命の徴候と見なされることが多い。炭素だけでなく、鉄や硫黄や窒素などの元素も、同じように生体細胞によって分別される。そうした同位体分別効果は、イスアやアキリアにおけるグラファイトの含有物で報告されている。

しかし岩石そのものの年代から、生命のしるしとされる炭素の小粒の存在自体に至るまで、この研究のどの要素についても、異論は唱えられてきた。さらに、同位体分別効果も決して生命に限られたものではなく、弱くはあるが、熱水噴出孔での地質学的プロセスでも似たような効果が生じうることが明らかになった。グリーンランドの岩石が本当に推定どおりに古く、確かに分別された炭素を含んでいるとしても、まだ生命の証拠にはならない。これにはがっかりかもしれないが、別の意味では期待はずれではない。「生きている惑星」——地質学的に活発な惑星——と生きている細胞との違いは、定義の問題にすぎない、と私は主張しよう。そこに明確な境界線はない。地球化学的現象から生化学的現象は継ぎ目なく生み出される。この視点に立てば、こうした古い岩石の地質学的特徴と生物学的特徴を区別できないのも当然と言える。生きている惑星が生命を生み出しているのであり、この両者は継ぎ目のないところを無理に引き裂かないかぎり、分けることはできないのだ。

数億年先へ進むと、生命の証拠はもっと明確なものとなる。オーストラリアや南アフリカの太古の岩石に見られるように、確固たる判別しうるものになるのだ。そこには細胞にとてもよく似た微化石があるのだが、それらを現代のグループに分類しようとするのは大変で報われない仕事だ。こうした小さな化石の

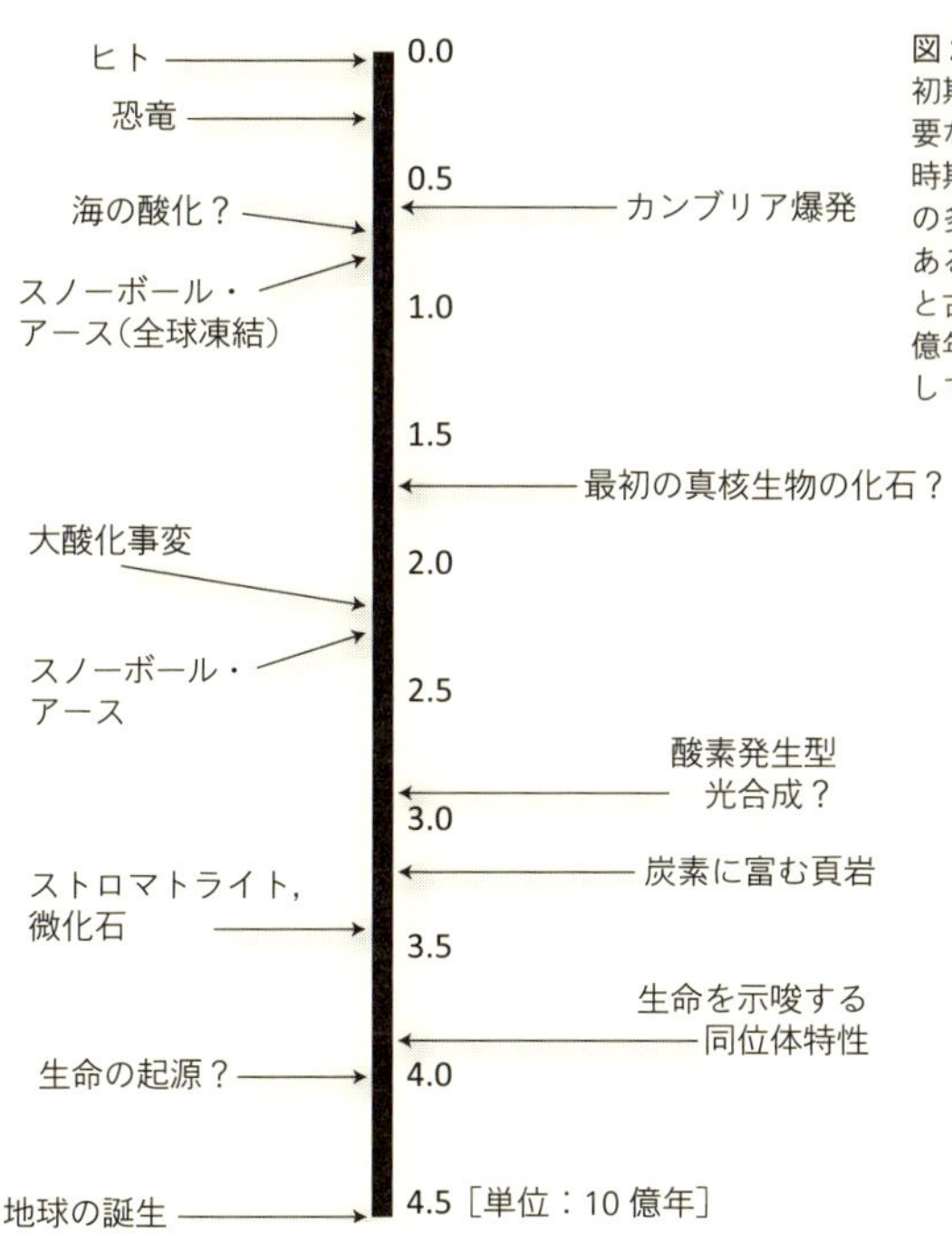

図2　生命の年表．この年表は，初期の進化におけるいくつかの重要な出来事について，おおまかな時期を示している．これらの時期の多くは不確かで議論のさなかにあるが，ほとんどの証拠は，細菌と古細菌が真核生物より15～20億年ほど前に誕生したことを示唆している．

多くには炭素が並び、やはりそれらしい同位体特性が見られるが、今度はもう少し確実ではっきりしており、偶然の熱水作用よりむしろ組織的な代謝を示唆している。また、ストロマトライトに似た構造もある。ストロマトライトは細菌からなるドーム型の大聖堂のような外観で、細胞がそこで一層ずつ増え、中に埋まった層は石化してやがて見事な層状の岩石組織をなし、1メートルほどの高さになる。こうした直接的な化石のほかに、今から32億年前になるころには、大規模な地質学的特徴が現れていた。面積数百～千数百平方キロメートル、厚さ数十メートルに及ぶ、とくに縞状鉄鉱層と炭素に富む頁岩である。細菌と鉱物は、生物と無生物という別々の領域を占めるものと考えられがちだが、実は多くの堆積岩は、途方もないスケールで、細菌のプロセスによって堆積している。縞状鉄鉱層――赤と黒の縞が驚くほど美しい――の場合、海に溶け込んだ鉄（そうした「第一鉄」は酸素のない場所に豊富にある）から細菌が電子を剝ぎ取り、不溶性の残骸――錆――を海底に沈める。この鉄に富む岩石がなぜ縞状になるのかはまだ謎だが、同位体のしるしからやはり生物の手を介していることがわかるのだ。

こうした莫大な堆積物は、生命だけでなく光合成の存在も示している。ただし、身近な植物の緑の葉や藻類に見られるおなじみのタイプの光合成ではなく、もっと単純な前段階の形態だ。どのタイプの光合成でも、光のエネルギーを使って、電子を抗（あらが）う供与体（ドナー）から剝ぎ取る。その電子は二酸化炭素に無理やりつけられて有機分子ができる。さまざまなタイプの光合成は、それぞれ電子の出どころが異なり、ありとあらゆる場所が考えられるが、とりわけ一般的なのは溶存している鉄（第一鉄）、硫化水素、水である。どの場合も、電子は二酸化炭素へ運ばれ、廃棄物としてそれぞれ錆びた鉄の析出物、硫黄元素、酸素が生じる。なかでも圧倒的に手強いのは、水だ。32億年前までに、生命は水以外のほぼあらゆるものから電子を引き抜いていた。生化学者のアルベルト・セント゠ジェルジによれば、生命とは、電子が身を落ち着ける場所を探し求める活動にほかならない。実際にいつ水から電子を引き抜く最後のステップが生じたのかについては、あれこれ異論がある。進化において早い時期の出来事だと主張する人もいるが、今では重要な証拠から、「酸素発生型」光合成は29～24億年前に誕生したのではないかと考えられている。地球規模の混乱が起きた激変期――地球の「中年の危機」――のすぐ前だ。「スノーボール・アース（全球凍結）」という世界じゅうを氷河が覆った出来事のあと、今から22億年ほど前に、地上の岩石が広範に酸化され、大気中の酸素の存在を示す決定的なしるしとして錆だらけの「赤色層」ができた。これが「大酸化事変」である。世界じゅうを氷河が覆ったのも、大気中の酸素の増加を示している。酸素は強力な温室効果ガスであるメタンを酸化して大気から取り除き、全世界の凍結をもたらしたのだ。[3]

酸素発生型光合成の誕生によって、生命の代謝のツールキットは実質的にすべて揃った。ほぼ20億年の地球史——動物のこれまでの全存続期間の3倍も長い——を辿るこの急ぎ足の旅は、細部まで皆正確というわけではなさそうだが、ここで立ち止まり、われわれの世界について大局的な見地で何が言えるかを考える価値はある。第一に、生命は非常に早い時期、おそらく40～35億年前——それより前とは言わないまでも——に、現在とあまり変わらない水の世界で生まれた。第二に、35～32億年前には、細菌はすでに、種々の呼吸や光合成など、大半の形態の代謝を生み出していた。それから10億年間、世界は細菌の大鍋のような状況で、われわれには驚くほかないような生化学的メカニズムの創意を見せていた。* 同位体分別効果から、主な栄養循環——炭素、窒素、硫黄、鉄などの循環——は今から25億年前より昔に用意されていたことがうかがえる。それでも、24億年前に酸素が増加しだすまで、この細菌の繁栄する世界が宇宙からも命ある惑星として見つけられたはずなほど、生命はわれわれの惑星を変貌させてはいなかった。そのころにようやく、大気は酸素やメタンなど、生体細胞によって絶えず補給される反応性の高い混合ガスをため込みだしたわけで、これは惑星規模での生命現象の働きを垣間見せていたのである。

＊　この章の大半では便宜上細菌と言って済ますが、実は「はじめに」で述べたとおり、細菌と古細菌の両方を含む原核生物を指している。古細菌の重要性については章末に近づいてから改めて語ろう。

大酸化事変は、われわれの命ある惑星の歴史で決定的な瞬間と長らく見なされてきたが、その意味は近年、根本的に変化しており、新たな解釈が本書での私の主張にとって欠かせないものとなる。古い解釈では、酸素を生命に欠かせない環境決定因子と見なしている。この議論によれば、酸素は何が進化するのかを特定はしないが、圧倒的に複雑さを増す進化をもたらす——歯止めをなくすのだ。たとえば動物は、物理的に動きまわり、獲物を追いかけたり自分が追いかけられたりして暮らしている。明らかにこれには多くのエネルギーが必要なので、動物は酸素がなければ生存できないだろうと容易に想像がつく。酸素呼吸は、ほかの形態の呼吸に比べ、ひと桁近く多いエネルギーを提供してくれるのだ。[4] これはあまりにもありきたりの話なので、ほとんど異を唱えるまでもない。それが問題のひとつなのだ。それ以上の検討を促さないのである。われわれは、動物が酸素を必要とし（必ずしもそれが正しくはなくても）、じっさい取り込んでいるので、酸素は共通の条件だと当然のように思ってしまう。すると進化生物学において真の問題は、動物や植物の性質や振る舞いに関わるものとなる。少なくともそう思われるだろう。

この見方は暗に教科書の地球史を支持している。われわれは酸素を体に良いものと考えがちだが、実は原始の生化学的メカニズムの視点に立てば決してそんなことはない。酸素は毒で、反応性が高いのだ。教科書で語られるシナリオによれば、酸素濃度が上昇すると、この危険なガスは微生物の世界全体に大きな選択圧をかけた。そうした微生物を皆殺しにした苛酷な大量絶滅の話がいくつかある——リン・マーギュリスが酸素の「ホロコースト（大虐殺）」と呼んだものだ。この大異変の痕跡が化石記録にいっさい残っていないという事実はあまり気にしなくていい（とわれわれは信じている）。それらの微生物はとても小さかったし、なにしろおそろしく遠い昔の出来事だったからだ。酸素は細胞間の新しい関係を余儀なくさせた——共生と内部共生だ。細胞同士が生存の手段として、前者は互いに、後者は片方が相手のなかに入って、やりとりをするようになったのである。数億年かけて、細胞が酸素に対処するようになるだけでなく、酸素の反応性を利用するようにもなると、徐々に複雑さを増していった。好気的呼吸（酸素呼吸）を進化させ、はるかに大きなパワーを獲得していったのだ。そうした大きくて複雑な好気性の細胞は、DNAを核という専用の小部屋に収めているので、それが「真核」生物という名に残っている。繰り返すが、これは教科書で語られているシナリオだ。のちほどそれが間違いだという議論をしよう。

今日、われわれのまわりにいる複雑な生命はすべて——すべての動物、植物、藻類、菌類、原生生物（アメーバなどの大型の細胞）——こうした真核細胞からなる。教科書のシナリオはさらにこう続く。真核生物は着実に増え、10億年かけて世界を支配するようになった。この期間は、化石記録ではほとんど何も起きていないので、皮肉にも「退屈な10億年」と呼ばれる。それでも、16～12億年前には、真核生物によく似た単細胞生物が化石で見つかりだすし、なかには現生の紅藻類や菌類などのグループにぴったり当てはまるものさえある。

やがて、地球規模の混乱と一連のスノーボール・アースの期間が、7億5000万～6億年前ごろにまた訪れた。その直後、酸素濃度が急上昇してほぼ現代の程度になった。そして動物の化石が初めて、化石記録にいきなり現れた。最初期の大型の化石——最大でさしわたし1メートル——は、左右対称の葉状の形態をした謎めいたグループだ。大半の古生物学者はこれを濾過食動物ととらえているが、地衣類にすぎないと主張する向きもある。エディアカラ化石群、ほかによく聞く言い方では、ヴェンド生物群だ。その後、現れたときと同じぐらい突然、この生物のほとんどは大量絶滅によって消え、入れ替わりにカンブリア紀の夜明けにあたる5億4100万年前（生物学者のあいだでは1066年や1492年と同じぐらい象徴的な時期）、もっとわかりやすい動物が爆発的に生まれた。大型で運動能力があり、複雑な構造の眼やぎょっとする付属肢をもつ、こうした獰猛な捕食者と装甲をもつ臆病な獲物は、牙と爪を真っ赤に染めて、進化の舞台に突然現れた。ダーウィンの進化論が新たな様相を呈したのである。

このシナリオのどれだけが実際のところ間違いなのだろう？　表面的には妥当そうに思える。だが私の考えでは、直接語られていない内容が間違っているし、もっといろいろなことがわかれば、細部もたくさん間違っている。直接語られていない内容とは、遺伝子と環境の相互作用に関わることだ。シナリオ全体は酸素を中心に展開している。酸素はおそらく重要な環境因子で、遺伝子変異を促し、変革の歯止めをなくす。酸素濃度の上昇は二度、24億年前に大酸化事変が起きたときと、6億年前に果てしなく続いた先カンブリア時代が終わったときにあった（図2）。シナリオはさらにこう続く。どちらのときも、酸素の増加が構造と機能の制約を解き放った。大酸化事変のあとには、それがもたらした新たな脅威とチャンスにより、細胞は内部共生を続けて互いにやりとりをしながら、しだいに真の真核細胞がもつ複雑さを高めていった。カンブリア爆発の前に二度目の酸素濃度の上昇が起きたときには、物理的制約はマジシャンがマントを華麗に翻したかのように消滅し、初めて動物の可能性が現れた。酸素がこうした変化を物理的に促したとはだれも主張していない。むしろ、酸素は選択の起こる環境を変えたというのだ。制約が消えて雄大な眺めとなったこの新たな環境で、ゲノムは無制限に多様化し、その情報量はやがて天井知らずとなった。生命が栄え、四方八方に考えうるかぎりのニッチを満たしていった。

この進化の景観は、20世紀の初めから半ばにかけてネオダーウィニズムによる理論の総合がなされた期間に、一部の主導的な進化生物学者が示した原理のとおり、弁証法的唯物論の観点から眺めることができる。互いに関与し合う対極として存在するのは、遺伝子と環境であり、これは生まれと育ちとも呼ばれる。生物は要するに遺伝子であり、生物の行動は要するに環境だ。そもそも、ほかに何があるというのだろう？　実は、生物には遺伝子と環境だけでなく、細胞とその物理的構造による制約も関与するのである。後者が遺伝子や環境とはほとんど直接関係しないことについては、この先見ていくことにしよう。後者の制約を認めない世界観と認める世界観からそれぞれ立ち現れる予測は、互いにまったく違うものとなる。

前者の可能性、すなわち遺伝子と環境の観点から進化をとらえてみよう。初期の地球に酸素がなかったのは、大きな環境面の制約だ。酸素が加わると、進化が盛んになる。酸素にさらされた生命はどれも、なんらかの形で影響を受け、適応を求められる。有酸素の条件にたまたまうまく適応するようになる細胞もあれば、死んでしまう細胞もある。だが、微小環境（狭い範囲における環境）には多種多様なものがある。酸素の増加は、単に全世界を酸素であふれさせてグローバルな生態系を一色に染め上げるのでなく、地上の鉱物を酸化させ、海に溶け込み、さらに無酸素のニッチも満たす。硝酸塩や亜硝酸塩、硫酸塩、亜硫酸塩なども多く利用できるようになる。どれも細胞呼吸で酸素の代わりに使われるので、嫌気的呼吸（無酸素呼吸）が好気的な世界で広まった。そのすべてが合わさって、新世界での生き方は多様なものになったのである。

ある環境に細胞がランダムに混じり合って存在するとしよう。アメーバなど一部の細胞は、ほかの細胞を物理的に飲み込む食作用というプロセスによって生を営んでいる。光合成をする細胞もある。あるいは、菌類のように、食物を外部で消化する場合もある——浸透栄養だ。細胞の構造が絶対的な制約を課さないとすれば、こうした種々のタイプの細胞はさまざまな細菌を祖先としていると考えられる。ある祖先の細胞は原始的な形態の食作用がたまたまほかより少し得意で、別の祖先の細胞は単純な形態の浸透栄養が得意で、さらにほかのものは光合成が得意だった。やがて、それらの子孫はその特定の生活様式に特化し、適応していった。

　もっときちんとした形で言えば、酸素濃度の上昇によって新しい生活様式が盛んになると、「多系統放散」が起こると考えられるはずだ。多系統放散では、ばらばらの細胞や生物（異なる門〔訳注　界より下、綱より上の、動物の分類階級〕）がすばやく適応し、空いているさまざまなニッチを満たす新しい種を次々と生み出していく。この種のパターンはまさしく、われわれが実際に——ときたま——目にしているものだ。たとえば、海綿動物や棘皮動物から、節足動物や線形動物まで、数十の動物の門がカンブリア爆発で生まれた。こうした動物の大放散とともに、藻類や菌類に加え、繊毛虫などの原生生物でもそれに匹敵する放散が見られた。生態系はおそろしく複雑になり、またそれ自体がさらなる変化を促した。酸素濃度の上昇が明確にカンブリア爆発を引き起こしたのかどうかはともかく、環境の変化が確かに自然選択を一変させたという点では、一般に意見の一致が見られている。何かが起きて、世界は永久に変わってしまったのである。

　このパターンと対比して、構造による制約が進化を左右した場合に予想されるパターンを考えてみよう。その制約を乗り越えるまでは、どんな環境変化に対しても、生命の変化は限定的にしか見られないはずだ。環境変化の影響を受けない長い停滞の期間に、ごくたまに「単系統放散」が起こると考えられる。つまり、まれな状況で、あるグループがそこに内在する構造上の制約を乗り越えると、単独で放散を起こし、空いているニッチを満たす（環境変化によって可能になるまで遅れる可能性はあるが）というわけだ。もちろん、これもわれわれは目にしている。確かにカンブリア爆発では、さまざまな動物のグループの放散が起きている——だが、動物は複数の起源をもつわけではない。すべての動物のグループにはひとつの共通祖先があり、それどころかすべての植物もそうだ。個々の生殖細胞や体細胞を含め、複雑な多細胞の発生は起こるのが難しい。ここでの制約は、一部は、個々の細胞の運命を明確に決定する厳密な発生のプログラムの要件と関係している。だが、もっと制約を緩めると、多細胞の発生はある程度多く見られ、藻類（海藻）、菌類、粘菌などのグループで多細胞性の起源は30もある。それでも、物理的構造——細胞の構造——による制約が、ほかのあらゆる制約を圧倒するほど決定的となるように見える時点がひとつある。大酸化事変のあとの、細菌から真核細胞（大型の複雑な細胞）が誕生した時点である。

生物学の中心にあるブラックホール

複雑な真核細胞が本当に大気中の酸素の増加に応じて進化を遂げたとしたら、「多系統」放散が起きて、さまざまなグループの細菌がそれぞれ独立に、より複雑なタイプの細胞を生み出したのだと予想できる。光合成細菌はより大きくて複雑な藻類を生み、浸透栄養の細菌は菌類を生み、運動能力のある捕食性細胞は食細胞を生むなどしたと考えられる。そのように複雑さを増す進化は、一般的な遺伝子変異や遺伝子のやりとり、自然選択によって、あるいはリン・マーギュリスが有名な連続細胞内共生説で考えたように、融合して内部共生体を獲得することによって、起こりえただろう。いずれにせよ、細胞の構造に根本的な制約がなければ、酸素濃度の上昇によって、具体的にどんな進化を遂げようとも、複雑さは増すことができたにちがいない。酸素はあらゆる細胞の制約を解き放ち、多系統放散を可能にして、あらゆる種類の細菌が独立に複雑さを増すようになると予想できるのだ。しかし、現実はそうではない。

この推論は重要なので、もう少し詳しく語ろう。複雑な細胞が、遺伝子変異の生むバリエーションに自然選択が作用するという「一般的な」自然選択によって生まれたとしたら、細胞の外見と同じぐらい内部構造も多種多様になると考えられる。真核細胞は、巨大な葉状の藻類の細胞から、ひょろ長いニューロン（神経細胞）や、あちこちへ身を伸ばしたアメーバに至るまで、サイズも形も驚くほど変化に富む。真核生物が、多様な集団のさまざまな生活様式に適応する過程で大半の複雑さを進化させたのなら、その長い歴史は、この生物の独特な内部構造にも反映されているはずだ。だがほとんどの人は、植物細胞と、腎臓の細胞と、近くの池で採ってきた原生生物を電子顕微鏡で見分けられないだろう。どれもとてもよく似ているのだ。試しに図3を見てほしい。酸素濃度の上昇で複雑さに対する制約がなくなれば、「一般的な」自然選択をもとに、種々の集団における種々の生活様式への適応は多系統放散に至るはずだと予想できる。しかし、現実はそうではないのである。

１９６０年代の終わりからリン・マーギュリスは、この見方がどのみち誤っていると主張した。真核細胞は一般的な自然選択によって生まれたのではなく、多くの細菌が緊密に協力するあまり、一部の細胞がほかの細胞のなかに物理的に入ってしまうという、一連の内部共生によって生まれたのだと。そのような考えのルーツは、20世紀初めのリヒャルト・アルトマン、コンスタンティン・メレシコフスキー、ポール・ポルティィエ、アイヴァン・ウォーリンなどにまでさかのぼれる。彼らは、すべての複雑な細胞はより単純な細胞同士の共生によって生まれると主張していた。その考えは、忘れ去られたのではなく、「慎ましい生物学界で目下触れるには荒唐無稽すぎる」ために一笑に付されていたのである。１９６０年代に分

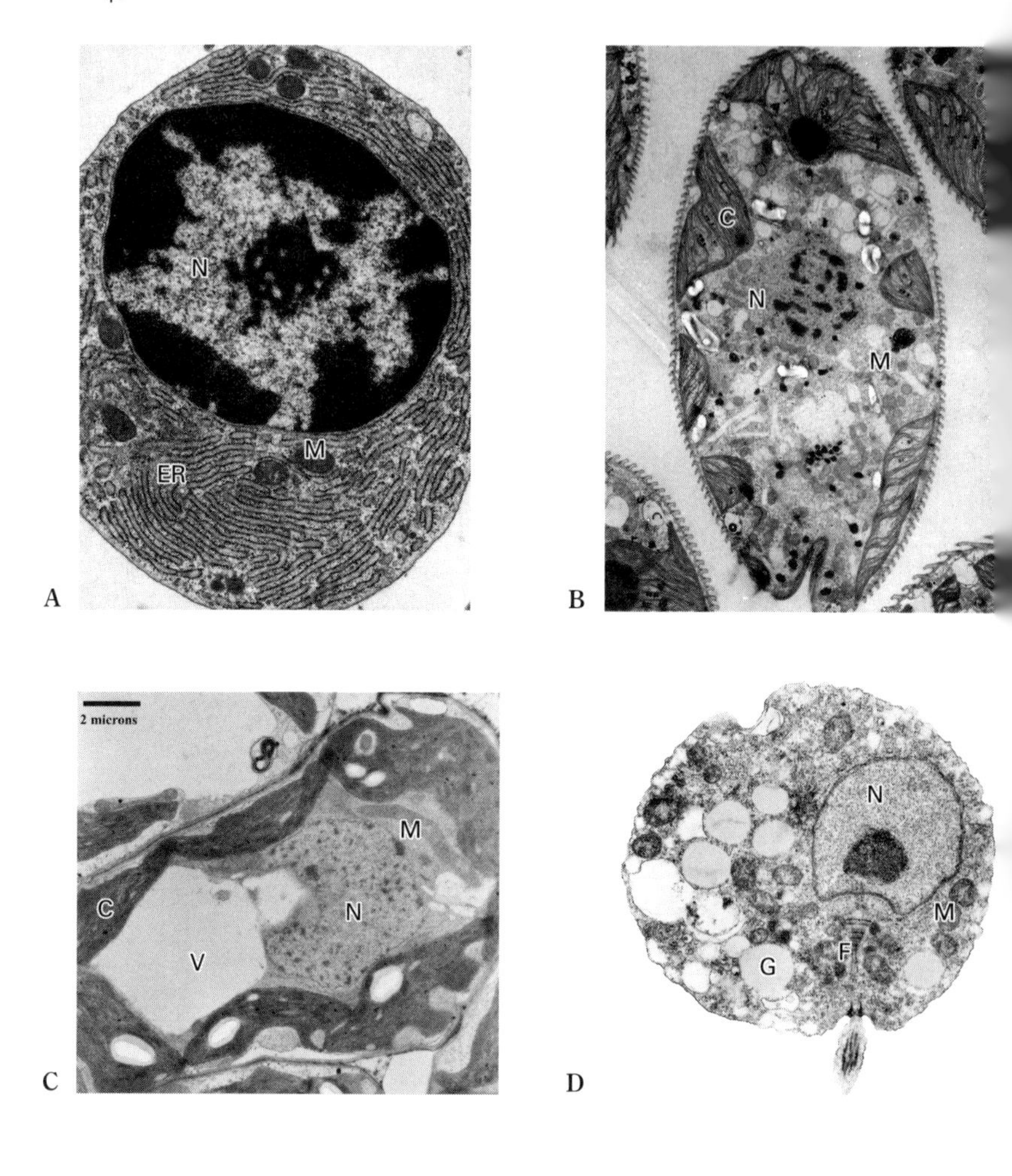

図3　真核生物の複雑さ．同等の形態的複雑さを示す4種類の真核細胞．Aは動物細胞（形質細胞）で，中央の大きな核（N）と，リボソームがちりばめられた長い内膜（小胞体（ER））と，ミトコンドリア（M）をもつ．Bは多くの池に見つかる単細胞の藻類ミドリムシで，中央の核（N）と，葉緑体（C）と，ミトコンドリア（M）が見える．Cは細胞壁で囲まれた植物細胞で，液胞（V）と，葉緑体（C）と，核（N）と，ミトコンドリア（M）がある．Dはツボカビの遊走細胞で，150種のカエルの絶滅に関わっている．（N）は核，（M）はミトコンドリア，（F）は鞭毛，（G）は機能のわかっていないガンマ体．

子生物学の革命を迎えるころには、マーギュリスは、まだ議論の余地はあったが、以前より確たる根拠を手にしていた。そして現在では、真核細胞の少なくともふたつの構成要素は内部共生した細菌に由来することがわかっている。ミトコンドリア（複雑な細胞におけるエネルギー変換器）はα-プロテオバクテリアに由来し、葉緑体（植物の光合成装置）はシアノバクテリアに由来しているのだ。真核細胞ではほかの特殊化した「細胞小器官」もほぼすべて、かつては内部共生体であると主張されていた。核そのもの、繊毛や鞭毛（リズミカルに振って細胞を運動させるしなやかな突起）、ペルオキシソーム（毒の代謝をおこなう工場）などだ。このため連続細胞内共生説では、真核生物は細菌の集合体であり、大酸化事変のあと数億年かけて共同の営みのなかで作り上げられたとされているのである。

想像力あふれる考えだが、連続細胞内共生説は、一般的な自然選択と同じ予測を暗示している。それが本当なら、多系統の起源が予想できる。細胞の外見と同じぐらい内部構造も多種多様になるのだ。個々の環境で何かの代謝のやりとりをする細胞内共生が次々と起これば、種々の環境で異なるタイプの細胞が相互作用するのを目の当たりにすることになるだろう。そうした細胞がやがて複雑な真核細胞の細胞小器官になったのなら、この説から、ある真核生物はある構成要素のセットをもち、別の真核生物は別のセットをもつことになるはずだと予測できる。淀んだぬかるみなどのあちこちの目立たぬ隠れ場所に、さまざまな中間体や別個の変種がひそんでいるはずなのだ。２０１１年に脳卒中でまだ早すぎる死を迎えるそのときまで、マーギュリスは、真核生物が彩り豊かな内部共生のタペストリーなのだと本当に固く信じていた。彼女にとって、内部共生はひとつの生活様式であり、協力――マーギュリスは「ネットワーキング」と呼んだ――が、狩る者と狩られる者のあいだの眉をひそめるほど男性的な争いに勝る（まさ）という、進化において十分に探られていない「女性的な」ルートなのだった。しかし、「実物の」生体細胞を重視していたマーギュリスは、コンピュータによる無味乾燥な系統発生学――遺伝子配列と全ゲノムの研究で、種々の真核生物が互いにどんな関係にあるのかを知るのに役立つ――に背を向けた。その結果、まったく異なる――そして結局のところはるかに説得力のある――話が語られることとなる。

この話の要は、ミトコンドリアのない単純な単細胞真核生物の（1000以上にのぼる）種で構成される大きな一群にある。このグループは、かつては細菌とそれより複雑な真核生物とのあいだに位置する原始進化の「ミッシング・リンク」と見なされていた。まさしく連続細胞内共生説が予言するタイプの中間体だ。そしてこのグループには、厄介な腸内寄生虫ジアルディアが含まれ、これはエド・ヨングいわく、まがまがしい涙の滴のようだ（図4）。それは見かけに違わずひどい下痢を起こす。核がひとつでなくふたつあり、それゆえまぎれもなく真核生物だが、それ以外の典型的な特徴を欠き、とくにミトコンドリアがない。1980年代の半ばには型破りの生物学者トム・カヴァリエ゠スミスが、ジアルディアなどの比較的単純な真核生物は、真核生物の進化の最初期、ミトコンドリアを獲得する前からの生き残りにちがいない、と言った。カヴァリエ゠スミスは、ミトコンドリアが確かに内部共生体となった細菌に由来するという考えは受け入れていたが、マーギュリスの連続細胞内共生説はほとんど相手にしなかった。むしろ彼は、最初期の真核生物を、ほかの細胞を飲み込むことによって生きる、現生のアメーバに似た原始食細胞と考えた（今もそう考えている）。そして、ミトコンドリアを獲得した細胞は、すでに核や、形を変えたり動きまわったりしやすくする動的な内部骨格、細胞内のあちこちに荷を動かすタンパク質の機構、細胞内で食物を消化するのに特化した区画などをもっていたと主張した。ミトコンドリアの獲得が役に立ったのは間違いない――こうした原始的な細胞にいわばターボチャージャーをつけたのだ。しかし、車の馬力を上げても車の構造は変わらない。エンジン、ギヤボックス、ブレーキなど、車にするためのあらゆるものをすでにもつ自動車が基本であることに変わりはないのだ。ターボチャージャーをつけても、出力しか変わらない。カヴァリエ＝スミスの原始食細胞の場合も同じで、ミトコンドリア以外はすべてそろっていて、ミトコンドリアは細胞に与えるパワーを増したにすぎない。真核生物の起源について教科書の見方があるとしたら――今でも――これがそうである。

カヴァリエ＝スミスはこうした初期の真核生物を「アーケゾア」（太古の動物という意味）と名づけた。おそらくは古いと考えられたからだ（図4）。いくつかは病気を引き起こす寄生体なので、それらの生化学的特徴やゲノムは医学研究の関心を引き、それにともなって必要な資金も引き寄せた。そのため、それらの寄生体については多くのことがわかっている。過去20年のあいだに、そのゲノムの配列と具体的な生化学的特徴から、アーケゾアはどれも本当のミッシング・リンクではなく、本物の進化の中間体ではないことがわかってきた。それどころか、どれももっと複雑な真核生物に由来し、かつてはすべてをフルセットで備え、とくにミトコンドリアももっていた。より単純なニッチに棲むように分化するあいだに、かつての複雑さを失ってしまったのである。そしてどれも、縮小進化によって、今ではミトコンドリアに由来することが知られている構造を残している――ヒドロゲノソームやマイトソームだ。両者とも、同じ二重膜構造をもっていても、ミトコンドリアにはあまり似ていないので、アーケゾアはミトコンドリアをもっていたことはないという間違った思い込みにつながった。だが、分子生物学と系統発生学のデータを組み合わせると、ヒドロゲノソームもマイトソームも実際にミトコンドリアに由来し、（マーギュリスが予測したように）何かほかの内部共生体となった細菌に由来するわけではないことがわかる。したがって、すべての真核生物はなんらかの形でミトコンドリアをもっていることになる。ビル・マーティンが1998年に推測していたとおり（本書「はじめに」を参照）、真核生物の最後の共通祖先がすでにミトコンドリアを

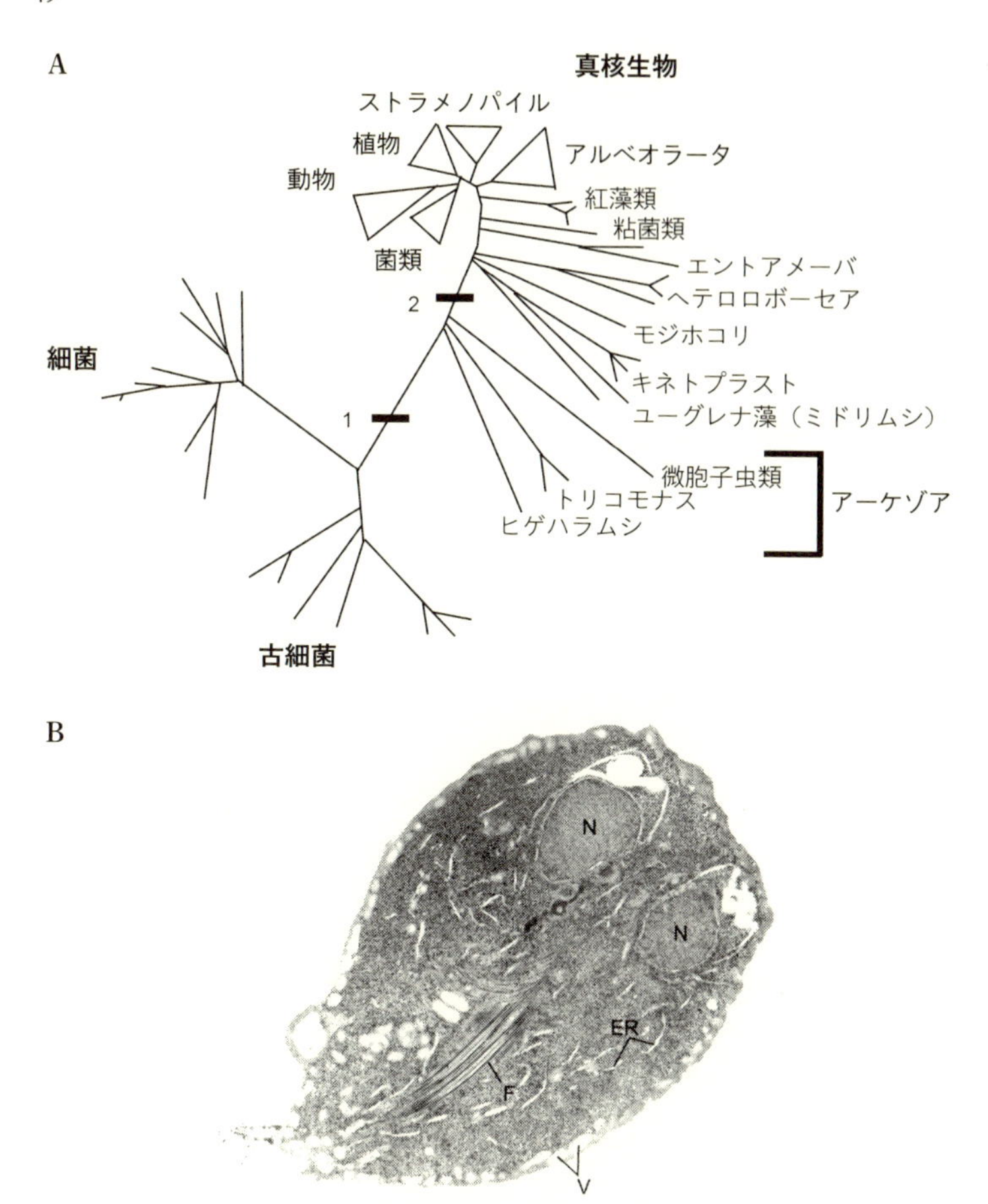

図4　アーケゾア —— 名高い（だが偽りの）ミッシング・リンク．A：リボソーム RNA にもとづく，従来の誤解を招きやすい生命の系統樹．細菌と古細菌と真核生物の 3 ドメインがある．横棒は，1 が核の誕生とされるあたり，2 がその後ミトコンドリアが獲得されたとされるあたり．2 本の横棒のあいだで分岐している 3 グループがアーケゾアを構成し，おそらくはまだミトコンドリアを獲得していない原始真核生物と考えられていた．その一例がジアルディアだ（B）．今では，アーケゾアは決して原始真核生物ではなく，すでにミトコンドリアをもっていたもっと複雑な祖先に由来していることがわかっている．実は，真核生物の系統樹の主要部分のなかで分岐しているのである（N＝核，ER＝小胞体，V＝液胞，F＝鞭毛）．

もっていたと結論できるのだ。すべての真核生物がミトコンドリアをもつという事実は些末に思えるかもしれないが、より広大な微生物の世界に比べゲノムの配列が急増したことと考え合わせると、この事実は真核生物の進化についての理解を覆すこととなった。

今では、すべての真核生物にはひとつの共通祖先があり、それゆえ当然地球上の生命の40億年間に一度だけ生じたことがわかっている。きわめて重要なので、この点を重ねて言わせてもらおう。あらゆる植物、動物、藻類、菌類、原生生物には、ひとつの共通祖先がある――真核生物は「単系統」なのだ。したがって、植物はあるタイプの細菌から、動物や菌類は別のタイプから進化を遂げたというわけではなかった。むしろ、形態の複雑な真核細胞はただ一度の機会に生じた――そのためあらゆる植物、動物、藻類、菌類はこの創始者集団から進化を遂げたのである。どんな共通祖先も、本来的にただひとつの存在と言える――単一の細胞ではなく、本質的にそっくり同じ細胞の単一集団なのだ。それだけでは、複雑な細胞の誕生がめったにない出来事だったとは言えない。理論上は、複雑な細胞は無数の機会に生じ、ただひとつのグループが残った――ほかはすべて、なんらかの理由で死に絶えた――可能性もある。この先私は、これは事実ではないと主張するつもりだが、まずは真核生物の特質についてもう少し詳しく検討する必要がある。

すべての真核生物の共通祖先は、すぐに5つの「スーパーグループ」を生み出した。スーパーグループは種々の細胞形態をもち、その大半は伝統的な専門知識の豊富な生物学者にさえ、よく知られていない。そうしたスーパーグループには、ユニコンタ（動物と菌類からなる）、エクスカバータ、クロムアルベオラータ、植物（陸上植物と藻類を含む）、リザリアといった名前がついている。名前はともかく、ふたつの点が重要だ。第一に、こうしたスーパーグループのそれぞれの内部では、それぞれの祖先同士よりも遺伝子のバリエーションがはるかに多く見られる（図5）。これは初期に爆発的な放散があったことを意味している――具体的に言えば、構造の制約からの解放を示唆する「単系統」放散である。そして第二に、共通祖先はすでにきわめて複雑な細胞だった。スーパーグループのそれぞれに共通の形質を比べれば、共通祖先にありそうな特性を再現できる。あらゆるスーパーグループのほぼすべての種がもつどの形質も、おそらくその共通祖先から受け継いだものだろうが、ひとつかふたつのグループにしかない形質はどれも、おそらくあとから、そのグループだけが獲得したものと思われる。葉緑体は後者の好例だ。植物とクロムアルベオラータにだけ見つかり、よく知られている内部共生の産物である。真核生物の共通祖先の構成要素ではなかった。

　では、系統発生学からは、共通祖先がすでにもっていたものは何だと言えるのだろう？　驚いたことに、葉緑体以外のほぼ全部だ。いくつかのものをざっと見てみよう。共通祖先には、DNAを収める核があったことはわかっている。核には複雑な構造がたくさんあり、それがまた真核生物全体にわたって保存されている。核は二重膜に包まれている。いやそれはむしろ、二重膜のように見えるが実はほかの細胞膜とつながっている、ぺしゃんこの袋がいくつも連なったものだ。核膜には複雑なタンパク質で縁取られた孔がちりばめられ、内側はしなやかな格子状の基質で覆われている。そして核のなかには、核小体などの構造がやはりすべての真核生物で保存されている。こうした複合体に存在する数十のコアタンパク質がスーパーグループ全体で保存されており、DNAを包むヒストンというタンパク質もそうであることは、強調しておくべきだ。すべての真核生物には棒状の染色体があり、それに帽子のようにかぶさっている「テロメア」は、靴ひもの先のように端がほつれるのを防いでいる。真核生物には「ばらばらになった遺伝子」があり、タンパク質をコードしている短いDNAセグメントが、イントロンという長い非コード領域によって分断されている。こうしたイントロンは、タンパク質に取り込まれずに、真核生物すべてに共通の機構によって切り出される。イントロンの場所さえもあまねく保存されていることが多く、真核生物全体で同じ遺伝子の同じ場所に挿入されているのが見つかる。

核以外でも、話は同じような調子で続く。比較的単純なアーケゾア（これは5つのスーパーグループに広く散らばっており、やはり初期の複雑さを個々に失ったことを示している）を除いて、真核生物はどれも本質的に同じ細胞機構をもっている。どれも細胞内に、小胞体やゴルジ体など、タンパク質の折りたたみや輸送に特化した複雑な膜構造をもつ。どれも、みずからをあらゆる形状や要求に合わせて作りかえることのできる、内部の動的な細胞骨格をもつ。どれも、細胞骨格の軌道に沿って細胞全体を行き来して物質を運ぶモータータンパク質をもっている。どれも、ミトコンドリア、リソソーム、ペルオキシソーム、輸送の機構、共通のシグナル伝達システムをもっている。まだまだほかにもある。真核生物はどれも有糸分裂を起こし、有糸分裂では染色体が共通の酵素の一群を用い、微小管が形成する紡錘体上で分かれる。どれも有性生殖をおこない、そのライフサイクルに関わる減数分裂では、精子や卵子のような配偶子ができたのち、その配偶子が合体する。有性生殖を失ったわずかな真核生物は、すぐに絶滅に至りやすい（ここで言う「すぐに」とは、数百万年以上だ）。

こうしたことの多くは、細胞の微視的構造をもとに昔からわかっていたが、系統ゲノム学の新時代はふたつの側面を鮮やかに照らし出している。第一に、構造の類似性はうわべだけ似ているのではない。見かけだましではなく、遺伝子の細かい配列、ＤＮＡの何十億もの文字にすべて記されており、そのおかげでわれわれはそうした細胞の祖先を、枝分かれする系統樹としてかつてない正確さで推定できるのだ。第二に、処理能力の高い遺伝子シーケンシング（配列決定技術）の登場により、自然界のサンプリングはもは

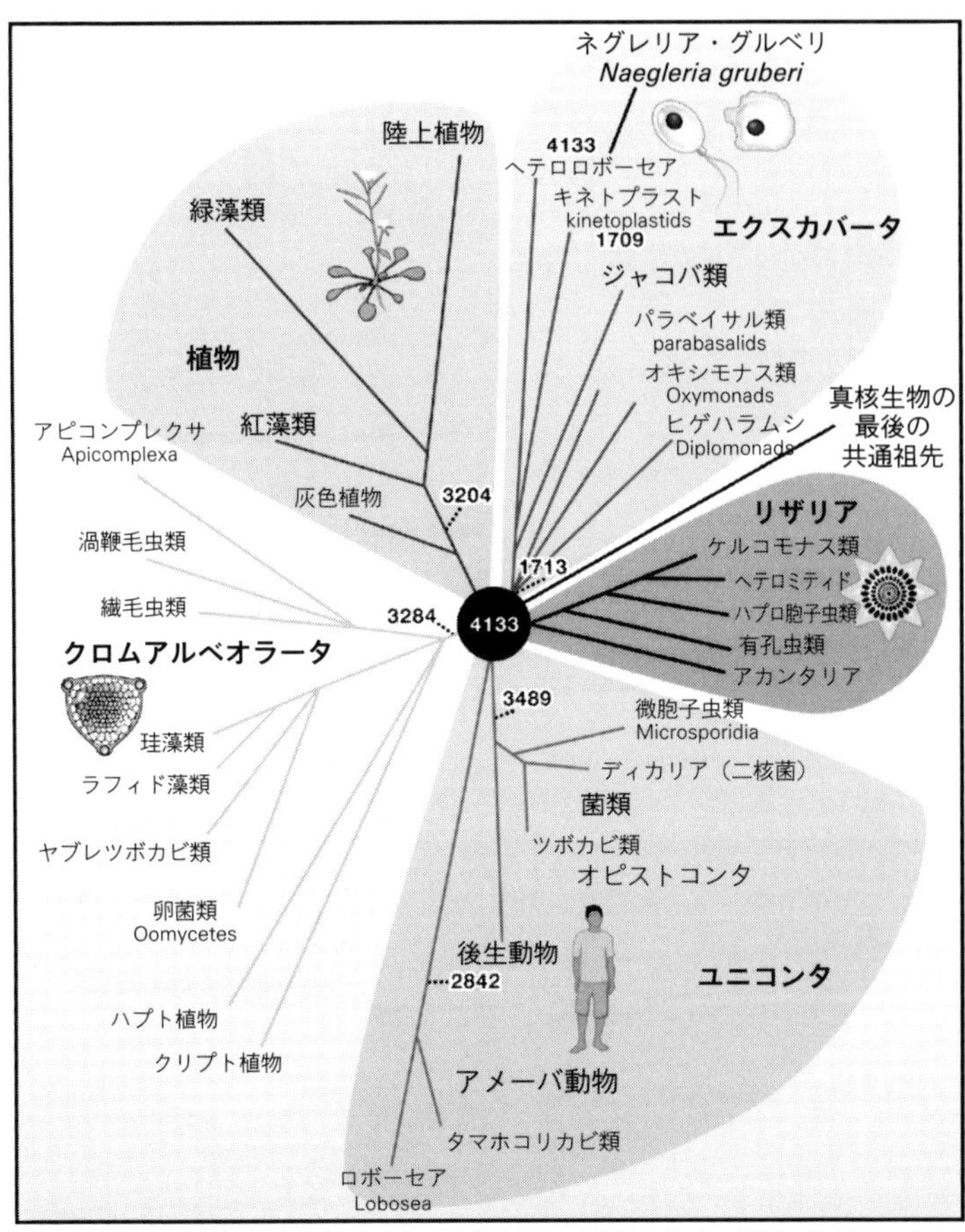

図5　真核生物の「スーパーグループ」．真核生物の系統樹．数千の共通の遺伝子にもとづいており，2010年にユージーン・クーニンが描いたとおり5つの「スーパーグループ」の存在を示している．数字は，そうしたスーパーグループのそれぞれがLECA（真核生物の最後の共通祖先）と共有する遺伝子の数．各グループは，個々にほかの多くの遺伝子を失ったり獲得したりしている．最も遺伝子の変化が大きいのは単細胞の原生生物だ．動物は後生動物（図の下部）に属する．各スーパーグループのなかのほうが，そうしたグループの祖先のあいだよりもはるかに変化が大きい点に注意してほしい．これは初期に爆発的な放散があったことを示唆している．私は中心にある象徴的なブラックホールに興味がある．LECAはすでに真核生物に共通するすべての特質を進化させていたが，系統発生学は，そうした特質のどれであれ，細菌や古細菌からどのように生じたかについてはほとんど知見を与えてくれない——進化のブラックホールなのである．

や細胞を培養したり顕微鏡用の切片を用意したりする骨の折れる作業に頼らずに済み、ショットガン式シーケンサー並みに速く信頼の置けるものになっている。自然界にはいくつか思いも寄らぬ新しいグループも見つかっている。高濃度の有毒な金属があったり高温だったりする環境に対応できる極限環境真核生物や、ピコ真核生物という微小ながら完全にできあがった細胞——細菌のように小さいが、それでもミニチュアの核やミトコンドリアを備えている——などだ。このすべては、真核生物の多様性について以前よりはるかに明確にわかっているということを示している。こうした新たに見つかった真核生物はどれも、既存の5つのスーパーグループにきちんと収まる——系統発生の新たな展望を開きはしない。この途方もない多様性から明らかになる重大な事実は、真核細胞がおそろしく似かよっているということだ。いかなる中間体も、無関係の変種も見つからない。連続細胞内共生説による予測は間違っているのである。

それはまた別の問題を提起する。生物学に対する系統学と情報科学によるアプローチが見事なまでに成功を収めると、われわれはその限界が見えなくなりやすい。ここで問題となるのは、真核生物の起源における、系統発生的な「事象の地平線」と言えるものだ。あらゆるゲノムは、真核生物のパーツをほぼすべて手に入れている最後の共通祖先にまでさかのぼれる。だが、そうしたパーツは全部、どこからやってきたのか？　真核生物の共通祖先は、ギリシャ神話のゼウスの頭から生まれたアテナのように、すっかりできあがった姿で飛び出てきたようなものだ。共通祖先より前に生じた——ほぼすべての——形質については、ほとんど何も知見が得られていない。核はなぜ、どのように進化を遂げたのか？　性はどうか？　なぜほぼすべての真核生物にはふたつの性があるのだろう？　ごてごてした細胞内の膜構造はどこからやってきたのか？　細胞骨格はどうしてこんなにも動的でしなやかなものになったのか？　有性生殖の細胞分裂（「減数分裂」）では、なぜ二回分かれて染色体の数が半数になるのか？　なぜわれわれは老化したり、がんになったり、死んだりするのか？　いくら巧みであっても、系統発生学は、こうした生物学の中心的な疑問についてはほとんど何も教えてくれない。関与する遺伝子（真核生物のいわば「シグネチャー（署名）タンパク質」をコードしている）はほぼどれも、原核生物には見つからないのだ。また一方、細菌は、こうした真核生物の複雑な形質のどれであれ進化させる傾向をほぼいっさい示さない。形態上単純な状態のあらゆる原核生物と、真核生物の妙に複雑な共通祖先とのあいだに、進化の中間体は知られていないのである（図6）。複雑な生命がもつこうした属性はすべて、系統発生の空隙、すなわち生物学の中心にあるブラックホールで生じているのだ。

複雑さへの失われたステップ

進化論はある単純な予測をする。複雑な形質は小さなステップが続いて生じ、どの新しいステップもその前よりわずかに優位となる。最もよく適応した形質が選ばれると、それより適応していない形質は失われるため、選択は絶えず中間体を排除する。やがて形質はそれぞれの適応の山の頂へと向かっていく。だから眼は完成しているように見え、進化の途中で未完成のままとなっている中間段階のものはない。『種の起源』でダーウィンは、自然選択をもとに、実は中間体が失われるはずだと予測できることを主張した。その流れで言えば、細菌と真核生物のあいだに中間体が生き残っていない事実はそれほど意外ではない。それより意外なのは、同じ形質が何度も生じないということだ——眼のように。

眼の進化を歴史的に辿ったステップは明らかでなくても、生態的な多様さはわれわれも目にしている。

原初のイモムシ状の生物にあった初歩的な光感受性をもつ「点」をはじめとして、眼はたくさんの機会に独立に生じていた。それはまさに自然選択から予測されることだ。小さなステップのひとつひとつが、個々の環境で小さな利点を与え、具体的な利点は具体的な環境に応じて決まる。形態の異なるさまざまな眼は、さまざまな環境で進化を遂げ、ハエの複眼やホタテの反射眼のように開散的〔訳注　ここでは複数の眼が別々の方向を見ること〕なものや、ヒトとタコでとても似ているカメラ眼のように輻輳的〔訳注　ここでは複数の眼が同じ方向を見ること〕なものがある。ピンホールから遠近調節をするレンズまで、考えうるさまざまな形態が、あれやこれやの種で見つかっている。一部の単細胞の原生生物にも、「レンズ」と「網膜」を備えたミニチュアの眼がある。要するに、進化論からは、種々の形質の起源は複数――多系統――で、どの小さなステップもその前のステップよりわずかに優位となるはずだと予測されるのである。理論上、それはあらゆる形質に当てはまり、確かに一般にそうした状況が見られる。そのため、動力飛行はコウモリと鳥類と翼竜と種々の昆虫で少なくとも6度の機会に誕生し、多細胞性は前述のとおりおよそ30回、各種形態の内温性（温血性）は哺乳類や鳥類などいくつかのグループだけでなく、一部の魚類や昆虫や植物でも誕生した[5]。意識さえ、鳥類と哺乳類である程度独立に生まれたようだ。眼と同様、生じた場所のさまざまな環境を反映した無数の形態が登場しているのである。物理的制約があるのは間違いないが、それは多数の起源を排除するほど強力なものではない。

　では、有性生殖や核や食作用についてはどうだろう？　同じ理屈が当てはまるはずだ。これらの形質がどれも自然選択によって生じ（まちがいなくそうだ）、適応のステップがすべて何か小さな利点を与えてくれた（まちがいなくそうだ）のだとしたら、真核生物の形質の起源が細菌に複数見つかるはずだ。しかしそれは見つかっていない。これはほとんど進化の「スキャンダル」と言える。われわれは、細菌に真核生物

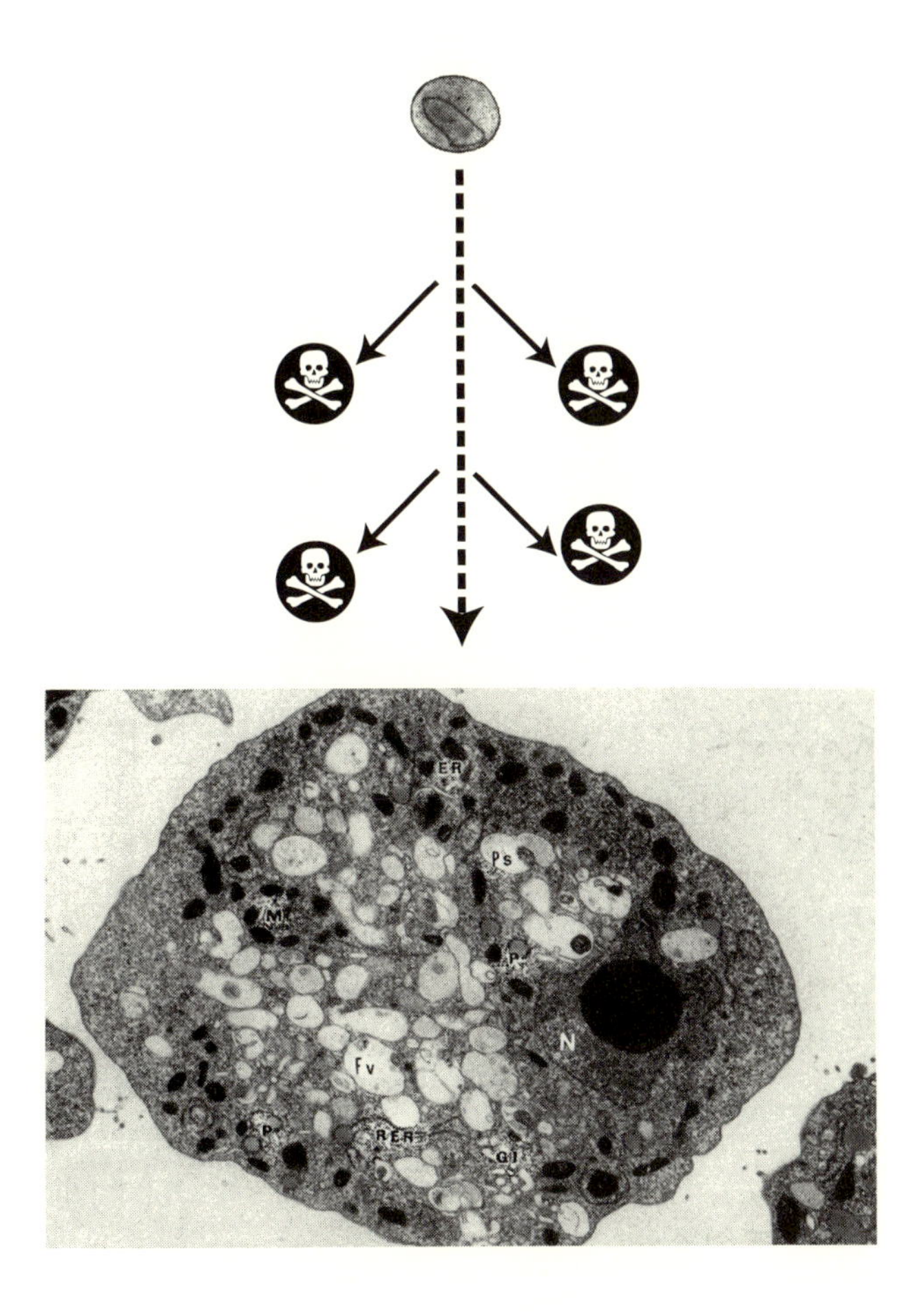

図６　生物学の中心にあるブラックホール．図の一番下にある細胞はネグレリアで，すべての真核生物の共通祖先にサイズも複雑さも近いと見なされている．これには，核（N），小胞体（ER），ゴルジ体（Gl），ミトコンドリア（M），食胞（Fv），ファゴソーム（Ps），ペルオキシソーム（P）が存在する．一番上にあるのは比較的複雑な細菌，プランクトミケスで，おおよそネグレリアと同じ縮尺で示した．私は真核生物がプランクトミケスに由来すると言っているのではない（絶対に違う）．ただ比較的複雑な細菌と代表的な単細胞真核生物との隔たりの大きさを示しているだけだ．事実を語る進化の中間体として生き残っているものがないのである（髑髏マークで示した）．

の形質の萌芽しか見つけていない。有性生殖を取り上げてみよう。細菌は有性生殖と同等のある種の接合をおこない、遺伝子の「水平」移動によって細菌同士でDNAを受け渡している、と言う人もいるかもしれない。細菌にはDNAの組み換えに必要な機構がすべてそろっており、新しい変化した染色体を作り出すことができる。これはふつう、有性生殖の利点と見なされるものだ。しかし違いは実に大きい。有性生殖では、通常の半数の遺伝子をもつ配偶子がふたつ合体し、ゲノム全体で相互組み換えが起こる。遺伝子の水平移動は、このように相互的でも組織的でもなく、個別に起こる。要するに、真核生物は「完全有性生殖」をおこない、細菌は中途半端な形態でそれをおこなうのだ。明らかに、完全有性生殖は真核生物にとって何か利点がなければならないが、そうだとすれば、細菌でも少なくとも一部のタイプは、詳細なメカニズムは違っても、似たようなことをしているはずだと考えられる。われわれの知るかぎり、そんなことをしていた細菌はない。同じことは核や食作用——さらには真核生物のおおよそすべての形質——についても言える。最初の何ステップかは問題ではない。折りたたまれた内膜をもつ細菌もあれば、細胞壁がなくてそこそこ動的な細胞骨格のある細菌もあり、さらには棒状の染色体をもっていたり、ゲノムのセットを複数もっていたり、細胞のサイズが巨大だったりする細菌もある。それでも細菌は、真核生物のごてごてした複雑さにはとうてい及ばず、同じ細胞のなかで複数の複雑な形質が組み合わさることは、あるとしてもめったにない。

細菌と真核生物との大きな違いを最も手軽に説明するものがあるとしたら、それは競争だ。その議論によれば、最初の本格的な真核生物が誕生すると、非常に競争で優位だったので複雑な形態のニッチを支配したという。ほかに張り合える相手はいなかった。この真核生物のニッチに侵入「しようとした」細菌は皆、すでにそこにいた高度な細胞にあっさり片づけられた。その言い方に従えば、それらは駆逐され、絶滅に追い込まれたのである。われわれは皆、恐竜やほかの大型の動植物の大量絶滅についてよく知っているので、この説明は完全に妥当なものに思える。現生哺乳類の小さくて毛むくじゃらの祖先は、何千万年も恐竜に抑え込まれており、恐竜が滅びてようやく現生のグループへと枝分かれしていった。だが、このしっくりくるが見かけ倒しの考えを疑うもっともな理由もいくつかある。微生物は大型動物とは違う。微生物のほうが集団のサイズは圧倒的に大きく、水平移動によって有用な遺伝子（抗生物質への耐性を与える遺伝子など）を広め、はるかに絶滅しにくくすることができる。微生物の絶滅については、大酸化事変のあとでさえ、手がかりがない。この「酸素のホロコースト」は、ほとんどの嫌気性の細胞を消し去ったとされているが、その形跡はまったく辿れない。系統発生学からも、地球化学からも、かつてそんな絶滅があったという証拠はいっさいない。それどころか、嫌気性生物は繁栄していたのである。

さらに重要なことに、実は、中間体がより高度な真核生物に駆逐されて絶滅してはいないというきわめて有力な証拠がある。今も存在しているのだ。すでに本書でそれに出くわしている――「アーケゾア」という、かつてミッシング・リンクと誤解されていた、あの原始的な真核生物の大きなグループだ。真の意味で進化の中間体ではないが、現に生態学的な中間体なのである。それらは同じニッチを占めている。進化の中間体はミッシング・リンクと言える――ティクターリクなど肢をもつ魚や、始祖鳥など羽毛と翼をもつ恐竜のように。生態学的な中間体は真のミッシング・リンクではなく、あるニッチ、ある生活様式で生きられることを証明するものである。ムササビは、コウモリや鳥といったほかの飛行性の脊椎動物と近縁ではないが、木々のあいだの滑空飛行が完全な翼をもたなくても可能であることを実証している。つまりそれは、動力飛行がそのようにして始まった可能性を示す純粋な作り話ではない。そしてそれこそが、アーケゾアの真の重要な点なのだ――それは生態学的な中間体で、ある生活様式で生きられることを証明している。

　前に、アーケゾアは1000種以上あるという話をした。この細胞は、単純化することによってその「中間の」ニッチに適応した正真正銘の真核生物であり、細菌がわずかに複雑になったものではない。この点は強調させてもらおう。そのニッチは生存可能で、形態の単純な細胞が幾度となく侵入し、そこで繁栄してきた。そうした単純な細胞は、それ以前から存在して同じニッチを占めていた、より高度な真核生物によって絶滅に追い込まれはしなかった。むしろ正反対で、まさに単純化したがゆえに繁栄したのである。統計学的に言うなら、ほかの条件がすべて等しければ、（複雑な細菌でなく）単純な真核生物だけがこのニッチに別々の機会に1000回侵入する確率は、およそ10の300乗分の1で、これはザフォド・ビーブルブロックスの無限不可能性ドライブ〔訳注　ダグラス・アダムスの『銀河ヒッチハイク・ガイド』に登場する、確率を自在に操る架空の超光速航法〕でないと実現できなさそうな数だ。アーケゾアがこれよりずっと控えめな20回の機会に独立に生じた（そしてそれぞれの機会で枝分かれを起こして種をたくさん生み出した）としても、確率はなお100万分の1だ。これは途方もない偶然だったか、実はほかの条件がすべて等しくはなかったかのどちらかだ。そこで最も妥当な説明は、真核生物の構造には、この中間のニッチへ侵入しやすくする何かがあり、逆に細菌の構造には、より複雑な形態への進化を阻む何かがある、というものとなる。

　それはことさら極端な考えには思えない。それどころか、ほかにわれわれの知っているすべての事実とも整合する。この章を通して細菌について語ってきたが、「はじめに」で述べたとおり、核のない細胞――それゆえ「原核生物」（英語のprokaryotesは「核以前」という意味）と呼ばれる――には、実はふたつの大きなグループ（「ドメイン」）がある。それは細菌と古細菌だ。古細菌は英語でarchaeaだが、ここまで取り上げてきた単純な真核細胞であるアーケゾア（archezoa）と混同してはならない。科学の用語のなかには、人に理解されぬように望む錬金術師がこしらえたかに思えるものもあり、その混同については申しわけないと言うほかないが、古細菌と細菌は核のない原核生物で、アーケゾアは核のある原始的な真核生物であることは忘れないでほしい。実のところ、archaea は今でもときどき、eubacteria（「真正細菌」の意味）に対するものとして archaebacteria（「古い細菌」の意味）と呼ばれるため、どちらのグループも正式に bacteria（細菌）と言うことがある。便宜上、このあと本書では細菌（bacteria）という言葉をゆるく使って両方のグループを指していくが、ただしそれはふたつのドメイン間の重大な違いを特定するのに必要な場合を除くつもりだ[6]〔訳注　邦訳では archaea に対して古細菌という訳語が定着しているため、本書を通じてこの訳語を使用する〕。

重要なのは、細菌と古細菌というふたつのドメインで、遺伝子や生化学的メカニズムはまるで違うのに、形態はほとんど見分けがつかないという点だ。どちらのタイプも小さくて単純な細胞で、核をはじめ、複雑な生命を特徴づける真核細胞の形質をすべて欠いている。どちらのグループも、遺伝子が驚くほど多様で生化学的メカニズムもとてつもなく精巧でありながら、複雑な形態に進化しなかった。まるでそこに内在する物理的制約が原核生物を複雑な形態に進化できなくしているかのようで、その制約はなぜか真核生物の進化では解かれたのである。第5章で私は、この制約が、ある珍しい出来事――「はじめに」で述べた、ふたつの原核生物のあいだでなされたただ一度の内部共生――によって解かれたと主張するつもりだ。しかし当面は、なんらかの構造上の制約が細菌と古細菌という二大ドメインの双方に等しく加わり、とうてい考えられない40億年の長きにわたって単純な形態のままにしたとだけ言おう。真核生物だけが複雑さの領域を探った。構造上の制約が何だったにせよ、それからの解放となる爆発的な単系統放散によって、探ったのだ。それがただ一度だけ起きたらしいから、すべての真核生物は親類なのである。

するとこれが、新たな視点で見た生命の小史となる。ざっと要点を語ろう。初期の地球は、現在のわれわれの世界と大きく違ってはいなかった。水の世界で、気候は穏やかで、大気は二酸化炭素や窒素などの火山ガスで占められていた。初期の地球には酸素はなかったが、有機化学反応をもたらすガス――水素、メタン、アンモニア――も多くはなかった。それで原始スープという古くさい考えは排除される。一見したところ、ほかの何かが生命の出現を促していたようにも思えるが、それについてはのちほど触れよう。まもなく細菌が乗っ取り、隅々まであらゆる代謝のニッチに棲みつくと、20億年かけて地球を改造し、途方もない規模で岩石や鉱物を析出して、海洋や大気や大陸を変えた。細菌は何度かのスノーボール・アースにおいて気候を一変させた。世界を酸化させ、海洋や大気を反応性の高い酸素で満たしたのだ。それでも、この長大な期間に、細菌も古細菌もほかのものに姿を変えなかった。構造も生活様式も、かたくなに単純なままだったのである。永遠とも思える40億年間、環境や生態の極端なまでの変化によって、細菌は遺伝子や生化学的メカニズムを変えたものの、形態は変えなかった。より複雑な生命形態を生み出しはしなかった。別の惑星にも見つかってほしいと思うような知的生命を。ただ一度を除いて。

この地球で、ただ一度の機会に、細菌は真核生物を生んだ。化石記録にも、系統学的証拠にも、「複雑な生命が実は何度も生じたが、ひとつのグループ――おなじみの現生の真核生物――だけが生き残った」という可能性を示唆するものはいっさい残っていない。一方、真核生物の単系統放散は、唯一の起源がそこに内在する物理的制約——大酸化事変などの環境の激変との関係は、あるとしてもほとんどなかった——によって決定づけられた可能性を示唆している。その制約がどんなものだったと思われるかは、第Ⅲ部で見ていくことにする。現時点では、何か妥当な話で複雑な生命の進化が一度しか起きなかった理由が説明できるにちがいない、とだけ言っておこう。その説明は、信じられる程度には説得力があるはずだが、完全には説得力がないので、多くの機会で起きなかった理由はよくわからないままだ。ただ一度の出来事を説明しようとしても必ずや偶然に思われるだろう。どうすればその事実をなんとか証明できるだろうか？　出来事そのものにはあまり手がかりがないとしても、あとに隠された手がかり、起きたことを示す動かぬ証拠はあるかもしれない。いったん細菌の束縛を脱すると、真核生物はおそろしく複雑になり、多様な形態になった。だが彼らは、この複雑さを明確に段階を踏んでため込んでいったわけではない。有性生殖や老化から種分化（新種形成）まで、細菌や古細菌に見られなかった形質を全部もって現れた。最初期の真核生物は、こうした特異な形質をすべて、唯一の共通祖先にため込んでいた。形態の単純な細菌と、真核生物のおそろしく複雑な共通祖先とのあいだには、進化の中間体としてはっきりわかるものは知られていない。これらの事実を総合すると、スリリングな考えに至る——生物学の最大級の疑問がまだ解き明かされていないのだ！　そうした形質に、進化の経緯を教えてくれそうななんらかの傾向はあるのだろうか？　私はあると思う。

この謎は、本章の冒頭で発した疑問と関係している。生命の歴史と特性のどれだけが第一原理から予測できるだろう？　生命は、ゲノムや歴史や環境によって容易に解釈できない形で制約を受けているのではないかという話はすでにした。生命を情報の観点のみから考えると、この不可解な歴史はどれも予測できないというのが私の主張だった。生命はなぜそんなにも早く誕生したのか？　なぜ数十億年にわたり形態学的構造が停滞したのか？　なぜ細菌と古細菌は、地球規模の環境や生態の激変にやられなかったのか？　なぜすべての複雑な生命は単系統で、40億年間でただ一度しか生じていないのか？　なぜ原核生物は、絶えず、あるいはときたまでも、より複雑な細胞や生物を生み出していないのか？　有性生殖や核や食作用など、個々の真核生物の形質は、なぜ細菌や古細菌では生じないのか？　なぜ真核生物はこうした形質をすべてため込んだのだろう？

生命が結局のところ情報なら、これらは手に負えない謎だ。情報だけをもとに、科学としてこの筋書きを予言できたとは私は思わない。生命の奇抜な特性は、歴史の偶然、残虐な運命の矢弾のせいでなければならない。ほかの惑星の生命の特性を予言することはできまい。それでもDNA――どんなものにも答えられると保証するかに思える見事なコードスクリプト――は、シュレーディンガーの示した別の中心教義を忘れさせた。生命はエントロピーという崩壊の傾向に逆らっているという教義だ。著書『生命とは何か（*What is Life?*）』でシュレーディンガーは、物理学者の読者を相手に書いていたら、エントロピーでなく自由エネルギーの観点から自分の議論を組み立てていただろうと述べている。ここで「自由」という言葉には特殊な意味があり、それについては次の章で検討しよう。さしあたり、そのエネルギーがこの章には、それどころかシュレーディンガーの著書にもまさに欠けていたものだと言っておけば十分だろう。彼の本の象徴的なタイトルは、完全に間違った疑問を発していた。エネルギーを加えると、疑問ははるかに明白なものとなる。「生とは何か（What is Living?）」だ。しかしシュレーディンガーは無理もなかった。知るよしもなかったのだ。彼がその本を書いていた当時、生物のエネルギー通貨のことはだれもあまり知らなかった。今では、その仕組みはこの上なく詳細に、原子のレベルに至るまで知られている。エネルギーを取り込む詳細なメカニズムは、遺伝コードと同じぐらい生命にあまねく保存されていることがわかっており、そのメカニズムは細胞に根本的な構造上の制約を課している。それでも、そうしたメカニズムがどのようにして進化を遂げたのかも、生物のエネルギーがどのようにして生命の筋書きに制約を与えたのかも、まだわかっていない。それこそが、本書のテーマとなる疑問だ。

2　生とは何か？

それは冷酷な殺し屋で、無数に世代を重ねて計算高いずる賢さに磨きをかけている。それは生物の高度な免疫監視機構を妨害し、二重スパイのようにひっそりと背景に溶け込む。それは細胞表面のタンパク質を見分け、狙いを定めてまるで身内であるかのように内奥に入ることができる。そして確実に核を目指し、みずからを宿主細胞のＤＮＡに組み込ませることができる。ときには何年も中に隠れて残り、まわりから見えない。あるいはまた、ただちに乗っ取り、宿主細胞の生化学的メカニズムを妨害して、みずからのコピーを無数に作り出すこともある。さらにそうしたコピーを脂質とタンパク質でカムフラージュした衣で飾り立て、細胞表面に運んで外へ飛び出させ、ずるい策略と破壊をまた繰り返す。それは細胞単位でひとりひとり、破滅的な疫病でヒトを殺したり、一夜にして何百キロメートルも広がって海洋のプランクトンをすべて消し去ったりする。しかしほとんどの生物学者は、それを生物に分類さえしようとしない。ウイルス自身にとっては知ったことではないが。

なぜウイルスは生物でないというのか？　それ自身の代謝が活動していないからだ。宿主の力に完全に頼っているのである。そこでこんな疑問が浮かぶ。代謝の活動は生命に必須の特質なのか？　もちろん適切な答えはイエスだが、いったいなぜなのだろう？　ウイルスは周囲の環境を用いてみずからのコピーを作る。だが一方で、われわれもそうしている。ほかの動物や植物を食べ、酸素を吸い込んでいるのだ。ビニール袋を頭にかぶせるなどして環境から切り離すと、われわれは数分で死んでしまう。われわれは、ウイルスと同じように、環境に寄生しているとも言えるのである。植物もそうだ。われわれが植物を必要とするのとほぼ同じぐらい、植物もわれわれを必要とする。光合成でみずからの有機物を生み出し、生長するために、植物は日光と水と二酸化炭素（CO_2）を必要とする。乾燥した砂漠や暗い洞窟では生長できないが、CO_2が少なくても生長できない。植物にこのガスが足らなくならないのは、動物（や菌類や種々の細菌）が絶えず有機物を分解し、消化し、燃焼させ、最終的に大気へCO_2として放出するためにほかならない。そのうえわれわれが化石燃料を燃やし尽くそうとしているのは、この星にとって恐ろしい結果をもたらすかもしれないが、植物には感謝するだけの立派な理由がある。彼らにとっては、CO_2が多ければ生長も盛んになるからだ。するとわれわれと同じく、植物も環境に寄生していることになる。

この視点で見れば、植物と動物とウイルスの差異は、それぞれの環境から受け取るものにすぎないことになる。細胞のなかでは、ウイルスが最高に恵まれた子宮――ほしいものをひとつ残らず与えてくれる世界――で、大事に育てられている。彼らはほとんどのものをそぎ落とした姿でも生きていける――かつてピーター・メダワーは「タンパク質にくるまれた厄介者」と呼んだ――が、それは身のまわりの環境が非常に豊かなためにほかならない。反対に、植物は身のまわりの環境にきわめて低い要求しかしない。彼らは光と水と空気があればほぼどこでも育つ。外部の要件がとても少なくてもなんとかして生きることで、必然的に内部が高度になっている。みずからの生化学的メカニズムによって、植物は生長に必要なものをなんでも作ることができる。何もないところ――空気――から合成するのだ。[1]　われわれヒトは、そんなウイルスと植物のあいだのどこかに位置する。食べるという普遍的な要求を超えて、われわれは食事に特定のビタミンを必要としており、それがないと壊血病などのひどい病気になる。ビタミンは、われわれが単純な前駆体から自分では作れない化合物だ。祖先がもっていた、一から合成するのに必要な生化学的メカニズムを失ってしまっているからである。ビタミンによって与えられる外部の助けがなければ、われわれは宿主のないウイルスと同じ運命を辿ってしまう。

このようにわれわれが皆環境からの助けを必要とするのなら、残る疑問は「どれだけ必要なのか？」というものだけになる。ウイルスは、実はレトロトランスポゾン（ジャンピング遺伝子）など、DNAへの一部の寄生体(パラサイト)について言えばきわめて高度な存在だ。これらのパラサイトは安全な宿主から離れず、ゲノム全体にみずからをコピーする。プラスミド——一般に単独の小さな環状DNAで、ひとにぎりの遺伝子をのせている——は、細菌から細菌へ（連結する細い管を介して）直接移れるので、外界に対する防備を固める必要がない。レトロトランスポゾンも、プラスミドも、ウイルスも、生物なのだろうか？　どれも、ある種の「意図的な」ずるさをもっている。身のまわりの生物学的環境を利用して、みずからのコピーを作る能力だ。はっきり言えば、無生物と生物は地続きで、そのあいだで線引きをしようとするのは意味がない。生命の定義の大半は生体そのものに目を向けていて、環境への寄生については往々にして無視している。たとえばNASAによる生命の「暫定的な定義」を見てみよう。生命とは「ダーウィン進化の可能な自立した化学的システム」というものだ。これにウイルスは含まれるだろうか？　きっと含まれないだろうが、「自立した」というあいまいな言葉をどう読み取るかにもよる。いずれにせよ、生命が環境に依存することが重視されているわけではない。環境は、まさにその本質から言って、生命の外のものに見える。だが決してそうではないことをこのあと明らかにしよう。両者はいつでも密接に結びついているのだ。

生命が好ましい環境から切り離されたらどうなるか？　もちろん、われわれなら死ぬ。われわれは、生か死かのどちらかしかない。ところが、必ずしもそうとはかぎらない。宿主細胞の資源から切り離されても、ウイルスはすぐに崩壊して「死ぬ」ことはない。世界からあれこれ奪われてもかなり耐えられるのだ。海水1ミリリットルに、細菌の10倍のウイルスが存在し、出番を待っている。ウイルスが崩壊に耐えるのは、仮死状態で保たれ長い年月そのようにしていられる細菌の芽胞を連想させる。芽胞は代謝をいっさいおこなわぬまま、何千年も永久凍土で、さらには宇宙空間ですら生き延びる。芽胞だけではない。種子や、クマムシのような動物さえ、完全な乾燥状態、ヒトを殺す量の1000倍もの放射線、海洋底の途方もない圧力、あるいは宇宙の真空といった極限環境に――すべて食物も水もなくても――耐えられる。

なぜウイルスや芽胞やクマムシは、熱力学第二法則が普遍的に命じるとおりに崩壊しないのか？　最終的には崩壊するかもしれない――宇宙線が直接当たったりバスに轢かれたりしてズタボロになれば――が、そうでないと、生きていない状態でほぼ完全に安定している。これは、「生命（life）」と「生（living）」の違いについて重要なことを教えてくれる。芽胞は、ほとんどの生物学者が生物に分類するにしても、厳密に言えば生きていない。蘇生する能力をもっているからだ。また、生きている状態に戻れるのだから、死んでもいない。私には、ウイルスに対しては何か別の見方をすべきだとする理由がわからない。ウイルスも、しかるべき環境になるとまたみずからをコピーしだすのだ。クマムシも同様である。生命は結局のところ構造（一部は遺伝子や進化に決定づけられている）だが、生――成長（生長）や繁殖（増殖）――はそれに加えて環境でもあり、つまり構造と環境の相互の関わりなのだ。われわれは、遺伝子がどのように細胞の物理的要素をコードしているのかについてはとてつもなくたくさん知っているが、物理的制約がどのように細胞の構造や進化を決定づけているかについてはわずかしか知らない。

エネルギー、エントロピー、構造

熱力学第二法則によれば、エントロピー――無秩序さ――は必ず増大するのだから、一見したところ芽胞やウイルスがそんなにも安定しているというのは奇妙に思える。生命と違ってエントロピーは、具体的に定義されており、測ることができる（単位はジュール毎ケルビン毎モル）。芽胞を粉々に砕くとしよう。すりつぶして構成要素の分子にまでばらばらにし、エントロピーの変化を測る。きっとエントロピーは増えているにちがいない！　しかるべき条件になればふたたび成長できる見事に秩序立っていた系が、ランダムで機能しないかけらの集まりになったのだから。当然、エントロピーは高いと思われる。だが違う！生体エネルギー学者テッド・バットリーの入念な測定結果によれば、エントロピーはほとんど変化していなかった。エントロピーには、芽胞以外のものも関与するからである。環境も考慮しなければならず、それにもある程度の無秩序さがある。

芽胞は、相互作用するパーツがきっちり収まってできている。油性（脂質）の膜が、分子間に働く物理的な力によって自然に水を遠ざける。油性の脂質を水に混ぜて振ると、おのずから薄い二重層になる（これが水性の小胞を覆う生体膜となる）。それが最も安定した状態だからである（図7）。似たような理由で、石油が海に流出すると海面に薄い膜が広がり、何百平方キロメートルにもわたり生物に打撃を与える。油と水は混じり合わないとされている――物理的な引力と斥力から、油と水は、相互にではなく自分自身と作用したがるのだ。タンパク質もほぼ同じような振る舞いをする。電荷を多くもつものは水に溶け、電荷の

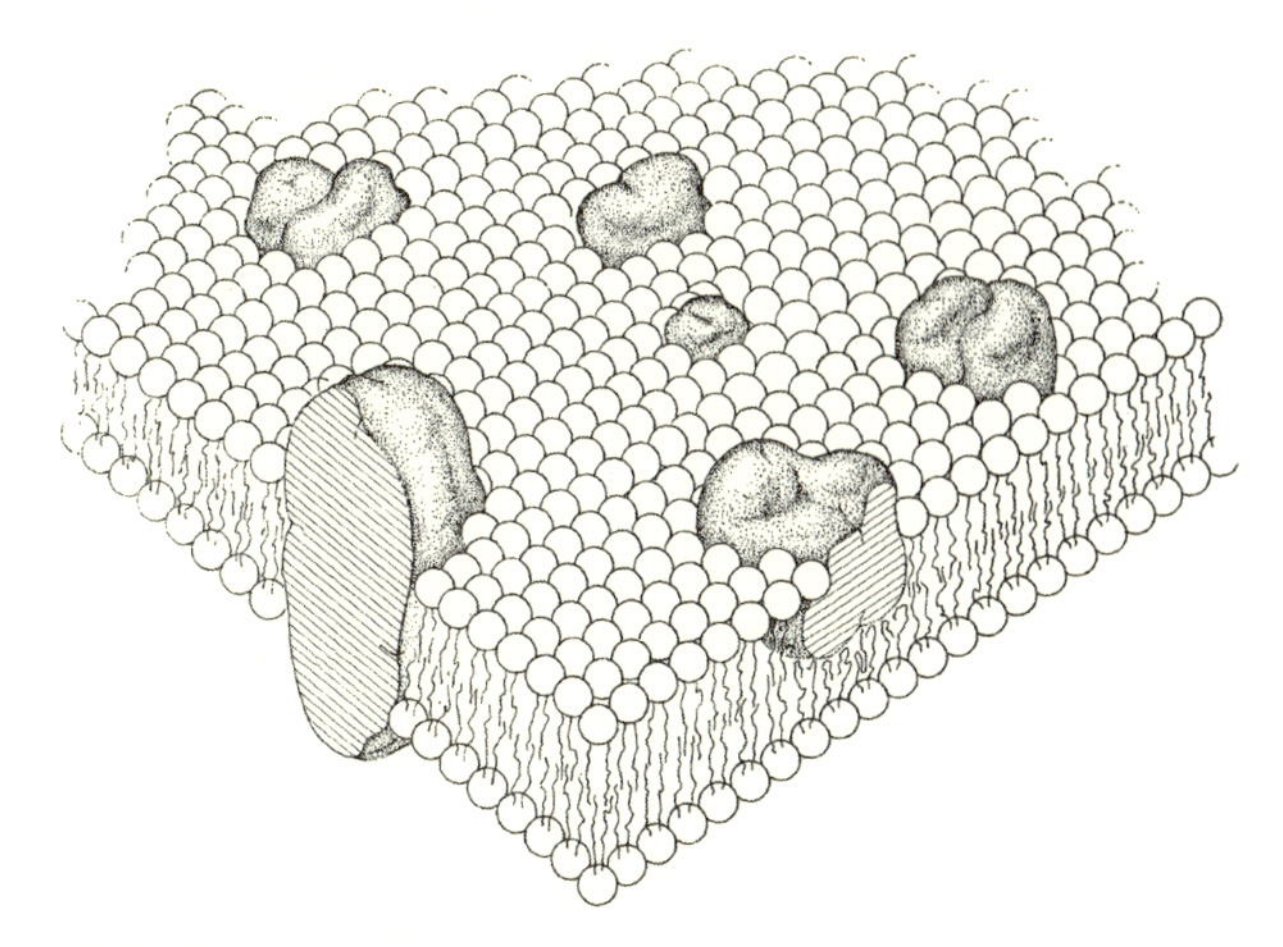

図7　脂質膜の構造．1972年にシンガーとニコルソンが描いた，脂質二重層の流動モザイクモデル．タンパク質が脂質の海から顔を出して浮かび，部分的に埋まったものもあれば，膜全体を貫いているものもある．脂質そのものは，親水性の（水を好む）頭部——通常はグリセロールリン酸——と疎水性の（水を嫌う）尾部——細菌と真核生物では一般に脂肪酸——からなる．膜は二重層として形成され，親水性の頭部が細胞質および環境の水性の要素と相互作用し，疎水性の尾部は内側を向いて自分たち同士で相互作用する．これは低エネルギーの，物理的に「心地よい」状態だ．見かけは秩序立っているが，脂質二重層が形成されると，実際にはエネルギーが熱として環境に放出されることで，全体のエントロピーが増大するのである．

ないものは油とよく作用する——疎水性、つまり「水を嫌う」——のだ。油性の分子が集まって落ち着き、電荷をもつタンパク質が水に溶けると、エネルギーが放出される。それが物質の、物理的に安定した、低エネルギーの、「心地よい」状態なのだ。エネルギーは熱として放出される。熱は分子の運動で、押し合いへし合いする分子の無秩序さだ。結果的にエントロピーをもたらすものなのである。したがって、油と水が分離して熱が放出されると、エントロピーが増大する。すると、全体のエントロピーの観点からは、こうした物理的相互作用をすべて考慮すれば、秩序立った膜が細胞を取り囲むのは、混和しない分子がランダムに混じった状態よりも、エントロピーが高いということになる。[2]

芽胞をすりつぶしても全体のエントロ

ピーがほとんど変わらないのは、砕いた芽胞そのものは無秩序さが増していても、構成要素が前より高いエネルギーをもっているからだ――油が水と混ざり、混和しないタンパク質が激しくぶつかり合う。この物理的に「心地よくない」状態にはエネルギーがかかる。物理的に心地よい状態が環境にエネルギーを熱として放出するのなら、物理的に心地よくない状態は逆のことをおこなう。エネルギーを環境から吸収し、環境のエントロピーを下げて、環境を冷やすことになるのだ。ホラー小説の書き手たちは、ぞっとさせる語りの要点をつかんでいる――ほぼ文字どおり。幽霊やポルターガイストや吸魂鬼〔訳注『ハリー・ポッター』シリーズに登場する架空の生物で、人間の魂を吸い取る〕は、周囲の環境をひんやりさせ、あるいは凍りつかせまでして、みずからの不自然な存在のためにエネルギーを吸い取って使うのである。

芽胞の場合にこうしたすべてを考慮に入れると、全体のエントロピーはほとんど変化しない。分子のレベルでは、ポリマー（高分子）の構造がエネルギーを局所的に最小化し、余剰のエネルギーを熱として環境に放出して、環境のエントロピーを増大させる。タンパク質はできるだけ低いエネルギーをもつ形状に自然に折りたたまれる。その疎水性の部分は、表面の水から離れた場所に埋まっている。電荷は引きつけ合ったり斥け合ったりするので、正電荷は負電荷との釣り合いで決まった場所にとどまり、タンパク質の立体構造を安定させている。こうしてタンパク質は、必ずしも有用ではなくても、特定の形状に自然に折りたたまれる。プリオンはまったく正常なタンパク質でも、自然に半結晶構造にたたみなおされ、それをひな型としてたたみなおされたプリオンが次々にできる。全体のエントロピーはほとんど変わらない。タンパク質にいくつか安定な状態があっても、そのうちのひとつだけが細胞にとって有用なものという可能性もある。だがエントロピーの観点からは、違いがほとんどない。ひょっとしたらなにより驚くのは、ばらばらのアミノ酸（タンパク質の構成要素）からなる無秩序なスープと、見事に折りたたまれたタンパク質とで、全体のエントロピーにほとんど差がないことかもしれない。たたまれたタンパク質を広げると、アミノ酸のスープにより近い状態に戻り、エントロピーが増す。しかしそうすると、疎水性のアミノ酸を水にさらすことにもなり、この物理的に心地よくない状態は外部からエネルギーを吸収し、環境のエントロピーを減らして周囲を冷やす。これは「ポルターガイスト効果」と呼んでもよさそうなものである。生命がエントロピーの低い状態である――スープよりも組織化されている――という考えは、厳密には正しくない。生命の秩序と組織を、環境の無秩序さの増大が上回っているからだ。

ならば、エルヴィン・シュレーディンガーが、生命は環境から負のエントロピーを「吸い上げる」と言ったとき、何の話をしていたのだろうか。彼はそれで、生命は周囲からどうにかして秩序を引き出すのだと言いたかった。実は、たとえアミノ酸のスープがきっちり折りたたまれたタンパク質と同等のエントロピーであっても、ふたつの意味で、タンパク質のほうが生じにくく、それゆえエネルギーを要する。

第一に、アミノ酸のスープは自然に結合して鎖を形成することはない。タンパク質はアミノ酸が連なった鎖だが、アミノ酸は本来反応性が低い。アミノ酸を結合させるには、生体細胞はまずそれを活性化しなければならない。そうして初めて、反応して鎖ができるのだ。このとき、最初の活性化で使われたのとほぼ同じ量のエネルギーが放出される。タンパク質が自分を折りたたむときに放出するエネルギーは熱として失われ、環境のエントロピーを増大させる。だから、同等に安定なふたつの状態のあいだにも「エネルギー障壁」がある。エネルギー障壁から、タンパク質の形成が難しいと言えるのと同じく、タンパク質の分解にも障壁がある。タンパク質を壊して構成要素に戻すのには、ある程度の労力（と消化酵素）が要る。有機分子が相互作用してより大きな構造を形成する傾向は、溶岩が冷えて大きな結晶ができる傾向と同様、謎めいてはいないことをよく理解する必要がある。反応性の高い構成要素が十分にあれば、そうした大きな構造のほうがとくに安定した状態となる。そして実際の問題は、「その反応性の高い構成要素はどこから生まれてくるのか？」というものになる。

ここから第二の問題も導かれる。活性化したアミノ酸はおろか、アミノ酸のスープさえ、今日の環境でも存在が確かだとは言えない。そのまま放置すると、やがて酸素と反応してもっと単純なガスの混合物——二酸化炭素、窒素酸化物、硫黄酸化物、水蒸気——に戻ってしまうだろう。つまり、そもそもアミノ酸ができるのにエネルギーが要り、そのエネルギーはアミノ酸が分解されるときに放出されるのだ。だからわれわれは、飢えてもしばらくは、筋肉のタンパク質を分解し、それを燃料として生き延びることができる。このエネルギーは、タンパク質そのものではなくそれを構成するアミノ酸の燃焼によって得られるものだ。したがって、種子も芽胞もウイルスも、今日の酸素の豊富な環境では完全に安定してはいない。それらの構成要素はゆっくり時間をかけて酸素と反応し（酸化され）、ついには構造や機能が蝕まれて、適切な条件でも蘇生できなくなる。種子は死ぬのだ。しかし取り巻く気体を変え、酸素を寄せつけなければ、いつまでも安定する。[3] 生物は酸素に富む地球環境によって「平衡状態でなくなっている」ので、積極的に進行を防がないかぎり酸化されやすいのである（次の章で、必ずしもそうではないことを明らかにするが）。

このように、通常の環境（酸素の存在下）では、二酸化炭素や水素などの単純な分子から、アミノ酸のほか、ヌクレオチドなど生物の構成要素を作るのに、エネルギーが要る。また、それらをつなげて長い鎖——タンパク質やDNAなどのポリマー——にするのにもエネルギーが要るが、エントロピーの変化はほとんどない。それが「生」というものだ——新たな要素を作り、それをすべてつなげ、成長し、殖える。成長とは、細胞の内外に積極的に物質を輸送することでもある。こうしたことをおこなうには、エネルギーの継続的な流れが必要になる。シュレーディンガーはそれを「自由エネルギー」と呼んだ。彼が念頭に置いた方程式は象徴的なもので、エントロピーと熱を自由エネルギーに関係づけており、実に単純だ。

$$\Delta G = \Delta H - T\Delta S$$

この式は何を意味しているのか？　ギリシャ文字のΔ（デルタ）は、変化を示している。ΔGはギブズの自由エネルギーの変化で、19世紀の偉大な孤高のアメリカ人物理学者J・ウィラード・ギブズの名にちなんでいる。このエネルギーによって、筋肉の収縮などの機械的な仕事や細胞内の現象が「自由」に引き起こせる。ΔHは熱の変化で、環境に放出され、その環境を暖めるので、環境のエントロピーを増大させる。熱を環境に放出する反応は、系そのものを冷やす。反応前よりも系内のエネルギーは減るからだ。すると、系から環境に熱が放出される場合、系のΔHは負の符号をもつ。Tは温度だ。その重要性はあくまで環境に応じて決まる。ある量の熱を冷たい環境に放出すると、まったく同じ量の熱を暖かい環境に放出するよりも、その環境に大きな影響を及ぼす。相対的なインプットが大きくなるのだ。最後にΔSは、系のエントロピーの変化である。系のエントロピーが減ると、これは負の符号をもつようになって秩序を高め、逆にエントロピーが増すと正になり、系は無秩序さを増す。

全体として、どんな反応であれ自然に起こるためには、自由エネルギーΔGは負でなければならない。これは、「生」を構成するすべての反応の総和についてもやはり言える。つまり、ΔGが負の場合に<u>のみ</u>、反応が自発的に起こるのだ。そうなるためには、系のエントロピーが増大する（系の無秩序さが増す）か、系からエネルギーが熱として失われるか、あるいは両方が起きるかする必要がある。それゆえ、局所的なエントロピーは、ΔHがそれ以上に負である（つまり大量の熱が環境に放出される）かぎり、減少しうる——系は秩序を増しうる——のだとも言える。結局、成長と繁殖——すなわち「生」！——を促すには、なんらかの反応が環境に絶えず熱を放出し、環境の無秩序さを増大させなければならないのである。輝く星々を考えてみればいい。星々は、莫大な量のエネルギーを宇宙に放出することで、秩序立った存在の代価を払っている。われわれ自身の場合、呼吸という不断の反応による熱を放出することで、持続的な存在の代価を払っている。われわれは絶えず酸素のなかで食物を燃やし、環境に熱を放出している。その熱損失は無駄ではない。生命が存続するためには絶対に必要なのだ。熱損失が大きいほど、複雑さの可能性も広がることになる。*

生体細胞で起こる現象はすべて自発的で、しかるべき起点を与えてやればひとりでに進行する。ΔGはつねに負だ。エネルギーはずっと下降線を辿る。しかしこれは、起点が非常に高いところになければならないことを意味する。タンパク質を作るとしたら、起点は、活性化したアミノ酸を小さなスペースにたっぷり詰め込んだ、とんでもない集合体となる。そうしたアミノ酸は、結合し折りたたまれてタンパク質を形成するときにエネルギーを放出し、環境のエントロピーを増大させるだろう。活性化したアミノ酸は、適度に反応性の高い前駆体が十分にあれば、自発的にできる。また、そんな適度に反応性の高い前駆体も、反応性の高い環境が与えられれば、自発的に形成される。だから結局のところ、成長のパワーは環境の反応性に由来するもので、生体細胞を絶えず流れている（われわれの場合は食物と空気という形で、植物の場合は光子という形で）。生体細胞はこの継続的なエネルギーの流れを成長につなげ、分解されてしまう傾向に打ち勝つ。それは、遺伝子がある程度指定する精巧な構造によってなされている。だが、そのような構造が何であろうと（のちほど語る）、それ自体が、成長と複製、自然選択と進化のもたらす結果であり、そうした原因のどれもが、環境のどこかから絶えず流れ込むエネルギーなくして起こりえないのである。

生命のエネルギーのメカニズムは不思議と狭い可能性に絞られている

生物が生きるのには、途方もない量のエネルギーが必要となる。あらゆる生体細胞が用いるエネルギー「通貨」はATPという分子で、ATPはアデノシン三リン酸を略したものだ（しかし名前の話は別にいい）。ATPはスロットマシンのコインの役目を果たす。マシンを一度回すエネルギーを与えるが、直後に動きを止めるのだ。ATPの場合、「マシン」は一般にタンパク質である。ATPは、ある安定した状態から別の状態へ変化するエネルギーを与える。スイッチを上から下に倒すように。タンパク質では、スイッチはある安定した立体構造から別の立体構造に変化させる。スイッチを元に戻すには、またATPが要る。スロットマシンをもう一度回すのに、コインをまた投入するのとまったく同じだ。細胞をタンパク質のマシンでいっぱいの巨大なカジノと見なし、どのマシンもこのようにATPのコインで動くのだとしよう。1個の細胞は、毎秒およそ1000万個のATP分子を消費している！　その数は息をのむばかりだ。人体にはおよそ40兆個の細胞があるので、代謝回転〔訳注　全体の量は変わらないが代謝によって絶えず新旧が入れ替わる現象のこと〕するATPの総量は、1日あたり約60〜100キログラムとなる——ほぼわれわれ自身の

＊　これは、内温性すなわち温血性の進化という観点では興味深い。内温性による熱損失の増大と複雑さの増大とのあいだに必然的な関係はないが、それでも複雑さが増すと最終的に熱損失の増大によって代価を払う必要があるのは確かだ。したがって、内温動物は理論上（実際にはそうでなくても）外温動物よりも複雑になりうる。ひょっとしたら、一部の鳥類や哺乳類の高度な脳はその好例なのかもしれない。

体重に相当する量だ。実のところ、われわれの体内のＡＴＰは60グラムほどしかないので、どのＡＴＰ分子も1分に一度か二度補充されていることがわかっている。

補充？　ＡＴＰが「分割」されると、立体構造を変化させる自由エネルギーを放出すると同時に、ΔGを負に保てるだけの熱も放出する。ＡＴＰは通常、ＡＤＰ（アデノシン二リン酸）と無機リン酸（PO_4^{3-}）という不平等なふたつのかけらに分割される。この無機リン酸は、肥料に使われているものと同じで、ふつうはP_iと表示される。そして、ＡＤＰとP_iからふたたびＡＴＰを形成するのにも、エネルギーが要る。呼吸のエネルギー――食物と酸素の反応によって放出されるエネルギー――が、ＡＤＰとP_iからＡＴＰを作るのに用いられる。それがすべてだ。果てしないサイクルはこんなにも単純なものなのである。

$$ADP + P_i + \text{エネルギー} \rightleftharpoons ATP$$

われわれなどまだ大したことはない。大腸菌のような細菌は、20分ごとに分裂できる。成長の燃料として、大腸菌は細胞分裂1回あたり約５００億個のＡＴＰを消費する。細胞1個の重さのおよそ50〜１００倍だ。それはわれわれのＡＴＰ合成の速度のほぼ4倍にあたる。こうした数字をワットで測られるパワーに換算すると、同じぐらい信じがたいものとなる。われわれは体重1グラムあたり約2ミリワットのエネルギーを使っている――つまり、体重65キログラムの平均的な人間ではおよそ１３０ワットで、１００ワットの標準的な電球を少し上回る程度だ。大きな数には思えないかもしれないが、１グラムあたりでは太陽の使っているエネルギーの1万倍にもなる（どの瞬間でも、太陽はほんの一部しか核融合を起こしていない）。生命はろうそくのようなものではない。むしろ、発射台のロケットなのだ。

したがって、理論的に見ると、生命は決して謎めいてはいない。どの自然法則も破ってはいない。生体細胞が毎秒消費するエネルギーの量は途方もないが、地球に日光として降り注ぐエネルギーの量はそれより何桁も多い（太陽は、1グラムあたりではパワーが少なくても、とてつもなく大きいからだ）。このエネルギーの一部が生化学的メカニズムを働かせるのに使えるのなら、生命はほぼどんなふうにでも活動できるように思えるだろう。前の章で遺伝情報について話したとおり、エネルギーの使い道には何か根本的な制約があるように見えない。山ほど使い道があるように見えるのだ。すると、地球上の生命がエネルギー利用の点できわめて大きな制約を受けていたというのは、なおのこと驚きなのである。

　生命のエネルギーには、意外な点がふたつある。第一に、あらゆる細胞のエネルギーは、「レドックス」反応というただひとつの決まったタイプの化学反応から得られている。分子間で電子を受け渡す反応だ。レドックス（Redox）は、「酸化還元」（訳注　英語では reduction and oxidation で「還元と酸化」の順）を意味する。ひとつか複数の電子を供与体から受容体へ運ぶことにほかならない。供与体は、電子を渡すと酸化されたことになる。これは、鉄などの物質が酸素と反応する際に起きている現象だ。鉄は酸素に電子を渡し、自身は酸化されて錆びるのである。電子を受け取る物質――この場合は酸素――は、還元されることになる。呼吸や燃焼では、酸素（O_2）が還元されて水（H_2O）になる。どの酸素原子も電子2個を手に入れる（O^{2-}になる）とともにプロトン（陽子）2個も捕らえ、電荷のバランスをとるからだ。この反応は、エネルギーを熱として放出し、エントロピーを増大させるから進行する。どんな化学反応も、最終的に環境の熱を増やして系そのもののエネルギーは減少させる。鉄や食物と酸素との反応はそれをとくによくおこない、大量のエネルギーを放出する（燃焼のように）。呼吸は、その反応で放出されるエネルギーの一部をＡＴＰの形で、少なくともＡＴＰがふたたび分割されるまでの短い時間は保存する。分割の際、ＡＴＰのＡＤＰ－P_i結合に残されたエネルギーは熱として放出される。結局、呼吸と燃焼は等価なのであり、その中間のわずかな遅延が、生命として知られているものなのだ。

　電子とプロトンはこのようにワンセットである場合が多い（だが必ずではない）ので、還元は水素原子の移動と定義されるときもある。しかし還元は、電子の観点から第一に考えればはるかにわかりやすい。一連のレドックス（酸化還元）反応は、結局のところ運び手の連鎖を辿る電子の移動であり、導線を流れる電流にも似ている。呼吸ではこれが起きているのだ。食物から奪われた電子は、酸素（これは一度に全部のエネルギーを放出してしまう）に直接渡されず、「飛び石」――一般に呼吸系タンパク質に埋まっているイオン化した鉄原子（Fe^{3+}）のひとつで、「鉄硫黄クラスター」という小さな無機結晶に含まれる形であることが多い（図8参照）――に渡る。そこから電子が、とてもよく似ているがわずかに電子の「必要性」が高いクラスターへ跳ぶ。電子が次のクラスターに引き寄せられて渡るとき、クラスターはまず還元され（電子を受け取るのでFe^{3+}がFe^{2+}になる）、それから酸化される（電子を失うのでFe^{3+}に戻る）。やがて、そうした跳躍をおよそ15回以上繰り返すと、電子は酸素に到達する。植物の光合成と動物の呼吸のように、一見したところ共通点がほとんどないように思える成長の手段も、そのような「呼吸鎖」を辿る電子の移動が関わっているという点で、実は基本的に同じなのだ。なぜそうと決まっているのか？　生命は、熱エネルギーや力学的なエネルギー、放射能、放電、紫外線放射など、想像しうるかぎりのもので動かせそうだ。ところがそうではなく、どの生命も、驚くほどよく似た呼吸鎖を介して、レドックス反応で動かされているのである。

　生命のエネルギーにかんする第二の意外な点は、ＡＴＰの結合にエネルギーを保存する具体的なメカニズムだ。生命は単純な化学反応を使うのでなく、薄い膜を隔てたプロトン勾配という手段によってＡＴＰの生成を促す。ほどなく、その意味するところやプロセスについて語ろう。ひとまずは、この特異なメカニズムがまったく予期しないものだったということを思い出してもらいたい。分子生物学者のレスリー・オーゲルいわく、「ダーウィン以来、最も直感に反するアイデア」なのである。今日では、プロトン勾配が生じて利用される分子的なメカニズムが、きわめて詳細にわかっている。プロトン勾配が、地球上の生命に普遍的に見られることもわかっている。プロトンのパワーは、普遍的な遺伝コードであるDNAと同じぐらい、生命に不可欠の要素なのだ。ところが、生物のエネルギー生成を担うこの直感に反するメカニズムがどのように進化を遂げたのかについては、ほとんど何もわかっていない。理由はどうあれ、地球上の生命は、エネルギー生成のメカニズムとしてありうるもののうち、驚くほど限られた特異な一部しか利用していないように見える。これは歴史の気まぐれを示しているのか、それとも、こうしたやり方はほかのどれよりも非常に優れているから、結果的に普及したのか？　あるいはもっと気になる疑問だが、これが唯一ありうる手段なのだろうか？

ここで、たった今あなたに起きていることを語ろう。とんでもないことだが、あなたの細胞のひとつ、たとえば心筋細胞に入り込んだとしよう。そのリズミカルな収縮の原動力であるATPは、細胞の発電所たる多くの大型のミトコンドリアからあふれ出てきている。あなたはATP分子のサイズにまで体を縮ませて、ミトコンドリアの外膜にある大きなタンパク質の孔に入ってみる。すると、船の機関室のような狭い空間にいる。そこには見わたすかぎり、オーバーヒートしたタンパク質のマシンが詰まっている。マシンから撃ち出された小さな球状のものが沸き立ち、ミリ秒単位で現れては消える。プロトンだ！　この空間全体が、ほんのつかのま出現するプロトンたち――正電荷をもつ水素原子核――によるダンスを見せている。ほとんど見えなくても不思議はない！　巨大なタンパク質のマシンのひとつをくぐり抜け、基質（マトリックス）という奥の砦に入れば、途方もない景色に迎えられる。そこは洞窟のような空間で、めく

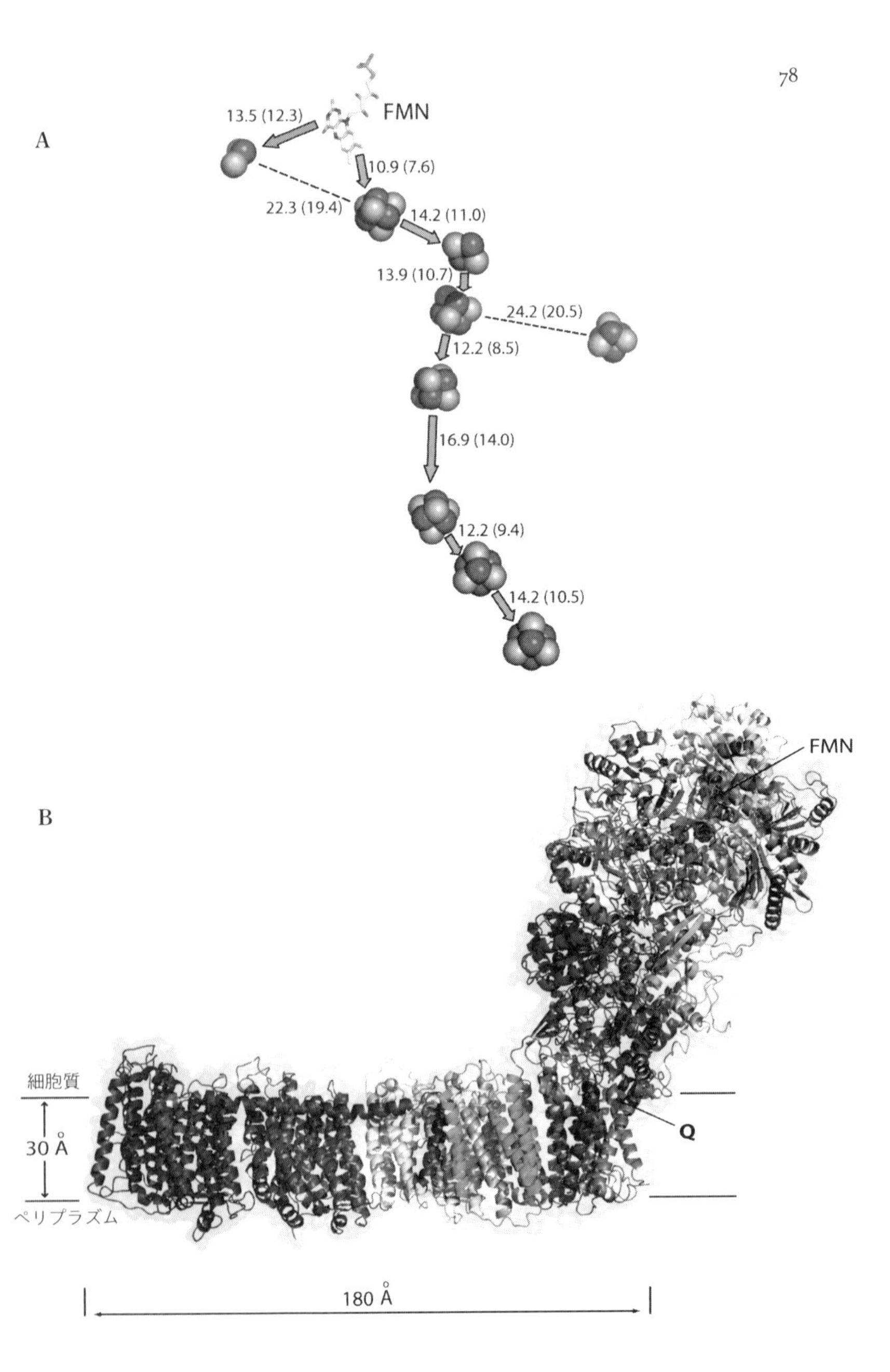
A
FMN
13.5 (12.3)
10.9 (7.6)
22.3 (19.4)
14.2 (11.0)
13.9 (10.7)
24.2 (20.5)
12.2 (8.5)
16.9 (14.0)
12.2 (9.4)
14.2 (10.5)
B
FMN
細胞質
30 Å
ペリプラズム
Q
180 Å

C

図８　呼吸鎖の複合体Ｉ．Ａ：鉄硫黄クラスターは，14Å 以下の一定の距離をおいて散らばっている．電子が「(量子) トンネル効果」によってクラスター間を跳躍し，大半は矢印で示したメインルートを辿る．数字は，クラスターの中心同士の距離をオングストロームで示した値．括弧付きの数字は，クラスターの縁同士の距離．Ｂ：レオ・サザーノフの見事なＸ線結晶構造解析による，細菌の複合体Ｉの全体．縦の腕は，FMN（フラビンモノヌクレオチド）──電子が呼吸鎖に入る場所──から，補酵素Ｑ（ユビキノンともいう）──電子を次の大きなタンパク質複合体へ渡す役目を果たす──へと電子を運ぶ．ここでわかるのは，このタンパク質のなかに埋まった鉄硫黄クラスターの経路（Ａで示した）だけだ．Ｃ：哺乳類の複合体Ｉ．コアとなるサブユニットは細菌で見られるのと同じだが，それより小さな30のサブユニット（暗く色づけた）の下に一部隠れている．ジュディ・ハーストが電子低温顕微鏡で明瞭に示した構造．

るめく渦のなかで流動性の壁が四方八方から押し寄せ、どこもかしこもガタガタ回転して動く巨大なマシンでいっぱいだ。おっと、頭上注意！　そうした巨大なタンパク質の複合体が壁に深く身を沈め、海に潜ったようにゆっくりと動きまわっている。だがその部品は驚くべきスピードで動く。あるものは、目に見えないほどの速さで、蒸気機関のピストンのように前後に動く。またあるものは、独楽（こま）のように回るクランクシャフトに駆動されて自転し、いつ剝がれて飛んでいってもおかしくない。こうした奇想天外で永久機関のようなマシンが何万も、四方八方に散らばり、飛び交い、騒がしくわめきたて……これは何を示しているのか？

あなたは今、細胞の熱力学的中枢にいる。ミトコンドリアの奥深く、細胞呼吸の部位だ。あなたが食べて残されたものの分子から水素が剝ぎ取られ、先述の巨大な呼吸鎖複合体のうち最初で最大のもの——複合体I——に渡される。この巨大な複合体は45種類ものタンパク質からなり、どのタンパク質も数百のアミノ酸が連なっている。ATPが人間ほども大きかったら、複合体Iは摩天楼となる。しかしただの摩天楼ではない。蒸気機関のように働く動的なマシン、それ自身の命をもつおそるべきからくりだ。電子がプロトンとは別にこの巨大な複合体に送り込まれる。一方から取り込まれて、他方——膜の奥のほう——から吐き出されるのだ。そこから電子は、もうふたつの巨大なタンパク質複合体を経る。これらを合わせたものが呼吸鎖だ。どのひとつの複合体にも、複数の「レドックス中心」——複合体Iにはおよそ9個——があり、一時的に電子を保持する（図8）。電子は「中心」から「中心」へと跳躍する。じっさい、それらの「中心」が等間隔で散らばっている事実は、電子がなんらかの量子のマジックによって「トンネル効果」を見せる——量子論的確率のルールに従ってつかのま現れては消える——ことを示している。電子の目から見えるのは、遠く離れていないかぎり、次のレドックス中心だけだ。ここで距離は、オングストローム（Å）——1Åはほぼ原子1個のサイズ——を単位として測られる。* どのレドックス中心も次のものとの間隔が14Å以内で、どれもその前のものよりわずかに電子への親和性が高ければ、電子はこのレドックス中心の連なる経路を跳躍していく。まるで、ちょうどいい一定の間隔で並ぶ飛び石を辿って川を渡るように。電子は3つの巨大な呼吸鎖複合体を一気に渡っていくが、飛び石を辿るのに川に注意を向ける必要がないのと同じで、複合体には注意を向けない。電子を猛烈に求める酸素の強い牽引力によって、前へ引っぱられるのだ。これは遠隔作用ではない。電子がほかのどこよりも酸素にくっついている確率の問題なのである。それは結局、タンパク質と脂質で隔てられ、「食物」から酸素へと電子を流す導線となる。「呼吸鎖へようこそ！」というわけだ。

この電流は、そこであらゆるものを動かす。電子は辿るべき経路に沿って跳躍し、酸素に到達するルートにだけ関心があって、油井に立ち並ぶ採油ポンプのように景色の一部となっている騒々しいマシンは眼中にない。だが、巨大なタンパク質複合体には連動スイッチがたくさんある。電子がレドックス中心にあるとき、隣接するタンパク質は特定の構造をとっている。その構造は、電子が次のレドックス中心へ進むとわずかに変わり、負電荷の場所が移り、正電荷もそれに続き、弱い結合のネットワーク全体が調整しなおされて、巨大な組織が一瞬で新しい立体構造に変化する。タンパク質の一ヵ所で小さな変化が起こると、ほかのどこかで洞窟のようなチャネル（通路）が開く。すると新たに電子がやってきて、マシンが先ほど

* オングストローム（Å）は10^{-10}m、すなわち１００億分の１メートル。これはいまや専門的には古風な用語で、たいていナノメートル（nm）——10^{-9}mにあたる——に置き換えられているが、タンパク質内の距離を考える際にはまだ非常に役に立っている。14Åは１・４nmだ。呼吸鎖にあるレドックス中心のほとんどは7〜14Åの間隔をおき、いくつかだけは18Åまで広がっている。０・７〜１・４nmと言っても同じことだが、どうも距離感が縮まってしまう。ミトコンドリアの内膜の厚みは60Åで、薄っぺらに思える６nmに比べ脂質の「深い海」だ！　単位は確かにわれわれの距離感を条件づけているのである。

の状態に戻る。このプロセスが1秒間に何十回も繰り返される。今では、こうした呼吸鎖複合体の構造について、わずか数オングストロームというほぼ原子レベルの分解能で、多くのことがわかっている。タンパク質の電荷によってしかるべき場所に固定された水分子に、プロトンがどのようにして結びつくのかはわかっている。プロトンが、どのようにしてすばやく開閉を繰り返す動的な空隙を通り、水分子間で受け渡されるのかもわかっている。プロトンが通過したとたん、後戻りしないようにぴしゃりと閉まる、タンパク質を抜ける危険なルートだ。インディアナ・ジョーンズの冒険のように——魔宮の伝説ならぬ、魔タンパクの伝説である。この巨大で精巧な移動するマシンは、ただひとつのことをなし遂げる。膜の片側からもう片側へプロトンを運ぶのだ。

呼吸鎖で最初の複合体を2個の電子が通過するごとに、4個のプロトンが膜を抜ける。2個の電子は続いて第二の複合体（厳密に言えば複合体IIIで、複合体IIは複合体Iとは別に通りうる入口）に飛び込み、その複合体は膜の向こうにさらに4個のプロトンを送り出す。そしてついに、最後の巨大な呼吸鎖複合体で、電子は解脱の地（酸素）を見つけるが、その前にもうふたつのプロトンが膜を抜ける。結局、食物から剥ぎ取られた電子2個に対し、10個のプロトンが膜を越えて輸送される。以上だ（図9）。酸素へ向かう電子の流れが放出したエネルギーの半分弱が、プロトン勾配に貯えられる。そのパワーのすべて、その巧みさのすべて、その巨大なタンパク質の構造のすべてが、ミトコンドリアの内膜を越えてプロトンを汲み出すのにもっぱら向けられている。ミトコンドリア1個には、各呼吸鎖複合体が数万個存在する。細胞1個に含まれるミトコンドリアは数百から数千個だ。あなたの40兆個の細胞には少なくとも1000兆個のミトコンドリアが含まれ、複雑に入り組んだ膜の表面積は総計およそ1万4000平方メートルになる。サッ

A

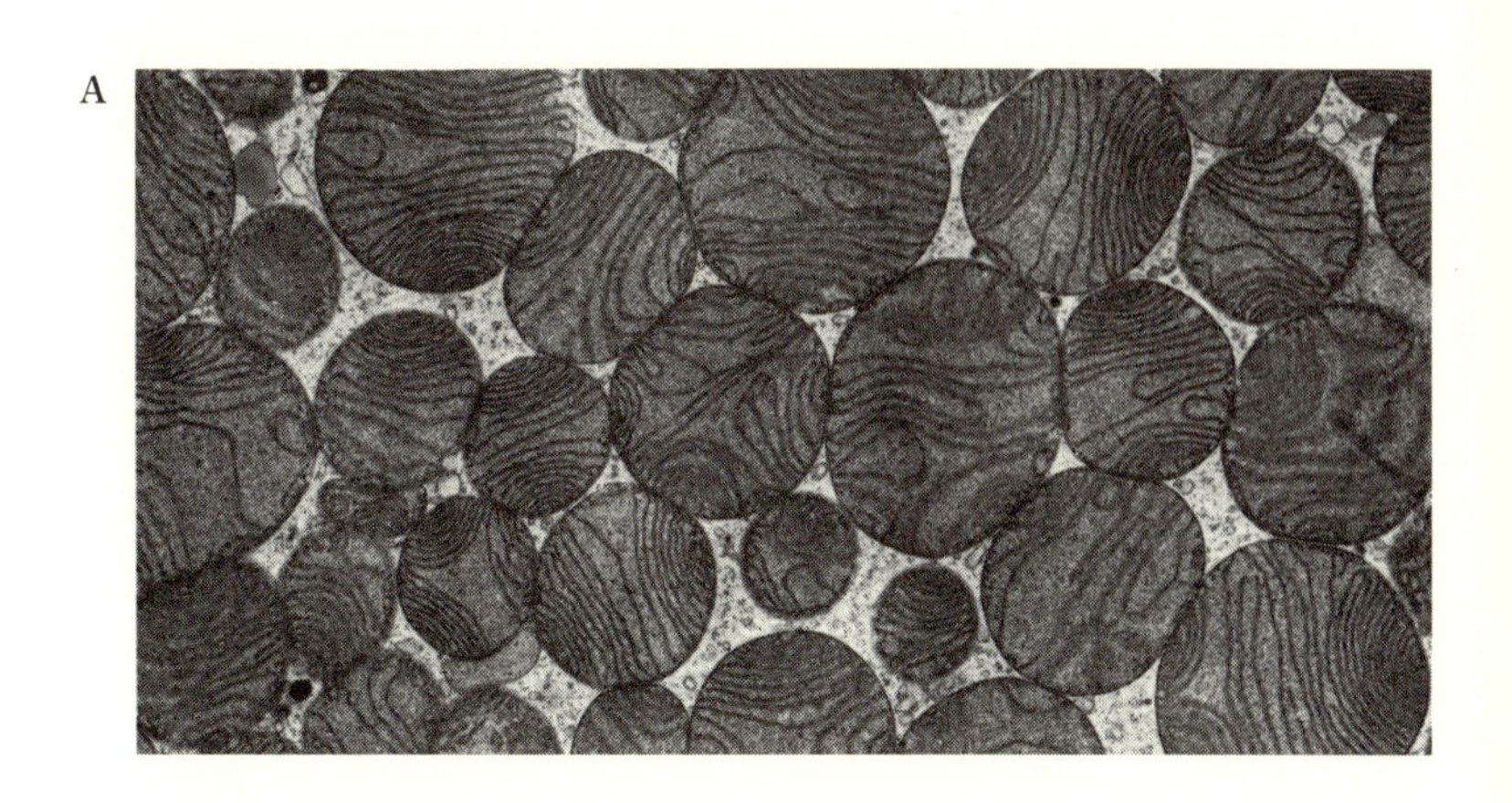

B

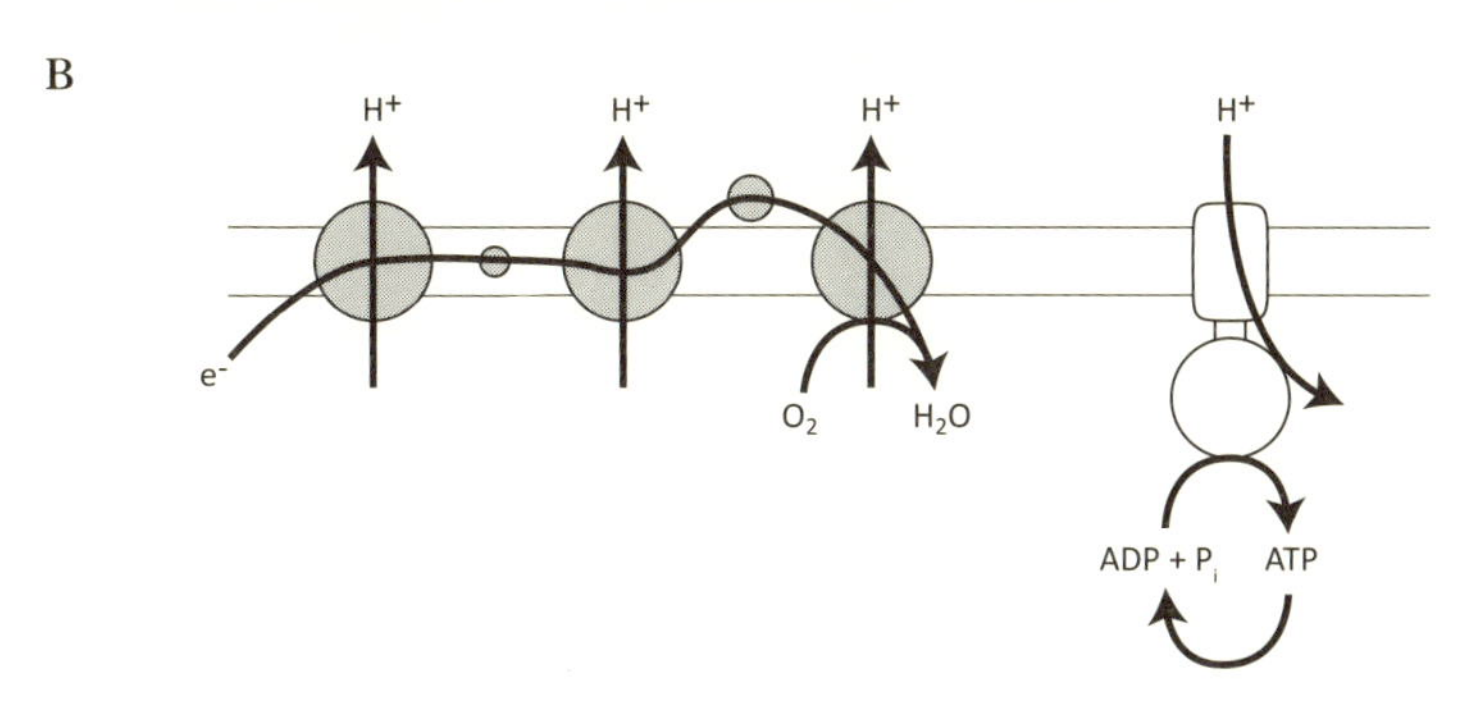

図９　ミトコンドリアの機構．Ａ：ミトコンドリアの電子顕微鏡写真．呼吸がおこなわれる複雑に入り組んだ内膜（クリステ）が見える．　Ｂ：呼吸鎖の略図．内膜に埋め込まれた３つの巨大なタンパク質複合体を描いている．電子（e^-）が左から入り，３つの巨大なタンパク質複合体を通り抜けて酸素に到達する．３つのうち最初は複合体Ⅰ（もっと本物に近い描写は図８を参照）で，それから電子は複合体ⅢとⅣを通る．複合体Ⅱ（図に示していない）は，呼吸鎖への複合体Ⅰとは別の入口で，電子を複合体Ⅲに直接渡す．膜内の小さな円はユビキノンであり，これは電子を複合体ⅠやⅡからⅢへ送る．膜の表面にゆるく結合しているのはシトクロム *c* で，これは電子を複合体ⅢからⅣへ送り込む．酸素に至る電子の流れは矢印で示した．この流れは，３つの呼吸鎖複合体を通ってプロトン（H^+）が押し出される原動力となる（複合体Ⅱは電子を送り渡すがプロトンを汲み出さない）．２個の電子が呼吸鎖を抜けていくと，複合体Ⅰで４個，複合体Ⅲで４個，複合体Ⅳで２個のプロトンが汲み出される．プロトンが ATP 合成酵素（図の右）を通って膜内へ戻ると，ADP と Pi から ATP が合成される．

カー場4個分ぐらいの広さだ。ミトコンドリアの仕事はプロトンを汲み出すことであり、全部で毎秒10^{21}個以上のプロトンを汲み出している——既知の宇宙に存在する恒星の数にほぼ等しい。

これでも仕事の半分だ。残りの半分は、そのパワーを取り出してATPを作り出すことである。[4] ミトコンドリアの膜はプロトンをほぼ通さない。だからこうした動的なチャネルはプロトンが通過した直後にぴしゃりと閉まる。プロトンはとても小さい——最小の原子である水素の原子核にすぎない——ので、それを通さないのは並大抵の業(わざ)ではない。プロトンは水のあるところをほぼ即座に通り抜けるから、膜はどこも水が入らぬよう完全に密閉されていなければならないのだ。プロトンは電荷も帯びている。正電荷をひとつもっている。密閉された膜を越えてプロトンを汲み出すと、ふたつのことがなし遂げられる。第一に、膜の両側でプロトン濃度(水素イオン濃度)に差ができる。第二に、電荷の差も生み出し、外側が内側に比べ正になる。すると、膜をはさんで150〜200ミリボルト程度の電気化学ポテンシャルが生じる。膜は非常に薄い(厚さ6ナノメートルほど)ため、この電荷の差は短い距離でとてつもなく大きいものとなる。またあなたが縮んでATP分子のサイズになれば、膜のそばで感じる電場の強度——電界の強さ——は3000万ボルト毎メートルで、これは稲妻に匹敵し、一般家庭用電気配線の容量の1000倍にあたる。

この大きな電気化学ポテンシャル——プロトン駆動力という——は、最も壮大なタンパク質ナノマシンと言えるATP合成酵素(図10)を駆動する。駆動とは運動のことであり、ATP合成酵素は実のところ回転モーターで、プロトンの流れがクランクシャフトを回し、それが触媒部位であるヘッド(触媒ヘッド)を回す。こうした機械的な力がATPの合成を進めさせるのだ。このタンパク質は水力発電のタービンの役目を果たし、それによって、膜の障壁の向こうにある貯水池に閉じ込められていたプロトンが、流れ下る水のようにタービンに押し寄せ、回転モーターを回す。あくまで表現上許されるたとえでありながら正

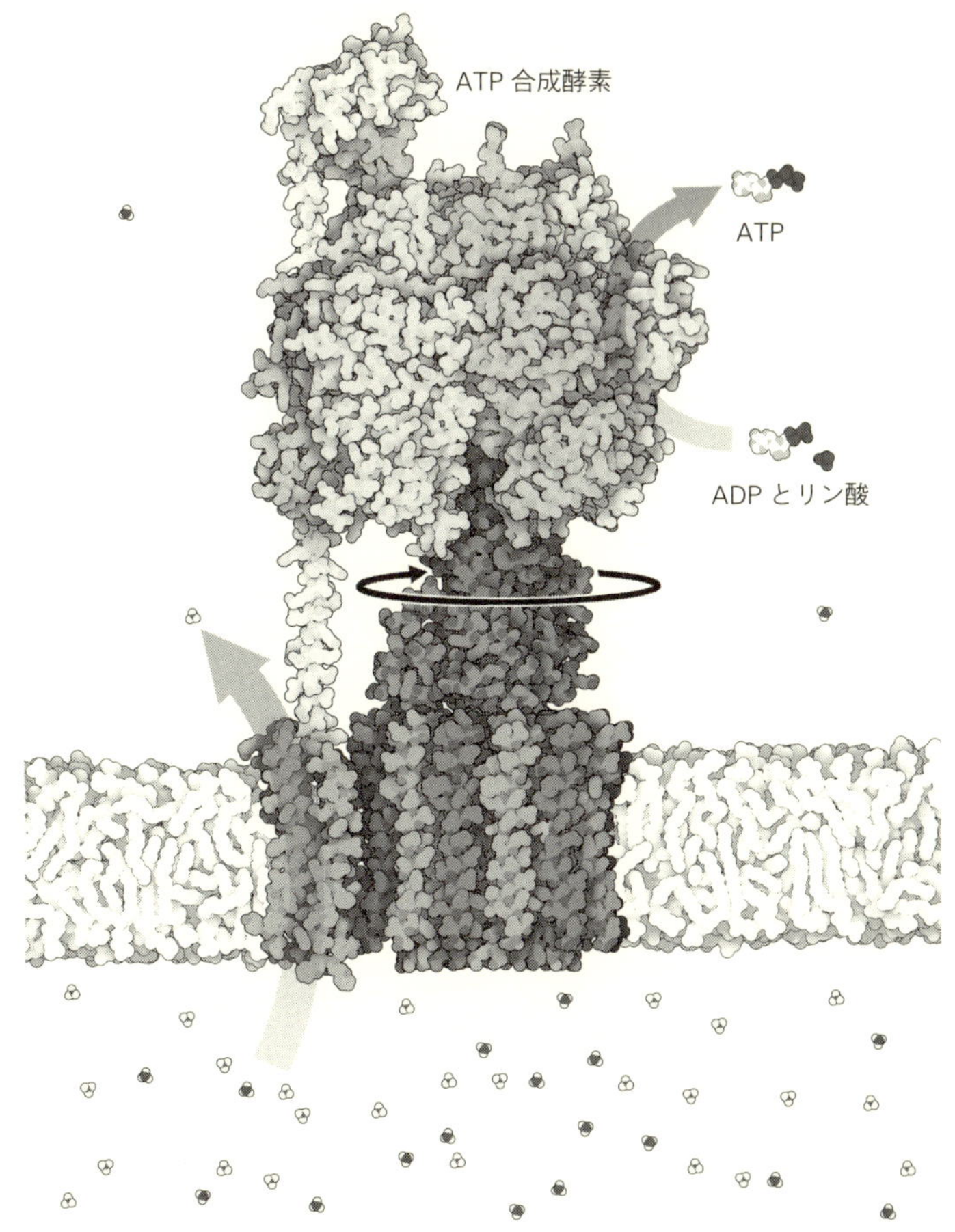

図 10　**ATP 合成酵素の構造**．ATP 合成酵素は，驚くべき回転モーターとして膜（図の下方）に埋め込まれている．デイヴィッド・グッドセルが見事に視覚化したこのイメージは，原寸を一定の比率で拡大したもので，膜やタンパク質と相対的に比べたサイズで ATP とさらにはプロトンまでも示している．膜のサブユニットを通るプロトンの流れ（左下の太い矢印）が，膜に埋まった縞模様の F_0 モーターと，その上に付いたドライブシャフト（軸）を回転させる（回っている黒い矢印）．ドライブシャフトが回転すると，触媒ヘッド（F_1 サブユニット）の立体構造を変化させ，ADP とリン酸から ATP を合成させる．ヘッドそのものは，「固定子」──左側の堅固な棒──の存在によって，回転しないようになっており，触媒ヘッドを所定の位置に固定している．プロトンは，膜の下でヒドロニウムイオン（H_3O^+）の形で水に結合している．

確な描写だが、それでもこのタンパク質モーターの驚くべき複雑さを伝えるのは難しい。その仕組みはまだ完全にはわかっていない。個々のプロトンがどのように膜内のCリング〔訳注 モーター部分を構成する回転子〕に結びつくのか、この回転するリングがどのようにクランクシャフトをねじり、触媒ヘッドの構造変化をもたらすのか、このヘッドで開閉する空隙がどのようにADPとP_iをつかんで機械的に結合させ、新たなATPを生み出すのか、などだ。これは最高レベルの精密ナノ工学と言える魔法の装置で、知れば知るほど驚かされる。そこに神の実在のあかしを見出す人もいる。私は違う。私は自然選択の驚異を見出す。それでも驚くべきマシンにはちがいないが。

ATP合成酵素をプロトンが10個通るごとに、回転するヘッドがまるまる一回転し、新たに作られたATP分子が3個、基質に放出される。ヘッドは毎秒100回以上の速さで回転しうる。前に私は、ATPは生命の普遍的なエネルギー「通貨」と呼ばれることを指摘した。ATP合成酵素とプロトン駆動力も、生命全体に進化史を通じて普遍的に保存されている。そう、普遍的にだ。ATP合成酵素は、あらゆる細菌、古細菌、真核生物〔前の章で語った生命の3つのドメイン〕に見つかる——その代わりに発酵に頼るひとにぎりの微生物を除いて。遺伝コードと同じぐらい普遍的なのである。したがって私の本では、ATP合成酵素はDNAの二重らせんに匹敵するほど生命にとって象徴的なものという位置づけになるはずだ。ところでこれは私の本なので、じっさいそうなっている。

生物学の中心的な謎

プロトン駆動力の概念は、20世紀でだれより地味に革命を起こした科学者のひとり、ピーター・ミッチェルに由来する。地味というのは、彼の分野――生体エネルギー論――が、DNAに魅了された研究の世界で多少立ち後れた領域だった（今もそうだが）からにほかならない。その魅了のきっかけをもたらしたのが、1950年代の初めにケンブリッジ大学にいたクリックとワトソンだったが、そこにはまったく同じ時期にミッチェルもいた。ミッチェルも1978年にノーベル賞を受賞することになるが、彼のアイデアはるかに大きな衝撃をもたらした。ワトソンがすぐさま「あまりにも見事なので正しくなければならない」と断じた――そして実際に正しかった――二重らせんとは違い、ミッチェルのアイデアはきわめて直感に反していたのだ。ミッチェル自身は、短気で、理屈っぽいところもあり、才気煥発だった。彼は胃潰瘍で1960年代初めにエディンバラ大学を辞めざるをえなかった。1961年にみずからの「化学浸透圧説」を発表した直後のことだ（クリックとワトソンがそれ以前に公表したもっと著名な論文と同じく、『ネイチャー』誌に掲載された）。「化学浸透圧（chemiosmotic）」は、膜を越えてのプロトンの移動を指してミッチェルが使った言葉だ。ちなみに彼は、「osmotic（浸透圧）」という言葉をもとのギリシャ語の意味で用いていた。「押す」という意味だ（半透膜を水が通り抜けるというもっとなじみ深い用法ではなく）。呼吸はプロトンを濃度勾配に逆らって薄い膜を越えて押し出すので、chemiosmotic（化学＋押す）なのである。

不労所得と実践の気質をもっていたミッチェルは、2年かけて、コーンウォール州ボドミンにほど近い領主館を実験室と自宅に改装し、1965年にグリン研究所を開設した。その後20年、彼を筆頭に生体エネルギー論の少数の第一人者たちが、化学浸透圧説の検証を手がけ、彼らの関係は激しいたたき合いになった。この期間は生化学の年譜に「オクス・フォス戦争」として名をとどめている。「オクス・フォス（ox phos）」とは、酸化的リン酸化（oxidative phosphorylation）——酸素へ至る電子の流れがATPの生成をもたらすメカニズム——の略称である。ここ数ページで書いた内容のどれもが1970年代という最近にも知られていなかったことは、なかなか驚きだ。多くは今なお活発な研究の的となっている。[5]

なぜミッチェルのアイデアはそんなにも受け入れにくかったのか？　ひとつには、あくまで純粋に思いもよらぬものだったからだ。DNAの構造の説明は完全に筋が通っている——2本の鎖はそれぞれ相手のひな型となり、文字列はタンパク質を構成するアミノ酸の配列をコードしている。これに対し、化学浸透圧説は極端に突飛で、ミッチェルは火星人の言葉を話しているようなものだった。生命は結局のところ化学反応で、われわれは皆それを知っている。ATPはADPとリン酸の反応によって生成するため、必要なのは、なんらかの反応の媒介物からADPへの1個のリン酸の移動だけだ。細胞は反応媒介物に満ちているので、しかるべき媒介物を見つければいいだけのことだった。少なくとも、数十年間はそう思われていた。そこへミッチェルが、狂気の光を目に宿し、あからさまに言えば妄想狂のように現れた。ちんぷんかんぷんな方程式を書き、呼吸は決して化学反応ではなく、皆が探していた反応媒介物など存在せず、電子の流れをATP合成に結びつけるメカニズムは、実際には半透膜を隔てて生じるプロトン勾配——プロトン駆動力——なのだと宣言したのだ。人々を憤慨させたのは無理もない！

これは今では語りぐさとなっている。科学が思いもよらぬ方向へ進むことを示す好例で、科学革命に対するトマス・クーンの見方を裏づける、生物学の「パラダイム・シフト（思想的枠組みの転換）」と喧伝されたが、いまや歴史書にかっちり収められているたぐいの出来事だ。プロセスの詳細は原子レベルまで分解して明らかにされており、ついには1997年、ジョン・ウォーカーがATP合成酵素の構造解明の功績でノーベル賞を受賞している。複合体Iの構造の解明はさらなる難題だが、専門外の人からは、以上がプロセスの詳細で、生体エネルギー論にはもはやミッチェルのものに匹敵する革命的発見は何も隠れていない、と思われてもしかたがないかもしれない。ミッチェルは、呼吸そのものの詳細なメカニズムではなく、はるかに単純で深遠な問題――細胞（彼が想定していたのは細菌）がどのようにして内側を外側と違う状態に保つのか？――を考えることによって生体エネルギー論の画期的な見方に到達したのだから、これは皮肉な話だ。当初から、彼は生物とその環境を、膜によって密接に分かちがたく結びついたものと見なしていた。これは本書全体で中心をなす見方だ。ミッチェルは、こうしたプロセスが生命の起源と存在にとってどれほど重要であるかを、ほかにほんのわずかな人しかおこなっていなかったやり方で認識していた。1957年に彼は、生命の起源をテーマにおこなったモスクワのシンポジウムの講演で、こんなことを述べていた。化学浸透圧説を公表する4年前のことである。

> 私は生物をその環境と切り離して考えることはできません。……形式的な視点から見れば、このふたつは、隔てかつ結びつける膜によって動的な関係が維持されている、等価な相と見なせるかもしれません。

このミッチェルの考え方は、そこから育った化学浸透圧説の根幹より哲学的だが、私は同じぐらい優れた洞察だと思う。現代では分子生物学に主眼が置かれているので、ミッチェルが、みずから「ベクトル化学」と呼んだもの――空間的方向のある化学で、位置と構造が重要となる――により、内側と外側をつなぐのに必要なものとして膜にとりわけ関心を注いだことはほとんど忘れられている。全部を溶液に混ぜてしまう「試験管化学」ではない。基本的にすべての生命は、レドックス反応を利用して、膜をはさんだプロトン勾配を生み出している。いったいなぜ、そんなことをするのか？　このような考えが１９６０年代に比べて今のほうが荒唐無稽に思えないとしたら、それはわれわれが50年も目にしつづけて、慣れが、軽蔑とは言わないまでも、少なくとも興味の減退をもたらしているからにほかならない。ほこりをかぶって教科書にとどまり、ふたたび疑われることがなかったのだ。今ではこの考えは正しいとわかっているが、なぜ正しいのかの答えには少しでも近づいているだろうか？　この疑問はふたつにまとめられる。「なぜ生体細胞はすべて、レドックス反応を自由エネルギーの源として利用するのか？」そして、「なぜ細胞はすべて、膜をはさんだプロトン勾配の形でこのエネルギーを保存するのか？」だ。さらに根本的なレベルでは、これらの疑問は「なぜ電子なのか？」と「なぜプロトンなのか？」となる。

生命は結局のところ電子

では、いったいなぜ生命はレドックス反応を利用するのか？　これは一番答えやすい疑問点かもしれない。われわれの知る生命のベースは炭素で、具体的に言えば、部分的に還元された形態の炭素だ。極端におおざっぱな近似で（窒素やリンなどの元素も比較的少量必要なことはさておき）、生命の「化学式」は CH_2O となる。二酸化炭素（これについては次の章で詳しく語る）を起点とすれば、生命は、水素（H_2）のようなものから CO_2 への電子やプロトンの移動を必要とする。理論上は、この電子の供給元がどこかは問題でない。水（H_2O）や硫化水素（H_2S）、さらには第一鉄（Fe^{2+}）から奪ってもいい。要は、電子がCO_2へ運ばれるわけであり、そうした移動はすべてレドックス反応なのだ。ちなみに、「部分的に還元された」とは、CO_2がメタン（CH_4）にまで完全には還元されてしまわないことを意味している。

生命は、炭素以外のものも利用できただろうか？　きっとほかのものも考えられるにちがいない。金属やケイ素（シリコン）でできたロボットはよくあるのに、炭素のどこがいいのだろう？　いいところはたくさんある。炭素原子は1個で4つの強力な結合を形成でき、その結合は、化学的に近いケイ素が形成するものよりはるかに強い。この結合によって、驚くほど多種多様な長鎖の分子、とくにタンパク質や脂質、糖、DNAができる。ケイ素は、このように多様な化学反応はなし遂げられない。しかも、ケイ素で二酸化炭素に匹敵する気体の酸化物はない。CO_2をレゴのブロックのようなものと考えよう。それは空気から取り出され、炭素を一度にひとつ、ほかの分子に加えることができる。一方で酸化ケイ素は……そう、砂で建築をしようとするようなものだ。ケイ素などの元素はわれわれ人間のような比較的高等な知的生命が使うのには適しているかもしれないが、ケイ素を使って一から生命を形成しうるような筋道は、なかなか見えてこない。だからといって、ケイ素ベースの生命が果てしない宇宙でとうてい生じえないとは言えない。だれにそんなことが言えようか。だが、確率と予測性の問題——本書で取り組む問題——として、可能性は圧倒的に低いように見える。はるかに優れているほかに、炭素は宇宙全体にはるかに豊富に存在もする。ならば、おおざっぱに言って、生命は炭素ベースであるべきなのだ。

しかし、部分的に還元された炭素の必要性は、答えのほんの一部でしかない。ほとんどの現生生物では、炭素の代謝はエネルギー代謝とはまるで別物だ。このふたつは、ATPと、チオエステル（とくにアセチルCoA〔アセチル補酵素A〕）などのひとにぎりの反応中間体によって結びついているが、そうした反応中間体がレドックス反応で生成する必要性は本質的にはない。一部の生物は発酵で生き長らえている。ただしこれは太古にはなかったし、効率もあまりよくない。しかしそのほかにも、生命の化学的な起点の可能性として独創的な案には事欠かない。なかでも有名な（そして特異な）もののひとつがシアン化物で、窒素やメタンなどのガスへの紫外線放射で生じうる。それはありうるのだろうか？　前の章で、ジルコンにもとづけば、初期の大気に多くのメタンが含まれていた形跡はないという話をした。だからといって、別の惑星でも理論上ありえないということにはならない。そしてありうるのなら、今日の生命の原動力になってもおかしくない。この点については次の章で立ち戻ろう。私はほかの理由のせいで、ありそうにないと思っている。

問題を逆から考えてみよう。レドックス反応のどこがいいのだろう？　たくさんあるように見える。呼吸と言う場合、われわれ人間以外にも目を向ける必要がある。われわれは食物から電子を剝ぎ取り、呼吸鎖を経て酸素へそれを運んでいるが、ここで重要なのは、電子の供給源と吸収先の両方を別のものにもできるということだ。酸素のなかで食物を燃やすと、エネルギー収量の点では最高だが、その根本的な原理ははるかに多様で融通がきく。たとえば、実は有機物を食べる必要はない。水素ガス、硫化水素、第一鉄は、すでに述べたとおりどれも電子供与体だ。これらは、向こう側にある受容体が電子を引っぱるのに十分に強力な酸化剤ならば、みずからの電子を呼吸鎖に渡せる。だから細菌は、われわれが呼吸で用いるのと基本的に同じタンパク質装置で、岩石や鉱物やガスを「食べる」ことができる。今度コンクリートの壁に、細菌の繁殖するコロニー（集落）を示す変色を見つけたら、それがどんなに異質に見えても、あなたと同じ基本的な装置を用いて生きているのだとしばし思いを馳せてほしい。

酸素の必要性もない。ほかにもたくさんの酸化剤が、ほぼ同じ仕事をこなせる。硝酸塩や亜硝酸塩、硫酸塩、亜硫酸塩など、そのリストは延々と続く。こうした酸化剤（そう呼ばれるのは、やや酸素のように振る舞うため）はどれも、食物などの供給源から電子を吸い上げることができる。どの場合にも、電子供与体から受容体へ電子が運ばれると、ＡＴＰの結合に収められたエネルギーが解放される。細菌や古細菌が用いる既知の電子供与体と電子受容体——「レドックス対（酸化還元対）」という——をすべてリストアップすると、数ページに及ぶだろう。細菌は岩石を「食べる」だけでなく、岩石で「呼吸する」こともできる。真核細胞はそれに比べるとお粗末だ。真核生物のドメイン全体——植物、動物、藻類、菌類、原生生物のすべて——には、単一の細菌細胞と同程度しか代謝の多様性がない。

電子供与体と受容体の利用にかんするこの多様性は、それらの多くの反応が遅いことに助けられている。前に述べたとおり、あらゆる生化学的メカニズムは自発的に生じるもので、必ず反応性の高い環境に駆り立てられる必要がある。だが、環境の反応性があまりにも高いと、すぐに反応が進み、生命活動の原動力となる自由エネルギーが何も残らなくなる。たとえば大気はフッ素ガスでいっぱいにはならないだろう。すぐに何とでも反応して消滅してしまうからだ。しかし多くの物質は、反応がとても遅いため、自然の熱力学的平衡をはるかに超えるレベルまでたまる。機会さえ与えられれば、酸素は有機物と激しく反応してこの惑星の何もかもを燃やしてしまうだろうが、この乱暴な傾向は、地球を莫大な年月にわたり安定させている幸運な化学的状況によって和らげられている。メタンや水素などのガスは、有機物よりもさらに激しく酸素と反応する——飛行船ヒンデンブルク号の悲劇を思い浮かべてもらおう——が、それらの反応にも速度論的障壁があるので、こうしたガスはどれも動的不均衡の状態で何年も空気中に共存できる。同じことは、硫化水素から硝酸塩まで、ほかの多くの物質にも言える。それらは強制的に反応させることができ、そのときには大量のエネルギーが放出され、生体細胞に利用できるが、しかるべき触媒がないとたいていしたことは起きない。生命はこのような速度論的障壁を利用しながら、エントロピーをより速く増大させている。こうした点で生命をエントロピー発生装置と定義する人さえいる。ともあれ、生命はまさに速度論的障壁があるがために存在している——その障壁を乗り越えることを得意としているのだ。速度論的障壁の向こうに抑え込まれている高い反応性という抜け道がなければ、生命がそもそも存在できたかどうかも疑わしい。

多くの電子供与体と受容体が水溶性で化学的に安定で、たやすく細胞に出入りするという事実は、熱力学が求める反応性の高い環境を確実に細胞内へ、細胞の重要な膜へ持ち込めることを意味する。そのおかげでレドックス反応は、熱エネルギーや力学的エネルギー、紫外線放射や稲妻よりも、生物学的に有用なエネルギーの流れの一形態としてはるかに扱いやすくなっている。安全衛生を見守る当局も認可するだろう。

意外かもしれないが、呼吸は光合成の基礎でもある。光合成にいくつかのタイプがあるのを思い出してほしい。どの場合も、日光のエネルギーを（光子として）吸収した色素（通常は葉緑素）が、電子を励起し、レドックス中心の連鎖へ送り込んで受容体（この場合は二酸化炭素）まで到達させる。電子を奪われた色素は、一番近くにある供与体——水であれ、硫化水素であれ、第一鉄であれ——からありがたく電子を頂戴する。呼吸の場合と同様、電子供与体が何であるかは原理上問題ではない。「酸素非発生型」の光合成は、硫化水素や鉄を電子供与体として使い、硫黄や錆びた鉄の析出物を老廃物として残す。[6] 酸素発生型光合成は、はるかに手ごわい供与体——水——を使い、老廃物として酸素を放出する。だが重要なのは、こうした種々のタイプの光合成がすべて、明らかに呼吸に由来しているということだ。まったく同じ呼吸系タンパク質、同じタイプのレドックス中心、膜をはさんでの同じプロトン勾配、同じＡＴＰ合成酵素を用いている──全部同じキットなのだ。[7] ただひとつ実在する差異は色素の変化で、葉緑素は、多くの太古の呼吸系タンパク質で使われていたヘムという色素と密接に関係している。太陽エネルギーの利用は世界を変えたが、分子の観点では呼吸鎖に電子が速く流れるようにしただけだった。

したがって、呼吸の大きな利点は途方もない多様性だ。ほぼどんなレドックス対も（どんな電子供与体と電子受容体のペアも）、電子を呼吸鎖に流すのに利用できる。アンモニウムイオンから電子を取り出すタンパク質は、硫化水素から電子を取り出すタンパク質とわずかに違うが、主眼は同じで密接なつながりをもつバリエーションなのである。また、呼吸鎖の反対側の末端でも、電子を硝酸塩や亜硝酸塩に渡すタンパク質は、電子を酸素に渡すタンパク質と違うが、どれも関連している。互いに十分に似ているので、取り替えて利用することもできる。こうしたタンパク質は共通のオペレーティング・システム（OS）につなぐことができるから、うまく取り混ぜてどんな環境にも適合させられる。原理上互換性があるだけでなく、実際に好き放題にあちこちへ渡される。ここ数十年のあいだに、遺伝子の水平移動（細胞間で小銭のように遺伝子の小さなカセットを渡し合うこと）が細菌や古細菌で頻発していることがわかってきた。呼吸系タンパク質をコードしている遺伝子群は、そのなかでもとりわけよく水平移動で交換される。それらをまとめて、生化学者のヴォルフガング・ニッチケは「レドックスタンパク質構築キット」と呼んでいる。あなたが深海の熱水孔など、硫化水素も酸素も豊富な環境へ移ったとしたら？　大丈夫、必要な遺伝子を取り込めば、うまく働きますよ。酸素がなくなったら？　亜硝酸塩をお試しください！　心配ご無用。亜硝酸還元酵素をひとつ取って装着すれば、元気になれます！

こうしたファクターをすべて考慮すると、レドックス反応は宇宙のどこの生命にとっても重要となるはずだ。ほかの形態の原動力も考えられるが、炭素を還元するレドックス反応の必要性と、呼吸の多くの利点を考え合わせると、地球上の生命がレドックス反応を原動力としているのもほとんど驚くにはあたらない。しかし、呼吸の実質的なメカニズムである、膜をはさんでのプロトン勾配は、まったく別の問題だ。呼吸系タンパク質が遺伝子の水平移動によってあちこちへ渡され、どんな環境でも働くように取り混ぜられるというのは結局、共通のオペレーティング・システム——化学浸透共役——が存在するという事実に行き着く。だが、レドックス反応にプロトン勾配が関与すべき明白な理由はないのだ。この明らかな関連の欠如が、かつてミッチェルのアイデアへの反対からオクス・フォス戦争が起きた一因と言える。過去50年でわれわれは、生命がどのようにプロトンを利用するかについて多くを学んできたが、生命がなぜプロトンを利用するのかがわかるまでは、この地球上や宇宙のどこかの生命の特質についてあまり予言することはできないだろう。

生命は結局のところプロトン

化学浸透共役の進化は謎に包まれている。あらゆる生命が化学浸透圧を利用しているという事実は、化学浸透共役が実のところ進化においてきわめて早い段階で生じた可能性を示している。もしもあとになって生じていたら、なぜどのようにして普遍的になったのか——なぜプロトン勾配がほかのすべてにすっかり取って代わったのか——を説明しにくいはずだから。ここまで普遍的に見られる仕組みはきわめてまれだ。もちろん、すべての生命は遺伝コードを共有している（やはりわずかな例外はあるが、そのこと自体が規則の存在を明らかにしている）。いくつかの基本的な情報処理も普遍的に保存されている。たとえばあらゆる生体細胞で、DNAはRNAに転写され、それがリボソームというナノマシンでタンパク質に物理的に翻訳される。ところが細菌と古細菌との差異は実に驚くべきものだ。細菌と古細菌が原核生物――核と、それだけでなく複雑な（真核）細胞の所持品の大半さえもない細胞――の二大ドメインであることを思い出してもらおう。物理的な外見では、細菌と古細菌はほぼ区別がつかないが、生化学的・遺伝学的特徴の多くでこのふたつのドメインはまったく異なっている。

DNA複製を例にとってみよう。これは遺伝コードと同じぐらい生命にとって基本的なものと思えるかもしれない。ところが、DNA複製の具体的なメカニズムは、必要なほぼすべての酵素も含め、細菌と古細菌ではまったく異なることがわかっている。また、細胞壁――細胞のもろい中身を保護する強固な外層――も、細菌と古細菌では化学的にまるで異なる。発酵の生化学的経路もそうだ。細胞膜――膜生体エネルギー変換とも呼ばれる化学浸透共役に必須――さえ、細菌と古細菌では生化学的に異なっている。つまり、細胞の内側と外側を隔てる障壁や、遺伝物質の複製は、根本的に保存されてはいないのだ。これら以上に細胞の生命にとって重要なものはないはずだが！　こうした差異ばかりのなかで、化学浸透共役は普遍的なのである。

これらはきわめて根本的な差異で、細菌・古細菌双方のグループの共通祖先について、冷静な疑問をもたらす。共通の形質は共通の祖先から受け継がれるが、異なる形質はふたつの系統で独立に生じたのだとすれば、その祖先はどのような細胞だったと考えられるのか？　理屈ではどうにもならない。まさにそれは細胞のまぼろしと言え、ある点では現代の細胞と同じだが、ほかの点では……さて、いったい何だろうか？　DNA転写、リボソームでの翻訳、ATP合成酵素、断片的なアミノ酸生合成はあったにしても、それ以上、ふたつのグループでほとんど保存されていないのである。

膜の問題を考えよう。膜生体エネルギー変換は普遍的だが、膜そのものは違う。最後の共通祖先は細菌タイプの膜をもっていて、古細菌がなんらかの適応のためにそれを取り替えたのだとも考えられ、ひょっとしたら古細菌の膜のほうが高温に適していることがその理由かもしれない。それは一見したところ妥当に思えるが、大きな問題がふたつある。第一に、大半の古細菌は超好熱菌ではなく、はるかに多くが穏やかな条件で暮らし、その条件で古細菌の脂質は明らかに有利とはならない。また反対に、多くの細菌が温泉で安穏と暮らしている。そうした細菌の膜は、高温に見事なほどうまく対処する。細菌と古細菌はほぼあらゆる環境で共存し、ほとんど共生していることも多い。ふたつのグループの片方がなぜ、ただ一度の機会に全部の膜脂質を取り替えるという大変なことをする羽目になったのだろう？　膜を取り替えられるとしたら、なぜほかの機会に、細胞が新たな環境に適応する際に、膜脂質の大がかりな交換が見られないのか？　そのほうが、一から新しいものを生み出すよりはるかに簡単なはずだ。なぜ温泉に棲む一部の細菌は、古細菌の脂質を獲得しないのだろう？

第二に、より意味深な問題だが、細菌の膜と古細菌の膜との大きな差異は、純粋にランダムに生じたものに見える――細菌はグリセロール（グリセリン）の立体異性体（鏡像型）の片方を用い、古細菌はもう片方を用いている。[8] たとえ古細菌が、高温によりよく適応しているから実際に脂質をすべて取り替えたのだとしても、グリセロールを入れ替える選択上の理由として考えられるものはない。まったく変だ。しかも、左手型グリセロールを合成する酵素は、右手型を合成する酵素とまったく関係がない。だから片方の異性体からもう片方の異性体に入れ替わるには、（新しい異性体を合成する）新しい酵素を「発明」して、古い（だが十分に機能する）酵素を手際よく取り除く必要がある――新しいタイプが古いタイプを超えるだけの進化上の利点を何も与えてくれないとしても。そんな可能性は私には受け入れられない。しかし一方のタイプの脂質が他方のタイプと物理的に入れ替わらないとしたら、最後の共通祖先は実際にどんな膜をもっていたのだろう？　現代のどの膜ともまったく違っていたにちがいない。それはなぜなのか？

化学浸透共役が進化の非常に早い段階で生じていたという考えには、手ごわい問題もいくつかある。ひとつは、メカニズムの純然たる複雑さだ。すでにわれわれは、巨大な呼吸鎖複合体とATP合成酵素――ピストンと回転モーターをもつ途方もない分子マシン――でその経験は積んできた。これらは実は、DNA複製が登場する以前、進化の最初期の産物という可能性があるのだろうか？　まさかそんな！　だがそれは単に感情的な反応だ。ATP合成酵素はリボソームより格別複雑とも言えないし、リボソームは初期に生じたにちがいないということはだれもが認めている。第二の問題は、膜そのものだ。どのタイプの膜かという問いはさておいても、やはり早い時期におそるべき複雑化をなし遂げたという問題がある。現代の細胞では、化学浸透共役は、膜がほとんどプロトンを通さない場合にのみ働く。しかし初期の膜と考えられるものは、それを用いたあらゆる実験から、プロトンをよく通していたことがうかがえる。通さないようにするというのはきわめて難しい。問題は、いくつもの複雑化したタンパク質がプロトンを通さない膜に埋め込まれるまで、化学浸透共役が役に立たないように見えるという点にある。膜にタンパク質が埋め込まれて初めて、それは役に立つのである。ならば、いったいどうしてこれらのパーツが先に進化を遂げたのだろう？　これは典型的な「ニワトリが先か卵が先か」の問題だ。勾配を利用する手だてがなければ、プロトンを汲み上げられるようになっても何の意味があろう？　また逆に、勾配を生み出す手だてがなければ、勾配を利用できるようになっても何の意味があろう？　第4章で、答えの案を出そう。

第1章の末尾に、地球上の生命の進化について大きな疑問をいくつか挙げた。生命はなぜそんなにも早く誕生したのか？　なぜ数十億年にわたり形態学的複雑さが停滞したのか？　なぜ複雑な真核細胞は40億年間でただ一度しか生じていないのか？　なぜすべての真核生物は、有性生殖やふたつの性別から老化まで、細菌や古細菌には見られない不可解な形質を多くもっているのか？　ここにもうふたつ、同じぐらい気がかりな疑問を加えよう。なぜあらゆる生命は、膜をはさんでのプロトン勾配という形でエネルギーを保存しているのか？　そして、この奇妙だが基本的なプロセスはどのように（またいつ）進化を遂げたのか？

ふたつのまとまりの疑問は関連し合っていると思う。本書ではこのあと、自然に生じたプロトン勾配がきわめて特殊な環境――だが宇宙ではほぼ間違いなくありふれた環境――で生命を誕生させたと主張する。その環境に必要なのは、岩石と、水と、CO_2だけだ。さらに、化学浸透共役が地球上の生命の進化を、数十億年にわたり細菌と古細菌の複雑さまでに制限したとも主張する。1個の細菌がなぜか別の1個のなかに入るというただ一度の出来事が、こうした細菌に絶えず加わっていた強い制約を乗り越えさせた。その内部共生で生まれた真核生物は、桁違いに大きなゲノムをもち、それが形態上の複雑さの原材料となったのだ。そして、宿主細胞とその内部共生体（ミトコンドリアとなるもの）との親密な関係が、真核生物に共通する多くの不可解な特性の背後にあったのだ、とも訴えたい。進化は、宇宙のどこでも、同じような制約に導かれて同じような道に沿って繰り広げられる傾向があるはずだ。私が正しければ（詳細までことごとく正しいとはまるで思わないが、全体像は正しいと思いたい）、これが予言性の強い生物学の起点となる。いつの日か、宇宙のどこの生命の特性も、宇宙の化学的組成から予言できるようになるかもしれない。

第Ⅱ部

生命の起源

3　生命の起源におけるエネルギー

中世の水車小屋や現代の水力発電所は、水路への水の誘導を原動力としている。流れを狭い水路に集めると、力が増すのだ。それで水車を回すなどの仕事ができる。逆に、流れを幅のあるところに広げると、力は弱まる。川の場合、池や浅瀬になる。そこなら流れの力にさらわれそうにないとわかるので、安全に渡れる。

生体細胞も同じようにして働く。代謝経路は水路に似ており、ただしそこを流れるのは有機物の炭素だ。代謝経路では、一連の反応の触媒となる一連の酵素があり、それぞれの酵素は前の酵素の生成物に対して作用する。これは有機物の炭素の流れに制約を課す。分子が経路に入ると、次々と化学修飾を受け、別の分子となって出て行く。一連の反応は確実に繰り返され、毎度同じ前駆体が入って同じ生成物が出る。種々の代謝経路によって、細胞は水車小屋のネットワークのようになり、そこでの流れはつねに連絡経路のなかに制限され、つねに最大化されている。そうした巧みな誘導によって、細胞は、流れを制限しない場合よりもはるかに少ない炭素とエネルギーで成長できるようになる。各段階で力を散逸する――分子がほかの分子と反応するのを「免れる」――ことなく、酵素は生化学的メカニズムにしっかり正道を辿らせるのだ。細胞は、海へ注ぐ大河を必要とせず、狭い水路を使って水車の製粉機を動かす。エネルギーの観点から言えば、酵素の力は反応を加速するのでなく、むしろその力の誘導によって、出力を最大化するのである。

では、生命の起源で、なんらかの酵素が登場する前はどうなっていたのだろう？　流れの制約は必然的に少なかった。育つ――有機分子をより多く作り、倍にして、最終的に複製を起こす――のに、エネルギーや炭素がより多く（より少なくではなく）費やされたにちがいない。現代の細胞は必要なエネルギーをできるだけ少なくしているが、すでに見たとおり、まだ標準的なエネルギー「通貨」であるATPを大量に消費している。水素と二酸化炭素の反応によって育つ最高に単純な細胞でも、呼吸によって、新たに作り出すバイオマス（生物体量）のおよそ40倍もの老廃物を生み出す。つまり、新たなバイオマスを1グラム作るたびに、この産生を支えるエネルギーを放出する反応で、少なくとも40グラムの老廃物が生まれるはずなのだ。生命は、エネルギーを放出する主反応の副反応なのである。40億年の進化で洗練を経た現代でも、それは変わらない。現代の細胞が有機物の40倍の老廃物を生み出すとしたら、酵素をもたなかった最初の原始的な細胞がどれほど生み出していたかと考えてみるといい！　酵素は化学反応を何百万倍も加速する。そんな酵素をなくすと、処理能力を同じぐらいの倍率、100万倍単位で増やさなければ、同じことができない。すると最初の細胞は、1グラムの細胞を作るのに40トンの老廃物――まさに特大サイズのトラック1台分――を生み出していたのかもしれない！　エネルギーの流れという点で見ると、それは氾濫した河川どころではなく、むしろ津波に近い。

このエネルギー需要の純然たるスケールは、生命の起源のあらゆる側面に影響を及ぼすが、はっきり考慮されることはめったにない。実験科学の分野で、生命の起源の領域は1953年の有名なミラー－ユーリーの実験にまでさかのぼり、その結果はワトソンとクリックによる二重らせんの論文と同じ年に公表された。どちらの論文も、それ以来ずっとこの領域を支配し、二匹の巨大なコウモリの羽のように影を落とした。それはある意味では当然だが、別の意味では残念なことだった。ミラー＝ユーリーの実験は、見事ではあったが原始スープの概念を強化し、この概念は、私の見たところ二世代にわたってこの領域の視野を狭めることとなった。クリックとワトソンは、明らかに生命に欠かせないほど重要なDNAと情報が支配する時代の到来を告げたが、複製と、自然選択の起源とをほぼ切り離して考えたために、ほかの因子――とくにエネルギー――の重要性には人々の目が向けられなかったのだ。

1953年、スタンリー・ミラーは、ノーベル賞受賞者ハロルド・ユーリーの研究室で、若く熱意あふれる博士課程の学生だった。みずからの印象的な実験で、ミラーは木星の大気を思わせる還元性の（電子の豊富な）ガスの混合物を入れたフラスコ内で、稲妻をシミュレートした放電をおこなった。当時、木星の大気は初期の地球の大気を反映していると考えられていた。どちらも水素とメタンとアンモニアが豊富にあると推定されていたのだ。[1] 驚いたことに、ミラーは多くのアミノ酸の合成に成功した。アミノ酸はタンパク質の構成要素で、細胞の役馬(えきば)だ。にわかに、生命の誕生は容易に思えるようになったのである。1950年代の初め、この実験には、ワトソンとクリックが見つけた構造よりはるかに多くの関心が集まった。DNAの構造は、当初はあまり騒ぎを起こさなかったのだ。一方ミラーは、1953年に『タイム』誌の表紙を飾った。彼の成果は画期的だったし、改めて要約しておこう。生命の起源にかんするはっきりした仮説を初めて検証したものだからだ。稲妻が還元性のガスの大気を通過して、細胞の構成要素ができたという仮説である。生命がまだないなか、こうした前駆体が海にたまり、やがて海は有機分子の濃厚なスープ、つまり原始スープとなった。

ワトソンとクリックが1953年に起こした騒ぎはそれより小さかったとしても、DNAの魅力はそれ以来ずっと生物学者をとりこにしてきた。多くの人にとって、生命とは要するにDNAにコピーされた情報だ。すると生命の起源は、それがなければ自然選択による進化は不可能であるような情報の起源ということになる。だから情報の起源は、結局のところ複製の起源となる。みずからのコピーを作る最初の分子――複製子――が生じたプロセスに還元できるのだ。DNAそのものはあまりにも複雑で、最初の複製子だったとは思えないが、もっと単純で反応性の高い前駆体のRNAなら条件にかなう。RNA（リボ核酸）は今日なお、DNAとタンパク質を結びつける重要な媒介物で、タンパク質の合成においてひな型と触媒の両方の役目を果たす。RNAは、ひな型（DNAのように）と触媒（タンパク質のように）の両方になりうるため、原初の「RNAワールド」においてはタンパク質とDNAの両方にとって、理論上はより単純な原型となるのである。しかし、ヌクレオチドという構成要素はどこで生まれ、鎖を形成してRNAになったのか？　もちろん、原始スープだ！　RNAの形成とスープのあいだに必然的な関係はないが、それでもスープは最も単純な仮定で、熱力学や地球化学などの込み入った細部に悩まされずに済む。そうしたすべてを脇に置けば、遺伝子研究者は重要な話を進めることができる。したがって、過去60年の生命起源研究に通底する中心思想があったとすれば、それは、原始スープがRNAワールドを生み、そこでこの単純な複製子がしだいに進化を遂げて複雑になり、代謝をコードして、ついには今日われわれの知るDNAとタンパク質と細胞の世界を生み出したというものなのだ。この見方では、生命はボトムアップ式の情報となる。

ここに欠けているのは、エネルギーだ。もちろん、エネルギーは原始スープに関与している――稲妻がひらめくたびに。かつて私が見積もったところでは、光合成が誕生する前のサイズに等しい小さな原始生物圏を稲妻だけで維持するのに、海洋1平方キロメートルあたり毎秒4回の稲妻が必要になる。しかもそれは、現代の成長効率を前提としての話だ。稲妻1回にはそれほど多くの電子は含まれていない。それに代わるもっと優れたエネルギー源は紫外線放射であり、これにより、メタンや窒素などの大気中の混合ガスから、シアン化物(およびシアナミドなどの誘導体)のような反応前駆体を作り出せる。紫外線は地球にもほかの惑星にも絶えず降り注いでいる。流れ込む紫外線は、オゾン層がなかったうえに、太陽が若いと電磁スペクトルがさらに強烈なので、今より強かったはずだ。聡明な有機化学者ジョン・サザーランドは、紫外線放射とシアン化物を用い、いわゆる「妥当な原初の条件」のもとで、活性化したヌクレオチドの合成に成功さえしている[2]。地球上で、シアン化物を炭素の供給源として利用している生命はいないし、紫外線をエネルギー源として利用している生命も知られていない。むしろ反対に、シアン化物も紫外線も危険な殺し屋と見なされている。紫外線は、今日の高等な生物にとってもきわめて有害だ。有機分子の形成を促すよりも効率的にそれを分解してしまうからだ。海を生命で満たすより、あぶり尽くす可能性のほうがずっと高い。紫外線は猛攻撃だ。地球であれ、ほかのどこであれ、直接的なエネルギー源になるとは思えない。

紫外線放射説を支持する人々は、紫外線が直接的なエネルギー源となるというのではなく、シアン化物などの小さな安定した有機分子の形成を助け、それが時間とともに蓄積されるのだと主張している。化学の観点から見れば、シアン化物は実は生物の前駆体として優れている。細胞呼吸を阻害するのでわれわれには毒だが、それは根本的な原則ではなく、地球上の生命がたまたまそうであるだけかもしれない。シアン化物で真の問題となるのはその濃度であり、それが原始スープのアイデア全体のネックとなっている。シアン化物を考える適度に還元性の大気が地球やほかの惑星に存在していたとしても、海は、シアン化物の形成速度を考えるときわめて広大だ――それを言うなら、シアン化物に限らず、ほかのどの単純な生物の前駆体でもそうなのだが。なんであれ妥当な形成速度では、25℃の海中で安定状態のシアン化物濃度は、1リットルあたり100万分の2グラムほどだったはずで、生化学的メカニズムの誕生を促すにはとうてい足りない。この袋小路を抜け出す唯一の方法は、海水をどうにかして濃縮することであり、これはほぼ一世代にわたり前生物的な化学反応の要となっていた。凍るか蒸発するかして干上がれば、有機物の濃度が増す可能性はあるが、どちらも激しすぎて、あらゆる生体細胞の決定的な特徴と言える物理的に安定した状態とはほど遠い。シアン化物起源を唱えるひとりは、40億年前の小惑星の連打を浴びた時期に血走った目を向けている。「海という海を蒸発させてシアン化物を（フェリシアン化物として）濃縮したはずだ！」と。[3] 私の見たところ、使えないアイデアを擁護しようと必死になっているような気がする。ここで問題となるのは、こうした環境があまりにも変わりやすく不安定という点だ。条件が次々と大きく変わるのは、生命誕生へ向けてステップを踏むためには欠かせない。その一方、生体細胞は安定な存在だ――その素地は絶えず入れ替わっているが、全体の構造は変わらないのである。

ヘラクレイトスは、「同じ川には二度と入れない」（同じように見えても入るたびに川は変わる）との教えを残しているが、次に入るときまでに川が干上がったり凍ったり（あるいは爆発で宙に吹き飛ばされたり）するという意味ではなかった。川の水が、少なくともわれわれ人間の時間的尺度では変わらぬ土手のあいだを流れるように、生命も形は変えずに絶えず中身を更新している。生体細胞は細胞のままだが、その構成要素はすべて、絶え間ない代謝回転〔訳注　全体としての量は変わらないが代謝によって更新されている状態のこと〕によって入れ替わっている。ほかの形はありえたのだろうか？　ありえなかったのではないかと思う。構造を規定する情報がなくても――複製子の登場以前、生命誕生の際には必然的にそうだったにちがいないが

——構造は存在し、ただしそのためには継続的なエネルギーの流れを必要とする。エネルギーの流れは物質の自己組織化を促す。ロシア生まれのベルギーの大物理学者イリヤ・プリゴジンが「散逸構造」と呼んだものは、われわれにもなじみ深い。沸騰するやかんのなかの対流や、シンクの穴に水が渦を巻いて流れ込む様子を思い浮かべるだけでいい。情報は必要ない。やかんの場合は熱だけ、シンクの穴の場合は角運動量だけあればいいのだ。散逸構造は、エネルギーや物質の流れによって生み出される。ハリケーン、台風、渦潮はどれも、自然界に見られる散逸構造の好例だ。もっと大きな海洋や大気でも、赤道と極で太陽から受けるエネルギーの流れの差がもたらす大規模な散逸構造が見つかる。メキシコ湾流などの恒常的な海流、「吠える40度」や北大西洋のジェット気流などの風は、情報によって規定されてはおらず、それらを維持するエネルギーの流れと同じで安定的に継続している。木星の大赤斑は巨大な嵐で、地球数個分に及ぶサイズの高気圧であり、少なくとも数百年は維持されている。やかんのなかの対流セルが、(電熱線を流れる)電流が水を沸騰させて蒸気を出しつづけるかぎりは維持されるように、こうした散逸構造はすべて、エネルギーの継続的な流れを必要とする。さらに一般化すれば、それらは持続的に平衡とはほど遠い条件のもたらす結果が可視化されたものと言える。その条件では、エネルギーの流れが、最終的に(恒星の場合は何十億年も経って)平衡に達してついに構造が壊れるまでは、ずっと構造を維持する。要するに、持続的で一定の物理的構造が、エネルギーの流れによって生み出せるのだ。これは情報とは関係がないが、生物学的情報の起源——複製と自然選択——に好適な環境を生み出せるのだ、と本書でのちほどわかるだろう。

あらゆる生物は、環境のなかで平衡とはほど遠い条件によって維持されている。われわれもまた散逸構造なのだ。呼吸で絶えず起こる反応は、細胞が炭素を固定し、成長し、反応中間体を形成し、そうした構成要素を組み合わせて炭水化物やRNA、DNA、タンパク質などの長鎖のポリマーを合成し、低エントロピー状態を周囲のエントロピーの増大によって維持するうえで、必要な自由エネルギーを供給する。遺伝子などの情報がなくても、膜やポリペプチドなどの細胞構造は、反応前駆体――活性化したアミノ酸やヌクレオチドや脂肪酸――が絶えず供給され、必要な構成要素を供給する継続的なエネルギーの流れが存在するかぎり、自然に形成されるはずなのだ。細胞構造は、エネルギーと物質の流れによって必然的に生じる。部品は入れ替わっても、構造は安定しており、流れが続くかぎり維持される。このエネルギーと物質の継続的な流れこそ、原始スープに欠けているものだ。原始スープには、われわれが細胞と呼ぶ散逸構造の形成を促せるものがない。代謝を誘導して促す酵素がなくてもこうした細胞を成長・分裂させ、活動させるものが、ないのである。これはできない相談にも思える。最初の原始細胞の形成を促せる環境など本当にあるのだろうか？　絶対にあったのでなければならない。だがその環境を探る前に、具体的に何が必要なのかを考えよう。

細胞の作り方

細胞を作るのに何が要るだろう？　地球上の生体細胞は6つの基本的特質を共通してもっている。教科書のように思われたくはないが、ただその特性を列挙しよう。

（i）　新たな有機物の合成のために反応性の高い炭素が継続的に供給されること。

（ii）代謝の生化学的メカニズム――新たなタンパク質やDNAなどの形成――を働かせる自由エネルギーが供給されること。
（iii）こうした代謝反応を加速し誘導する触媒の存在。
（iv）熱力学第二法則の借りを返し、正しい方向へ化学反応を促すべく、老廃物を排出すること。
（v）区画化――内側と外側を隔てる細胞状の構造。
（vi）遺伝物質――具体的な形状や機能を規定するRNAやDNA、あるいはそれと同等のもの。

ほかはすべて（運動や感受性など、生命の特質としてよく覚えさせられるもののたぐい）、細菌から見れば、あったら便利なおまけにすぎない。

深く考えなくても、6つの因子は全部強く依存し合っていて、一番初めからそうでなければならないこともほぼ確実だとわかる。有機物の炭素が継続的に供給されることは、成長や複製などのすべてにとって、明らかに肝要だ。単純なレベルでは、「RNAワールド」さえRNA分子の複製を必要とする。RNAはヌクレオチドという構成要素が連なった鎖で、個々のヌクレオチドはどこかからやってきたはずの有機分子だ。代謝と複製のどちらが先に現れたかについては、生命起源の研究者のあいだで古くから意見の相違がある。結論の見えない論争だ。複製は倍加していくことなので、構成要素を幾何級数的に消費する。こうした構成要素が同じぐらいの速さで補充されなければ、複製はすぐに止まってしまう。

ひとつ考えられる抜け道は、最初の複製子が有機物ではなく、グレアム・ケアンズ＝スミスが長いこと独創的な主張をしているように、粘土鉱物かその手のものだったと仮定することだ。それでもほとんど解決にならない。鉱物は物理的に扱いにくすぎて、触媒としては役立っても、RNAワールド程度の複雑さに近いものさえ「コード」できないからだ。だが鉱物が複製子として使い物にならないのなら、無機物から、RNAのように複製子として働く有機分子を得る、最短最速のルートを見つけなければならない。ヌクレオチドがシアナミドから合成されたのだとすれば、未知の無用な中間体を仮定するのは無意味となる。単刀直入に、なんらかの初期の地球環境が、複製の誕生に必要な有機物の構成要素――活性化したヌクレオチド――を提供できたのだと仮定したほうがはるかにいい[4]。シアナミドは出発点としてお粗末だとしても、還元性大気中の放電から、小惑星での宇宙空間の化学反応や、高圧の爆発反応装置に至るまで、異なる条件できわめてよく似た一連の有機物ができるという傾向は、ある種の分子――いくつかのヌクレオチドも含まれるにちがいない――が熱力学的に好まれることを示唆している。したがっておおざっぱに言って、有機物の複製子が形成されるには、同じ環境のなかで有機物の炭素を継続的に供給する必要がある。ちなみに、それだと凍結した環境は可能性から除外される。凍結すると氷の結晶のすきまで有機物が濃縮できるが、プロセスを進めるのに必要な、構成要素を補充するメカニズムがないのだ。

エネルギーについてはどうだろう？　これも同じ環境のなかで必要となる。個々の構成要素（アミノ酸やヌクレオチド）を結合して長鎖のポリマー（タンパク質やRNA）を作るには、まず構成要素を活性化しなければならない。すると次にエネルギー源が必要になる。ATPか、それに似た何かだが、ひょっとしたら非常によく似たものかもしれない。40億年前の地球がそうだったように、一面が水という世界では、エネルギー源はかなり特殊なタイプでないといけない。長鎖分子の重合を促すものでないといけないのだ。そのためには、新たな結合ができるたびに水分子を1個取り除くことになる。脱水反応だ。溶液中で分子を脱水するにあたって直面する問題は、濡れた布の水を水中で絞り出そうとするのに少し似ている。何人かの著名な研究者は、この問題に煩わされたあまり、生命ははるかに水の少ない火星で生まれたにちがいないと主張している。すると生命は隕石に乗って地球へ落ちてきたわけで、われわれは皆実は火星人ということになる。しかしもちろん、地球上の生命は水中でまったく問題なく活動している。どの生体細胞も、1秒間に何千回も脱水の芸当をやってのけているのだ。われわれは、脱水反応をATPの分解と組み合わせることでそれをおこなっており、一度の分解で水分子が1個奪い取られる。脱水と「再水和」反応（専門用語では「加水分解」）との組み合わせは、事実上、水の移動にすぎなくなるが、それとともにATPの結合に閉じ込められていたエネルギーの一部が解放される。こうすると問題は大いに単純化される。必要なのは、ATPか、それと同等だがもっと単純なアセチルリン酸などが、絶えず供給されることなのだ。その供給元については次の章で取り組むことにしよう。ひとまず要点は、水中での複製には、同じ環境のなかで、有機物の炭素と、ATPのようなものとの両方が継続的に惜しみなく供給される必要がある、ということになる。

これで、6つの因子のうちの3つだ。複製と、炭素と、エネルギーである。細胞形成への区画化はどうだろう？　これも濃度の問題だ。生体膜は脂質でできており、脂質そのものはまた脂肪酸やイソプレン（前の章で述べたとおり、グリセロールの頭部に結合している）で構成されている。なんらかの閾値を超える濃度になると、脂肪酸は自然に細胞状の小袋を形成し、継続的に新たな脂肪酸を「与えられた」場合に成長し分裂することができる。ここでも、新たな脂肪酸の合成を進めるために、有機物の炭素とエネルギーの両方を継続的に供給する必要があるのだ。脂肪酸が――それを言うならヌクレオチドもだが――散逸する以上の速さでたまっていくには、なんらかの集約がなくてはならない。物理的に集めたり天然の区画化をおこなったりして、局所的に濃度を高め、より大きな規模の構造を形成できるようにするのだ。そのような条件が満たされたら、小袋の形成は魔法ではなくなる。物理的に、これが最も安定な状態なのだから

——前の章で見たとおり、結果的に全体のエントロピーは増大する。

反応する構成要素が実際に継続的に供給されれば、「表面積」対「体積」の制約により、単純な小袋は自然に成長し分裂する。球状の小袋——単純な「細胞」——のなかに、さまざまな有機分子が収められているとしよう。小袋は新たな素材——膜には脂質、細胞内にはそれ以外の有機物——を取り込むことで成長する。ここでサイズを倍にしてみよう。膜の表面積を倍にし、中身の有機物も倍にする。どうなるだろう？　表面積を倍にすると、体積は倍より大きくなる。表面積は半径の2乗に比例して増大するが、体積は3乗に比例して増大するからだ。ところが中身は倍にしかならない。中身が膜の表面積より速く増大しないのなら、小袋はしぼんでダンベル状になる。これはすでに新たなふたつの小袋を形成する途中の状態と言える。つまり、算術的な成長が、ただ大きくなるだけでなく、分裂や倍増へ導く不安定性をもたらすのだ。やがて成長する球体が小さな泡に分裂するのも、時間の問題にすぎない。そのため、反応性の高い炭素という前駆体が継続的に流れ込むと、必然的に原始的な細胞の形成のみならず初歩的な形態の細胞分裂も起こることになる。なお、そうしたかたちの分裂（出芽）は、細胞壁のないL型細菌の分裂のしかたでもある。

表面積対体積の比の問題は、細胞のサイズに制約を課しているにちがいない。これは、反応物質の供給と老廃物の除去の問題にすぎない。かつてニーチェは、人は排泄する必要のあるかぎり、自分を神と間違えはしない、と言った。だが実のところ排泄は熱力学的に不可欠なので、どんなに神に近づいてもこればかりはなくせない。どんな反応であれ、進みつづけるには、最終生成物が取り除かれなければならない。これは、駅に人がたまるのと同様、不思議ではない。駅に人が集まる速度よりも速く乗客が列車に乗れなければ、すぐに詰まってしまう。細胞の場合、新たなタンパク質が形成される速度は、反応する前駆体

（活性化したアミノ酸）が運ばれる速度と老廃物（メタン、水、CO_2、エタノール――エネルギーを放出する反応が何であれ）が除去される速度に依存する。こうした老廃物が細胞から物理的に取り除かれないと、反応が続かなくなる。

老廃物の除去という問題は、反応物質と老廃物が一緒に漬け込まれた原始スープのアイデアを阻む、もうひとつの根本的な障害となる。新たな化学反応を進めるはずみや原動力がないのだ。[5] また、細胞が大きくなるほど、スープに近づく。細胞の体積は表面積より速く増大するので、細胞が大きくなるほど、境界をなす膜を越えて新たな炭素を運び込んだり老廃物を取り除いたりできる相対的な速度が落ちる。大西洋サイズの細胞は、いやサッカーボールのサイズの細胞さえ、うまく機能しない。それはただのスープだ（ダチョウの卵はサッカーボールぐらいの大きさだと思うかもしれないが、その中身の大半は備蓄食糧にすぎず、発生途中の胚そのものはずっと小さい）。生命の起源では、炭素の供給と老廃物の除去のそれぞれを自然におこなう速度から、細胞の体積は小さいことが要求される。なんらかの物理的な誘導――前駆体を運び入れ、老廃物を運び出す、継続的な自然の流れ――も必要になりそうだ。

あとは触媒だ。今日、生命はタンパク質――酵素――を使っているが、ＲＮＡにもある程度触媒としての能力がある。ここで問題となるのは、前に見たとおり、ＲＮＡがすでに複雑なポリマーだということである。たくさんのヌクレオチドという構成要素でできており、個々のヌクレオチドを合成し、活性化してつなげ、長鎖にしなければならない。そうなるまでは、ＲＮＡはまず触媒になりえなかっただろう。どんなプロセスがＲＮＡを生み出したにせよ、それはもっと作りやすい有機分子、とくにアミノ酸や脂肪酸の形成も促したにちがいない。すると、初期の「ＲＮＡワールド」は「汚かった」――ほかに多種多様な小さい有機分子が混じっていた――はずなのだ。たとえＲＮＡが複製やタンパク質合成の起源で重要な役割を果たしたとしても、RNAがどうにかして単独で代謝を生み出したと考えるのはばかげている。ならば、何が生化学的メカニズムの発端で触媒となったのだろう？　有望な答えは、金属硫化物（とくに鉄、ニッケル、モリブデンのもの）など、無機の錯体だ。これらは今も、いくつかの古い、広く保存されているタンパク質に補因子として見つかる。タンパク質は触媒と見なされがちだが、実はどのみち起こるような反応を加速させるにすぎない――補因子が反応の本質を決定するのだ。タンパク質という環境がなければ、補因子は触媒としてあまり有効でなく、それほど特異的に働きもしないが、何もないよりははるかにいい。どれだけ有効かは、またもや処理能力に左右される。最初の無機の触媒は、有機物のほうへと炭素とエネルギーを誘導しはじめたにすぎないが、その流れを津波でなく小川ぐらいでいいようにしたのである。

こうした単純な有機物（とくにアミノ酸やヌクレオチド）にも、それ自体の触媒作用がいくらかある。アセチルリン酸の存在下で、アミノ酸は、つながり合って短い「ポリペプチド」――アミノ酸の小さなひも――を形成することもできる。そんなポリペプチドの安定性は、一部には、ほかの分子との相互作用に左右される。脂肪酸と結合する疎水性のアミノ酸やポリペプチドは、比較的長く残るはずで、FeS などの無機のクラスターと結合する荷電ポリペプチドも、比較的安定しているだろう。短いポリペプチドと鉱物のクラスターとが自然に結合すると、鉱物の触媒特性を高める可能性があるため、単純に物理的に残ることによって「選択される」かもしれない。有機合成を促す鉱物の触媒を考えてみよう。合成された有機物のなかには、鉱物の触媒と結びついて生き延びながら、鉱物の触媒特性を高める（あるいは少なくとも変化させる）ものもある。そのようなシステムは、原理上、より複雑な有機化合物をより豊富に生み出すのではなかろうか。

では、どうしたら細胞を一から作れるのか？　反応性の高い炭素と利用可能な化学エネルギーが、継続的かつ大量に流れ込まなければならない。その際、この流れのわずかな割合を新たな有機物に転換する、初歩的な触媒のもとを通過するのだ。この継続的な流れには、老廃物の流出を妨げずに、脂肪酸やアミノ酸やヌクレオチドなどの有機物を高濃度にため込めるような、なんらかのやり方で制約を加えなければならない。そのような流れの集約は天然の「誘導」や区画化によってなし遂げることが可能で、それは水車での流れの誘導と同じ効果をもたらす。酵素なしに任意の流れの力を増すので、必要な炭素やエネルギーの総量が減らせるのだ。新たな有機物の合成が外界へ失われるペースを上回り、濃縮されるようになって初めて、有機物は細胞状の小袋やＲＮＡやタンパク質（ポリペプチド）などの構造に自己組織化する[6]。

率直に言うと、これはまだ細胞の始まりにすぎない――必要だが、決して十分ではないのだ。しかし、細かいことはとりあえずさておいて、この一点だけに目を向けよう。炭素とエネルギーの大量の流れが無機の触媒のもとを通過するように物理的に誘導されなければ、細胞が進化する可能性はない。私はこれを、宇宙のどこであっても必要になる条件と見なそう。前の章で述べた炭素の化学反応の必要性を考えれば、熱力学は、炭素やエネルギーが天然の触媒のもとを継続的に流れることを要請するのだ。ご都合主義の主張を無視すれば、生命の起源として考えられると喧伝されたほぼすべての環境が排除される――温かい水たまり（残念ながらダーウィンはこの点で間違っていた）、原始スープ、微小な孔のあいた軽石、海辺、パンスペルミア、そのほかなんでも。ところが熱水孔は排除されない。むしろ、積極的に含められる。熱水孔は、まさしくわれわれの求めるタイプの散逸構造――継続的な流れをもち、平衡とはほど遠い電気化学的な反応装置――なのである。

熱水孔は流通反応装置

イエローストーン国立公園のグランド・プリズマティック・スプリングは、悪意に満ちた黄色とオレンジと緑に彩られ、『指輪物語』に出てくるサウロンの目を彷彿とさせる。この驚くほど鮮やかな色の正体は、火山性温泉から出る水素（や硫化水素）を電子供与体として用いる細菌の光合成色素だ。このイエローストーンの細菌は、光合成をおこなう生命なので、生命の起源について真の知見はほとんど与えてくれないが、火山性温泉がもつ原始的なパワーについてイメージを与えてくれる。こうした火山性温泉は、荒れ果てた環境のなかで明らかに細菌のホットスポットとなっている。40億年前に戻り、周囲の植生を剝ぎ取ってむき出しの岩だけになれば、そうした原始の場所が生命誕生の地としてイメージしやすくなる。

だがそこは生命誕生の地ではない。当時、地球は一面が水という世界だった。ひょっとしたら、荒れ狂う大海から突き出た小さな火山島にわずかだが陸上の温泉もあったかもしれないが、ほとんどの熱水孔は水中に没し、深海の熱水系にあった。1970年代の終わりに海底の熱水孔が発見され衝撃をもたらしたが、それは、その存在が思いも寄らなかったからではなく（もとより温水のプルーム〔柱状噴流〕が存在をうかがわせていた）、「ブラックスモーカー」の荒々しい動態、つまりその側面に危なっかしくしがみついている生命がおそろしくたくさんいることを、だれも予想していなかったからだ。深海底はほとんどが不毛の砂地で、ほぼ生命はいない。ところがこうしたよろめくように立つチムニー（煙突）は、まるでみずからの命がそれにかかっているかのように黒い煙を吐き出し、それまで知られていなかった特異な動物――ロも肛門もない巨大なチューブワーム〔ハオリムシ類〕、ディナー皿ほども大きい二枚貝、目のないエビ——の棲みかとなっていた。どの動物も熱帯雨林に匹敵する密度で棲んでいたのだ。これは、生物学者や海洋学者にとってはもちろん、微生物学者のジョン・バロスがすぐさま察したとおり、もしかしたら生命の起源に関心のある人にとってはさらに、画期的な出来事だった。それ以来、バロスはだれよりも、太陽から隔絶された漆黒の海洋底の熱水孔で化学的な非平衡が生み出す、おそるべき力に関心を向けつづけた。

だがこうした熱水孔も誤解を招きやすい。熱水孔は、本当は太陽から隔絶されてはいない。ここに棲む動物は、スモーカーから出る硫化水素ガスを酸化する細菌との共生関係に頼っている。これが非平衡の主因となるのだ。硫化水素（H_2S）は還元性のガスで、酸素と反応してエネルギーを放出する。前の章で触れた呼吸のメカニズムを思い出してもらおう。細菌は呼吸でH_2Sを電子供与体、酸素を電子受容体として用い、ＡＴＰ合成を促す。しかし酸素は光合成の副産物で、酸素発生型光合成が誕生する前の初期の地球には存在しなかった。したがって、こうしたブラックスモーカー熱水孔の周囲で生命が驚くほど湧き起こっている事実は、間接的にではあるが完全に太陽のおかげなのだ。またそうすると、このような熱水孔は40億年前はまったく違ったものだったにちがいない。

酸素がなければ何が可能性として残るだろうか？　実は、ブラックスモーカーは、中央海嶺の拡大中心〔訳注　マントルからプレートが上昇して広がるところ〕などの火山活動が活発な場所で、海水とマグマが直接相互作用して生まれている。海底にしみ込んだ水が、それほど深くない場所にあるマグマだまりに達し、そこで一気に数百度まで温められ、マグマに溶存する金属や硫化物を取り込んで、強い酸になる。過熱した水は爆発的な力で上方へ突き上げられ、急速に冷える。黄鉄鉱〔愚者の金〕などの硫化鉄の微粒子がすぐさま析出する。これが黒い煙（ブラックスモーク）で、こうした怒れる火山の熱水孔にブラックスモーカーという名を与えている。その大半は40億年前も同じだったはずだが、この火山の猛威はいっさい生命には利用できない。化学的な勾配だけが重要で、そこに問題がある。酸素による化学的な後押しがおそらくはなかったのだ。硫化水素をCO_2と反応させて有機物を合成しようとするのは、とくに高温でははるかに難しい。１９８０年後半以降に立てつづけに公表された画期的な論文では、気が短いことで有名な革命児で、ドイツの化学者にして弁理士でもあったギュンター・ヴェヒターズホイザーが、全体像を描きなおしている。[7] 彼は、CO_2が黄鉄鉱の表面で還元されて有機分子になる、みずから「黄鉄鉱による引き抜き（pyrite pulling）」と呼んだプロセスをきわめて具体的に提示した。もっとおおざっぱに言えば、ヴェヒターズホイザーは、鉄硫黄（FeS）鉱物が有機分子の合成の触媒となった「鉄硫黄世界」の話をしていたのだ。そのような鉱物は、一般に第一鉄イオン（Fe^{2+}）と硫化物イオン（S^{2-}）の格子が反復されてできている。FeSクラスターという、第一鉄イオンと硫化物イオンからなる小さな鉱物クラスターは、今も多くの酵素（呼吸に関わるものなど）の中心に見つかる。その構造が、マッキナワイトやグレイガイトなどのFeS鉱物の格子構造とほぼ同じという事実は（図11のほか、図8も参照）、こうした鉱物が生命の最初のいくつかのステップの触媒になったのではないかという考えに信憑性を与えている。だが、たとえFeS鉱物が優れた触媒だとしても、ヴェヒターズホイザー自身による実験から、「黄鉄鉱による引き抜き」は、初めに彼が考えたようにはうまくいかないことが明らかとなった。もっと反応性の高いガスである一酸化炭素（CO）を使ってようやく、ヴェヒターズホイザーはどんな有機分子も作り出すことができた。「黄鉄鉱による引き抜き」で育つ生命が知られていないという事実は、実験室でうまくいかないのが偶然ではなく、本当にうまくいかないことをほのめかしている。

COはブラックスモーカーの熱水孔で見つかるが、その濃度はほとんどゼロと言えるほど低い――あまりにも少なすぎて、まともな有機化学反応は起こせない（COの濃度はCO_2の1000分の1〜100万分の1)。ゆゆしき問題はほかにもある。ブラックスモーカーの熱水孔はひどく熱すぎる。この熱水孔の流体は250〜400℃で湧き出しているが、海洋底の超高圧のおかげで沸騰はしていない。こうした温度では、最も安定した炭素化合物はCO_2だ。すると、有機合成は起こりえないことになる。むしろ、どんな有機物ができたとしても、たちまちCO_2に戻ってしまうはずだ。鉱物の表面が触媒となる有機化学反応というアイデアも問題をはらんでいる。有機物は、鉱物表面に縛りつけられたままになるとしたら、全部がべとべとにくっついてしまうし、表面から離れるとしたら、もくもく湧き出る熱水孔のチムニーを通り、広い海へ慌ただしく流し去られてしまう。ブラックスモーカーは非常に不安定でもあり、せいぜい数十年で成長して崩れる。それは生命を「生み出す」には長くはない。ブラックスモーカーは真に平衡とはほど遠い散逸構造で、確かにスープの問題の一部を解決できるが、こうした火山性のシステムはひどく極端で不安定なので、生命の起源に必要な穏やかな炭素化学反応を育めない。その環境がおこなった、なくてはならなかった仕事は、初期の海を、マグマに由来する第一鉄（Fe^{2+}）イオンやニッケル（Ni^{2+}）イオンなど、触媒となる金属で満たすことだった。

海に溶け込んだこうした金属の恩恵を受けるのは、アルカリ熱水噴出孔という別のタイプの熱水孔だった（図12)。私の見たところ、この熱水孔でブラックスモーカーの問題がすべて解決できる。アルカリ熱水噴出孔は、まったく火山のようではなく、ブラックスモーカーの華々しさや刺激を欠いているが、電気化学的な流通反応装置〔訳注　流体が連続的に流れ込んで反応し、系外へ流れ出るような反応装置〕としてはるかによく整えられた特性をほかにもっている。それと生命の起源との関連性は、革新的な地球化学者マイク・ラッセルがまず1988年に『ネイチャー』の短いレターで示唆し、1990年代には一連のユニークな

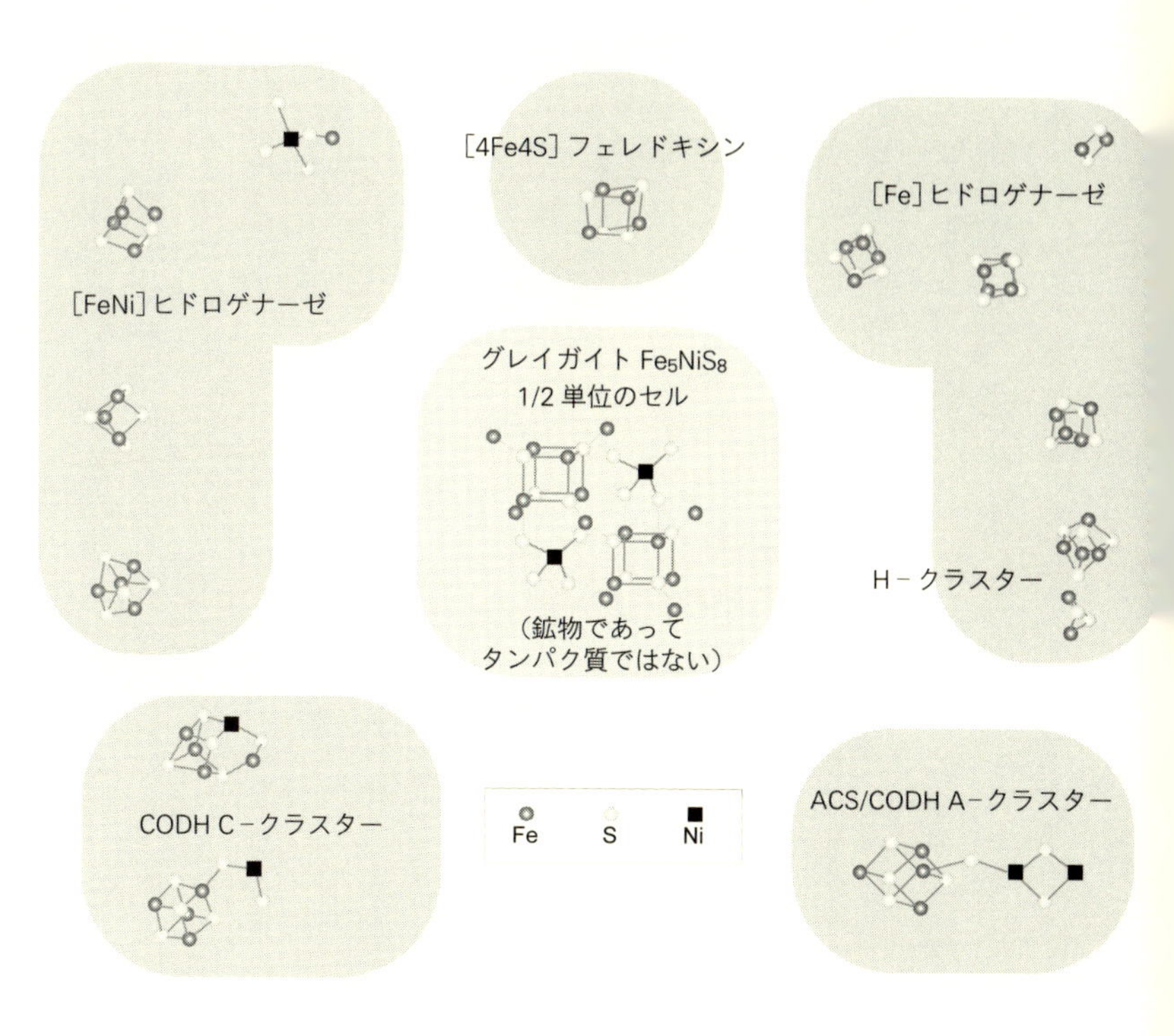

図 11　鉄硫黄鉱物と鉄硫黄クラスター．鉄硫黄鉱物と，現代の酵素に内在する鉄硫黄クラスターとの高い類似性について，2004 年にビル・マーティンとマイク・ラッセルが描いたもの．中央のパネルは，グレイガイトという鉱物の結晶の反復単位を示している．この構造が反復されて，複数単位の格子ができあがる．まわりのパネルはタンパク質に内在する鉄硫黄クラスターを示し，グレイガイトやそれに似たマッキナワイトなどの鉱物に近い構造をしている．網掛けした領域は，それぞれのケースに対するタンパク質の形状とサイズを表している．どのタンパク質にも，ニッケルの有無はともかく，一般に鉄硫黄クラスターがいくつか含まれている．

論文が出て明らかになった。その後、ビル・マーティンが独特な微生物学的視点で熱水孔の世界をとらえ、ふたりは熱水孔と生体細胞との意外な類似点を数多く指摘した。ラッセルとマーティンは、ヴェヒターズホイザーと同じく、生命が「ボトムアップ」式に、独立栄養細菌（みずからのあらゆる有機分子を単純な無機の前駆体から合成している）とほぼ同じように、H_2 や CO_2 などの単純な分子の反応によって誕生したと主張している。ふたりはまた、つねに初期の触媒として鉄硫黄（FeS）鉱物の重要性を訴えた。ラッセルとマーティンも、ヴェヒターズホイザーも、いずれにせよ熱水孔と FeS 鉱物と独立栄養の起源について語っているので、彼らの考えは容易にひとつにまとめられそうに見える。だが実際には、違いは黒と白のように大きい。

アルカリ熱水孔は、水とマグマとの相互作用ではなく、はるかに穏やかなプロセス――固い岩石と水との化学反応――によって生み出されている。マントルに由来する岩石は、カンラン石などの鉱物を豊富に含み、水と反応して含水鉱物の蛇紋岩になる。蛇紋岩は、蛇のうろこに似た、緑色でまだら状の美しい外見をしている。蛇紋岩を磨いたものは、緑の大理石のように、ニューヨークの国連ビルなどの公共の建物で、一般に装飾石として利用されている。この岩を形成する化学反応は、「蛇紋岩化作用」といういかつい名前を頂戴しているが、要するにこれは、カンラン石が水と反応して蛇紋岩を形成するということだ。この反応の「廃棄物」が、生命の起源の鍵を握っている。

カンラン石には第一鉄とマグネシウムが豊富に存在する。第一鉄は、水によって酸化され、錆びた形態である第二鉄になる。この反応は発熱反応（熱を放出する）で、水酸化マグネシウムを含む温かいアルカリ流体に溶け込んでいた大量の水素ガスを発生させる。カンラン石は地球のマントルに多いので、この反応は主に、構造プレートの拡大中心付近の海底で起こる。できたてのマントル岩石が海水にさらされる場

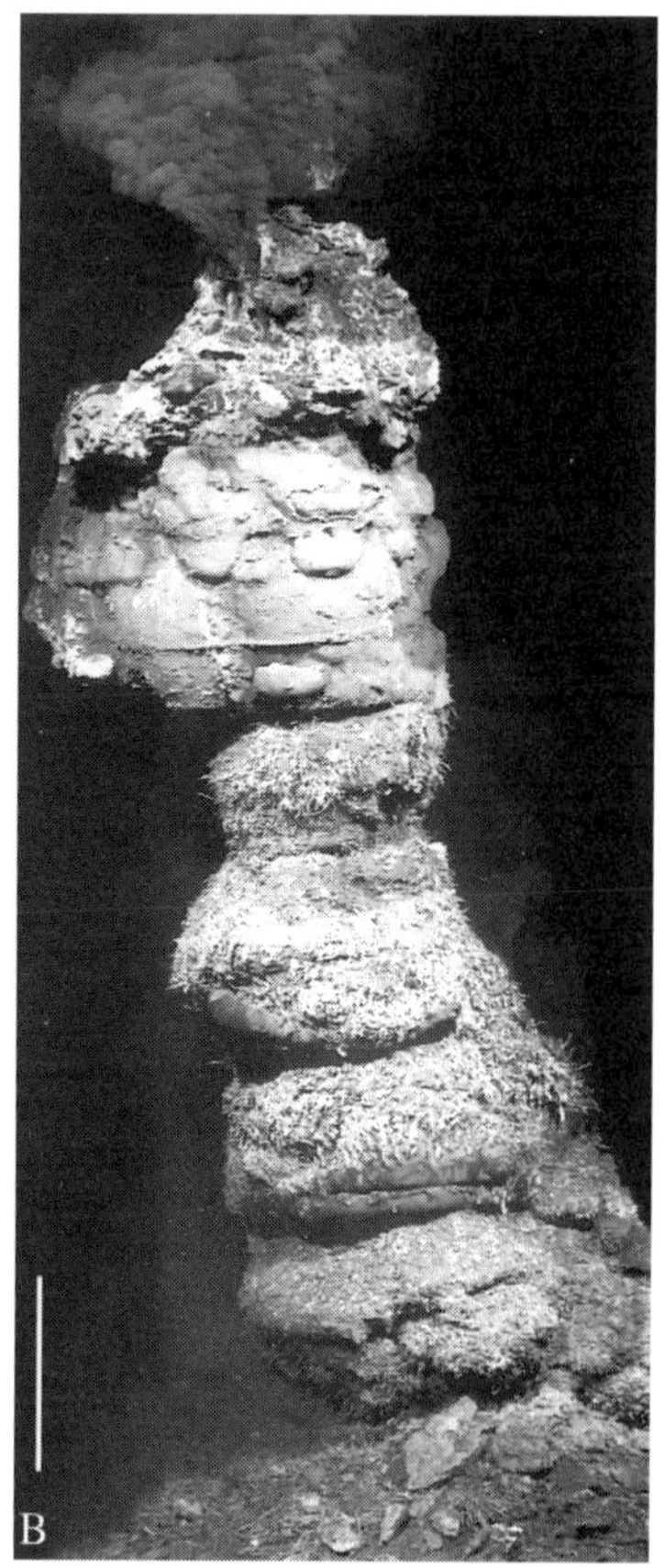

図 12　深海の熱水噴出孔．ロスト・シティーの活発なアルカリ熱水噴出孔（A）とブラックスモーカー（B）との比較．左下のマーカーの長さはどちらも 1m．アルカリ熱水孔は高いものでは 60m にもなり，それは 20 階建てのビルに相当する．上端の白い矢印は，アルカリ熱水孔の頂部に固定されたプローブ（探針）を示す．アルカリ熱水孔のなかでも白さが際立つ領域は，とくに活発な場所だが，ブラックスモーカーと違ってここの熱水流体は析出して「煙（スモーク）」になりはしない．ロスト・シティーは大西洋中央海嶺にほど近いアトランティス岩体に立っており，2000 年にデボラ・ケリーらが潜水艇アトランティス号から発見した．打ち捨てられた感じが，誤解を招きそうではあるが滅びた街（ロスト・シティー）という名にぴったりに思える．

所だ。マントル岩石が直接さらされることはまれだ――水は海底から下へしみ込み、ときに数キロメートルの深さまで達してカンラン石と反応する。そうして生じた、水素の豊富な温かいアルカリ流体は、下降してくる冷たい海水よりも浮きやすく、海底へ向けて上昇する。海底に達すると、その流体は冷え、海中に溶け込んだ塩と反応し、大きな熱水孔に析出する。

ブラックスモーカーと違って、アルカリ熱水孔はマグマとは関係がなく、そのため拡大中心でマグマだまりの真上でなく、ふつうは数キロメートル離れた場所に見つかる。温度は過熱状態ではなく温熱状態で、60～90℃だ。その熱水孔は、海に直接もくもく吐き出すぽっかりあいたチムニーではなく、相互につながった迷路のような細孔がびっしりある。しかも酸性ではなく、強いアルカリ性だ。少なくとも、ラッセルは1990年代初め、自説をもとにその性質を予測していた。彼は、会議では孤軍奮闘で声を上げ、「科学者たちはブラックスモーカーの勢いの激しさに魅了されて、アルカリ熱水孔のもっとおとなしい長所を見過ごしている」と訴えていた。2000年に海底のアルカリ熱水孔が初めて見つかり、ロスト・シティーと名づけられるまで、研究者たちは実際に聞く耳をもたなかった。驚いたことに、ロスト・シティーはラッセルの予測のほぼすべてと、大西洋中央海嶺から15キロメートルあまりというその場所に至るまで一致していた。偶然にも、このとき私は、生命の起源と結びつけた生体エネルギー論について初めて考えて書きはじめていたところだった（拙著『生と死の自然史』（西田睦監訳、遠藤圭子訳、東海大学出版会）は2002年に刊行されている（原書刊行年））。ラッセルのアイデアには、即座に心をつかまれた。私にとって、ラッセルの仮説を見事に敷衍（ふえん）して言えるのは、ひとえに、それが天然のプロトン勾配によって生命の起源と結びつくということなのである。問題は、「具体的にどうやって？」だ。

アルカリ性であることの重要性

アルカリ熱水噴出孔は、まさしく生命の起源に必要な条件を提供する。炭素とエネルギーの大量の流れを、無機の触媒のもとを通過するように物理的に誘導し、有機物を高濃度にため込めるやり方で制約するという条件だ。熱水流体は溶存水素が豊富で、メタンやアンモニアや硫化物など、ほかの還元性のガスの含有量は比較的少ない。ロスト・シティーをはじめとする既知のアルカリ熱水孔には、細孔が多数あいている。中心にそびえ立つチムニーはないが、岩石そのものが鉱化したスポンジのようで、薄い壁で隔てられた孔は相互につながり、マイクロメートルからミリメートルオーダーの大きさで、全体として巨大な迷路を形成している。その迷路を、アルカリ熱水流体がしみわたっていくのだ（図13）。こうした流体はマグマに過熱されていないため、温度が有機分子の合成（ほどなく詳細を語る）のみならず、流速の低下にとっても有利に働く。流体はすさまじい速度で押し出されるのでなく、触媒の表面を優しくなでるように進む。そしてこの熱水孔は何千年も存続し、ロスト・シティーの場合は10万年以上にもなる。マイク・ラッセルが指摘するとおり、数千年は10^{17}マイクロ秒に相当し、このほうが、化学反応を測るのに意味のある時間単位だ。莫大な時間である。

細孔だらけの迷路を通り抜ける熱水の流れには、有機分子（アミノ酸、脂肪酸、ヌクレオチドなど）を、熱泳動というプロセスによって、数千倍から数百万倍にまで極端に濃縮する驚くべき能力がある。これは、洗濯機で小さな洗濯物が布団カバーのなかに集まるのに少し似ている。すべては運動エネルギーによって決まるのだ。温度が高いと、小さな分子（や小さな洗濯物）は暴れまわり、四方八方に動く自由がかなりある。熱水流体が混じり合って冷えると、有機分子の運動エネルギーが低下し、暴れまわる自由が減る（布団カバーのなかに入った靴下の状態だ）。すると有機分子はそこから出ていきにくくなるので、運動エネルギーの低い領域にたまる（図13）。熱泳動の力は、ひとつには分子のサイズに左右される。ヌクレオチドなどの大きな分子は、小さな分子よりもとどまりやすい。メタンなどの小さな最終産物は、熱水孔から失われやすい。要するに、細孔だらけの熱水孔を継続的に通る熱水の流れは、（凍結や蒸発と違って）安定状態の条件を変えるのでなく実際に安定状態であるような動的なプロセスによって、積極的に有機物を濃縮するはずなのだ。さらに都合のいいことに、熱泳動は、有機物同士の相互作用を促して、熱水孔の細孔内で散逸構造の形成を進めさせる。そうした散逸構造は、自然に脂肪酸を小袋にすることができ、ひょっとしたらアミノ酸やヌクレオチドを重合させてタンパク質やＲＮＡにするかもしれない。このような相互作用が起こるかどうかは、濃度の問題だ。濃度を高めるプロセスが何であれ、それは分子同士の化学的相互作用を促進させるのである。

これは事実にしては出来過ぎのように思えるかもしれないが、ある意味ではそのとおりだ。ロスト・シティーのアルカリ熱水噴出孔は、今日、多くの生命の棲みかとなっている――大半はかなり地味な細菌や古細菌だが。そこはまた、メタンや微量の炭化水素など、低濃度の有機物も生み出している。それでもこの熱水孔は、今は決して新しい生物を生み出しておらず、熱泳動で有機物の豊富な環境を形成してもいない。その理由は、ひとつには、すでにそこに棲んでいる細菌がどの資源もきわめて効率よく吸い上げているからだ。しかしもっと根本的な理由もある。

ブラックスモーカーが40億年前は今とまったく同じではなかったのと同様、アルカリ熱水噴出孔も化学

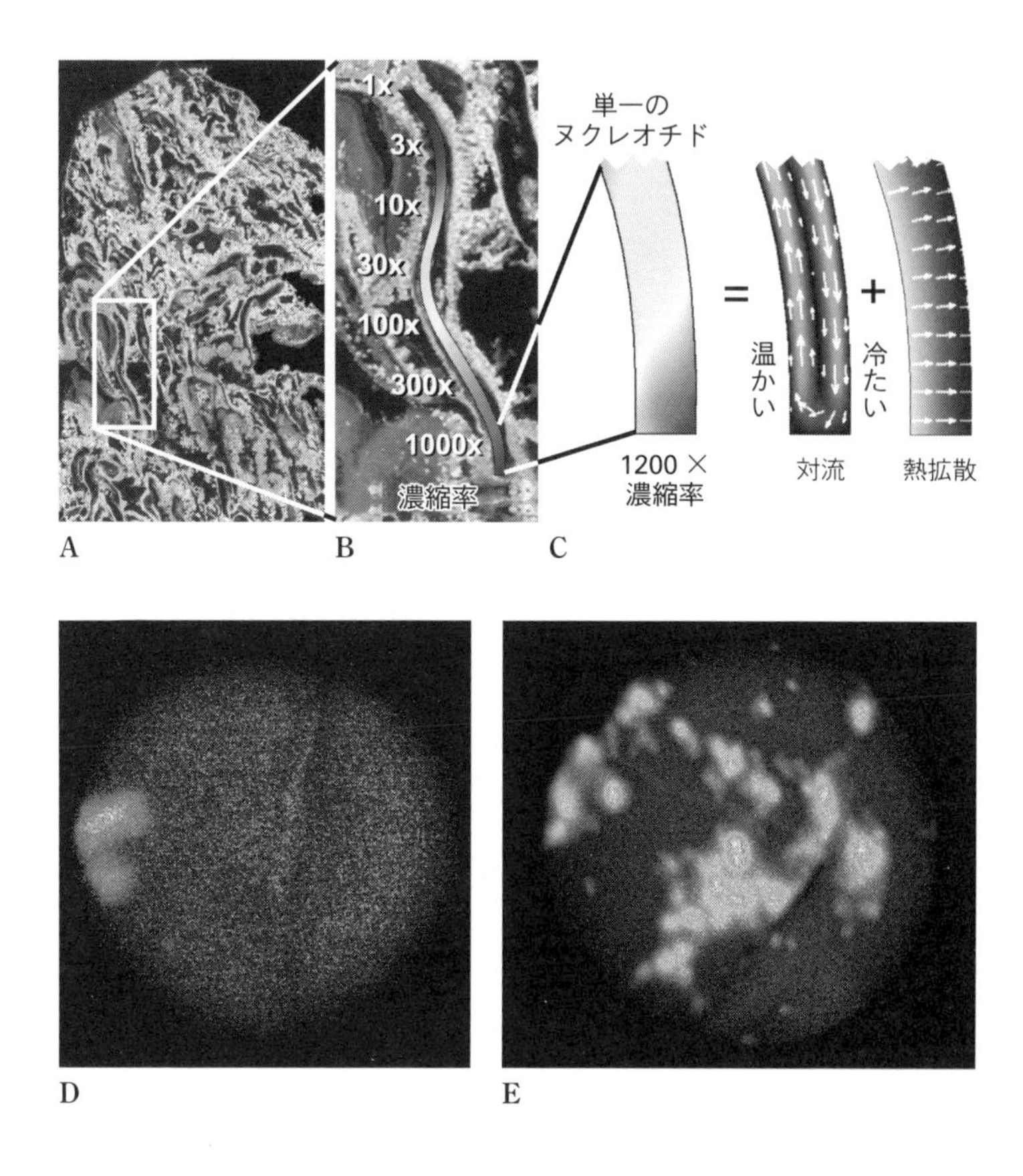

図 13　熱泳動による有機物の極端な濃縮．A：ロスト・シティーのアルカリ熱水噴出孔の断面．いくつもの壁で仕切られた多孔質の構造をしている．この熱水孔には中央にそびえるチムニーはなく，直径が μm から mm オーダーの孔がつながりあって迷路のようになっている．B：ヌクレオチドなどの有機物は理論上，熱泳動によって出発点の濃度の 1000 倍以上にまで濃縮されうる．その原動力となるのが，C に示したような熱水孔の細孔における対流と熱拡散だ．D：ユニヴァーシティ・カレッジ・ロンドンにあるわれわれの反応装置で実験した熱泳動の例．細孔だらけのセラミックの泡（直径 9cm）のなかで，有機蛍光色素（フルオレセイン）の濃度が 5000 倍にまで濃縮されることが示された．E：蛍光性分子キニーネの濃縮率はさらに高く，この場合は少なくとも 100 万倍に達している．

的性質の点で異なっていたにちがいない。一部の特徴はきわめてよく似ていただろう。蛇紋岩化作用のプロセスそのものは、どこも異なっていなかったはずだ。同じ温かく水素の豊富なアルカリ流体が、海底へ向けて上昇していたはずなのである。ところが海洋の化学的性質は、当時はまったく異なり、そのため当然だがアルカリ熱水孔の鉱物組成は違っていた。現在、ロスト・シティーはほとんど炭酸塩（アラゴナイト）でできているが、もっと最近に見つかったほかの似たような熱水孔（アイスランド北部のストリィタンなど）は、粘土でできている。40億年前の冥王代の海で、どのような構造が形成されていたかははっきりわからないが、現在の環境との差異で、多大な影響を及ぼしたにちがいないものが大きくふたつある。酸素がなかったことと、大気と海洋の CO_2 濃度が今よりはるかに高かったことだ。この差異が、太古のアルカリ熱水孔をはるかに効果的な流通反応装置としたにちがいなかった。

酸素がなければ、鉄は第一鉄の形態で海に溶け込む。初期の海に溶存する鉄が満ちていたことはわかっている。第1章で述べたように、のちにそれがすべて析出して、広大な縞状鉄鉱層となっているからだ。この溶存する鉄の多くは、ブラックスモーカーの（火山性の）熱水孔に由来する。鉄がアルカリ熱水噴出孔で析出していたこともわかっている。われわれがこの目で見たからではなく、化学の法則からそのように言え、実験でシミュレートできるからである。この場合、鉄は水酸化鉄や硫化鉄として析出し、炭素やエネルギーの代謝を促す酵素に今も見つかるような触媒クラスター――フェレドキシンなどのタンパク質――を形成していたはずだ。すると、酸素がなければ、アルカリ熱水孔の鉱物の壁には、触媒作用のある鉄鉱物が含まれていたはずで、ニッケルやモリブデン（アルカリ流体に溶存している）など、ほかの反応性の高い金属もおそらくは添加されていただろう。こうしてわれわれは、真の流通反応装置に迫りつつある。水素の豊富な流体が細孔の迷路をめぐり、触媒となる壁が、廃棄物を吐き出しながら生成物を濃縮・保持しているのだ。

だが、具体的に何が反応しているのだろう？　ここでわれわれは、問題の核心に到達しようとしている。高いCO_2濃度が、解決のための方程式に取り込まれるところなのだ。今日のアルカリ熱水噴出孔は比較的炭素が乏しい。利用可能な無機炭素の多くは、熱水孔の壁に炭酸塩（アラゴナイト）として析出しているからである。40億年前の冥王代には、CO_2濃度は今より大幅に高かったと考えるのが最も妥当で、ひょっとしたら100〜1000倍だったかもしれない。原初の熱水孔で炭素がそこそこ多かっただけでなく、CO_2濃度が高かったとすれば、海の酸性度は高まり、炭素は炭酸カルシウムとして析出しにくくなっていただろう（現代の海はCO_2濃度の上昇で酸化されているため、これは今日サンゴ礁をおびやかしている事態だ）。現代の海のpHはおよそ8で、わずかにアルカリ性である。冥王代の海はおそらく中性か弱酸性で、pH5〜7だったかもしれないが、実際の値は地球化学的な特性の制約をほとんど受けない。高いCO_2濃度、弱酸性の海、アルカリ流体、FeSをもつ熱水孔の薄い壁構造の組み合わせこそが重要と言える。それがなければ容易に起きないような化学反応を促すからである。

化学反応を支配する原理はおおまかにふたつある。熱力学と反応速度論だ。熱力学は、物質のどの状態がより安定か――時間がいくらでもあれば、どの分子ができるか――を明らかにする。反応速度論は、速度――限られた時間でどの生成物ができるか――に関係する。熱力学によれば、CO_2は水素（H_2）と反応してメタン（CH_4）を生成する。これは熱を放出する発熱反応だ。すると、少なくともなんらかの条件では、環境のエントロピーが増大し、反応に有利となる。チャンスが与えられれば、その反応は自然に起こるはずなのだ。必要な条件は、ほどほどの温度と、酸素がないことなどである。温度が上がりすぎると、すでに指摘したとおり、CO_2はメタンより安定になる。また、酸素が存在したら、それが水素と優先的に反応して水ができてしまう。40億年前、アルカリ熱水孔でほどほどの温度と無酸素の条件は、CO_2がH_2と反応してメタンができるのに有利だったはずだ。今日でも、いくらか酸素があるものの、ロスト・シティーは少量だがメタンを生成している。地球化学者のジャン・アメンドとトム・マッカラムはさらに踏み込んで、H_2とCO_2からの有機物の生成が、酸素のないかぎりアルカリ熱水噴出孔の条件では熱力学的に有利になる、と見積もった。これはすばらしいことだ。そうした条件で、25～125℃では、H_2とCO_2からのあらゆる細胞バイオマス（アミノ酸、脂肪酸、炭水化物、ヌクレオチドなど）の生成は、実のところ「発エルゴン的」〔訳注　エネルギーを発生するということ〕と言える。したがって、そんな条件のもとで有機物はH_2とCO_2から自然にできる。細胞の生成はエネルギーを放出し、全体のエントロピーを増すのである！

ただし——これは大きな「ただし」だ——H_2はCO_2と簡単には反応しない。そこには反応速度論の障壁がある。つまり、熱力学によれば自然に反応するはずでも、何かほかの障害によって、すぐには起こらないようになっているのだ。H_2とCO_2は互いにほぼ活性がない。無理やり反応させるには、エネルギーのインプット——きっかけを作るための爆竹——が必要となる。これで反応が起き、まずは部分的に還元された化合物が生じる。CO_2は電子をペアでしか受け取れない。電子がふたつ加わると、ギ酸イオン（$HCOO^-$）ができる。もうふたつ加わるとホルムアルデヒド（CH_2O）ができ、さらにふたつでメタノール（CH_3OH）になり、最後にふたつ加われば完全に還元されてメタン（CH_4）となる。もちろん生命はメタンでできてはおらず、レドックス〔酸化還元〕状態ではホルムアルデヒドとメタノールの混合物におおよそ相当するような、不完全に還元された炭素にすぎない。するとCO_2とH_2からの生命の誕生にかんしては、反応速度論の二大障壁があることになる。第一の障壁は、乗り越えないとホルムアルデヒドやメタノールに到達できない。一方、第二の障壁は、乗り越えてはいけない。H_2とCO_2を温かい環境へ導いたとしても、反応がメタンまで一気に達してしまうことは、細胞ができるためには決して起きてほしくない。全部ガスとして散逸し、それで終わりになるからだ。生命は、第一の障壁を下げ、第二の障壁を上げておく（エネルギーが必要なときに下げるだけ）具体的なやり方を心得ているように見える。だが、最初に何が起きたのだろう？

ここが悩みの種だ。CO_2をH_2と効率的に――取り出す以上のエネルギーを加えずに――反応させるのが容易なら、今までにわれわれにできていただろう。そして世界のエネルギー問題の解決へ向けて大きな一歩となっていたにちがいない。光合成をまねて水を分割し、H_2とO_2を放出させるとしよう。それができていれば、水素エコノミー〔訳注　水素をエネルギー源の基盤とする経済〕を強力に推し進めていただろう。しかし、水素エコノミーには現実的な欠点がいくつかある。水素を空気中のCO_2と反応させて天然ガスを作れたり、さらにはガソリンを合成できたりしたら、どれほどいいだろう！　それならわれわれは、発電所でガスを燃やしつづけられる。CO_2の排出がCO_2の捕獲と相殺され、大気中のCO_2濃度の上昇が止まり、化石燃料への依存も軽減できる。エネルギー安全保障である。代償が大きくなることはほとんどないのに、われわれはまだこの単純な反応を効率的に推し進めることに成功していない。どんなに単純な生体細胞もつねにおこなっているというのに……。たとえばメタン生成菌は、成長に必要なエネルギーと炭素をすべて、H_2とCO_2の反応から得ている。だがさらに難しい問題は、「どんな生体細胞も現れる前に、どうやってそれができたのか？」だ。ヴェヒターズホイザーは、これを不可能と切り捨てた。生命はCO_2とH_2の反応から始まったはずがなく、断じて反応しない、と言ったのだ。[8] 数千キロメートル潜った海底の熱水噴出孔での超高圧にまで圧力を高めても、H_2をCO_2と反応させられない。だからヴェヒターズホイザーは、まず「黄鉄鉱による引き抜き」のアイデアを思いついたのだ。
しかし、ひとつ考えられる手段がある。

プロトン・パワー

レドックス反応には、供与体（この場合はH_2）から受容体（CO_2）への電子の移動が関わっている。分子がみずからの電子を運び出したがる傾向は、「還元電位」というものから示唆される。その定義はとくに便利ではないが、十分にわかりやすい。電子を奪われたがる分子には、負の値が割り当てられる。逆に、電子を欲しがり、ほぼどこからでもそれを取り出す原子や分子には、正の値が割り当てられる（これは、負電荷をもつ電子を引きつける力とも見なせる）。酸素は電子を奪いたがり（なんであれ電子を奪う相手を酸化する）、強い正の還元電位をもつ。これらの値はすべて、実は標準水素電極というものとの相対値だが、ここでは気にしなくていい[9]。要は、負の還元電位をもつ分子はみずからの電子を剝ぎ取り、それに比べ正の還元電位をもつ分子に渡す傾向があり、その逆はないのである。

ここにH_2とCO_2にかんする問題がある。中性のpH（7・0）では、H_2の還元電位は理論上マイナス414mVだ。H_2が2個の電子を手放せば、2個のプロトン（$2H^+$）が残る。水素の還元電位はこの動的な均衡を反映している――H_2が電子を失ってH^+になる傾向と、$2H^+$が電子を手に入れてH_2になる傾向との均衡である。こうした電子をCO_2が手に入れたら、ギ酸イオンになるだろう。ところがギ酸イオンの還元電位はマイナス430mVだ。すると、電子をH^+に渡してCO_2とH_2になってしまいやすい。ホルムアルデヒドはさらにひどい。その還元電位はおよそマイナス580mVだ。だからとうてい電子をもちつづけようとはせず、プロトンに渡してH_2を生じやすい。したがって、pH7で考えれば、ヴェヒターズホイザーは正しい。H_2がCO_2を還元できる可能性はないのだ。しかしもちろん、一部の細菌や古細菌はまさしくこの反応によって生きているので、可能でなければならない。次の章では、彼らがそれをどのようになし遂げているのかを詳しく検討しよう。本書で提示するストーリーにおける次の段階とつながりが深いからだ。ひとまずここでは、H_2とCO_2によって成長する細菌が、膜をはさんだプロトン勾配の力を受けて初めて成長できるということを知っておけばいい。そして、これこそがとてつもない手がかりなのである。

分子の還元電位は、たいていpHすなわちプロトン濃度（水素イオン濃度）に依存する。理由は至って単純だ。電子が移動すると、負電荷が移動する。還元された分子がプロトンも受け取ることができると、その生成物はより安定になる。プロトンの正電荷と電子の負電荷が釣り合うからだ。電荷を釣り合わせるために使えるプロトンが多いほど、電子の移動がスムーズに進行する。すると還元電位も正の度合いが強くなる――電子のペアを受け取りやすくなるのだ。じっさい、還元電位は、pHが1減る（より酸性になる）ごとにおよそ59mV増す。溶液の酸性度が高まるほど、電子がCO_2に移動してギ酸イオンやホルムアルデヒドができやすくなる。ところがあいにく、まったく同じことが水素にも言える。溶液の酸性度が高まるほど、電子がプロトンに移動してH_2ガスができやすくなるのだ。したがって、ただpHが変わるだけでは何の効果もない。CO_2をH_2で還元することはできないままなのだ。

だがここで、膜をはさんだプロトン勾配を考えてみよう。膜の両側ではプロトン濃度――酸性度――が異なる。まったく同じ差異が、アルカリ熱水孔でも見られる。アルカリ熱水流体は、細孔の迷路を通ってゆっくり進む。弱酸性の海水もそうだ。なかにはふたつの流体が並行して流れる場所もあり、CO_2で飽和した酸性の海水が、H_2に富むアルカリ流体と、FeS鉱物という半導体を含む無機の薄い壁によって隔てられている。H_2の還元電位は、アルカリ性の条件では低下する。H_2は電子を大いに奪われ「たがる」ため、そうして残されたH^+がアルカリ流体のなかでOH^-と結びつき、なんとも安定な、水ができるのだ。pH10では、H_2の還元電位はマイナス５８４mVで、還元性が高い。一方、pH６で、ギ酸イオンの還元電位はマイナス３７０mVであり、ホルムアルデヒドの還元電位はマイナス５２０mVである。つまり、このようなpHの差があれば、H_2はかなり容易にCO_2を還元してホルムアルデヒドを生み出すのだ。ただひとつ問題がある。電子はどうやってH_2からCO_2へ物理的に移動するのか？　その答えは構造にある。細孔だらけの熱水孔で、薄い無機の隔壁に含まれるFeS鉱物は、電子を流す。銅線には遠く及ばないが、それでも電子を流すのだ。そのため理論上、アルカリ熱水孔の物理的構造はH_2によるCO_2の還元を促し、有機物を生み出すはずである（図14）。すばらしいではないか！

だが本当なのだろうか？　ここに科学のすばらしさがある。これは単純で検証可能な疑問だ。検証が易しいというわけではない。私は、化学者のバリー・ハーシーや、博士課程の学生であるアレクサンドラ・ウィッチャーおよびエロイ・カンプルビと、しばらく前から実験でこれをおこなおうとしている。リーヴァーヒューム・トラストという団体から提供された資金で、われわれは、この反応を起こすための小さな卓上型反応装置を組み上げた。実験室でこうした薄いFeS半導体の壁を析出させるのは、簡単ではない。ホルムアルデヒドは安定ではないという問題もある——電子をプロトンへ戻し、ふたたびH_2とCO_2を生成し「たがる」し、酸性の条件ではさらに容易にそれをおこなってしまう。厳密なpHや水素濃度がきわどく影響するのだ。また率直に言って、規模の大きな本物の熱水孔を実験室でシミュレートするのは容易で

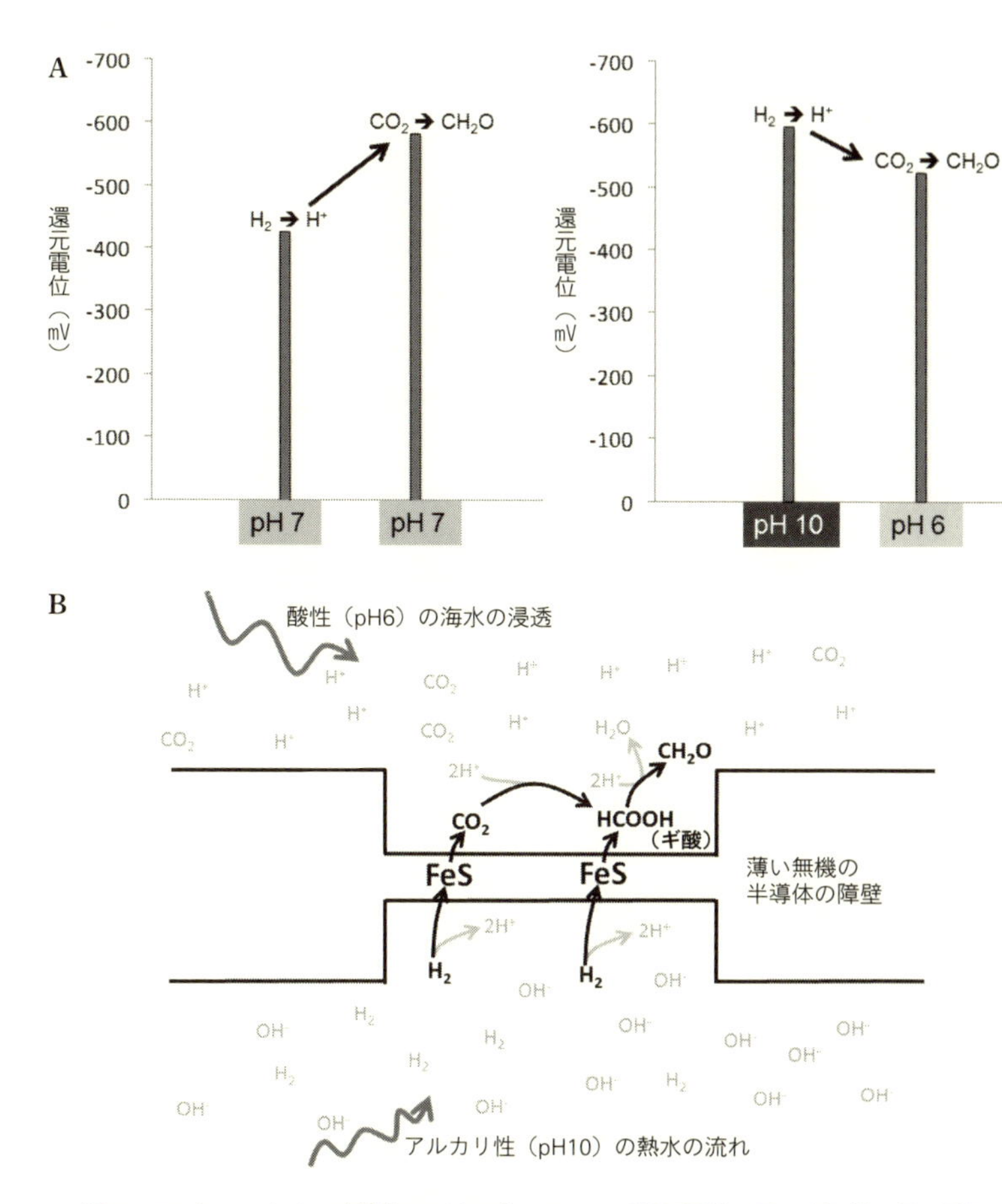

図14　H_2 と CO_2 からの有機物のできかた．A：pH が還元電位に及ぼす影響．還元電位が負に傾くほど，化合物はひとつ以上の電子を移動させやすい．逆に正に傾くほど，電子を受け取りやすくなる．Y 軸の目盛が上になるほど負の値が大きいことに注意．pH7 では，H_2 は CO_2 に電子を移動させてホルムアルデヒド（CH_2O）を生み出すことができない．反応がむしろ逆方向に進んでしまうのだ．ところが，H_2 はアルカリ熱水噴出孔と同じ pH10 で，CO_2 は初期の海と同じ pH6 なら，CO_2 が還元されて CH_2O になることは理論上ありうる．B：細孔だらけの熱水孔では，pH10 の流体と pH6 の流体が，FeS 鉱物を含む薄い半導体の壁を隔てて並行することがあり，CO_2 が CH_2O に還元されやすくなっている．ここで FeS は触媒の役目を果たしている．今もわれわれの呼吸でその役目を果たし，電子を H_2 から CO_2 へ移動させているように．

はない——本物は高さが数十メートルあり、猛烈な圧力のもとで活動している（そのおかげで水素などのガスの濃度がはるかに高い）。しかしこのような問題があってもなお、限局的だが、それに答えると生命の起源について多くが明らかになるかもしれない検証可能な疑問だという意味で、実験は単純なのである。そしてわれわれは実際に、ギ酸イオンとホルムアルデヒドのほか、（リボースやデオキシリボースなどの）単純な有機物を合成した。

とりあえずは、この仮説をそのまま信じ、予測どおりの反応が現実に起こると考えよう。どうなるだろうか？　有機分子がゆっくりとだが持続的に合成されるはずだ。どの分子か、またいったいどうやってそれが形成されるはずなのかについては、次の章で論じるが、さしあたり、これも単純で検証可能な予測だと述べるにとどめよう。いったん形成されると、こうした有機物は、前に語ったとおり、熱泳動によって最初の濃度の数千倍に濃縮され、小袋や、ひょっとしたらタンパク質などのポリマーも、形成を促されるはずだ。やはり、有機物が濃縮されて重合するという予測は実験室で直接検証可能で、われわれはそれに挑んでいるのである。最初の数段階は、有望だ。ヌクレオチドと似たような大きさの蛍光色素フルオレセインは、われわれの用意した流通反応装置で5000倍以上に濃縮され、キニーネはさらに濃縮されている（図13）。

では、還元電位にまつわるこのあれこれは、何を意味しているのだろう？　この宇宙で生命が生まれるべき条件を、狭めもすれば広げもするのだ。科学者がよく、おそろしく難解なディテールについて抽象的思考にはまり、自分たちの小さな世界にこもっているかのように見えるのは、これが一因である。水素の還元電位がpHとともに落ちるという事実には、何か重大な意味があるというのか？　あるとも！　あるとも！　アルカリ熱水の条件では、H_2 は CO_2 と反応して有機分子を生成するはずだ。ほかのほぼどの条件でも、それは起きないだろう。本章ではすでに、生命の起源をもたらしうる条件として、事実上ほかのすべての環境を排除した。われわれは熱力学の根拠をもとに、細胞を一から作るには、制約のある流通反応システムのなかで、反応性の高い炭素と化学エネルギーが、原始的な触媒のもとを継続的に流れる必要があることを明らかにした。熱水噴出孔だけが、必要条件を提供し、そのなかでも一部――アルカリ熱水噴出孔――だけが、必要なすべての条件に合致している。しかしアルカリ熱水孔は、深刻な問題と、その問題に対する見事な答えの両方を兼ね備えている。深刻な問題は、この熱水孔には水素ガスが豊富にあるが、水素はそのままでCO_2と反応して有機物を生成することがないというものだ。見事な答えは、アルカリ熱水孔の物理的構造――薄い半導体の壁をはさんだ天然のプロトン勾配――が、（理論上）有機物の生成を促すというものである。それから濃縮もする。私が思うに、少なくともこのすべては大いに納得がいく。おまけに、地球上のすべての生命は、膜を隔てたプロトン勾配を利用して（今も利用している！）、炭素とエネルギーの代謝を促しているので、私は、科学が世界の神秘を解き明かしたときにだれもがこう言うだろうと述べた物理学者のジョン・アーチボルド・ホイーラーとともに、「わあ、ほかの可能性なんてありえなかったんだ！　よくもこんなに長いあいだ見えていなかったもんだ！」と声を上げてみたいのである。

落ち着いて話を締めくくろう。私は、還元電位は生命が生まれるべき条件を狭めも広げもすると述べた。これを検討すると、生命の誕生を最も促す条件はアルカリ熱水孔に見つかる。あなたはがっかりして言うだろうか。「なぜ選択肢をそんなにもきつく狭めるのか？　きっとほかの手段もあるはずだ！」あるかもしれない。無限に広がる宇宙では、なんでもありうるが、だからといって可能性が高いわけではない。アルカリ熱水孔は可能性が高い。それが水と鉱物――カンラン石――の化学反応によって形成されることを思い出してもらおう。岩石なのだ。それどころか、宇宙でとりわけ豊富な鉱物のひとつで、宇宙塵や、地球も含め惑星ができるもととなる原始恒星系の円盤の大部分を占める。カンラン石の蛇紋岩化作用は、宇宙空間でも起こり、宇宙塵を水和させている。われわれの惑星ができるとき、この水は温度と圧力の上昇によって追い出され、海を形成したと言う人もいる。それがどうであれ、カンラン石と水は、宇宙にとりわけ豊富にある物質にあたるふたつだ。CO_2もそうである。これは太陽系の大半の惑星の大気に存在する普遍的なガスで、ほかの恒星系がもつ系外惑星の大気にさえ見つかっている。

岩石と、水と、CO_2――これが生命に必要な買い物リストだ。これらは、湿潤な岩石惑星のほぼすべてに見つかる。化学と地質学の法則により、これらは、触媒となる細孔の薄い壁をはさんでプロトン勾配をもつ、温かいアルカリ熱水噴出孔を形成する。それは信頼できる。ひょっとしたら、その化学反応は必ずしも生命の助けにはならないかもしれない。それでもこれは、たった今も、天の川銀河だけで400億個もある地球型惑星で続けられている実験なのである。われわれは、宇宙のペトリ皿に住んでいる。この完璧な条件がどのぐらいの頻度で生じるかは、次に起こることに左右される。

「私が思うに」とダーウィンは書いた。ただこのひとことが、1837年のノートで、枝分かれする生命の系統樹の絵のとなりに走り書きされている。ビーグル号の航海から戻ってわずか1年後のことである。その22年後、さらに巧みに描かれた系統樹が、『種の起源』（邦訳は渡辺政隆訳、光文社など）で唯一の図版となった。生命の樹（系統樹）という概念は、ダーウィンの考えのなかで、またのちに進化生物学が普及するなかでも、あまりにも肝要だったため、それが間違いだと告げられれば衝撃をもたらす。『ニュー・サイエンティスト』誌は2009年、ダーウィンの『種の起源』刊行から150年後に、表紙にでかでかと書きたててそれをおこなった。その表紙は多くの読者を臆面もなくもてあそぶものだったが、論文自体はもっと抑えたトーンで、特定の点だけ訴えていた。どこまでとはなかなか明確にしにくいが、生命の系統樹は確かに間違っている。だからといって、ダーウィンが科学に残した大きな成果――自然選択による進化――も間違いということにはならない。単に、遺伝に対する彼の知識が限られていたことを示しているにすぎないのだ。それはニュースではない。ダーウィンが、細菌間の遺伝子の移動はおろか、DNAや遺伝子やメンデルの法則さえも知らなかったことはよく知られているから、遺伝に対する彼の見方はガラスを通したおぼろげな景色だった。それはいっさいダーウィンの自然選択説の信用を落とさない。だから、表紙は狭い専門的な意味では正しかったが、より深い意味ではひどく誤解を招くものだった。

それでも、その表紙は重大な問題を前面に押し出した。生命の系統樹の概念は、有性生殖によって親が子に遺伝子を渡す「垂直の」遺伝を想定している。遺伝子は世代を越えてほとんど同じ種のなかで受け渡され、種間の交わりはかなり少ない。生殖面で隔離された集団は、時とともにゆっくり分岐する。分かれた集団間でやりとりが減り、やがて新しい種が形成されるからだ。すると、枝分かれする生命の系統樹ができる。細菌はさらにあいまいだ。真核生物と違って性をもたないので、同じようにしてきちんと別の種を形成することもない。細菌で「種」という言葉を定義するのは、いつでも問題をはらんでいた。しかし、細菌で本当に厄介なのは、遺伝子の「水平」移動によってあちこちに遺伝子をばらまき、少数の遺伝子を小銭のようにほかの細菌へ渡すと同時に、全ゲノムをみずからの娘（じょう）細胞に伝えもすることだ。これはいかなる意味でも、自然選択を傷つけはしない――あくまで変化のある遺伝なのだ。ただ、「変化」はかつて考えられていたよりも多くの道筋でなし遂げられているにすぎない。

細菌で遺伝子の水平移動が盛んなことは、われわれは何を知りうるのかという深遠な疑問を投げかける――物理学で有名な「不確定性原理」に匹敵するほど根本的な疑問だ。現代の分子遺伝学から見た生命の系統樹はほぼどれも、ひとつの遺伝子にもとづくものとなる。分子系統学の草分けであるカール・ウーズが注意深く選んだ、リボソーム小サブユニットRNAの遺伝子だ。[1]ウーズは、この遺伝子は生命にあまねく存在し、遺伝子の水平移動はあるとしてもめったにない、と（ある程度の理由をもって）主張した。するとこの遺伝子は、細胞の「唯一の真なる系統関係」を示していると考えられる（図15）。ひとつの細胞が複数の娘細胞を生み、その娘細胞はつねに親と同じリボソームRNAをもっている可能性が高いという限

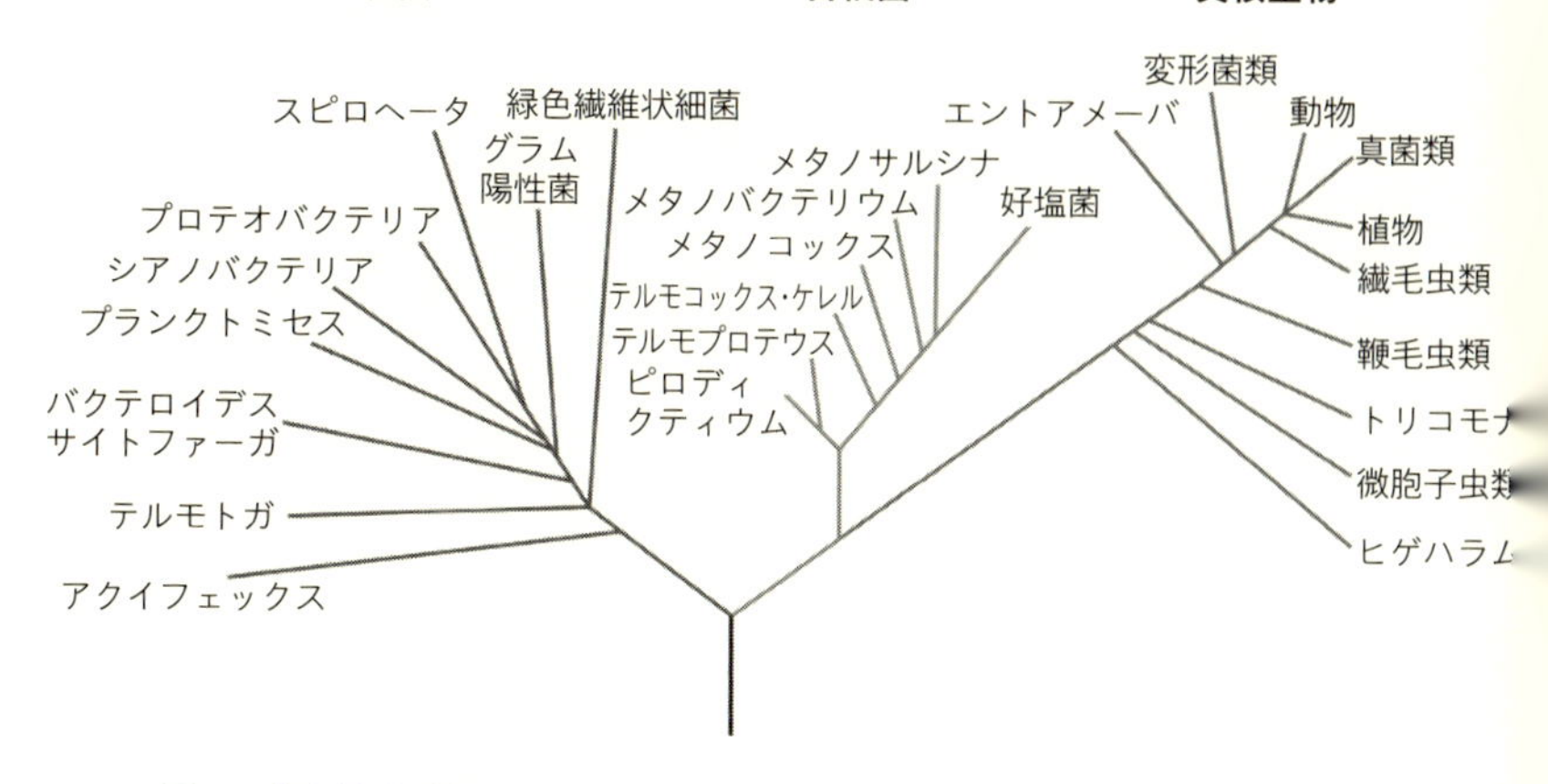

図 15　有名だが誤解されやすい，3 ドメインからなる生命の系統樹．1990 年にカール・ウーズが描いた生命の系統樹．この系統樹は，ひとつの高度に保存された遺伝子（リボソーム小サブユニット RNA の遺伝子）にもとづき，あらゆる細胞に存在する遺伝子群のペアに見つかる差異を用いて根元が明らかにされている（したがって，その遺伝子群は最後の共通祖先［LUCA］ですでに複製されていたにちがいない）．こうして根元がわかることによって，古細菌と真核生物が，古細菌と細菌や，真核生物と細菌よりも，近い関係にあることが示唆されている．ところがこれは，情報をもつ核心的な遺伝子群にとっては一般に正しいが，真核生物の（古細菌より細菌と近い関係にある）大多数の遺伝子群にとっては正しくない．そのため，この象徴的な系統樹は大いに誤解されやすく，厳密にひとつの遺伝子だけについての系統樹と見なすべきだ──それは決して生命の系統樹ではない！

られた意味では、これは正しい。しかし、多くの世代を重ねるうちに、遺伝子が水平移動によってほかの遺伝子と入れ替わったらどうなるだろう？　複雑な多細胞生物では、めったにそれは起こらない。われわれはワシのリボソームＲＮＡの配列を決定でき、その結果は鳥類であることを教えてくれる。くちばし、羽毛、鉤爪、翼をもち、卵を産むなどといったことが推測できる。それは、垂直方向の遺伝によって、リボソームの「遺伝子型」と全体の「表現型」との高い相関が保証されるからだ。この鳥類の形質のすべてをコードしている遺伝子群は、共に旅する仲間だ。それらは一緒に世代を渡り、やがて確実に、だがまれに劇的に、変化を起こす。

　だが、遺伝子の水平移動のほうが盛

んだとしてみよう。そしてリボソームRNAの配列を決定すると、その結果は鳥類であることを示していたとする。しかし「鳥類」に見えるのはそのときだけだ。やがてそれは、長い鼻と六本の脚をもち、膝の上に眼があり、毛皮をまとっていて、カエルの卵に似た卵を産み、翼がなく、ハイエナのように吠えることがわかる。もちろん、これはばかげているが、まさしく細菌で目にする問題なのだ。怪物のようなキメラにいつでもわれわれは見つめられている。だが細菌は小さくて形態も単純なので、われわれは金切り声を上げはしない。それでも、遺伝子の点で細菌はほぼ必ずキメラで、なかには先ほどの「鳥類」のように遺伝子が切り刻まれたまぎれもない怪物もいる。系統学者は本当に金切り声を上げるはずだ。そうなると、細胞がどんなものだったかも、過去にどのように生きていたのかも、リボソームの遺伝子型から推測できなくなるのだから。

細胞の出自について何も教えてくれないとしたら、ひとつの遺伝子の配列を明らかにしても、何の役に立つのか？　期間や遺伝子移動の率によっては、役に立つこともありうる。遺伝子の水平移動の率が低ければ（植物や動物、多くの原生生物、一部の細菌のように）、あまり遠い過去にまでさかのぼらないかぎり、リボソームの遺伝子型と表現型との相関は高い。しかし、遺伝子の水平移動の率が高いと、その相関はまたたくまに消えてしまうおそれがある。大腸菌の病原性変異株と無害な一般の株との違いは、リボソームRNAには表れていないが、活発な進化をもたらすほかの遺伝子の獲得に表れている。大腸菌の異なる株のあいだではゲノムの30パーセントも変わりうるのであり、ヒトとチンパンジーとの差異の10倍にあたるが、それでもまだ同じ種とされるのだ。リボソームRNAの系統関係は、こうした有害細菌の場合、まったく知る必要がない。一方、期間が長いと、たとえ遺伝子の水平移動の率が非常に低くても、相関が失われる。したがって30億年前に細菌がどのように生きていたのかは、遺伝子移動の率が低くても、それからの期間で事実上すべての遺伝子が何度も入れ替わりえたと考えれば、ほとんど知りようがない。

だから、生命の系統樹の背後にある考えは間違っている。その考えは、あらゆる細胞について唯一の真なる系統関係が復元でき、ある種が別の種からどのように生じたのかを推測でき、起源に至るまで関係を辿れ、最終的に地球上の全生命の共通祖先がもっていた遺伝子構成が推定できるようになるかもしれないという期待だ。本当にそれができたなら、その究極の祖先の細胞について、膜の組成から、生きていた環境や、成長の燃料となっていた分子に至るまで、何もかもがわかるだろう。だがわれわれには、そうしたことはそれほど正確にはわからない。興味深い検証が、ビル・マーティンにより、「驚くべき消失を見せる系統樹」とみずから呼ぶ明白なパラドックスにおいて提示されている。彼は、あらゆる生命であまねく保存されている48の遺伝子を考え、それぞれの遺伝子について遺伝子系統樹を作成し、50の細菌と50の古細菌の関係を明らかにした[2]（図16）。この木の梢(こずえ)では、48の遺伝子すべてが細菌・古細菌100種すべてのあいだでまったく同じ関係を示していた。また根元でも、48の遺伝子のほぼすべてが、生命の系統樹の一番下の枝分かれは細菌と古細菌のあいだであるという点で「一致」を見ていた。つまり、最後の共通祖先（last universal common ancestor）――愛着をこめてLUCAと呼ばれる――は、細菌と古細菌の共通祖先だったのである。ところが、細菌や古細菌のなかで根元に近い枝を明らかにするとなると、遺伝子系統樹はひとつも「一致」を見なかった。48の遺伝子は全部異なる系統樹を示していたのだ！　問題は、原理的なもの（シグナルが純然たる距離によって減衰する）かもしれないし、遺伝子の水平移動の結果かもしれなかった――個々の遺伝子がランダムにやりとりされたら、垂直方向の遺伝のパターンが崩れ去る。どの可能性が正しいのかはわからないし、現時点では明言できないように思える。

これはどういうことだろう？　要するに、どの細菌か古細菌の種が一番古いのかを明らかにできないということだ。ある遺伝子系統樹によればメタン生成菌が最古の古細菌であっても、別の系統樹によればそうではないので、最古の細胞がどの特性をもっていたかを推測することはほぼ不可能なのである。なんらかの巧みな手段でメタン生成菌が確かに最古の古細菌だと証明できたとしても、彼らが現代のメタン生成菌と同じようにつねにメタンを作り出して生きていたことまでは確信できない。遺伝子をひとまとめにしてシグナルの強度を高めようとしても、あまり役に立たない。遺伝子ごとに歩んだ歴史が異なり、シグナルをどう合成しても、でっち上げになってしまう可能性があるからだ。

しかし、ビル・マーティンの考えた48の普遍的な遺伝子のすべてが、生命の系統樹で一番下の枝分かれは細菌と古細菌のあいだであるという点で一致を見ていることは、ある程度望みを抱かせる。どんな特性がすべての細菌と古細菌で共通しているか、またどれが異なり、のちに特定のグループにおそらく生じるのかがわかれば、LUCAの「モンタージュ写真」が合成できる。だが、ここでもすぐに問題に突き当たる。古細菌と細菌の両方に見つかる遺伝子も、あるグループで生じてから水平移動によって別のグループへ移動した可能性があるのだ。遺伝子がドメイン全体に移動することは、よく知られている。そんな移動が進化の初期——「驚くべき消失を見せる系統樹」の白い部分

図 16 「驚くべき消失を見せる系統樹」．この系統樹は，50 の細菌と 50 の古細菌で 48 の普遍的に保存されている遺伝子の枝分かれを比べたもの．48 の遺伝子はすべてひとつながりになって，より大きな統計的威力を発揮する（系統学ではよくあること）．次に，この「スーパー遺伝子」配列を用いて，100 種が互いにどんな関係にあるかを示す系統樹が作れる．それから個々の遺伝子でそれぞれひとつの系統樹を作り，そうした系統樹のひとつひとつを，ひとつながりになった遺伝子群から作られた「スーパー遺伝子」系統樹と比較する．図の網掛けの濃さは，それぞれの枝について，ひとつながりになった遺伝子群による系統樹と一致する，個々の遺伝子による系統樹の数を示している．全体の系統樹の根元では，48 の遺伝子のほぼすべてが，ひとつながりになった配列の場合と同じ系統樹を示し，明らかに古細菌と細菌が真に大昔に分かれたことがわかる．枝の先端でも，個々の遺伝子による系統樹の大半が，ひとつながりになった配列の場合の系統樹と一致する．しかし，細菌でも古細菌でも，下のほうの枝は消えている．個々の遺伝子による系統樹がどれも，ひとつながりになった配列のと同じ枝分かれの状態を示さないのだ．この問題は，遺伝子の水平移動が枝分かれのパターンをややこしくする結果かもしれないし，統計的に確固たるシグナルが 40 億年という途方もない歳月の進化で損なわれるためにすぎないのかもしれない．

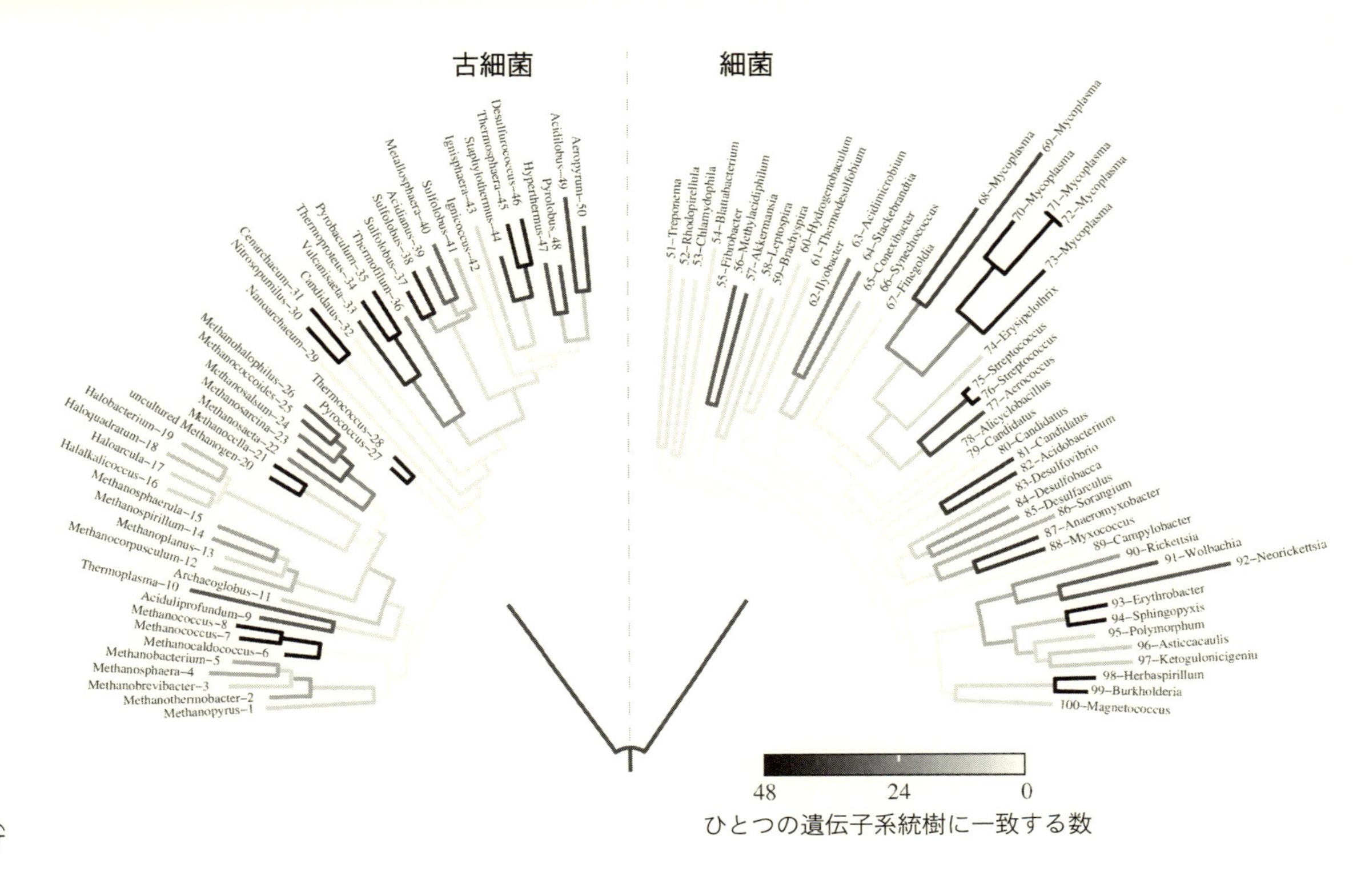
古細菌
細菌
Methanopyrus-1
Methanothermobacter-2
Methanobrevibacter-3
Methanosphaera-4
Methanobacterium-5
Methanocaldococcus-6
Methanococcus-7
Methanococcus-8
Aciduliprofundum-9
Thermoplasma-10
Archaeoglobus-11
Methanocorpusculum-12
Methanoplanus-13
Methanospirillum-14
Methanosphaerula-15
Halalkalicoccus-16
Haloarcula-17
Haloquadratum-18
Halobacterium-19
uncultured Methanogen-20
Methanocella-21
Methanosaeta-22
Methanosarcina-23
Methanosalsum-24
Methanococcoides-25
Methanohalophilus-26
Pyrococcus-27
Thermococcus-28
Nanoarchaeum-29
Nitrosopumilus-30
Cenarchaeum-31
Candidatus-32
Vulcanisaeta-33
Thermoproteus-34
Pyrobaculum-35
Thermofilum-36
Sulfolobus-37
Sulfolobus-38
Acidianus-39
Metallosphaera-40
Sulfolobus-41
Ignicoccus-42
Ignisphaera-43
Staphylothermus-44
Thermosphaera-45
Desulfurococcus-46
Hyperthermus-47
Pyrolobus-48
Acidilobus-49
Aeropyrum-50
51-Treponema
52-Rhodopirellula
53-Chlamydophila
54-Blattabacterium
55-Fibrobacter
56-Methylacidiphilum
57-Akkermansia
58-Leptospira
59-Brachyspira
60-Hydrogenobaculum
61-Thermodesulfobium
62-Ilyobacter
63-Acidimicrobium
64-Stackebrandtia
65-Conexibacter
66-Synechococcus
67-Finegoldia
68-Mycoplasma
69-Mycoplasma
70-Mycoplasma
71-Mycoplasma
72-Mycoplasma
73-Mycoplasma
74-Erysipelothrix
75-Streptococcus
76-Streptococcus
77-Aerococcus
78-Alicyclobacillus
79-Candidatus
80-Candidatus
81-Candidatus
82-Acidobacterium
83-Desulfovibrio
84-Desulfobacca
85-Desulfarculus
86-Sorangium
87-Anaeromyxobacter
88-Myxococcus
89-Campylobacter
90-Rickettsia
91-Wolbachia
92-Neorickettsia
93-Erythrobacter
94-Sphingopyxis
95-Polymorphum
96-Asticcacaulis
97-Ketogulonicigeniu
98-Herbaspirillum
99-Burkholderia
100-Magnetococcus
48
24
0
ひとつの遺伝子系統樹に一致する数

――に起きていたら、そうした遺伝子は、実際にはそうでなくても共通祖先から垂直方向に遺伝しているように見えるだろう。有用な遺伝子ほど、進化の初期に広く行きわたった可能性が高い。遺伝子の広範な水平移動を考えなくてもよくするには、細菌と古細菌のほぼどのグループの代表種ももつ真に普遍的な遺伝子に頼らざるをえない。それで少なくとも、こうした遺伝子が初期の水平移動によってあちこちへ渡された可能性はできるだけ低く抑えられる。そこで問題となるのは、そのような普遍的な遺伝子は100もなく、驚くほど少数だということであり、それらの遺伝子でLUCAのきわめて独特な全体像が描かれている。

すでに第2章で、この特異なポートレートについて指摘した。それをそのまま信じれば、LUCAはタンパク質とDNAをもつ。その普遍的な遺伝コードはもう働いており、DNAは読み取られて転写産物のRNAができ、それがリボソームでタンパク質に翻訳されていた。リボソームは、知られているかぎりすべての細胞でタンパク質を作り出している一大分子工場だ。DNAを読み取り、タンパク質を合成するのに必要な、この驚異の分子マシン群は、細菌と古細菌に共通する多数のタンパク質やRNAで成り立っている。その構造や配列から、このマシン群は進化のかなり初期に枝分かれしたが、遺伝子の水平移動でのやりとりはあまりなかった。それまではとりあえず。また、細菌と古細菌はどれも化学浸透共役を利用し、膜をはさんだプロトン勾配を用いたATP合成を推し進めている。ATP合成酵素もまた、リボソームに匹敵する驚異の分子マシンで、古さもそれと同等のようだ。リボソームと同じく、ATP合成酵素も全生命にあまねく保存されているが、細菌と古細菌で細かい構造がいくつか異なり、これは、LUCAで共通祖先から枝分かれし、その後遺伝子の水平移動でかき乱されることはあまりなかったことを示唆している。したがってATP合成酵素は、リボソームやDNAやRNAと同様、LUCAに存在していたように思われる。そのほか、アミノ酸生合成やクレブス回路の各部など、細菌と古細菌で共通する経路をもつ中核的な生化学メカニズムのあれこれもあるが、これもLUCAにあったことをほのめかしている。しかし、それ以外は驚くほどない。

では細菌と古細菌で結局何が違うのか？　圧倒的にたくさん違う。DNA複製に用いられる酵素の大半は、両者で異なる。これほど根本的なものがほかにあるだろうか。ひょっとしたら細胞膜ぐらいかもしれないが、それも細菌と古細菌で異なるのだ。細胞壁も然り。したがって、生体細胞を環境と隔てるふたつの障壁はどちらも、細菌と古細菌でまったく違うのである。両者の共通祖先がその代わりにいったい何をもっていたのかは、ほとんど見当もつかない。相違点はまだあるが、これだけ挙げれば十分だ。前の章で述べた、生体細胞がもつ6つの基本的なプロセス――炭素の流れ、エネルギーの流れ、触媒作用、排泄、区画化、DNA複製――のうち、最初の3つだけは大いに共通している。それでも、のちほどわかるように、一部の点で共通しているにすぎない。

説明となりうるものはいくつかある。LUCAはなんでもふたつもっていて、細菌はそのうちひとつを失い、古細菌はもうひとつのほうを失ったのかもしれない。その可能性は本質的にばかげているようにも思えるが、容易に排除できない。じっさい、細菌の脂質と古細菌の脂質を混ぜると安定した膜ができることがわかっている。もしかしたらLUCAは両方のタイプの脂質をもっていて、その子孫がのちにどちらかのタイプを失って片方に特化したのかもしれない。一部の形質についてはそうである可能性もあるが、すべてに一般化はできない。「エデンのゲノム」という問題に突き当たるからだ。LUCAが何もかももっていて、子孫がのちにそぎ落としていったのなら、LUCAは現代のどの原核生物をもはるかにしのぐ巨大なゲノムをもっていたのでなければならない。それは順序があべこべのように私には思える。複雑さが単純さの先に立ち、どの問題にもふたつの解があることになるのだから。それに、なぜすべての子孫がなんでも片方を失ったのだろう？　ここで私は投げ出さずに、第二の選択肢に進もう。

次の可能性は、ＬＵＣＡが、細菌の細胞膜と細胞壁とＤＮＡ複製を備えた至ってふつうの細菌だというものだ。その後どこかの時点で、子孫のどれかのグループ――最初の古細菌――が、高温の熱水孔などの極端な条件に適応する際に、こうした形質をすべて取り替えてしまった。これが最も広く受け入れられている説明だろうが、やはりほとんど説得力がない。それが正しいとしたら、ＤＮＡの転写とタンパク質への翻訳というプロセスは、細菌と古細菌でこんなにも似ているのに、ＤＮＡの複製がこんなにも異なるのはなぜなのだろう？　古細菌の細胞膜と細胞壁が、熱水環境への古細菌の適応を助けるのだとしたら、同じ熱水孔に棲む極限環境細菌が、みずからの細胞膜と細胞壁を、古細菌のタイプやそれに近いものに取り替えなかったのはどうしてなのか？　土壌や海に棲む古細菌が、みずからの細胞膜や細胞壁を、細菌のタイプと取り替えなかったのはなぜなのか？　細菌も古細菌も世界じゅうで同じ環境に棲んでいるが、両ドメイン間で遺伝子の水平移動があってもなお、そんなどの環境でも遺伝的特質や生化学的メカニズムは根本的に違うままなのだ。こうした根本的な差異がすべてひとつの極限環境への適応を反映しながら、ほかの環境では、どれほど不適応でも古細菌が例外なく変わらぬままでいるという可能性は、とても信じられないものなのである。

こうして最後にあからさまな選択肢が残る。それは一見矛盾しているように思えても、決して矛盾してはいない。ＬＵＣＡが化学浸透共役を利用し、ＡＴＰ合成酵素をもっていたが、現代の膜や、現代の細胞がプロトンを汲み上げるのに用いている巨大な呼吸鎖複合体は、もっていなかったという可能性だ。そしてＬＵＣＡはＤＮＡ、普遍的な遺伝コード、転写、翻訳、リボソームを手にしていたが、現代のＤＮＡ複製の手法は生み出していなかった。この奇妙なお化け細胞の存在は、広い海では意味をなさないが、前の章で触れたアルカリ熱水噴出孔の環境で考えると意味をなす。手がかりは、そうした熱水孔で細菌と古細菌がどのように生きているかという点にある。少なくともそれらの一部は、熱水孔の地球化学的現象とおそろしく似たアセチルCoA経路という原始的に見えるプロセスによって生きている。

LUCAへ向かう岩だらけの険路

今の生物界全体で、炭素を固定するプロセスは6種類しかない。炭素を固定するとは、二酸化炭素などの無機分子を有機分子に変えることだ。その6つの経路のうち5つはかなり複雑で、たとえば光合成の場合は太陽から、反応を進めるためのエネルギーのインプットを要する。光合成は、別の理由でも好例だ。「カルヴィン回路」は、二酸化炭素をとらえて糖などの有機分子に変える生化学的経路であり、光合成細菌（と、そうした細菌を葉緑体として獲得して生まれた植物）にしか見つかっていない。これは、カルヴィン回路が原初の祖先からあったものではなさそうなことを示している。光合成がLUCAにあったのだとしたら、あらゆる古細菌から一斉に失われたのでなければならず、そんな便利な手をなくすなど、明らかにばかげている。カルヴィン回路は、細菌にだけあとから光合成と同時に生じた可能性のほうがはるかに高い。ほぼ同じことが、ひとつを除いてほかのすべての経路についても言える。ひとつだけ、細菌と古細菌の両方に見つかる炭素固定の経路があり、おそらく共通祖先で生じていたことを意味している。それがアセチルCoA経路だ。

その主張も、完全に正しいとは言えない。細菌と古細菌では、アセチルCoA経路にいくらか奇妙な違いがある。それについてはのちほど本章で論じるが、ひとまず簡単に、たとえ系統学ではあいまいすぎて起源を裏づけられなくても（また否定することもできなくても）、これが原初の祖先からあったと主張できる理由を考えよう。アセチルCoA経路によって生きる古細菌はメタン生成菌で、細菌では酢酸生成菌だ。生命の系統樹のなかには、メタン生成菌をかなり下のほうの枝分かれで描くものもあれば、酢酸生成菌をかなり下のほうに描くものもある。あるいはまた、どちらのグループも、単純さは祖先の状態ではなく特殊化や合理化によるものだとして、ややあとから生まれたように描くものもある。系統学だけにこだわると、これ以上の知識は決して得られない。だが幸い、こだわる必要はないのだ。

アセチルCoA経路は、水素と二酸化炭素で始まる。前の章でアルカリ熱水噴出孔に豊富にあると書いたのと同じふたつの分子だ。そこで指摘したとおり、H_2とCO_2から有機物ができる反応は発エルゴン的、つまりエネルギーを放出する。理論上、その反応は自発的に起こるはずなのだ。実際には、H_2とCO_2を速やかに反応できなくしているエネルギー障壁が存在する。メタン生成菌はプロトン勾配を用いてこの障壁を乗り越える。それが祖先の状態だったと私は主張するつもりだ。ともあれ、メタン生成菌も酢酸生成菌も、H_2とCO_2の反応だけで成長できる。その反応で、成長に必要な炭素とエネルギーがすべて供給されるのだ。この点で、アセチルCoA経路はほかの5つの炭素固定の経路とは違っている。地球化学者のエヴェレット・ショックは、それを「おごってもらって食べるタダ飯（めし）」とわかりやすくまとめている。粗末な飯かもしれないが、熱水孔では一日じゅう提供されるのだ。

それだけではない。ほかの経路と違って、アセチルCoA経路は直線状で短い。単純な無機分子を、あらゆる細胞における代謝の拠点——小さいが反応性の高い分子、アセチルCoA——にするのに必要な段階が、少ないのである。用語に怖じ気づいてはいけない。CoAは補酵素Aのことで、小さな分子を酵素で処理できるように吊すのに必要となる、普遍的な化学の「鉤」だ。重要な部分は鉤よりもむしろそこに吊されたもので、この場合はアセチル基だ。「アセチル（acetyl）」は酢酸（acetic acid）——あらゆる細胞の生化学的メカニズムの中心にある、炭素を2個もつ単純な分子——と同じ語根をもつ。補酵素Aに付いたアセチル基は、活性化状態（「活性酢酸」と呼ばれることも多く、要するに反応性の高い酢）となっており、ほかの有機分子とすぐに反応できるので、生合成を推し進める。

したがってアセチルCoA経路は、H_2とCO_2から小さな反応性の高い有機分子をほんの数段階で生み出すが、その際、ヌクレオチドなどの分子を形成させるばかりか、それらを重合して長鎖——DNA、RNA、タンパク質など——にもできるだけのエネルギーを、速やかに放出する。最初の数段階の触媒となる酵素には、鉄とニッケルと硫黄からなる無機のクラスターが含まれており、そのクラスターは、物理的に電子をCO_2へ運んで反応性の高いアセチル基を生み出す役目を果たしている。こうした無機のクラスターは、基本的に鉱物——岩石だ！——であり、熱水噴出孔に析出する鉄硫黄鉱物と構造が近い（図11参照）。アルカリ熱水孔の地球化学的現象と、メタン生成菌や酢酸生成菌による生化学的現象はとても近いので、「類似」という言葉ではそれを十分に表せない。類似とは、もしかすると見かけだけの可能性もある近さだ。ところがここでの近さはあまりにも近いので、本物の相同性と見なしたほうがいいかもしれない——ある形態がほかの形態を物理的に生み出したと考えるのだ。すると、無機から有機への継ぎ目のない移行で、地球化学的現象が生化学的現象を生み出すことになる。化学者のデイヴィッド・ガーナーが言うように、「無機の要素こそが生命に有機化学反応をもたらす」[3]のである。

しかし、ひょっとしたらアセチルCoAがもたらす最大のメリットは、炭素の代謝とエネルギーの代謝の交わる場所にそれがあることかもしれない。アセチルCoAの、生命の起源との関連については、ベルギーの著名な生化学者クリスティアン・ド・デューヴが、1990年代の初めに指摘している——アルカリ熱水孔ではなく原始スープの状況でだが。アセチルCoAは、有機合成を推し進めるだけでなく、リン酸と直接反応してアセチルリン酸を生み出すこともできる。今日のATPほど重要なエネルギー通貨ではないが、アセチルリン酸は今も広く生命全般で用いられ、ATPとほぼ同じ仕事をすることができる。前の章で述べたとおり、ATPはただエネルギーを放出する以上のことをおこなう。脱水反応を促し、2個のアミノ酸などから水1分子を引き抜いてつなげ、鎖にするのだ。そしてまた指摘したとおり、水溶液中でアミノ酸を脱水する際には、濡れた布を水中で絞るのに等しい問題がある。だが、まさにそれをATPがおこなっている。われわれは実験室で、アセチルリン酸にも、化学反応が基本的に同等なのでまったく同じ仕事ができることを明らかにした。すると、初期の炭素とエネルギーの代謝も、同じ単純なチオエステル、すなわちアセチルCoAが促していた可能性があることになる。

単純だって？——と言われそうだ。炭素2個のアセチル基は単純でも、補酵素Aは複雑な分子で、間違いなく自然選択の産物なので、進化においてあとからできたものである。ならば、この議論はすべて堂々めぐりなのではないか？　違う。アセチルCoAと同等で本当に単純な「無生物」のものがあるからだ。アセチルCoAの反応性のもとは、「チオエステル結合」というものにある。この結合は、硫黄原子に炭素が結びつき、それにまた酸素が結びついたものにすぎない。化学式では次のように表せる。

$$R—S—CO—CH_3$$

ここで「R」は分子の「残り」の部分を指し、この場合はCoAにあたる。CH_3はメチル基だ。しかしR

はCoAである必要はない。CH_3基ぐらい単純なものであってもよく、するとチオ酢酸メチルという低分子になる。

$$CH_3—S—CO—CH_3$$

これは反応性の高いチオエステルで、アセチルCoAと化学的に同等だが、とても単純なのでアルカリ熱水噴出孔でH_2とCO_2によって生み出せる。じっさい、クラウディア・フーバーとギュンター・ヴェヒターズホイザーは、COとCH_3SHのみによって作り出している。さらに都合のいいことに、チオ酢酸メチルもアセチルCoAと同じく、リン酸と直接反応してアセチルリン酸を生み出せるはずだ。したがってこの反応性の高いチオエステルは、理論上、新たな有機分子の合成を直接促せるほか、アセチルリン酸を介してそうした分子が重合し、タンパク質やRNAなどのもっと複雑な分子になることも促せる。われわれは現在、この仮説を実験室で卓上型の反応装置によって検証している（それどころか、低濃度ではあるがアセチルリン酸を作ることに成功したところだ）。

アセチルCoA経路の原始的なタイプは、理論上、アルカリ熱水噴出孔の細孔内で原初の細胞が誕生するのに必要なあらゆることを推進できただろう。私は3つの段階を思い描いている。最初の段階では、触媒となる鉄硫黄鉱物を含む薄い無機の障壁をはさんでのプロトン勾配が、有機低分子の形成を促した（図14）。そうした有機物は、第3章で論じたとおり、熱泳動によって比較的低温の細孔で濃縮され、今度は優れた触媒の役目を果たした。これが生化学的メカニズム——分子間の相互作用と単純なポリマーの形成を促す、反応前駆体の継続的な形成と濃縮——の起源なのだ。

第二の段階では、熱水孔の細孔内で、単純な有機の原始細胞が形成された。それは、有機物同士の物理的相互作用が自然にもたらした結果だ。物質の自己組織化によって形成されたが、まだ遺伝的な基礎や本格的な複雑さは備わっていない、単純な細胞状の散逸構造である。私はこうした単純な原始細胞が、有機合成を促すプロトン勾配を利用していたと考える。それも、熱水孔自体の無機の壁ではなく、原始細胞自身の膜（たとえば脂肪酸から自然に形成される脂質二重層）をはさんでのプロトン勾配だ。このためにタンパク質は何も要らない。そのプロトン勾配で、先ほど触れたチオ酢酸メチルとアセチルリン酸の生成を促し、炭素とエネルギーの両方の代謝を促すことができただろう。この段階には、前のと比べてひとつ重要な違いがある。新たな有機物が、今度は、原始細胞そのもののなかで、有機の膜をはさんだ天然のプロトン勾配に促されて生成するのだ。ここまで読み返して、私は「促す」という言葉を使いすぎたと思う。下手な文章かもしれないが、それ以上の言葉がない。これが受動的な化学反応ではなく、炭素、エネルギー、プロトンの継続的な流れによって強制的に促されたものだとわかってもらう必要があるのだ。こうした反応は起こる必要があり、酸性になった金属の豊富な海へ水素の豊富な還元性のアルカリ流体が流れ込んで生じる不安定な非平衡から散逸構造をもたらす、唯一の手だてと言える。幸いなる熱力学的平衡に至る唯一の手だてなのである。

第三の段階は、遺伝コードの誕生だ。正真正銘の遺伝性が生まれるわけで、ついに原始細胞がみずからのおおよそ正確なコピーを作れるようになる。合成と分解の速度差にもとづく最初期の形態の選択が、本格的な自然選択に取って代わられ、遺伝子とタンパク質をもつ原始細胞の集団が熱水孔の細孔内で生き残りをかけて競いだした。進化の標準的なメカニズムがついに、初期の細胞に、リボソームやＡＴＰ合成酵素など、今なお生命にあまねく保存されている高度なタンパク質を作り出したのだ。私は、細菌と古細菌の共通祖先であるＬＵＣＡが、アルカリ熱水噴出孔の細孔内に棲んでいたと考えている。すると、無生物の起源からLUCAに至るまでの3段階はすべて、熱水孔の細孔内で起こることになる。どれも、無機の壁や有機の膜をはさむプロトン勾配によって促されるが、ATP合成酵素などの高度なタンパク質の登場は、このLUCAへ向かう岩だらけの険路において、終わりのほうのステップなのである。

本書では、原初の生化学的メカニズムの詳細——遺伝コードの出どころや、ほかの同じぐらい難解な問題——には立ち入らない。それらは紛うことなき問題であり、聡明な研究者が取り組んでいる。そしてまだ答えは明らかになっていない。だが、ここまでのアイデアはすべて、反応性の高い前駆体が豊富に供給されることを前提としている。ひとつだけ例を挙げれば、シェリー・コプリーとエリック・スミスとハロルド・モロウィッツによる遺伝コードの起源にかんする見事なアイデアでは、触媒となるジヌクレオチド（2個のヌクレオチドがつながったもの）が、ピルビン酸などの比較的単純な前駆体からアミノ酸を生み出せたと仮定されている。彼らの巧みな案は、遺伝コードがどのようにして必然的な化学反応から生じえたかを明示している。関心のある読者のために言うと、私は前著『生命の跳躍』（斉藤隆央訳、みすず書房）でDNAの起源について一章書いた。そこではこうした問題のいくつかを論じている。しかし、このような仮説はどれも、ヌクレオチドやピルビン酸などの前駆体が安定的に供給されることを当然と見なしている。本書で今取り組んでいる問題は、「生命の誕生を駆り立てた原動力はいったい何だったのか？」というものだ。そして私が言いたいのは、複雑な生体分子の形成を遺伝子やタンパク質やLUCAの登場に至るまで促した炭素やエネルギーや触媒について、それらがどこから生じたのかを示すのにあくまで理論上の難点はない、ということなのである。

ここでおおまかに述べた熱水孔のシナリオは、メタン生成菌——H_2とCO_2を起点としてアセチルCoA経路によって生きる古細菌——の生化学的メカニズムと見事につながっている。この太古の細胞と思われる生物は、膜をはさんでプロトン勾配を生み出し（そのやり方についてはのちほど）、まさにアルカリ熱水噴出孔がタダで提供しているものを作り出している。そのプロトン勾配は、膜に埋め込まれた鉄硫黄タンパク質——エネルギー変換ヒドロゲナーゼ（energy-converting hydrogenase）、略してＥｃｈ——によってアセチルＣｏＡ経路の進行を促す。そしてこのタンパク質は、膜を通してプロトンをフェレドキシンという別の鉄硫黄タンパク質へ送り込み、それが今度は CO_2 を還元する。前の章で、熱水孔内の薄い FeS の壁を隔てた天然のプロトン勾配が、H_2 と CO_2 の還元電位を変化させて CO_2 を還元することもありうると示唆した。これは、酵素Ｅｃｈがナノメートルレベルでおこなっていることなのではないかと私は思う。酵素がタンパク質のわずか数オングストロームの隙間における厳密な物理的条件（プロトン濃度など）を制御することはよくあるし、Ｅｃｈもそれをおこなっている可能性はある。もしそうなら、原始の状態——短いポリペプチドが、脂肪酸でできた原始細胞に埋め込まれた FeS 鉱物と結びつくことによって安定化した状態——と、現代の状態——遺伝子でコードされている膜タンパク質Ｅｃｈが、現代のメタン生成菌における炭素の代謝を働かせている状態——は、切れ目なくつながっているかもしれない。

いずれにせよ、じっさい今日、遺伝子とタンパク質の世界でＥｃｈは、メタン合成によって生じるプロトン勾配を利用して、CO_2 の還元を促している。メタン生成菌はまた、プロトン勾配を利用して、ＡＴＰ合成酵素によるＡＴＰ合成を直接促している。したがって、炭素とエネルギーのどちらの代謝も、熱水孔がタダで提供するプロトン勾配によって促される。アルカリ熱水孔に棲んでいた最初期の原始細胞は、まさにこのようにして炭素とエネルギーの両方の代謝を働かせていたのかもしれない。それは十分にありそうに思われるが、実は、天然の勾配を利用することには、それならではの問題がある。興味深くも重大な問題だ。ビル・マーティンと私は、こうした問題に対し、ひとつだけ解決策となりうるものがあることに気づいた——そしてその解決策は、古細菌と細菌がなぜ根本的に異なるのかについて、興味深い洞察を与えてくれる。

膜の透過率の問題

われわれがもつミトコンドリアでは、膜はプロトンをほとんど通さない。それは必然だ。膜を越えてプロトンを汲み出そうとしても、まるで無数の小さな孔を通るように一気に戻ってしまうのでは、それはできない。底がザルになったタンクに水を入れようとするようなものだ。そこでわれわれのミトコンドリアには、膜が絶縁体の役目を果たす電気回路がある。膜の向こうに汲み出されたプロトンの大半が、タービンとして働くタンパク質を通って戻り、仕事を促すのだ。ATP合成酵素の場合、このナノスケールの回転モーターを通るプロトンの流れがATP合成を促す。だが、このシステム全体が能動的な汲み出し（輸送）に頼っていることに注意してほしい。汲み出しを阻むとすべての動きが止まる。人がシアン化物を飲むとそれが起こる。ミトコンドリアの呼吸鎖における最後のプロトンポンプがだめになるのだ。呼吸鎖がこのようにして妨害されると、プロトンは数秒間ATP合成酵素によって流入しつづけられるが、そこでプロトン濃度が膜をはさんで平衡に達し、正味の流れが止まる。生とほぼ同じぐらい死を定義するのは難しいが、膜電位の取り返しのつかない消滅はかなり死の定義に近い。

では、天然のプロトン勾配がどうしたらATP合成を促せるのだろうか？　ここで「シアン化物」の問題に直面する。熱水孔内の細孔に原始細胞があり、天然のプロトン勾配を原動力としているとしよう。この細胞の片側は海水の継続的な流れにさらされ、もう片側はアルカリ熱水の不断の流れにさらされている（図17）。40億年前、海は弱酸性（pH5〜7）だったにちがいないが、熱水流体は現在と同等でおよそpH9〜11だった。したがって急激なpHの勾配はpHの差で3〜5ぐらいにもなりえ、これはつまり、プロトン濃度の差が1000〜10万倍になりえたことを意味する。[4] 議論のために、細胞内のプロトン濃度がそれに近いとしよう。すると細胞内と海水のあいだにプロトン濃度の差が生まれるので、プロトンは濃度勾配に従って細胞内へ流れ込む。だが、流れ込むプロトンを取り除けなければ、数秒でその流入は止まるはずだ。これにはふたつの理由がある。第一に、濃度差はすぐに均(なら)されるからだ。そして第二に、電荷の問題があるためでもある。プロトン（H^+）は正電荷をもつが、海水中でその正電荷は、塩化物イオン（Cl^-）などの負電荷を帯びた原子によって相殺される。問題は、プロトンが塩化物イオンよりはるかに速く膜を抜けるので、流入する正電荷が流入する負電荷によって相殺しきれない点にある。そのため細胞内部は外に比べて電荷が正になり、それ以上のH^+の流入を阻む。つまり、細胞内からプロトンを取り除けるポンプがなければ、天然のプロトン勾配は何も促せないのだ。平衡に達し、平衡とは死を意味するのである。

しかし、例外がひとつある。膜がプロトンをほぼ通さなければ、流入は確かに止まるにちがいない。プロトンは細胞に入っても出て行けないのだ。ところが膜がかなりリーク（漏出）しやすいと、話は違ってくる。細胞にプロトンが入りつづけるのは同じだが、今度は細胞の反対側のリークしやすい膜から、受動的にではあるが、出ることができる。要するに、リークしやすい膜はあまり流れを阻む障壁とならないのだ。さらに良いことに、アルカリ流体からの水酸化物イオン（OH^-）が、プロトンと同じぐらいの速度で膜を通り抜ける。両者が出会うと、H^+とOH^-が反応して水（H_2O）ができ、正電荷をもつプロトンが一気

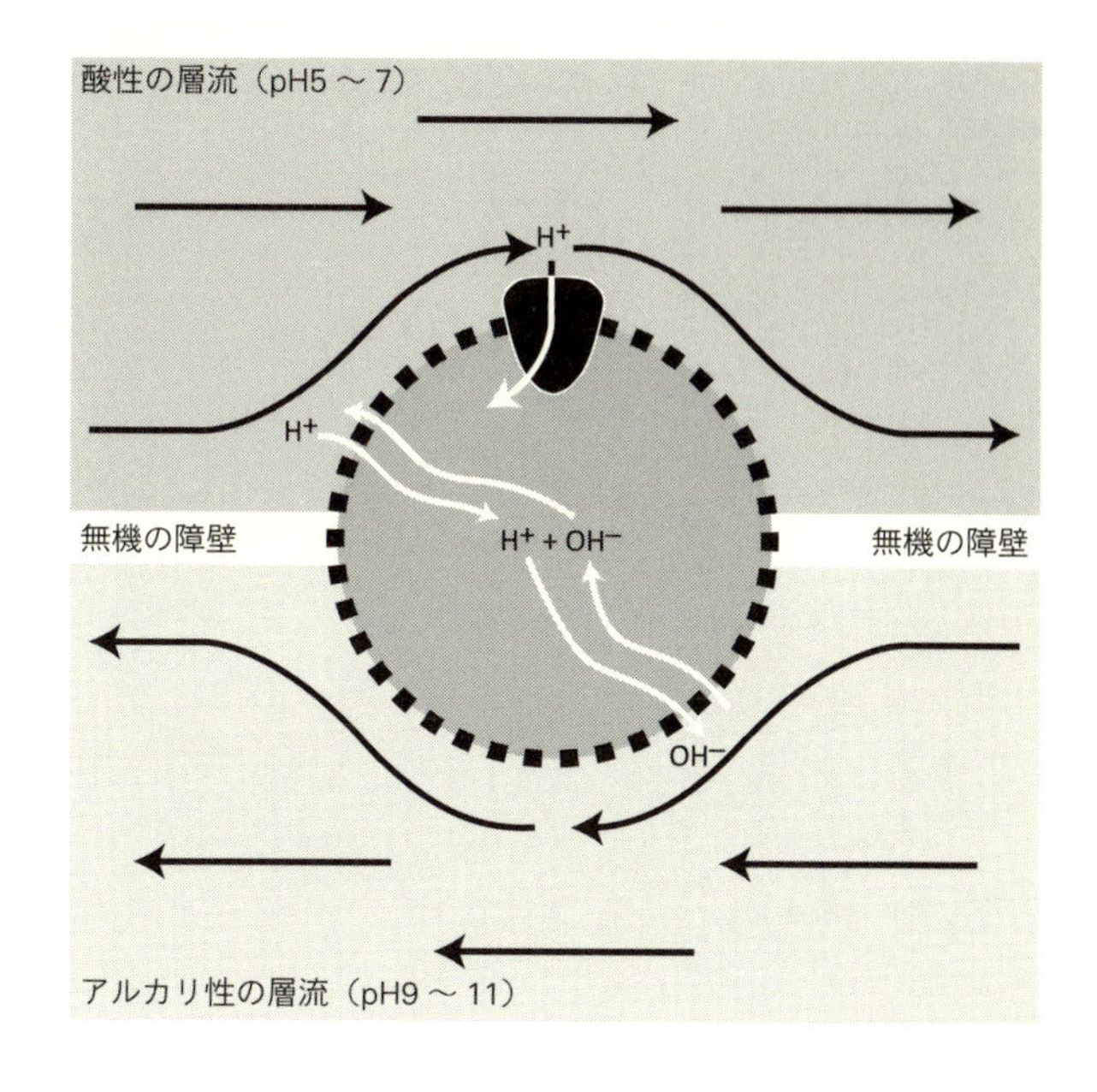

図 17　天然のプロトン勾配を原動力とする細胞．細胞が図の中央にあり，プロトンをリークしやすい膜に封じ込められている．この細胞は，細孔だらけの熱水孔内をふたつの相に分ける無機の障壁にできた小さな裂け目に「くさびのように」打ち込まれている．上の相では，pH5 ～ 7（一般にモデルでは pH7 と見なされる）で，弱酸性の海水が細長い細孔に沿ってしみ込む．下の相では，pH およそ 10 で，アルカリ熱水流体が，海水とつながっていない細孔に沿ってしみ込む．層流では乱流や混合は見られず，それは狭い空間を流れる流体の特徴だ．プロトン（H^+）は，脂質の膜や，その膜に埋め込まれたタンパク質（図の逆三角形）を，酸性の海水からアルカリ熱水流体への濃度勾配に沿ってそのまま通過できる．水酸化物イオン（OH^-）は，アルカリ熱水流体から酸性の海水へと逆方向に流れるが，膜のほうしか通過できない．全体のプロトンの通過する速度は，膜の H^+の透過率，OH^-による中和の程度（H_2O ができる），膜タンパク質の数，細胞のサイズ，片方の相からもう片方の相にイオンが移動することで膜をはさんでたまる電荷によって決まる．

に取り除かれる。電気化学の標準的な方程式を用いれば、プロトンが仮想の（計算上の）細胞に入ったりそこから出たりする速度を、膜の透過率の関数として算出できる。生物学の大問題に関心のある化学者で、私とともに博士号の研究をしているヴィクトル・ソーホーと、アンドルー・ポミアンコフスキーは、まさにこれをおこなった。安定状態でのプロトン濃度の差異を追跡することで、われわれは、得られる自由エネルギー（ΔG）をpHの勾配のみから算出することができた。結果は実に見事だ。得られる原動力は、プロトンに対する膜のリークしやすさによって決まるのである。膜がとりわけリークしやすいと、プロトンがずかずか入り込むが、OH^-イオンのすばやい流入によって取り除かれ、消えるのも速い。そしてきわめてリークしやすい膜でも、プロトンの流入は、脂質を通るよりも（ATP合成酵素のような）膜タンパク質を通るほうがまだ速いだろうということがわかった。すると、プロトンの流れは、膜タンパク質Echを介してATP合成や炭素の還元を促せることになる。こうしてわれわれは、ATP合成酵素のようなタンパク質の働きはもちろん、濃度差や電荷も考慮に入れ、きわめてリークしやすい膜をもつ細胞だけが、天然のプロトン勾配を利用して炭素やエネルギーの代謝を促せることを明らかにしたわけである。驚いたことに、そのようなリークしやすい細胞は理論上、現代の細胞が呼吸によって得るのと同じぐらい多くのエネルギーを、pHの差にして3の天然のプロトン勾配によって集められる。

実は、それよりはるかに多くのエネルギーが得られたはずだ。メタン生成菌についてまた考えてみよう。彼らは大半の時間をメタンの生成に費やしているため、その名前を授かっている。平均で、メタン生成菌は有機物のおよそ40倍の老廃物（メタンと水）を生み出す。メタンの合成によって得られるエネルギーはすべて、プロトンの汲み出しに使われる（図18）。そこが問題なのだ。メタン生成菌は、そうして貯えたエネルギーのほぼ98パーセントを、メタン生成によるプロトン勾配の形成に費やし、新たな有機物の合成

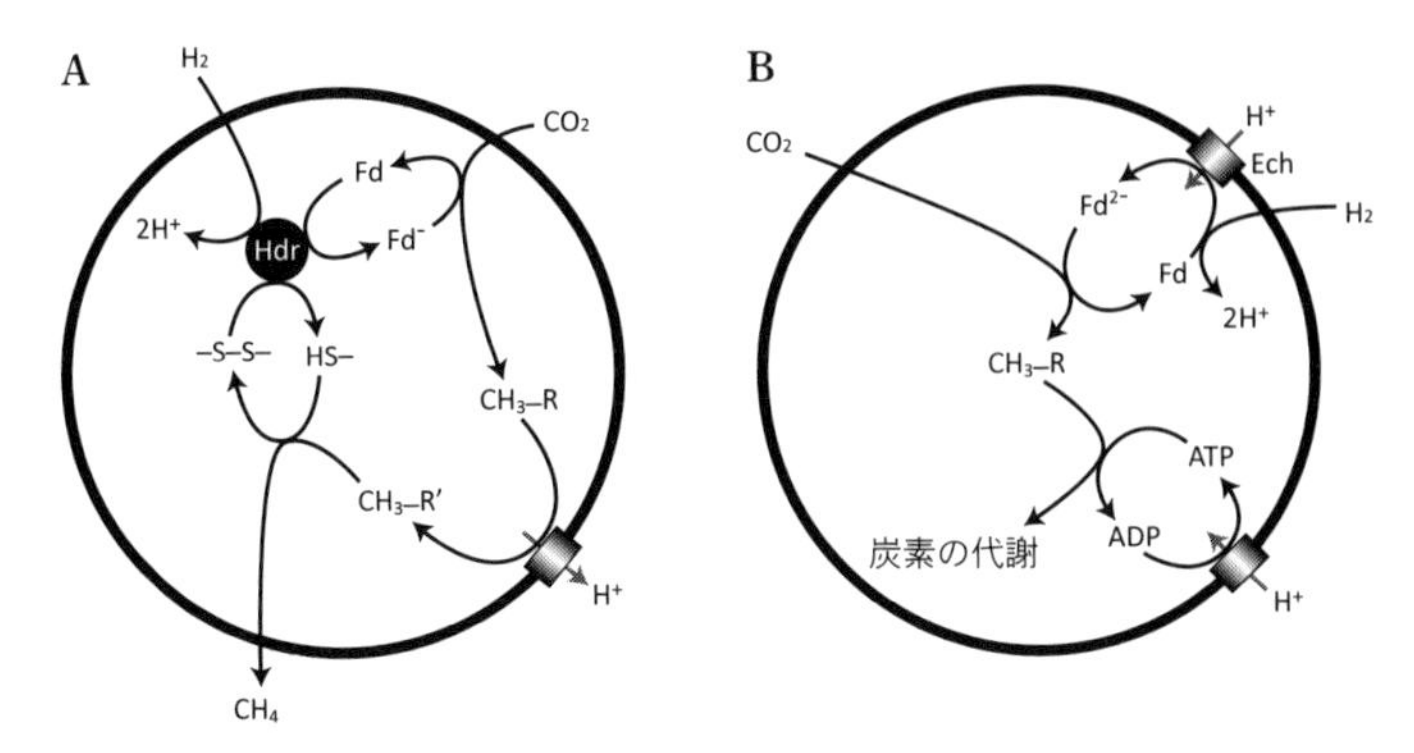

図 18　メタンの生成によってエネルギーを生み出す．メタン生成を単純化した図．A では，H_2 と CO_2 の反応で生じるエネルギーが，細胞膜の外へプロトン（H^+）を押し出す原動力となっている．ヒドロゲナーゼ（Hdr）という酵素が，フェレドキシン（Fd）とジスルフィド結合（—S—S—）を同時に還元する触媒となり，その際に H_2 の電子を 2 個用いる．すると今度はフェレドキシンが CO_2 を還元し，メチル基（$—CH_3$）ができて，R と表された補助因子と結合する．このメチル基はそれから第二の補助因子（R′）へ移り，その段階で，膜を超えて 2 個の H^+（あるいは Na^+）を汲み出せるエネルギーが放出される．最後の段階では，$—CH_3$ が HS—によって還元されてメタン（CH_4）となる．全体として，H_2 と CO_2 からメタン（CH_4）を生成することで放出されるエネルギーの一部が，細胞膜をはさんでの H^+（あるいは Na^+）勾配に変換されるのだ．B では，H^+勾配がふたつの異なる膜タンパク質を介して直接用いられ，炭素やエネルギーの代謝を促す．エネルギー変換ヒドロゲナーゼ（Ech）はフェレドキシン（Fd）を直接還元し，これが今度はみずからの電子を CO_2 に渡してメチル基（$—CH_3$）を作り出し，さらにそれが CO と反応して代謝の要（かなめ）となるアセチル CoA を生み出す．同様に，H^+の流れは ATP 合成酵素によって ATP 合成を促すので，こちらはエネルギーの代謝となる．

には2パーセントしか費やしていない。天然のプロトン勾配とリークしやすい膜の場合、そのような過剰なエネルギー支出はいっさい必要としない。得られるエネルギーはまったく同じだが、経費が少なくとも40倍は削減でき、きわめて大きな利点となる。エネルギーを40倍多くもてると考えてみたらいい！　若さあふれる息子たちさえ、そこまで私を凌駕していない。前の章で、原始細胞は現代の細胞より多くの炭素やエネルギーの流れを必要としていただろうと述べたが、プロトンを汲み出す必要がなければ、ずっと多くの炭素やエネルギーを供給できるのだ。

天然のプロトン勾配のなかにある、リークしやすい細胞を考えよう。現代は遺伝子とタンパク質の時代で、それらは原始細胞に自然選択が働いて得られた産物であることを思い出してほしい。リークしやすい細胞は、プロトンの継続的な流れを利用し、Ｅｃｈ——前述のエネルギー変換ヒドロゲナーゼ——を介して炭素の代謝を促すことができる。このタンパク質によって、細胞はH_2とCO_2の反応でアセチルＣｏＡを生成できるようになり、そこから生命のあらゆる構成要素へと歩みを進められるのだ。この細胞はまた、プロトン勾配を利用して、ＡＴＰ合成酵素によるＡＴＰの合成を促すこともできる。そしてもちろん、ＡＴＰを用いてアミノ酸やヌクレオチドを重合し、新たなタンパク質やＲＮＡやＤＮＡ、さらには細胞自身のコピーも作れる。重要なのは、このリークしやすい細胞はプロトンを汲み出すのにエネルギーを浪費する必要がないことであり、それゆえよく育ち、まだ数十億年の進化によって洗練されていない初期の非効率な酵素でも事足りたのである。

しかしそうしたリークしやすい細胞はまた、その場から動けず、熱水の流れにすっかり依存しているのでほかの場所では生きていけない。その流れが止まったりほかの場所へ移ったりすると、細胞は死ぬ運命にある。さらにまずいことに、この細胞は進化できない状態にあるように見える。膜の特性が改良されても何のメリットもない。むしろ、リークしにくい膜では、細胞内からプロトンを取り除く手だてがなくなるので、すぐにプロトン勾配が失われてしまう。そのため、より「現代に近い」不透膜を作り出した変異細胞はどれも、自然選択によって排除されるはずだ。もちろん、それでも汲み出すようになれば話は別だが、そうなるのもやはり難しい。おわかりのように、リークしやすい膜を越えてプロトンを汲み出しても、意味がない。われわれの研究では、たとえ膜の透過率が3桁落ちたとしても、汲み出しは何のメリットも与えてくれないことが確かめられている。

詳しく説明しよう。プロトン勾配のなかで、リークしやすい細胞はたくさんのエネルギーをもち、炭素やエネルギーの代謝を十分に促せる。何か進化の巧みな手だてによって、完全に機能するポンプが膜に設置されても、それはエネルギーの可用性という点では何のメリットも与えてくれない。得られるエネルギーは、そんなポンプがない場合とまったく変わらないのだ。リークしやすい膜を越えてプロトンを汲み出すのは無意味だからである。そのままであっさり通り抜けて出てくる。膜の透過率を10分の1に下げてふたたび試してみても、まだメリットはゼロだ。透過率を100分の1にしても、まだメリットはない。1000分の1でもメリットはない。なぜなのか？　力の均衡があるためだ。膜の透過率の低下は汲み出しには有利だが、同時にまた天然のプロトン勾配をなくしてしまい、細胞のエネルギー供給を阻むのである。大量のポンプがほぼ不透性の膜の全体に貼り付いている場合（われわれ自身の細胞に相当する）にかぎり、汲み出しのメリットがある。これはゆゆしき問題だ。現代の脂質の膜や現代のプロトンポンプへの進化をもたらす、自然選択の原動力はないのである。原動力がなければ、進化が起きるはずがない。だが現にそれらは存在している。では、何をわれわれは見逃しているのだろう？

ここに、科学における偶然見つけたものの例がある。ビル・マーティンと私はまさにその疑問に思いをめぐらし、メタン生成菌は対向輸送体（アンチポーター）というタンパク質を利用するのだと考えた。現代のメタン生成菌は、実はプロトン（H^+）でなくナトリウムイオン（Na^+）を汲み出すが、それでも細胞内にたまるプロトンに関わる問題がいくつかある。その対向輸送体は、双方向に回る回転ドアのようにNa^+とH^+を交換する。1個のNa^+が濃度勾配に従って細胞内へ入るごとに、1個のH^+が強制的に押し出されるのだ。これは、ナトリウム勾配を原動力とするプロトンポンプである。しかし、対向輸送体はかなり無差別な働きをする。どちらの方向に働いてもかまわないのだ。細胞がNa^+でなくH^+を汲み出せば、対向輸送体は逆方向に回転する。H^+が1個入るごとに、Na^+が1個強制的に押し出される。おやまあ、いきなり答えが出た！　リークしやすい細胞がアルカリ熱水噴出孔にあってNa^+/H^+対向輸送体を生み出したら、それがプロトンを動力とするNa^+ポンプとして働くのだ！　1個のH^+が対向輸送体を通じて細胞に入るごとに、1個のNa^+が強制的に外へ出される！　理論上、対向輸送体は天然のプロトン勾配を生化学的なナトリウム勾配に変換できることとなる。

それがいったいどう役に立つのだろうか？　これはこのタンパク質の既知の特性にもとづく思考実験だと強調しておかなければならないが、われわれの見積もりでは、驚くほどの違いが生じうる。一般に、脂質の膜の透過率は、H^+よりもNa^+のほうが6桁ほど低い。そのため、プロトンをきわめて通しやすい膜も、ナトリウムはかなり通しにくい。プロトンを汲み出すと、すぐにまた元へ戻るが、同じ膜でナトリウムを汲み出すと、とてもそこまで速くは戻らない。だから、対向輸送体にとって天然のプロトン勾配が原動力となりうる。H^+が1個入るごとに、Na^+が1個押し出されるのだ。膜がプロトンをリークしやすいかぎり、対向輸送体を通るプロトンの流れは衰えずに続き、Na^+を押し出す。Na^+のほうが膜を通りにくいので、押し出されたNa^+は外に出たままになりやすい。いや、もっと厳密に言えば、Na^+は、脂質を直接通って戻るのではなく膜タンパク質経由で細胞にふたたび入るはずだ。すると、Na^+の流入は仕事を促しやすくなる。

もちろん、炭素とエネルギーの代謝を促す膜タンパク質――EchとATP合成酵素――がNa^+とH^+を区別できなければ、これも用をなさない。区別できないなどとんでもないように思えるが、結構驚いたことにそれもありうる。一部のメタン生成菌は、H^+でもNa^+でもほぼ同じたやすさで働きうるATP合成酵素をもつことがわかっているのだ。化学の味気ない言葉でさえ、彼らを「見境がない」と断じている。理由は、このふたつのイオンの電荷が等しいことと、半径がとても近いこととと関連づけられるだろう。

H^+はNa$^+$よりはるかに小さいが、単独ではめったに存在しない。溶液中で、それは水と結合してH_3O^+となり、この半径がNa$^+$とほぼ一致するのだ。Echなど、ほかの膜タンパク質も、おそらく同様の理由でH^+とNa$^+$について見境がない。つまり、Na$^+$を汲み出すのは決して無意味ではないのである。天然のプロトン勾配が原動力なら、Na$^+$を押し出すのにほぼコストはかからない。そしてナトリウム勾配が存在すれば、Na$^+$イオンは、膜脂質よりもEchやATP合成酵素のような膜タンパク質を通じて、細胞にふたたび入りやすい。こうして膜は「共役性」を高める。これはつまり電気的絶縁性が高まるということであり、それゆえショートを起こしにくくなる。その結果、より多くのイオンが炭素とエネルギーの代謝を促すのに使え、イオンを1個汲み出すごとの見返りも多く与えられるのだ。

この単純な「発明」には、驚くべき副産物がいくつかある。ひとつはほぼ偶然の副産物だ。細胞からナトリウムを汲み出すと、細胞内のナトリウム濃度が下がる。細菌と古細菌の両方に見つかる多くのコア酵素（転写や翻訳などをおこなう役目を果たす）は、低いナトリウム濃度で働くように自然選択によって最適化されているが、それが進化を遂げたのはほぼ確実に海のなかで、そこは40億年前でもNa$^+$濃度が高かったと思われる。対向輸送体が初期におこなっていた仕事は、あらゆる細胞が、高ナトリウム濃度の環境で進化を遂げながら低ナトリウム濃度に最適化されている理由を説明してくれる可能性があるのだ[5]。

ここでの直接の目的にとってさらに重要なのは、対向輸送体が既存のH^+勾配にNa$^+$勾配を効果的に加えてくれるということだ。この細胞はまだ天然のプロトン勾配を原動力としているのでプロトン透過性の膜が必要だが、いまやNa$^+$勾配もあり、われわれの見積もりでは、これが、以前のプロトンだけに頼っていたころより60パーセントほど多くのエネルギーを細胞に与えてくれる。すると細胞は大きなメリットをふたつ手に入れる。第一に、対向輸送体のある細胞はそのぶん多くのパワーをもっているので、それのない細胞よりも速く成長し複製することができる。これは明らかに自然選択において有利だ。第二に、細胞はより小さなプロトン勾配で生き延びられるだろう。われわれの研究では、リークしやすい膜をもつ細胞は、pHの差がおよそ3のプロトン勾配でもよく成長する。これはちょうど、海のプロトン濃度（およそpH7）がアルカリ流体のプロトン濃度（およそpH10）より3桁上であることに相当する。天然のプロトン勾配の力を増すと、対向輸送体のある細胞はpHの差が2未満でも生き延びられ、より広いエリアの熱水孔やそれに隣接する系に移住して広まることができるようになる。したがって対向輸送体のある細胞は、ほかの細胞より優位に立ちやすく、熱水孔でも広まっていけるだろう。しかし彼らはまだ天然のプロトン勾配に完全に依存しているので、熱水孔から出て行くことはできない。それにはもう一段階必要だった。

こうして重要な点に至る。対向輸送体があれば、細胞は熱水孔を出ることはできなくても、そうする準備を整えている。専門用語で言うと、対向輸送体は「前適応」――その後の進化を容易にするのに必要な最初の段階――にあたる。その理由は意外だ。いや、少なくとも私にとっては意外なものだった。進化史上初めて、対向輸送体は能動輸送（能動的な汲み出し）の進化を促すのだ。先ほど、リークしやすい膜を越えてプロトンを汲み出すのは、そのまま戻ってしまうので何の役にも立たないという話をした。だが、対向輸送体があれば、それでもメリットがある。プロトンが汲み出されると、その一部が、リークしやすい脂質ではなく対向輸送体を通って戻ってくる。このとき対向輸送体は代わりにNa^+イオンを押し出す。膜はNa^+に対しては絶縁性が高いため、プロトンを汲み出すのに費やされたエネルギーの多くは、膜をはさんでのイオン勾配として保存される。イオンが1個汲み出されるごとに、それが外に出たままになる可能性がわずかに高くなる。すると、前は何のメリットもなかったのに、プロトンを汲み出すことにわずかなメリットがあるようになるのだ。対向輸送体があって初めて、汲み出しが割に合う仕事になるのである。

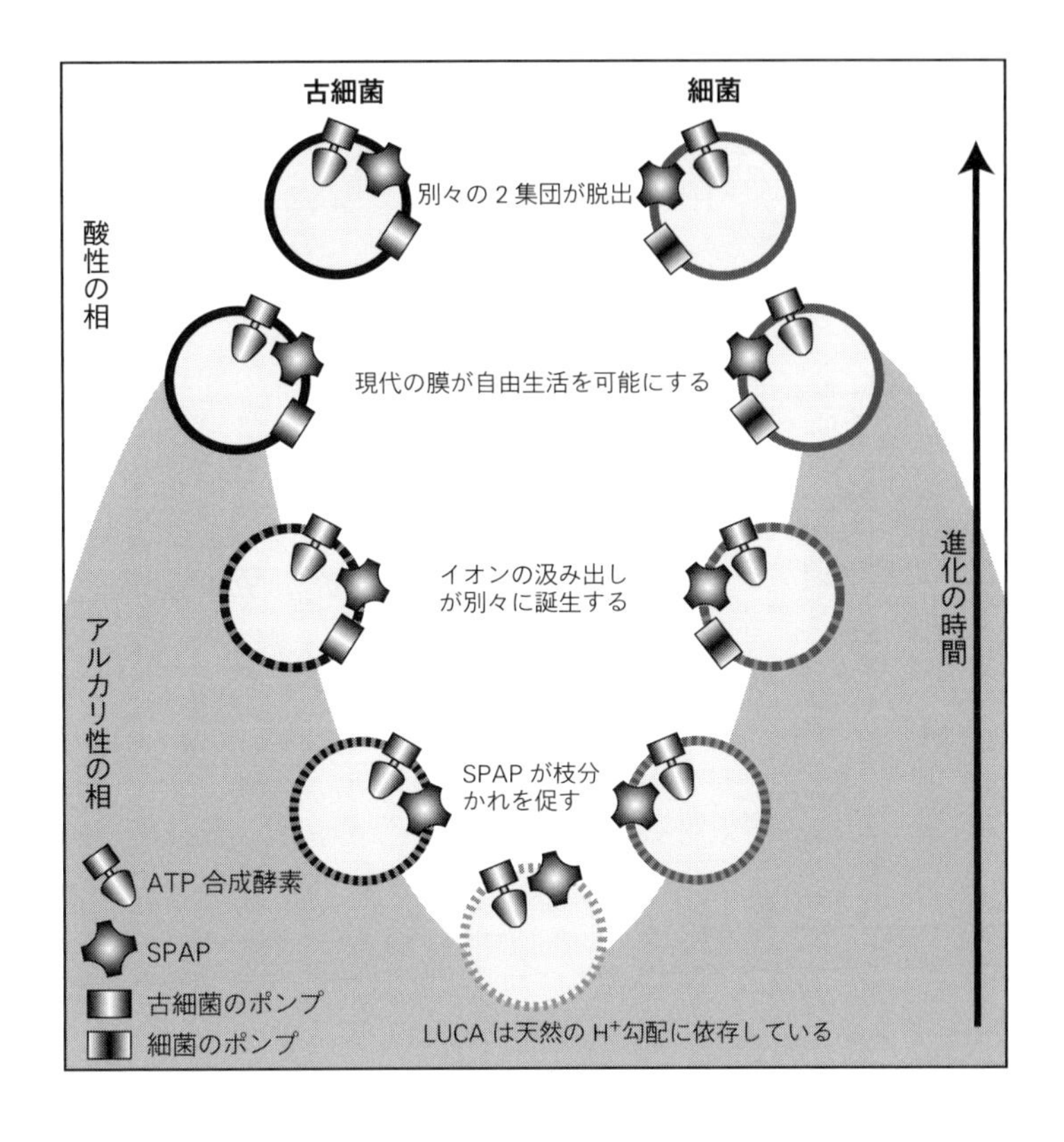

図 19　**細菌と古細菌の起源.** 細菌と古細菌の枝分かれについて考えられるシナリオ．天然のプロトン勾配におけるエネルギーの可用性の数理モデルにもとづく．図では単純にするため ATP 合成酵素だけ示しているが，同じ原理が Ech などのほかの膜タンパク質にも当てはまる．熱水孔中の天然の H^+勾配は，膜がリークしやすいかぎり ATP 合成を促せるが（一番下），その膜を改良しても何のメリットもない．そうすると天然の勾配が失われてしまうからだ．ナトリウム－プロトン対向輸送体（SPAP）は，地球化学的なプロトン勾配に生化学的なナトリウム勾配を加えて，H^+勾配が小さくても細胞が生き延びられるようにし，熱水孔での集団の拡散と枝分かれを促す．SPAP が余分に与える力によって，H^+の汲み出しに初めてメリットが生じる．ポンプがあれば，H^+に対する膜の透過率を下げることにメリットが出てくる．膜の H^+透過率が現代の値に近づくと，細胞はついに天然の勾配に依存しなくなり，熱水孔から出ることができる．細菌と古細菌は熱水孔からそれぞれ独立に脱出するものとして描いている．

これで終わりではない。プロトンポンプが進化を遂げると、初めて膜の改良にメリットが生じる。繰り返し言おう——天然のプロトン勾配では、リークしやすい膜をもつことが絶対に必要である。だがリークしやすい膜を越えてプロトンを汲み出してもまるっきり意味がない。対向輸送体はこの状況を改善する。天然のプロトン勾配から得られるエネルギーを増すからだが、細胞をその天然の勾配への依存から脱却させることはできない。それでも対向輸送体があれば、プロトンの汲み出しに見返りが得られるようになる。つまり、天然の勾配への依存が減るのだ。そしてこうなると——ようやく！——透過率の低い膜をもつほうがよくなる。膜をわずかにリークしにくくすると、汲み出しのメリットがわずかに増す。それをもう少し改良するとまた少しメリットが大きくなり、これを続けていくとやがてはプロトンを通さない現代の膜となる。これで初めて、プロトンポンプと現代の脂質の膜の両方を持続的に選択する原動力が明らかとなる。ついに、細胞は天然のプロトン勾配と結ばれたへその緒を断ち切ることができたのだ。ようやく熱水孔から自由に抜け出し、空っぽの広大な世界で生きられるようになった[6]。

以上が、一連の見事な物理的制約である。ほとんど確実なことを教えてくれない系統学と違って、こうした物理的制約は、考えられる進化の段階に順序をつける。天然のプロトン勾配への依存に始まり、不透膜をはさんでプロトン勾配を生み出す、実質的に現代の細胞で終わるような順序だ（図19）。さらにすばらしいことに、こうした制約で、細菌と古細菌の根本的な枝分かれが説明できるだろう。どちらも膜をはさんでのプロトン勾配を用いてＡＴＰを生成するが、その膜はふたつのドメインで根本的に異なる。膜のポンプそのものや、細胞壁、ＤＮＡ複製などの特徴もそうだ。以下、説明しよう。

なぜ細菌と古細菌は根本的に違うのか

これまでの話を簡単にまとめよう。前の章では、エネルギーの観点から、初期の地球で生命の誕生の助けになりえた環境について考えた。そしてそうした環境を、定常的な炭素とエネルギーの流れに鉱物の触媒と天然の区画化が組み合わさったアルカリ熱水噴出孔にまで絞り込んだ。だが、この熱水孔には問題がある。炭素とエネルギーの流れはH_2とCO_2の形をとって入ってくるが、これらは容易には反応しない。そこで、熱水孔の細孔内の薄い半導体の障壁をはさんだ地球化学的なプロトン勾配が、反応に対するエネルギーの障壁を打ち壊す可能性があることに気づいた。チオ酢酸メチル（アセチルCoAと機能上同じ）など、反応性の高いチオエステルを作ることで、プロトン勾配は炭素とエネルギーの両方の代謝の誕生を促せ、熱水孔の細孔内に有機分子の蓄積をもたらしながら、「脱水」反応を容易にしてDNAやRNAやタンパク質などの複雑なポリマーができるのだ。私は遺伝コードがどうやって生じたかなどの説明はかわし、こうした条件が理論上、遺伝子とタンパク質をもつ原始的な細胞を作り出したという概念上の議論に的を絞った。細胞の集団はまったく通常の自然選択を受けた。私は、細菌と古細菌の最後の共通祖先――LUCA――が、アルカリ熱水孔の細孔に棲んで天然のプロトン勾配に依存していたそんな単純な細胞の集団に自然選択が働いて生じた可能性を示唆した。選択によってリボソームやEchやATP合成酵素などの高度なタンパク質が生まれ、どれも現在あまねく保存されているのだ。

理論上、LUCAはその炭素とエネルギーの代謝のすべてを、天然のプロトン勾配でATP合成酵素や

Echを介して駆動できたが、そのためにはきわめて透過率の高い細胞膜が必要だった。LUCAは、細菌や古細菌に匹敵する「現代に近い」不透膜を生み出すことはできなかった。それができると天然のプロトン勾配が失われてしまうからだ。しかし、対向輸送体は役に立っただろう。天然のプロトン勾配を生化学的なナトリウム勾配に変換し、得られるエネルギーを増し、そのため細胞がより小さな勾配で生きられるようになったのだ。これにより、熱水孔のそれまで棲めなかった領域に細胞が広まり定着できるようになり、集団の枝分かれもしやすくなった。こうしてより幅広い条件で生きられるようになると、細胞は熱水孔に隣接する系に「感染」できるようにもなって、初期の地球の海洋底に広がる能力を身につけた。その海洋底の多くは蛇紋岩化作用をこうむりがちだったかもしれない。

一方で対向輸送体は、汲み出しに初めてメリットを与えもした。いよいよ、メタン生成菌と酢酸生成菌でアセチルCoA経路に見られる奇妙な違いの話に到達する。この違いは、能動輸送が二種類の集団で独立に誕生したことを示唆しており、それらの集団は、対向輸送体の助けを借りて共通祖先の集団から枝分かれしたのである。メタン生成菌は古細菌で、酢酸生成菌は細菌であることを思い出そう。両者は原核生物の二大ドメインの代表で、「生命の系統樹」において一番根元に近い枝にあたる。すでに、細菌と古細菌が、DNAの転写や翻訳、リボソーム、タンパク質合成などの点では似ているが、細胞膜の組成など、ほかの根本的な点では異なることについては述べた。そして私は、両者がアセチルCoA経路の細部についても異なることに触れながら、この経路がそれでも祖先から受け継いだものだと主張した。こうした共通点と相違点は、示唆に富んでいる。

メタン生成菌と同じく酢酸生成菌も、H_2 と CO_2 の反応により、よく似た一連の段階を経てアセチルCoAを作り出す。どちらのグループも、電子分岐という巧みな手口を汲み出しの動力に用いている。電子分岐はごく最近、ドイツの著名な微生物学者ロルフ・タウアーらによって、ここ数十年の生体エネルギー論では最大の突破口を開いたと言えそうな成果のなかで発見された。タウアーは現在公式に退職しているが、彼の発見は、化学量論的計算では成長しないはずなのに成長しつづける不可解な微生物のエネルギー特性について、数十年頭を悩ませた苦労の賜物だった。よくあることだが、進化はわれわれより賢い。本質的に電子分岐とは、すぐに返済する約束でなされたエネルギーの短期貸し付けなのだ。前に述べたとおり、H_2とCO_2の反応は全体として発エルゴン的（エネルギーを放出する）だが、最初の数段階は吸エルゴン的（エネルギーのインプットが必要）なのである。電子分岐は、CO_2還元の反応において、あとのほうの発エルゴン的な段階で放出されるエネルギーの一部をうまいこと用い、最初の難しい数段階に割り当てる。[7] 最初の数段階で費やすのに必要なぶんより多くのエネルギーが最後の数段階で放出されるため、いくらかのエネルギーが膜をはさんでのプロトン勾配として保存される（図18）。全体として、H_2とCO_2の反応によって放出されるエネルギーは、膜を越えてプロトンを押し出す原動力となる。

問題は、電子分岐の「配線」がメタン生成菌と酢酸生成菌で異なることだ。どちらもかなりよく似た鉄ニッケル硫黄タンパク質を利用しているが、厳密なメカニズムは異なる。必要なタンパク質の多くもそうだが。メタン生成菌と同じく酢酸生成菌も、H_2とCO_2の反応によって放出されるエネルギーを、膜を隔てたH^+やNa^+の勾配として保存する。どちらの場合も、勾配は炭素やエネルギーの代謝の原動力として利用される。メタン生成菌と同様、酢酸生成菌もATP合成酵素とEchをもっている。しかしメタン生成菌と違って、酢酸生成菌はEchを炭素の代謝の原動力として直接利用することはしない。むしろ、一部の酢酸生成菌はそれを逆にH^+やNa^+を汲み出すポンプとして使う。そして彼らが炭素の代謝を促すのに使う経路も厳密にはかなり違う。これらは根本的な違いに見えるあまり、一部の専門家は、似ている点も共通祖先から受け継がれたのではなく、収斂進化や遺伝子の水平移動の結果だと考えている。

それでもこの似ている点と異なる点はどちらも、LUCAが実際に天然のプロトン勾配に依存していたと考えれば納得がいくようになる。そうであれば、汲み出しの鍵は、Echを通るプロトンの流れの方向が握っているだろう——細胞に入る天然のプロトンの流れが炭素の固定を促すのか、この流れが逆で、タンパク質が膜のポンプとして働き、プロトンを細胞の外へ汲み出すのかのどちらであるかだ（図20）。祖先の集団では、Echを通ってなかへ入る通常のプロトンの流れがフェレドキシンの還元に使われ、それがさらにCO_2の還元を促したのではないかと私は思う。その後、ふたつに分かれた集団が独立に汲み出しを発明した。一方の集団は最終的に酢酸生成菌となったが、Echの方向を逆転させ、今度はフェレドキシンを酸化して放出されるエネルギーを使い、プロトンを細胞の外へ汲み出すようになった。これはすばらしく単純だが、差し迫った問題を生み出した。それまでは炭素の還元に使われていたフェレドキシンを、今度はプロトンの汲み出しに使うことになる。酢酸生成菌は、フェレドキシンに頼らずに炭素を還元する手段を新たに見つけ出さなければならなかった。彼らの祖先はある手段を見つけていた。電子分岐という巧みな手口で、これによってCO_2を間接的に還元できるようになったのだ。酢酸生成菌の基本となる生化学的メカニズムはおそらく、「Echを通るプロトンの流れが逆転し、酢酸生成菌に役立つポンプを提供したが、解決すべき具体的な問題をいくつか残した」という単純な仮定にもとづいている。

メタン生成菌となった第二の集団は、別の手段を見つけた。祖先と同じように、彼らも引き続きプロトン勾配を用いてフェレドキシンを還元し、さらにフェレドキシンを還元して炭素を固定した。だが、それから彼らは、一からポンプを「発明」しなければならなかった。いや、完全に一からとは言い切れない。既存のタンパク質の用途を変えた可能性がある。どうやらメタン生成菌は、対向輸送体をまるごとポンプ

A

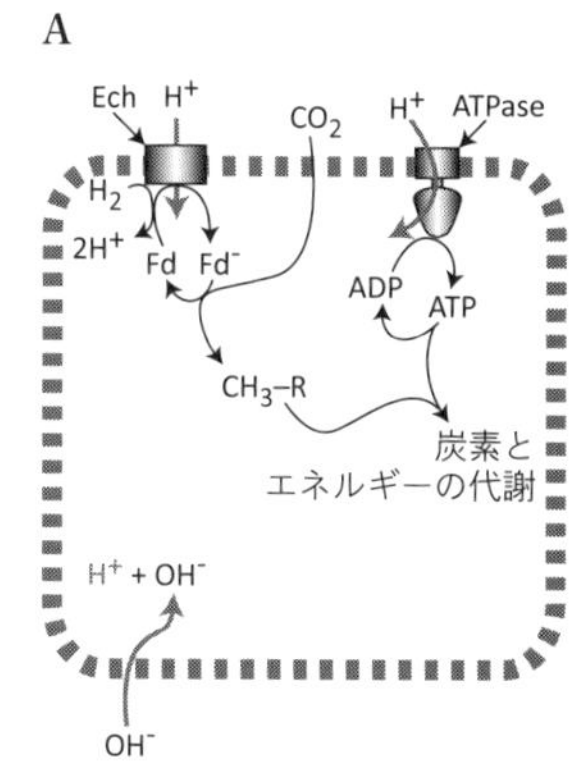

B

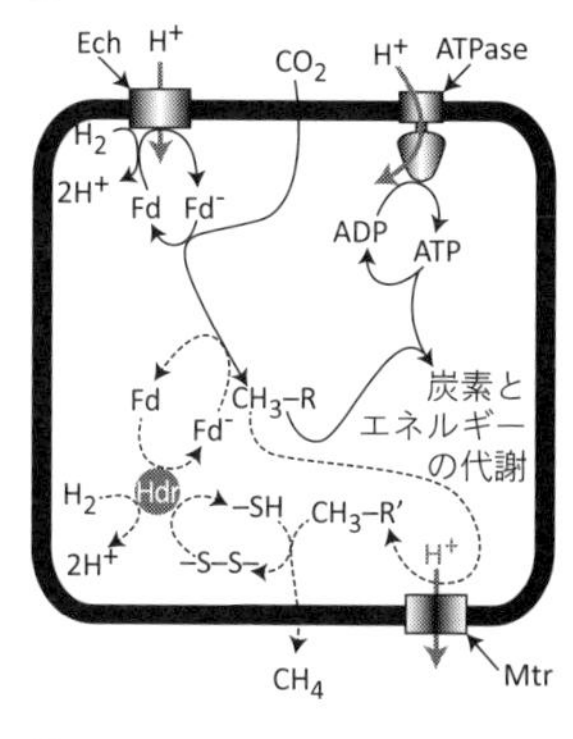

C

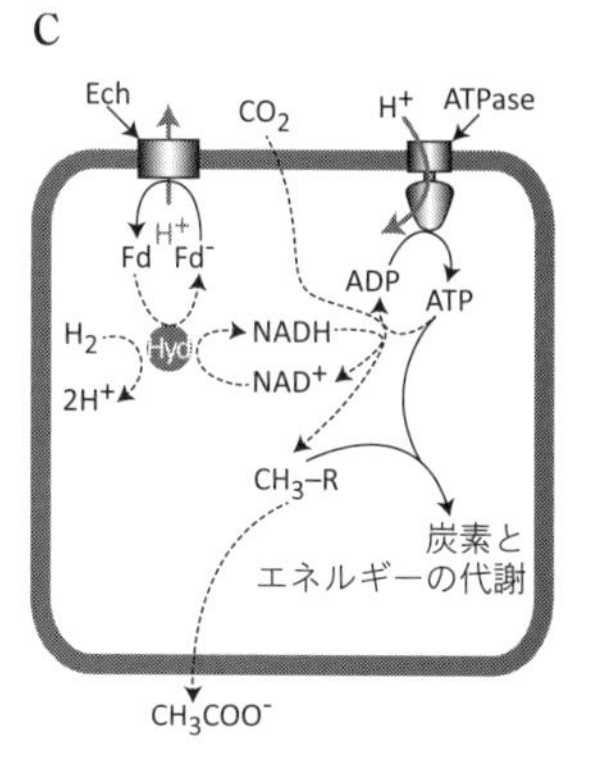

図 20　能動輸送の進化として考えられる過程．膜タンパク質 Ech を通る H^+の流れの向きから考えられる，細菌と古細菌における汲み出し（輸送）の起源．A：祖先の状態．天然のプロトン勾配が，Ech と ATP 合成酵素（ATPase）を介して炭素とエネルギーの代謝を促している．この状態は，膜がプロトンをリークしやすいかぎりにおいてのみ，うまく働きうる．B：メタン生成菌（最初の古細菌と想定）．この細胞は，引き続き Ech と ATP 合成酵素を使って炭素とエネルギーの代謝を促すが，H^+を通さない膜ではもはや天然のプロトン勾配に頼れない．彼らは新たな生化学的経路と新たなポンプ（メチル基転移酵素，Mtr）を「発明」して自分自身の H^+（あるいは Na^+）勾配（点線）を生み出さなければならなかった．この図が図 18 の A と B を組み合わせたものに相当することに注意してもらいたい．C：酢酸生成菌（最初の細菌と想定）．ここでは Ech を通る H^+の流れの向きが逆転し，今度はフェレドキシンの酸化が原動力となる．酢酸生成菌はポンプを「発明」する必要はなかったが，CO_2 を有機物に還元する新たな手段を見つけなければならなかった．これは NADH と ATP を用いておこなわれる（点線）．ここで想定したシナリオによって，メタン生成菌と酢酸生成菌とでアセチル CoA 経路の似ている点と異なる点の両方が説明できた．

となるように改変したようなのだ。それは本質的に難しくはないが、別の問題をもたらす。「そのポンプの動力は?」という問題だ。メタン生成菌は、酢酸生成菌と同じタンパク質のいくつかを用いながら、かなり違うつなぎ方をして、異なる形態の電子分岐を作り出した。メタン生成菌の場合の条件が異なり、別のポンプに配線されたからである。それぞれのドメイン(古細菌か細菌)の炭素とエネルギーの代謝は、おそらくEchを通るプロトンの流れの向きにもとづいている。それはふたつの選択肢であり、メタン生成菌と酢酸生成菌は異なる決断を下したのだ(図20)。

それぞれのグループが能動的なポンプを手に入れると、ついに膜を改良するのが有利になった。ここまですべての段階で、リン脂質に満ちた「現代に近い」膜を生み出すメリットはいっさいなかった。大いに有害だったはずなのだ。ところが、細胞が対向輸送体とイオンポンプを手に入れたとたん、膜脂質にグリセロールの頭部を取り込むことにメリットが生まれた。そしてふたつのドメインは独立にそれをおこなったようで、古細菌はグリセロールの一方の立体異性体を用い、細菌はその鏡像体を用いたのである(第2章参照)。

こうして細胞は能動的なイオンポンプと現代の膜を生み出し、ついに熱水孔から自由に出られるようになって広い海へ抜け出した。熱水孔内のプロトン勾配によって生きていた共通祖先から、最初の自由生活性の細胞——細菌と古細菌——が独立に現れたのだ。細菌と古細菌がこうした新たなショックからみずからを守る明確な細胞壁を考案しなければならなかったのも、それどころかDNA複製も独立に「発明」する必要があったのも、驚くに当たらない。細菌は細胞分裂のあいだ、みずからのDNAのレプリコンという部位を細胞膜に貼り付ける。この貼り付けによって、娘細胞はそれぞれゲノムのコピーをひとつ受け取れる。DNAを膜に貼り付けるのに必要な分子機構と、DNA複製の具体的なあれこれは、この貼り付けのメカニズムを少なくとも一部は利用しているはずだ。細菌と古細菌で細胞膜が独立に生じたという事実をもとに、DNA複製が細菌と古細菌で大きく異なる理由が説明できる。ほぼ同じことが細胞壁についても言え、その構成要素はすべて、細胞内部から特定の膜の孔を通じて運び出す必要がある。だから細胞壁の合成は膜の特性に左右され、細菌と古細菌で異なるはずなのだ。

いよいよ結論は近い。生体エネルギー論では、細菌と古細菌にどうしても根本的な差異が生じることを第一原理からは予測できないが、こうした考察で、最初になぜ、どのようにして生じえたのかが説明できる。原核生物のドメイン間の根本的な差異は、高温などの極限環境への適応とは関係がなく、むしろ、生体エネルギー論的な理由でやむなくリークしやすいままだった膜をもつ細胞の枝分かれと関係していたのである。古細菌と細菌への枝分かれは第一原理から予測できないとしても、どちらのグループも化学浸透共役を利用している（膜を隔てたプロトン勾配に依存している）という事実は、ここまで2章で論じた物理的原理にもとづいている。ここ地球であれ、宇宙のどこかであれ、最も現実的に生命を生み出しうる環境は、アルカリ熱水噴出孔だ。そうした熱水孔は細胞に天然のプロトン勾配を利用させ、ついには細胞自身を生み出させる。この流れで言えば、地球上のすべての細胞が化学浸透共役を利用していても何の不思議もない。そして全宇宙の細胞も化学浸透共役を利用すると私は予想しよう。すると、それらの細胞も地球上の生命とまったく同じ問題に直面するはずだ。次の第Ⅲ部では、プロトン・パワー（プロトンを用いて生みだされる駆動力）にかんするこの普遍的な条件によって、複雑な生命が宇宙でめったに存在しないことがなぜ予測できるのかを明らかにしよう。

第Ⅲ部

複雑さ

5　複雑な細胞の起源

オーソン・ウェルズが1940年代のノワール映画『第三の男』で語った有名な台詞（せりふ）がある。「イタリアではボルジア家支配の30年間、戦争、テロ、殺人、流血が続いたが、ミケランジェロ、ダ・ヴィンチ、ルネサンスが生まれた。友愛の国スイスでは、500年にわたる民主主義と平和がいったい何をもたらした？　鳩時計だよ」この台詞はウェルズ自身が加えたものだと言われている。通説では、憤慨したスイス政府は次のような手紙を寄こしたそうだ。「スイスでは鳩時計は製造していません」私はスイスに（そしてオーソン・ウェルズにも）反論するつもりはない。この話を持ちだしたのは、私自身がこの話から進化を連想するからにほかならない。今から約15～20億年前に最初の複雑な真核細胞が現れて以降、戦争、テロ、殺人、流血が繰り返されてきた。まさに、自然は牙と爪を真っ赤に染めて〔訳注　詩人テニスンが親友の死後に捧げた哀歌『イン・メモリアム』（入江直祐訳、岩波書店など）の一句〕、である。しかしそれ以前には、20億年の長きに及ぶ平和と共生、細菌の愛（愛だけではないが）の時代があったが、この無数の原核生物は何を作り出しただろうか？　もちろん、鳩時計ほど大きくて外見が複雑なものは作り出さなかった。形態の複雑さという点では、細菌も古細菌も単細胞の真核生物にすらとうてい及ばないのだ。

この点は力説に値する。原核生物の二大ドメインである細菌と古細菌は、遺伝子も生化学的メカニズムもきわめて多彩だ。代謝においては真核生物をしのぎ、細菌1個で、真核生物のドメイン全体よりも多彩な代謝をもつ。しかしどういうわけか、細菌も古細菌も、真核生物のような規模で複雑な構造を直接生み出したことは一度もない。細胞の体積で見ると、原核生物は一般に真核生物のおよそ1万5000分の1である（いくつか示唆に富む例外はあるが、それについてはのちほど紹介する）。ゲノムのサイズにはいくらか重複もあるが、知られているかぎり最大の細菌ゲノムの場合、DNAに約12メガ塩基対が含まれている〔訳注　メガは100万〕。それに対し、ヒトは約3000メガ塩基対で、真核生物のゲノムのなかには10万メガ塩基対以上にのぼるものもある。なにより興味深いのは、細菌も古細菌も40億年の進化においてほとんど変化していないということだ。この間、環境は激変した。大気中と海中の酸素濃度の上昇で環境条件は変わったが、細菌は変わらぬままだった。地球規模の凍結現象（スノーボール・アース）で生態系は崩壊の淵に追いやられたにちがいないが、それでも細菌は変わらぬままだった。カンブリア爆発では動物が一気に出現した——細菌はそれを新しい活動の場として利用した。人間の目から見れば、細菌は主に病原体と見なされがちだが、病気を引き起こすのは多様な原核生物のほんの一部にすぎない。しかし、こうした変化を経ても、細菌は断固として細菌でありつづけた。ノミほどの大きさや複雑さをもつものさえ、生み出すことはなかった。細菌ほど保守的なものはない。

第1章で私は、こうした事実は構造上の制約によって説明するのが一番だと訴えた。真核生物の物理的構造には、細菌とも古細菌とも根本的に異なる点がある。この構造上の制約を乗り越えたことで、真核生物だけが多様な形態をもつ世界に踏み込むことができた。かなりおおまかに言えば、原核生物は代謝の可能性を探ることによって、とりわけ難しい化学的な問題に巧みな解決策を見出したのに対し、真核生物はこの化学的に巧みなやり方に背を向け、代わりに体のサイズと構造の複雑さを増すという未開拓の可能性を探ることにしたのだ。

構造上の制約という着想は斬新なものではないが、言うまでもなく、その制約が何であるかについては意見の一致を見ていない。細胞壁の破滅的な喪失から、線状の染色体という目新しさまで、多くの説が唱えられてきた。細胞壁の喪失は破滅をもたらしうる。このしっかりした外枠がなければ、細胞はたやすく膨張して破裂してしまうからだ。だが一方、この拘束衣のせいで、細胞は物理的に形を変えたり、這いまわったり、食作用によってほかの細胞を飲み込んだりすることができない。したがって、細胞壁をたまたま見事に喪失したおかげで、食作用の進化が可能になったとも考えられる――オックスフォード大学の生物学者トム・カヴァリエ゠スミスは、この変革が真核生物の進化の鍵を握っていたと長年にわたり主張している。確かに細胞壁の喪失は食作用に欠かせないが、多くの細菌は、細胞壁を失ってもたいてい破滅には至らない――いわゆるL型細菌は、細胞壁がなくてもなんら問題なくやっており、一方で活動的な食細胞へ進化する気配もない。また、細胞壁をまったくもたない古細菌もかなりいるが、こちらも同じく食細胞にはならない。厄介な細胞壁こそが制約で、そのせいで細菌も古細菌もそれ以上複雑になれなかったという主張もあるが、多くの細菌や古細菌が細胞壁を失っても複雑さを増していない一方、植物や菌類といった多くの真核生物は（原核生物の細胞壁とは異なるが）細胞壁をもつのに原核生物よりもはるかに複雑であることを考えれば、この主張はとても検証には耐えられない。わかりやすい例が、シアノバクテリアと真核生物の藻類との比較だ。どちらも似通った生活様式で光合成をおこない、ともに細胞壁をもっているが、一般に藻類のゲノムのほうが数桁大きく、細胞の体積も構造の複雑さもはるかに上だ。

線状の染色体についても同様の問題がある。原核生物の染色体はふつう環状で、DNA複製はその環の特定の一点（レプリコン）から始まる。しかし、ＤＮＡ複製はたいてい細胞分裂よりも時間がかかる一方、細胞はＤＮＡのコピーが完了して初めて分裂を終えられる。したがって、レプリコンがひとつでは、細菌の染色体の最大サイズが制限されることになる。染色体の大きな細胞は小さな細胞よりもえてして複製に時間がかかるからだ。細胞が不要な遺伝子を失えば、速く分裂できるので、やがては染色体の小さな細菌が優勢になる。とくに、失った遺伝子がまた必要になっても、水平移動によって取り戻せる場合はなおさらだ。これに対し、真核生物は一般に線状の染色体をいくつももっていて、そのひとつひとつがレプリコンを複数もっている。つまり、真核生物ではＤＮＡ複製が並列的におこなわれるが、細菌では直列的におこなわれるのだ。しかしまたしても、この制約では、原核生物が線状の染色体を進化させられなかった理由はほとんど説明できない。事実、一部の細菌や古細菌は線状の染色体をもち、「並列処理」をおこなうことがわかっているが、それでも真核生物並みにゲノムのサイズが大きくなってはいない。別の何かが阻止しているにちがいないのだ。

細菌が真核生物のように複雑になっていかない理由を説明すべく、さまざまな構造上の制約が仮定されているが、事実上どれもまったく同じ問題を抱えている。「ルール」と言われるものには、どれもたくさんの例外があるのだ。著名な進化生物学者ジョン・メイナード＝スミスが慇懃無礼によく言っていたとおり、これらの説明では断じてうまくいかないのである。

では、何ならうまくいくのか？　系統学では容易に答えが出ないことは前に見たとおりだ。真核生物の最後の共通祖先は複雑な細胞であり、すでに線状の染色体や、膜に包まれた核、ミトコンドリア、さまざまに分化した「細胞小器官」、その他の膜構造、動的な細胞骨格、有性生殖などの特徴を備えていた。これは明らかに「現代に近い」真核細胞だ。こうした特徴はどれも、真核生物に近い状態ではいっさい細菌には存在しない。この系統学的な「事象の地平線」の存在は、真核生物の特徴の進化を辿っても、真核生物の最後の共通祖先より昔にはさかのぼれないことを意味する。それはまるで、現代社会を構成するあらゆる発明――家屋、衛生、道路、分業、農耕、裁判所、常備軍、大学、政府、その他もろもろ――が古代ローマにまでさかのぼれるが、それ以前は原始的な狩猟採集社会しかなかったとするようなものだ。古代のギリシャ、中国、エジプト、レバント〔訳注　地中海東岸〕、ペルシャなどの文明の遺跡はなく、狩猟採集民の痕跡が至るところに見受けられるばかりという具合に。ここが問題なのだ。専門家が数十年かけて世界じゅうの考古学的事物を調べ、もっと前の都市、すなわち古代ローマ以前の文明の遺跡を発掘しようとしたとする。そうすれば、ローマがどうやってできたのかがいくらかわかるかもしれない。数百の例が見つかるが、よく調べると、どれも古代ローマよりも新しいことが判明する。古くて原始的に見えた都市がどれも、本当は古代ローマにみずからの祖先をもつ人々が「暗黒時代」に築いたものだったと。結局、すべての道はローマに通じ、ローマは実は一日にして成っていたというわけだ。

ばかげた空想のように思うかもしれないが、これは今われわれが生物学で直面している状況に近い。現に細菌と真核生物をつなぐ中間の「文明」はない。中間に見えたごくわずかなもの〔第1章で取り上げた「アーケゾア」〕も、いまやかつての栄光はない。帝国の見かけをしたビザンティウムが、最後の数世紀に都市を囲む城壁にまで縮んでしまったように。このみっともない状況をどうしたら解決できるのか？　実は、系統学が手がかりを与えてくれる。その手がかりは、単一の遺伝子の研究ではどうしても得られなかったが、現代の全ゲノムの比較によって暴かれたのである。

キメラという複雑さの起源

単一の遺伝子（普遍的に利用されているリボソームRNAの遺伝子ぐらい高度に保存されている遺伝子でも）から進化を再現する際の問題は、当然ながら、単一の遺伝子は一本の系統樹を作り出すという点にある。単一の遺伝子は同じ生物のなかでふたつの異なる履歴をもちえない――キメラにはなりえないのだ。[1]（系統学者にとって）理想的な世界では、各遺伝子が共通の履歴を示す同じような系統樹を作り出すが、こういうことは進化の長い歴史のなかでもめったに起こっていない。通常のやり方では、同じ履歴をもつ少数の遺伝子――じっさい、多くても数十個――を頼りに、これが「唯一本物の系統樹だ」と主張する。それが正しければ、真核生物は古細菌と近縁関係にあることになる。これが標準的な「教科書どおり」の生命の系統樹だ（図15）。真核生物と古細菌が正確にどれだけ近縁かについては議論が続いている（方法や遺伝子によって違う答えが出る）が、真核生物は古細菌の「姉妹」グループだと長らく言われていた。私も講義でよくこの標準的な系統樹を見せる。枝の長さは遺伝的距離を表す。はっきり言って、細菌や古細菌にも、真核生物と同じぐらい遺伝子変異がある。ならば、古細菌を真核生物と隔てているあの長い枝で何が起こったのか？　この系統樹にはわずかな手がかりもひそんでいない。

ところが、全ゲノムを見ればまったく違うパターンが浮かび上がる。真核生物の多くの遺伝子は、細菌や古細菌でそれに対応するものがないが、その割合は、解析方法が強力になるにつれ小さくなっていく。こうしたユニークな遺伝子は、真核生物の「シグネチャー（署名）」遺伝子と呼ばれている。しかし標準的な方法で解析しても、真核生物の遺伝子のほぼ3分の1は、原核生物でそれに対応するものがある。これらの遺伝子には、原核生物がもつ親類と共通の祖先があるにちがいない。これを相同であるという。ここが興味深いところだ。同じ真核生物にあるさまざまな遺伝子が、すべて同じ祖先をもつとはかぎらない。原核生物と相同である真核生物の遺伝子のうち、およそ4分の3は細菌の祖先をもつと思われる一方、残る4分の1は古細菌に由来するようなのだ。これはヒトにも当てはまるが、われわれだけではない。酵母も驚くほど似ているし、ショウジョウバエもウニもソテツもそうだ。ゲノムのレベルでは、すべての真核生物が奇怪なキメラに見えるのである。

ここまでは議論の余地がない。だが、何を意味するかについては激しい議論が戦わされている。たとえば、真核生物の「シグネチャー」遺伝子は、原核生物の遺伝子と配列に類似性がない。なぜなのか？　実は、それは生命の起源までさかのぼるほど古いからかもしれない――これは古めかしい真核生物仮説とでも呼べそうだ。この遺伝子ははるか昔に共通祖先から枝分かれしたため、類似性は時のかなたに消え去ってしまったというのである。これが正しければ、真核生物はずっと最近、ミトコンドリアを獲得したときなどに、原核生物のさまざまな遺伝子を手に入れたにちがいない。

この古めかしい考えは真核生物をあがめる人々の心に訴えつづけている。感情と性格は、科学において驚くほど大きな影響を及ぼす。いきなり破局的な変化が起きたという考えを自然に受け入れる研究者がいる一方、小さな変更が連続的に起きたと訴えたがる研究者もいる――かつては「ぎくしゃくした進化」対「のろまの進化」と揶揄されていた。実はどちらも起きている。真核生物の場合、人間中心的な尊厳の問題のように思える。われわれは真核生物なので、自分たちを新参者の遺伝的雑種と見なすのはみずからの尊厳を傷つける行為だ。一部の科学者は、真核生物を系統樹の根元付近から始まっていると考えたがっているが、これは結局のところ感情的な理由によると私は思う。この考えが誤りだと証明するのは難しいが、もし正しければ、真核生物が「飛び立って」大きく複雑になるのに、なぜこれほど時間がかかったのだろう？　25億年もかかったのだ。なぜ化石記録に太古の真核生物の痕跡がいっさい見当たらないのか（原核生物は大量に見つかっているのに）？　それに、真核生物がそんなにも長く成功を収めていたのなら、ミトコンドリアを獲得する以前のこの長い期間から現在まで生き延びている初期の真核生物がいないのはどうしてなのか？　これまで見てきたように、初期の真核生物が打ち負かされて絶滅したと考える理由は何もない。現に、アーケゾア（第1章を参照）の存在は、形態の単純な真核生物が、細菌や複雑な真核生物とともにおそらく何億年も生き延びられることを証明している。

真核生物の「シグネチャー」遺伝子に対するもうひとつの説明は、ほかの遺伝子よりも速く進化したために、かつての配列の類似性を完全に失ったという単純なものだ。なぜそれほど速く進化したのか？　祖先の原核生物とは違う機能が選択に有利に働いたのなら、速く進化するだろう。これはまるっきり理にかなっていると私は思う。真核生物は遺伝子ファミリーをいくつももち、そのなかで多数の重複遺伝子がそれぞれ異なる仕事をするように特殊化していることがわかっている。真核生物は原核生物には入れない形態の領域に踏み込んでいるので、理由はともあれ、それらの遺伝子がまったく新しい仕事をするのに適応し、かつてもっていた祖先の原核生物との類似性を失ったとしても、ほとんど驚くにあたらない。こうした遺伝子は、実のところ細菌や古細菌の遺伝子に祖先をもつが、新たな仕事への適応によって以前の歴史は消え去ったのだと予測できる。これが紛れもない事実だということについては、のちほど語る。ひとまず、真核生物の「シグネチャー」遺伝子の存在は、真核細胞が本来キメラ——原核生物同士が合体してできたもの——である可能性を排除しないとだけ指摘しておこう。

では、原核生物に相同なものが確かに見つかるような、真核生物の遺伝子についてはどうだろう？　あるものは細菌に由来し、別のものは古細菌に由来するというのはなぜなのか？　明らかに、これはキメラが起源であってもまったく矛盾しない。真の問題は、源の数と関係している。真核生物がもつ「細菌由来」の遺伝子を例にとろう。先駆的な系統学者ジェイムズ・マキナニーは、真核生物の全ゲノムを細菌のものと比べることで、真核生物がもつ細菌由来の遺伝子がさまざまな細菌のグループと関係していることを明らかにしている。系統樹で描くと、そうした遺伝子はさまざまなグループから伸びた「枝」なのだ。真核生物に見られる細菌由来の遺伝子は、決してすべてがα-プロテオバクテリアといった現生の細菌の単一のグループだけから伸びた枝なのではない——どれもミトコンドリアの祖先である細菌に由来しているとすればそうかもしれないが。まったく違い、少なくとも25の現生の細菌のグループが真核生物に遺伝子を提供したと思われる。古細菌についてもほぼ同じことが言えるが、遺伝子を提供したグループの数は細菌に比べて少ないようだ。さらに興味深いことに、ビル・マーティンが示したとおり、こうした細菌と古細菌の遺伝子はすべて真核生物の系統樹の根元に集中的に枝を伸ばしている（図21）。明らかに、これらの遺伝子は進化の初期段階で真核生物に獲得され、それ以来共通の歴史を歩んできたのだ。これにより、遺伝子の水平移動が真核生物の歴史全体を通して定常的に続いたという可能性は排除される。真核生物が誕生したまさにそのころに、何か奇妙なことが起こったようだ。どうやら最初の真核生物は、原核生物から数千個の遺伝子を手に入れたが、その後、原核生物由来の遺伝子の取引をやめてしまったらしい。この状況に対する最も単純な説明は、細菌方式の遺伝子の水平移動ではなく、真核生物方式の内部共生である。

一見すると、連続細胞内共生説で実際に予測されていたとおり、何度も内部共生がおこなわれたとも考えられる。しかし、25種類の細菌と7～8種類の古細菌がすべて、初期の内部共生の宴、すなわち細胞の

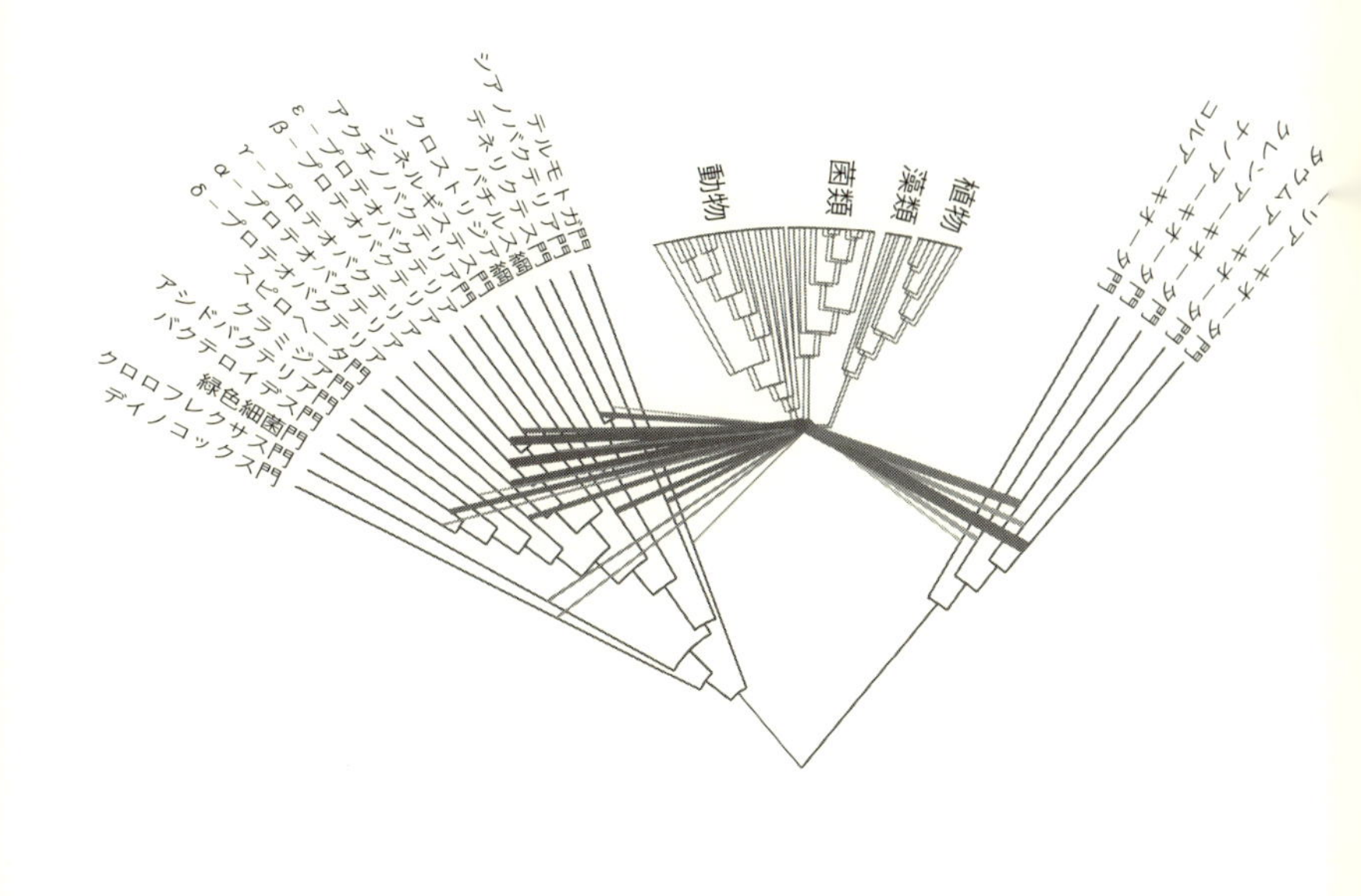

図 21　驚くべき真核生物のキメラ現象．真核生物の遺伝子の多くについては，対応するものが細菌や古細菌にあるが，ビル・マーティンらが描いたこの系統樹に見られるように，そうした起源と思われるものは驚くほど幅広い．この系統樹は，原核生物に祖先をもつことが明白な真核生物の遺伝子にかんして，特定の細菌や古細菌のグループとの一致度が高いものを示している．太い線ほど，その起源に由来すると思われる遺伝子が多いことを意味する．たとえば，かなりの割合の遺伝子がユーリアーキオータ門に由来しているようだ．起源が幅広いのは，内部共生や遺伝子の水平移動が何度も起きたためと解釈できるが，これに対する形態上の証拠はない．しかも，こうした原核生物の遺伝子がすべて，なぜ真核生物の根元に集中的に枝を伸ばしているのかを説明するのは難しい．これは，真核生物の進化の初期に短期間だけ遺伝子の移動が盛んにあり，その後 15 億年はほとんど何もなかったことを示している．もっと単純で現実味のある説明をすると，古細菌と細菌のあいだで内部共生が一度だけあったが，どちらも現代のグループにあるようなゲノムはもっておらず，その後，これらの細胞の子孫とほかの原核生物とのあいだで遺伝子の水平移動が起こり，真核生物の遺伝子の一式をもつ現代のグループが生まれた，ということになる．

友愛の晩餐会には寄与したのに、その後の真核生物の歴史では何もなかったというのは、ほとんど信じられない。だが、それ以外にこのパターンをどう説明できるだろう？　とても単純な説明がある――遺伝子の水平移動だ。私は矛盾したことを言っているのではない。真核生物が誕生したときに一度だけ内部共生がおこなわれ、その後細菌と真核生物のあいだでは遺伝子のやりとりはほとんどなかったが、細菌のさまざまなグループのあいだでは以後もずっと何度となく遺伝子の水平移動がおこなわれてきたという可能性はある。真核生物の遺伝子が、細菌の25のグループから伸びた枝であるのはなぜなのだろう？　そうなるのは、真核生物がひとつの細菌集団から多数の遺伝子を獲得した場合だろう――集団はその後、時間とともに変化した。25の細菌のグループから遺伝子のランダムな一式を取り出し、それらをすべてひとつの集団に入れてみる。かりにこうした細菌がミトコンドリアの祖先で、およそ15億年前に生きていたとしよう。現在はこのような細胞は存在しないが、細菌で遺伝子の水平移動が広く見られることを考えれば、なぜ存在しないのか？　この細菌集団のなかには、内部共生によって取り込まれてしまったものもいる一方、細菌としての自由を失わずに、その後15億年にわたり、現代の細菌がおこなうように水平移動によって遺伝子をやりとりしてきたものもいる。こうして、祖先の遺伝子の手札は多数の現代のグループに分配されているのである。

宿主細胞にも同じことが言える。真核生物に寄与する7～8グループの古細菌から遺伝子を取り出し、それを15億年前に生きていた祖先の集団に入れる。この場合もやはり、一部の細胞は内部共生体――進化して最終的にミトコンドリアになるもの――を獲得した一方、残りの細胞は、古細菌がおこなう水平移動による遺伝子のやりとりを続けた。注意してほしいのだが、このシナリオは逆行分析で、あくまですでに事実だとわかっていること、つまり遺伝子の水平移動は細菌や古細菌ではよく見られるが、真核生物では

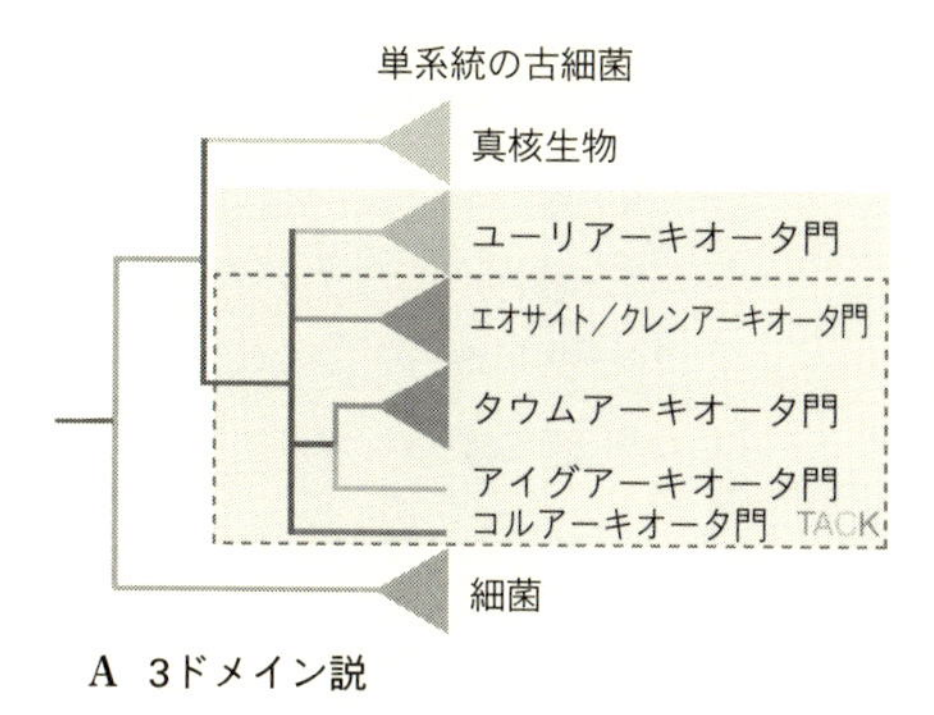

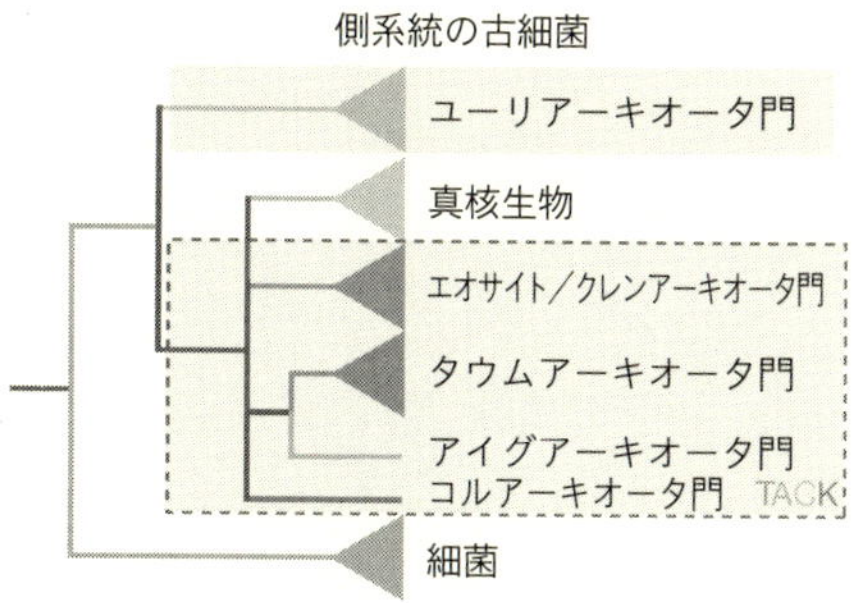

図22　生命の3つでなく2つの主要なドメイン．マーティン・エンブリーらによる独創的な研究は，真核生物が古細菌に由来することを示している．Aは従来の3ドメインの系統樹である．各ドメインは（混じりけのない）単系統で，真核生物は最上段，細菌は最下段で，古細菌はいくつか大きなグループに分かれているが，グループは互いに細菌や真核生物よりも近い関係にある．Bは最近強く支持されている別の系統樹で，はるかに幅広いサンプルと，転写や翻訳に関わる情報をもつさらに多くの遺伝子にもとづいている．真核生物の情報をもつ遺伝子は，ここでは古細菌のエオサイトというグループに近い根元から枝を伸ばしている．だからエオサイト説という名を授かった．これは，真核生物ドメインの誕生時に細菌を内部共生体として獲得した宿主細胞が，エオサイトのような正真正銘の古細菌であって，「原始的な食細胞」のたぐいではなかったことを示唆している．TACKとは，Thaumarchaeota（タウムアーキオータ門），Aigarchaeota（アイグアーキオータ門），Crenarchaeota（クレンアーキオータ門），Korarchaeota（コルアーキオータ門）からなる上門のこと．

あまり見られないということを前提にしている。また、原核生物の一種（古細菌——当然ながらほかの細胞を食作用によって飲み込む能力はない）が、何かほかのメカニズムで内部共生体を獲得できたと仮定している。この話はひとまず脇へ置き、あとでまた見ることにしよう。

　これは真核生物の起源にかんして考えられる、最も単純なシナリオである。つまり、宿主細胞である古細菌と内部共生体である細菌とのあいだに、一度だけキメラ現象が生じたというものだ。この時点で私の話を信じてもらおうとは思っていない。私はただ、ほかに考えられるいくつかのシナリオと同様、このシナリオが真核生物の系統史についてわかっているすべてのことと矛盾しない、と言っているだけだ。私がこの見方を支持するのは、オッカムのかみそり（データの最も単純な説明）のみによる。もっとも、ニューカッスル大学のマーティン・エンブリーらにより、まさにこのとおりのことが起きたという有力な系統学的証拠が次々と出てきているところではあるが（図22）。しかし、真核生物の系統学にまだ議論の余地があるのなら、この問題は何か別の方法で解決できるだろうか？　私はできると思う。真核生物が2種類の原核生物同士（宿主細胞である古細菌と内部共生体である細菌）の内部共生によって生じ、その後、内部共生体がミトコンドリアになったとすれば、もっと理論上の観点からこの問題を検討できる。細胞が別の細胞に入り込んで原核生物の行く末を変え、真核生物の複雑さという可能性を解き放つのはなぜなのか、妥当な理由を思いつけるだろうか？　答えはイエスだ。説得力のある理由があり、それはエネルギーと関係している。

なぜ細菌はいまだに細菌なのか

すべての鍵を握るのは、原核生物――細菌と古細菌――が化学浸透共役を利用していることだ。前の章では、最初の細胞がどうやって熱水噴出孔の岩石質の壁で生まれたのか、天然のプロトン勾配がどうやって炭素とエネルギーの代謝を促したのか、プロトン勾配の利用が細菌と古細菌に大きく分岐させたのはなぜなのかについて見てきた。こうした考察で、化学浸透共役がどうやって最初に出現したのかは確かに説明できるとしても、それがすべての細菌、すべての古細菌、すべての真核生物でずっと維持されたのがなぜなのかは説明できない。一部のグループが化学浸透共役を失い、それをほかの何か、もっとよい何かで補うということはできなかったのか？

できたグループもあった。たとえば酵母は、一部の細菌と同じく多くの時間を発酵に費やしている。発酵のプロセスではＡＴＰという形でエネルギーが生み出されるが、発酵は、化学浸透共役より速度は速いものの、資源の利用法としては効率が悪い。狭義の発酵生物は、その環境をすぐに汚染して成長できなくなるが、エタノールや乳酸塩などの無駄な最終生成物は、ほかの細胞の燃料になる。化学浸透共役を利用する細胞は、酸素や硝酸塩などを使ってこうした老廃物を燃やし、はるかに多くのエネルギーを集め、より長く成長しつづけられる。発酵は、ほかの細胞が最終生成物を燃やすプロセスと組み合わせればうまく働くが、それだけではかなり制約がある。[2] 発酵が進化において呼吸よりあとに現れたという有力な証拠があるのも、こうした熱力学的制約を考えると、すっかり合点がいく。

意外かもしれないが、発酵は化学浸透共役に代わるものとして唯一知られている方法だ。どんなタイプの呼吸も、どんなタイプの光合成も、そして実はどんなタイプの独立栄養（単純な無機の前駆体のみから細胞が成長する方式）も、厳密に言えば化学浸透である。このことについて、妥当な理由をいくつか第2章で述べた。とくに大きな理由として、化学浸透共役は驚くほど用途が広いことが挙げられる。さまざまな電子の供給源と吸収源がすべて共通のオペレーティング・システムに接続でき、小さな適応でも即座にメリットをもたらすのだ。また、遺伝子を水平移動によってやりとりできるので、新しいアプリのように、完全に互換性のあるシステムに組み込めもする。したがって、化学浸透共役によって、ほぼどんな環境にも、ほぼ即座に代謝の点で適応できるようになるのだ。幅を利かすのも不思議はない！

だがそれだけではない。化学浸透共役はまた、どんな環境からもエネルギーの最後の滴まで搾り取れる。H_2とCO_2を使って炭素とエネルギーの代謝を促すメタン生成菌を例にとろう。すでに述べたとおり、H_2

とCO_2を反応させるのは容易ではない。反応の障壁を越えるのに、エネルギーのインプットが必要なのだ。メタン生成菌は、電子分岐という巧みな手口で無理やりその反応を起こす。全体的なエネルギー論の観点から、飛行船ヒンデンブルク号を考えてみよう。これは水素ガスを満載したドイツの飛行船で、大西洋横断後に焼夷弾のように爆発し、以後、水素の評判を落とすこととなった。H_2とO_2は、エネルギーが火花という形で加えられないかぎり、安定していて反応しない。だが小さな火花でもあれば、即座に莫大な量のエネルギーを放出する。H_2とCO_2の場合は、問題が逆だ——「火花」は相当大きくなければならないが、放出されるエネルギーの量はかなり少ない。

　細胞は、1回の反応で放出される利用可能なエネルギーの量が、必要なエネルギーのインプットの2倍に満たなければ、興味深い制約に出くわす。学校で化学反応式を釣り合わせないといけなかったことを思い出した人もいるだろう。分子は、まるごと1個が別の1個と反応する必要がある——2分の1個の分子が4分の3個の分子と反応するなどありえないのだ。細胞の場合、1個のＡＴＰの消費で得られるＡＴＰの数は、2個に満たない。だが1・5個のＡＴＰといったものはない——1個か2個のどちらかなのだ。すると、1個のＡＴＰの消費で1個のＡＴＰを得ることになる。正味の利得はないので、H_2とCO_2によって細胞が成育することは、通常の化学反応では不可能だ。これは、H_2とCO_2だけでなく、メタンと硫酸塩など、ほかの多くのレドックス対（電子供与体と電子受容体の組み合わせ）にも当てはまる。化学反応にこうした基本的な制約があっても、細胞はこのようなレドックス対から何の問題もなく成長できる。それは、膜を隔てたプロトン勾配に本質的にグラデーション（階調）があるからだ。化学浸透共役のすばらしさは、化学反応を超越する点にある。これにより細胞は「小銭」を貯めることができる。1個のＡＴＰを生み出すのに10個のプロトンが必要で、ある化学反応ではプロトンを4個汲み出せるだけのエネルギーしか放出できないとすると、この反応を3回繰り返せば12個のプロトンを汲み出せ、そのうち10個を使ってATPが1個生み出せる。これはある種の呼吸に不可欠でありながら、われわれすべてにメリットをもたらす。このおかげで細胞は、本来なら熱として無駄になっていたはずの少量のエネルギーを保存できるからだ。その結果、たいていプロトン勾配はただの化学反応に勝るものとなる――微妙な差異の威力である。

化学浸透共役がもつこうしたエネルギー上のメリットから、40億年も存続している理由は十分に説明できるが、プロトン勾配には、細胞の機能に組み込まれることとなった別の側面もある。深く根づいたメカニズムほど、互いに関連のない特質を生む土台となりやすい。そのためプロトン勾配は、栄養の摂取や老廃物の排出を促すのに広く利用されたり、スクリューとなる細菌の鞭毛（細胞をあちこちへ動かす回転式のプロペラ）を回すのに使われたり、褐色脂肪細胞で見られるようにわざと解消して熱を生み出したりする。なにより興味深いことに、プロトン勾配の消滅は、細菌の集団に突然のプログラム死をもたらす。本質的に、細菌の細胞はウイルスに感染するとたいてい死ぬ運命にある。ウイルスが自己複製する前に細胞が速やかに自殺できれば、その親類（似たような遺伝子をもつ近くの細胞）は生き延びられるかもしれない。すると細胞死を指揮する遺伝子が集団全体に広まるだろう。しかし、こうした細胞死の遺伝子は速やかに働く必要があり、細胞膜に孔をあけるよりも速いメカニズムはほとんどない。多くの細胞がまさにこれをおこなっている――ウイルスに感染すると、膜に小さな孔をあけるのだ。これによってプロトン駆動力は失われ、それが今度は潜在的な死のメカニズムを作動させる。プロトン勾配は、細胞の健康状態を検知する究極のセンサー、そして生死の決定者となっている。この役割については、この章でのちほど大きく取り上げる。

すべてを考え合わせると、化学浸透共役が普遍性をもつのは偶然ではなさそうだ。その起源は、生命の起源や、アルカリ熱水噴出孔（生命のゆりかごの最有力候補）における細胞の出現におそらく関係しており、ほぼすべての細胞で存続しているのも大いに納得がいく。かつては奇妙なメカニズムだと思われていたが、今では一見したところ直感に反しているだけのようだ。われわれの分析の結果、化学浸透共役はまさに宇宙における生命の普遍的特性であるはずだということが示唆されている。つまり、地球以外の生命も、細菌や古細菌が地球上で直面しているのとまったく同じ問題に直面するはずなのだ。その問題は、原核生物が細胞膜を越えてプロトンを汲み出す事実に根差している。これによって、実在する原核生物が制約を受けることは決してない——むしろまったく逆だ——が、ありうるものが制限される。このあと述べるが、ありえないのは、まさにわれわれが目にしていないもの、すなわち大きなゲノムをもつ形態上複雑な大型原核生物である。

要は、1遺伝子あたりの利用可能なエネルギーが問題なのだ。私は何年か手探りでこの概念を目指してきたが、ビル・マーティンとの活発な意見交換によって結論に至った。数週間にわたる議論で、アイデアや見解をやりとりしたのち、真核生物の進化の鍵は「1遺伝子あたりのエネルギー」という単純な概念にあることに、われわれははたと気づいたのである。みなぎる高揚感とともに、私は1週間かけて封筒の裏に走り書きして計算し、たくさんの封筒を消費した末、ついにひとつの答えに辿り着いた。ふたりとも衝撃を受けたその答えは、文献上のデータから推定し、原核生物と真核生物を隔てるエネルギー差を数値化したものだ。われわれの計算によれば、真核生物がもつエネルギーを1遺伝子あたりに換算すれば、最大で原核生物の20万倍にもなる。エネルギーがなんと20万倍だ！　ついに、このふたつのグループを隔てる大きな溝を見つけたのである。この溝は、細菌や古細菌が複雑な真核生物に進化しなかった理由や、さらには、われわれが細菌の細胞で構成されたエイリアンに遭遇することはまずなさそうな理由を、直感的に説明してくれる。エネルギーを地形に見立て、そこにとらえられているとしよう。山は高いエネルギー、谷は低いエネルギーを示す。細菌がいるのは一番深い谷の底で、そのエネルギーの溝は非常に深く、壁は空に向かって高くそびえ、とうてい登れはしない。原核生物がそこにずっととどまっているのも無理はない。では、これから説明していこう。

1遺伝子あたりのエネルギー

一般に、科学者は同種のもので比較をする。エネルギーについて言えば、最も公平な比較は1グラムあたりでおこなうものだ。たとえば細菌1グラムと真核細胞1グラムで代謝率（酸素消費量で測定される）を比較できる。細菌がふつう単細胞の真核生物よりも速く呼吸し、平均で3倍速いと知っても、だれも驚かないと思う。そんな驚きもしない事実は、ほとんどの研究者に無視されがちで、本来比べようのないリンゴとナシを比べるリスクすらある。だがわれわれはそのリスクを冒した。1細胞あたりで代謝率を比べたらどうなるか？　なんと不公平な比較だろう！　細菌約50種と単細胞の真核生物20種をサンプルとしたところ、真核生物は細菌よりも細胞の体積が（平均で）1万5000倍大きかった*〔訳注　以下の議論で真核生物とは単細胞のものを指している〕。真核生物の呼吸の速度が細菌の3分の1であることを考えれば、平均的な真核生物が1秒あたり消費する酸素の量は、平均的な細菌のおよそ5000倍ということになる。これは、真核生物のほうがはるかに大きく、はるかに多くのDNAをもっているという事実を反映しているにすぎない。それでも、たった1個の真核細胞が5000倍ものエネルギーをもっているのだ。何に使っているのだろうか？

この余分に多いエネルギーは、ＤＮＡ自体にはあまり使われない。単細胞生物の場合、貯えたエネルギー全体のわずか２パーセントほどがＤＮＡの複製に回される。それに対し、微生物の生体エネルギー論が専門の大御所フランクリン・ハロルド（つねに意見が一致するわけではないが、私のヒーローだ）によると、細胞は貯えた全エネルギーのなんと80パーセントをタンパク質合成に使っているという。それは、細胞が主にタンパク質でできているからで、細菌の場合は乾燥重量のおよそ半分をタンパク質が占める。しかもタンパク質は、作るのに非常にコストがかかる――通常数百個のアミノ酸が「ペプチド」結合によって長い鎖状につながっているのだ。ペプチド結合をひとつ形成するには少なくとも５個のＡＴＰが必要で、これはヌクレオチドを重合させてＤＮＡにするのに必要な数の５倍にあたる。そのうえ、どのタンパク質も数千個は作られ、絶えず入れ替わっては損傷を修復する。すると、おおざっぱに言えば、細胞のエネルギーコストはタンパク質を作るコストにほぼ等しくなる。どのタンパク質も１個の遺伝子によってコードされている。すべての遺伝子がタンパク質に翻訳されるとすれば（遺伝子の発現に差はあるが、一般にはそうなる）、ゲノムに含まれる遺伝子の数が多いほど、タンパク質合成のコストは高くなる。これは、リボソーム（細胞内にあるタンパク質製造工場）をかぞえるという単純な手段によって実証されている。リボソームの数とタンパク質合成のコストとのあいだには直接的な相関があるのだから。大腸菌のような平均的な細菌にあるリボソームは約１万３０００個だが、たったひとつの肝細胞に少なくとも１３００万個はあり、およそ１０００倍から１万倍も多い。

平均すると、遺伝子の数は細菌では５０００個ほど、真核生物では約２万個で、池に棲むおなじみのゾウリムシのような大型原生動物では最大４万個になる（われわれヒトの遺伝子数の２倍）。平均的な真核生物は、平均的な原核生物に比べ、1遺伝子あたり1200倍のエネルギーをもっている〔訳注　前述のとおり細胞あたりでは真核生物は細菌の5000倍だから〕。ここで5000個の遺伝子からなる細菌のゲノムを2万個の遺伝子からなる真核生物サイズのゲノムにスケールアップして遺伝子の数を補正すれば、細菌の1遺伝子あたりのエネルギーは平均的な真核生物の5000分の1ほどに減少する。つまり、真核生物は細菌より5000倍大きなゲノムを維持できるわけであり、これはまた、それぞれの遺伝子を発現するのに、たとえばそれぞれのタンパク質をはるかに多く作ることによって、5000倍多くのATPを使うと言ってもいい。あるいはその両方が組み合わさっていてもよく、実際にはそうなっている。

大したものだが、真核生物の細胞の体積が1万5000倍も大きいのなら当然じゃないか、と言われそうだ。この大きな体積を何かで満たす必要があり、その何かは主にタンパク質なのだ。先述のような比較は、細胞の体積も補正して初めて意味をなす。細菌を真核生物の平均的なサイズに拡大し、1遺伝子あたりどれだけのエネルギーを費やさねばならないかを計算してみよう。細菌が大きくなれば、もっているATPも多くなると思うかもしれない。事実そうなるが、タンパク質合成の需要も大きくなるので、消費するATPも多くなる。全体的な収支は、こうした要素の相互関係で決まる。われわれの計算により、細菌は大型化に対して実は大きな代償を払うことがわかった。サイズが問題で、細菌にとって、大きいこと

＊　このような比較をおこなうには、こうした細胞のそれぞれについて、代謝率だけでなく細胞の体積やゲノムのサイズも知っておく必要がある。このたぐいの比較をするには細菌50種と真核生物20種では少ないと思うなら、各種の細胞についてこれらの全情報を手に入れるのがどれほど難しいか考えてみてほしい。多くの場合、代謝率は測られているがゲノムのサイズや細胞の体積は測られておらず、逆にゲノムのサイズや細胞の体積は測られているが代謝率は測られていないことも多い。それでも、われわれが文献から抜き出した値はかなり確かなようだ。詳しい計算に興味があれば、巻末に挙げた論文Lane and Martin（2010）を参照のこと。

は良いことではないのだ。それどころか、巨大細菌は、同じサイズの真核生物に比べ、1遺伝子あたりのエネルギーが20万分の1に減ってしまう。理由を次に述べよう。

細菌のサイズを何桁もスケールアップすると、たちまち「表面積」対「体積」の比の問題に直面する。先述のとおり、われわれの調べた真核生物は、平均の体積が細菌の1万5000倍もある。話を単純にして、細胞をただの球体と仮定しよう。細菌をふくらませて真核生物のサイズにするには、半径を25倍、表面積を625倍にする必要がある。[3] ATPの合成は細胞膜でおこなわれるので、これは重要だ。するとおおざっぱに言って、ATPの合成は、膜の表面積の拡大に合わせて625倍に増すことになる。

しかし、もちろんATPの合成にはタンパク質が必要となる。膜を通してプロトンを能動的に汲み出す呼吸鎖と、ATP合成酵素——プロトンの流れを利用してATPの合成を進めさせる分子タービン——だ。膜の表面積が625倍になる場合、呼吸鎖とATP合成酵素の総数がそれに合わせて増え、単位面積あたりの数が変わらなければ、ATP合成の規模もあくまで625倍に拡大する。それは確かにそのとおりだが、この推論には問題がある。こうした余分なタンパク質はすべて、物理的に作って膜へ挿入する必要があり、それにはリボソームや組み立てるためのもろもろの要素が要る。それらも合成しないといけない。アミノ酸をRNAとともにリボソームに運ぶ必要もあり、それらも全部作らなければならず、またそうするための遺伝子やタンパク質も要る。こうした余分な活動を支えるには、さらに多くの栄養を、拡大した膜の全体に運ばなければならず、それには特定の輸送タンパク質も必要になる。それどころか、新たな膜も合成しなければならず、脂質合成の酵素も必要だ。ほかにもいろいろある。これほど多くの活動は、ひとつのゲノムでは支えきれない。想像してほしい。ちっぽけなゲノムがぽつんとひとつあり、625倍も多くのリボソームやタンパク質、RNA、脂質を製造し、それを圧倒的に広がった細胞の表面全体にどうにかして運ばなければならない。だが、それは何のためなのか？　ただ、ATPの合成を単位表面積あたりでこれまでと同じ速度に保つためだ。明らかにそれは不可能である。都市のサイズを625倍にし、新たに学校や病院、店、公園、リサイクル施設などを作るとしよう。こうした施設すべてを管理する地方自治体は、それまでと同じわずかな金ではとうてい運営できない。

細菌の成長速度と、ゲノムの合理化で得られるメリットを考えると、おそらくひとつのゲノムによるタンパク質合成はすでにかなり限界に近いだろう。全体的なタンパク質合成を625倍にするには、当然ながら、細菌のゲノム全体を625個複製し、どのゲノムもまったく同じように働かせる必要がある。

一見すると、これはとんでもないことのように思えるかもしれない。実はそうではないのだが、この点についてはのちほど立ち返ることにして、ひとまずエネルギーコストだけ考えよう。ATPの量が625倍になったとしても、ゲノムの数も625倍になるため、その一個一個に同じだけの維持コストがかかる。何世代もかけて大量のエネルギーを使って進化するような、精巧な細胞内輸送システムがないと、こうしたゲノムはひとつひとつが「本来の細菌」の体積に相当するぶんの細胞質や膜などしか生み出さない。おそらく、このスケールアップされた細菌を1個の細胞と見なすのではなく、625個のそっくり同じ細胞がひとつに融合した共同体と見なすのがいいだろう。明らかに、「1遺伝子あたりのエネルギー」は、この融合した細胞のひとつあたりではまったく変わらない。したがって、細菌の表面積を拡大しても、エネルギー上のメリットはまったくない。細菌をスケールアップしても、真核生物に比べてかなり不利なままなのである。真核生物は、1遺伝子あたりのエネルギーが「通常の」細菌の5000倍であることを思い出してほしい。細菌の表面積を625倍にしても1遺伝子あたりの利用可能なエネルギーが何も変わらないのなら、それは真核生物の5000分の1のままだ。

それどころではない。先ほどはエネルギーコストと細菌の得るものを625倍にして、細胞の表面積を625倍にした。だが、内部の体積はどうだろう？　これは実に1万5000倍にもなる。これまでのスケールアップでは大きな泡のようになった細胞ができあがり、その内部は代謝について明確にせず、必要なエネルギーの量をゼロとした。内部が代謝をおこなわない巨大な液胞で占められているとすれば、このとおりになる。だが、もしそうなら、スケールアップされた細菌は真核生物とは比べるべくもない。真核生物は、単に1万5000倍も大きいだけなく、複雑な生化学的メカニズムを満載しているからだ。これも主にタンパク質で構成され、似たようなエネルギーコストがかかる。そうしたタンパク質をすべて考慮しても、議論は変わらない。細胞の体積を1万5000倍にしても、ゲノムの総数を同じぐらい増やさずに済むということは考えにくいのだ。とはいえ、ATPの合成は体積に比例して増えるわけではない——細胞膜の面積によるのであって、それはすでに検討したとおりだ。そのため、細菌を平均的な真核生物のサイズにスケールアップすると、ATP合成は625倍になるが、エネルギーコストは最大で1万5000倍になる。したがってゲノム中の任意の遺伝子について1遺伝子あたりの利用可能なエネルギーは25分の1程度に落ちる〔訳注　ATP合成はゲノム数に比例するから1万5000分の1に625を掛ける〕。この値に（ゲノムのサイズで補正したあとの）1遺伝子あたりのエネルギーの差である5000分の1を掛けると、ゲノムのサイズも細胞体積も等しくした場合に、その巨大細菌の1遺伝子あたりのエネルギーは真核生物の12万5000分の1になることがわかる。これは平均的な真核生物の話だ。アメーバのような大型の真核生物の場合は、その数値が20万分の1未満になる。先ほど示した数字は、ここからきていたのだ。

こんなのはたわいもない数いじりで、実際の意味はないと思うかもしれない。正直に言うと私もそれが気がかりだった——こうした数はなんとも信じがたい——が、このように理論化することで、少なくとも明確な予測ができる。巨大細菌はゲノムを数千個もっているはずだ。そこで、この予測は容易に検証できる。自然界には実際に巨大細菌が何種かいるからだ。ありふれたものではないが、確かに存在する。そのうち2種は詳しく調べられている。エプロピスキウムは、ニザダイという魚の嫌気的（無酸素）環境の後腸でしか見つかっていない。これは細胞の戦艦だ――長い流線形で、長さはおよそ0・5ミリメートル、肉眼でもなんとか見える。ゾウリムシなど大半の真核生物よりもかなり大きい（図23）。なぜエプロピスキウムがこれほど大きいのかはわかっていない。もう1種のチオマルガリータはさらに大きい。この細胞は球状で、直径が1ミリメートル近くあり、大部分をひとつの巨大な液胞が占めている。細胞1個でショウジョウバエの頭ほどの大きさがあるのだ！　チオマルガリータは、湧昇によって周期的に硝酸塩が豊富になる海水中に生息している。この細胞は、硝酸塩を液胞にためて呼吸時の電子受容体として使い、硝酸塩が欠乏しても数日から数週間は呼吸を続けられる。だがそれは重要ではない。重要なのは、エプロピスキウムもチオマルガリータも「超倍数性」を示すということである。つまり、フルセットのゲノムを何千個、何万個ももっているのだ――エプロピスキウムは最大で20万個、チオマルガリータは1万8000個になる（細胞の大部分は巨大な液胞ではあるが）。

するとにわかに、ゲノムが1万5000個という信じがたい話が、結局はそれほどとんでもないこととは思えなくなる。ゲノムの数だけでなく分布も理論と一致する。どちらの細菌でも、ゲノムは細胞膜の近く、つまり細胞の周縁部に局在する（図23）。中心部は代謝が不活性で、チオマルガリータの場合は液胞しかなく、エプロピスキウムの場合もほぼ空っぽで、新たな娘細胞の生まれる場となっている。内部が代謝の面ではほぼ不活性という事実は、タンパク質合成のコストを節約でき、内部に余分なゲノムをため込まないことを意味する。理論上、1遺伝子あたりのエネルギーが、通常の細菌とほぼ等しくなるということだ——余分なゲノムは生体エネルギー膜の増大に関わり、その膜で、余分にある各遺伝子を維持するのに必要な、余分なATPをすべて生み出せる。

そして実際にそうなっているようだ。これらの細菌の代謝率は巧みに測定されており、ゲノムの総数もわかっているので、1遺伝子あたりのエネルギーを直接算出できる。するとなんと、ごく一般的な細菌である大腸菌に近い値（桁が同じ）になる！　巨大細菌に、サイズが大きいことでどんなコストやメリットがあっても、エネルギー上の利点は何もない。まさに予測どおり、こうした細菌がもつ1遺伝子あたりのエネルギーは、真核生物の約5000分の1である（図24）。この数が20万分の1ではない点に注意してもらいたい。これらの巨大細菌は、周縁部に多くのゲノムをもっているだけで、内部にはもっていないからだ——内部は代謝の面でほぼ不活性なので、巨大細菌は細胞分裂で問題が生じる。これで巨大細菌が豊富にない理由が説明できる。

細菌と古細菌はそれなりに幸せだ。小さなゲノムをもつ小さな細菌には、エネルギーの制約がない。細菌をスケールアップして真核生物のサイズにしようとすると、初めて問題が生じる。真核生物のようにゲノムのサイズと利用可能なエネルギーが増大するのではなく、実際には1遺伝子あたりのエネルギーが減る。溝が大きく広がるのだ。細菌はゲノムのサイズを拡大することもできないし、何千もの新しい遺伝子ファミリーを集め、真核生物ならではの新機能のあれこれをコードすることもできない。ひとつの巨大な核内ゲノムを生み出すのでなく、結局は標準仕様の小さな細菌ゲノムを数千個ため込むこととなるのである。

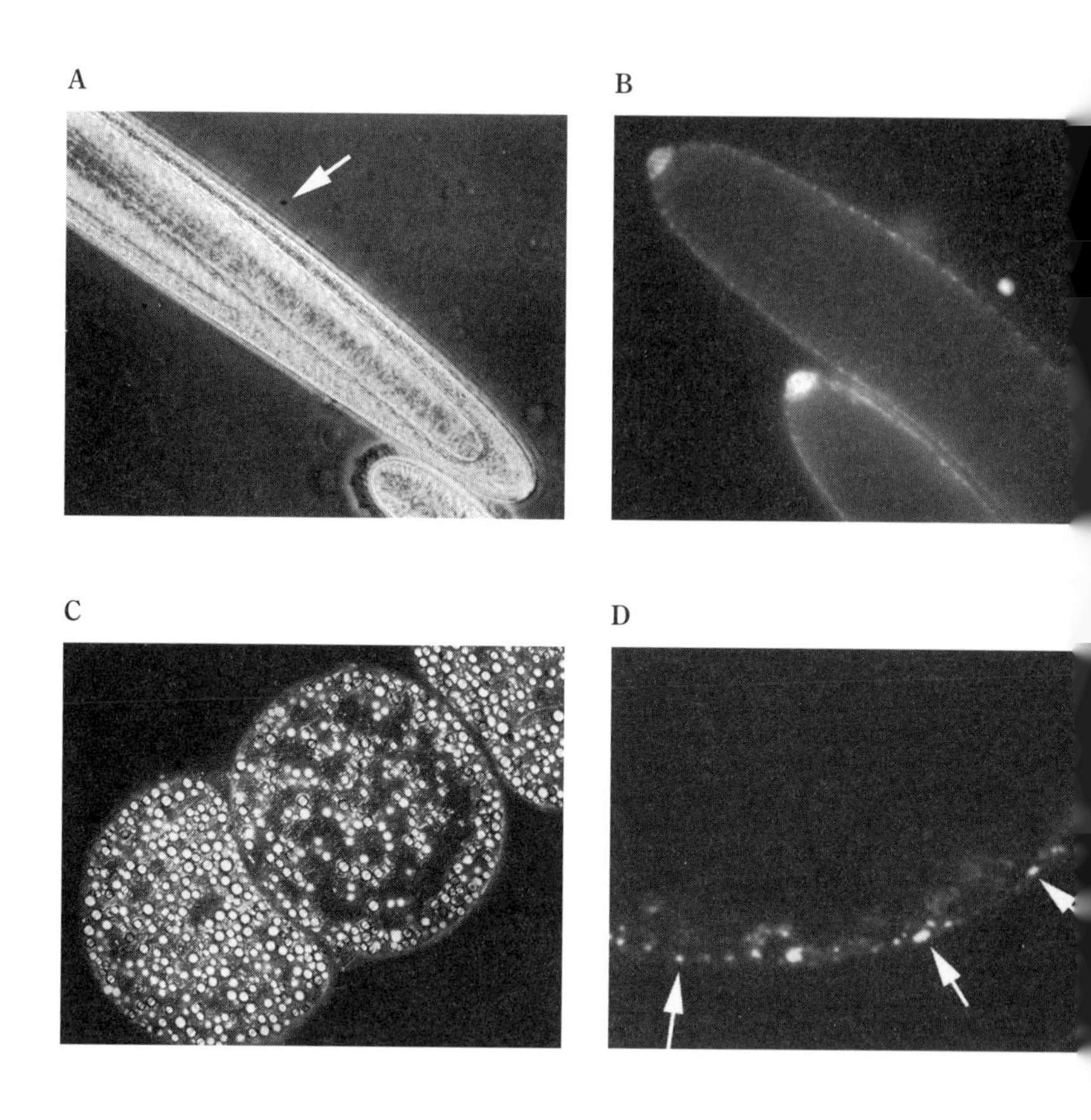

図 23「超倍数性」をもつ巨大細菌．A は，巨大細菌エプロピスキウム．白い矢印の先にあるのが，比較のために示した「代表的な」細菌である大腸菌．右下にある細胞は真核生物に属する原生生物ゾウリムシで，戦艦のような細菌に比べると小さく見える．B は，DAPI で DNA を染色したエプロピスキウム．細胞膜付近にいくつもある白い点は，それぞれゲノムである ── 大きな細胞では 20 万個にもなり，この状態を「超倍数性」という．C はさらに大きな細菌チオマルガリータで，直径は約 0.6 ミリメートル．D は，DAPI で DNA を染色したチオマルガリータ．細胞の大部分を巨大な液胞が占めている（顕微鏡写真上部の黒い領域）．液胞を取り囲んでいるのは薄膜状の細胞質で，そこにゲノムが約 2 万個も含まれている（白い矢印で示した）．

真核生物はどうやって制約から抜け出したのか

このスケールの問題は、なぜ真核生物の複雑化は妨げないのだろう？　違いはミトコンドリアにある。真核生物の起源がおそらく、古細菌を宿主細胞として細菌を内部共生体とする、ゲノムのキメラにあったことを思い出してほしい。前に私は、系統学的な証拠はこのシナリオと一致するが、それだけでは証明には不十分だと言った。しかし、細菌に対する厳しいエネルギー上の制約は、複雑な生命がキメラを起源とする必要性をほぼ明らかにしている。このあと述べるが、原核生物同士の内部共生だけが、細菌と古細菌に対するエネルギー上の制約を打ち破ることができた。そして原核生物同士の内部共生は、進化においてきわめて珍しい出来事なのである。

細菌は自律的に自己複製する存在――細胞――だが、ゲノムはそうではない。巨大細菌に立ちはだかる問題は、大型化するには、ゲノムを何千も複製する必要があるということだ。どのゲノムも完全に、あるいはほぼ完全にコピーされるが、できあがったらただじっとしているだけで、何もできない。タンパク質は仕事に取りかかり、遺伝子の転写や翻訳をおこなう。宿主細胞はそのタンパク質と代謝の働きで分裂するが、ゲノム自体は完全に不活性で、コンピュータのハードディスクと同じでみずからを複製することはできない。

それがどんな違いをもたらすのか？　細胞内のゲノムはすべて、互いにほぼそっくり同じものになる。それらのあいだに違いがあっても、自然選択を受けることはない。自己複製する存在ではないからだ。同

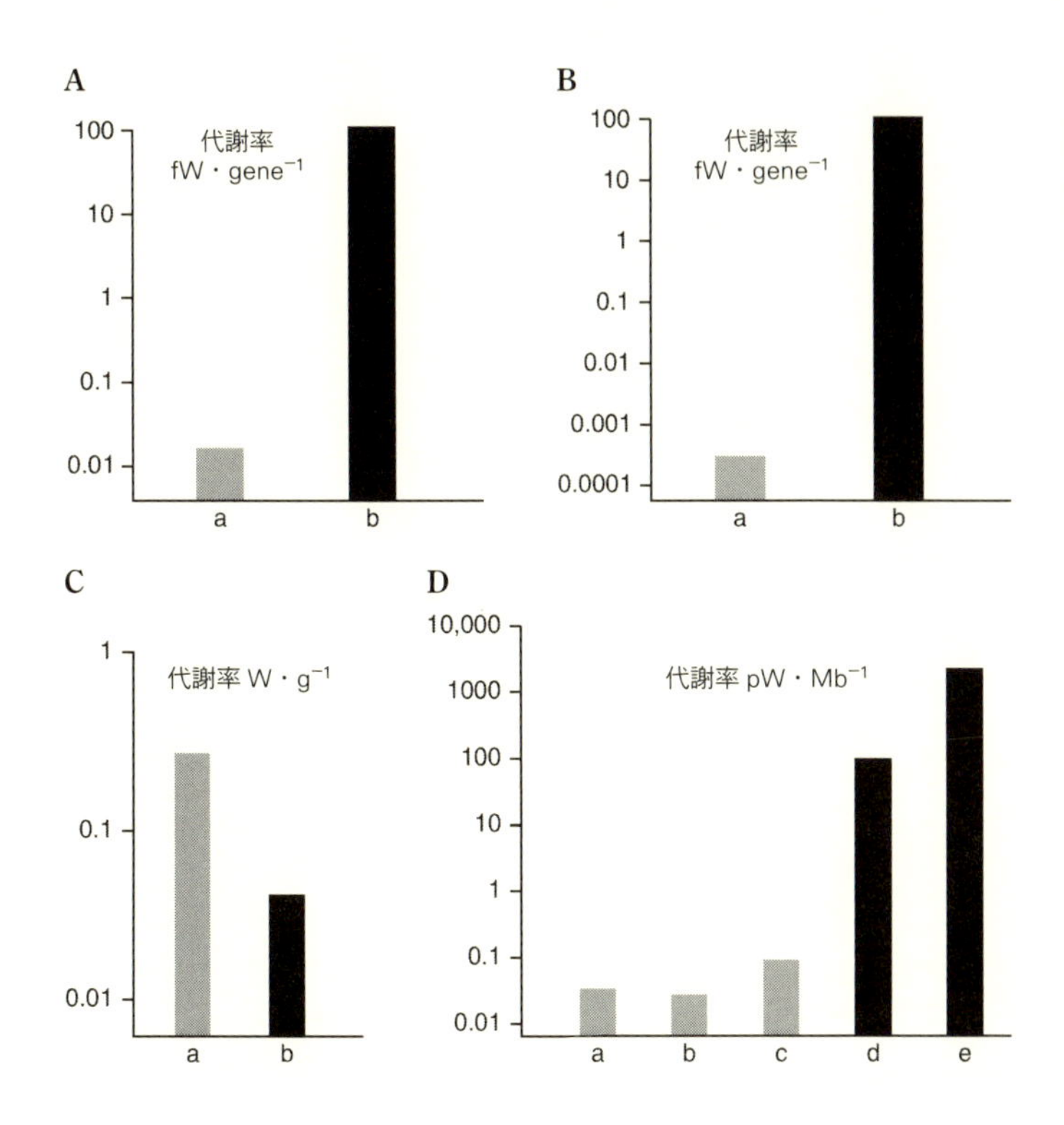

図 24　細菌と真核生物の 1 遺伝子あたりのエネルギー. A は，ゲノムのサイズを等しくした場合の 1 遺伝子あたりの平均代謝率を，細菌（a, 灰色の棒グラフ）と単細胞真核生物（b, 黒い棒グラフ）で比べたもの．B もほぼ同じだが，これはゲノムのサイズだけでなく細胞の体積（真核生物のほうが 1 万 5000 倍大きい）も等しくしている．グラフの Y 軸はすべて対数目盛なので，1 目盛で 10 倍になる点に注意．したがって，1 個の真核細胞は細菌に比べ，細胞 1 グラムあたりの呼吸の速度は約 3 分の 1 だが（C に示す），1 遺伝子あたりのエネルギーは 10 万倍であることがわかる．これらの数は代謝率の実測値にもとづいているが，ゲノムのサイズと細胞の体積による補正は理論計算にもとづく．D から，この理論が現実と見事に一致していることがわかる．ここに示した数値は，ゲノムのサイズや数（倍数性），細胞の体積を考慮に入れた場合の，ゲノム 1 個での代謝率．a は大腸菌，b はチオマルガリータ，c はエプロピスキウム，d はミドリムシ，e はアメーバ・プロテウスである．［D 図中の Mb はメガ塩基対のこと］

じ細胞内のゲノムにバリエーションがあっても、世代を経るうちに、ノイズのように消えていくのだ。しかし、細菌全体が内輪で競い合えばどうなるか考えてみよう。ある細胞系統がたまたまほかの系統の2倍の速さで複製したとすれば、1世代ごとにメリットが倍増し、指数関数的に成長が速くなっていく。わずか数世代で、成長の速い系統が集団を支配する。増殖速度にこれほど圧倒的なメリットがあるとは考えにくいかもしれないが、細菌は非常に速く増殖するため、増殖速度の差がわずかでも、多くの世代を重ねると集団の構成に顕著な影響を及ぼしうる。細菌の場合、1日で70世代も経るので、人間の一生に直せば、その日の夜明けがキリスト生誕と同じぐらい遠い過去になる。増殖速度のわずかな差は、不要になった遺伝子が1個失われるなど、ゲノムからDNAがわずかに欠失することによってもたらされる。この遺伝子が将来また必要になるかもしれなくても、それを失った細胞はわずかに複製が速くなり、数日のうちに集団を支配するようになる。不要な遺伝子をもったままの細胞は、次第に駆逐されていくのだ。

その後、状況がまた変わる。すると不要な遺伝子が価値を取り戻す。その遺伝子のない細胞は、遺伝子の水平移動によってふたたびそれを獲得しないかぎり、もう増殖できなくなる。遺伝子の喪失と獲得を果てしなく繰り返すこの変動が、細菌の集団を支配する。やがて、ゲノムのサイズは可能なかぎり小さなサイズに落ち着く一方、個々の細胞ははるかに大きな「メタゲノム」（集団全体、さらに言えば近隣の複数の集団に含まれる遺伝子の総体）を利用できるようになる。大腸菌は細胞1個に4000個の遺伝子をもつが、メタゲノムは1万8000個の遺伝子をもつようなものだ。このメタゲノムに手をつけるのには危険が伴う――間違った遺伝子や変異したタイプや寄生した遺伝子を選んでしまうおそれがあるのだ。それでも、やがてこの戦略が実を結び、自然選択によって、適応しない細胞は排除され、幸運な勝者がすべてを支配する。

だが今度は、細菌の内部共生体の集団について考えよう。この場合も同じ一般原理が当てはまる。限られた空間内の小集団ではあるが、これもまた細菌の集団にすぎないのだ。ここで細菌が不要な遺伝子を失うと、先ほどと同じように、わずかに速く複製を起こし、集団を支配しやすくなる。大きく違うのは、環境の安定性である。状況がつねに変わる自然界と違って、細胞質はとても安定した環境だ。そこに辿り着くのも、そこで生き抜くのも容易ではないかもしれないが、いったん定着してしまえば、安定して変わらずに供給される栄養に頼ることができる。自由生活性の細菌において、遺伝子の喪失と獲得を果てしなく繰り返す変動は、遺伝子の喪失や合理化へ向かう道に取って代わられる。必要のない遺伝子は二度と必要にならない。永久に失われるのだ。そしてゲノムは縮小する。

前に述べたとおり、原核生物には食作用によってほかの細胞を飲み込む能力がないため、原核生物同士の内部共生は珍しい。だが細菌でその例がふたつ知られているので〔図25〕、食作用がないと非常にまれだとはいっても、確かに起こりうる。数種の菌類も、細菌と同じく食作用がないが、内部共生体をもつことで知られている。しかし、食作用を有する真核生物は内部共生体をもつことがよくあり、数百例が知られている。[4] それらには、遺伝子の喪失へ向かう共通の道筋がある。内部共生体には、きわめて小さい細菌ゲノムがよく見られる。たとえばリケッチアは、発疹チフスの原因であり、ナポレオン軍もこれに苦しめられたが、ゲノムのサイズは1メガ塩基対をわずかに上回る程度で、大腸菌のサイズの4分の1しかない。またカルソネラは、キジラミの内部共生体であり、細菌のゲノムとしては知られているかぎり最小の200キロ塩基対〔訳注　キロは1000〕で、一部の植物のミトコンドリアゲノムよりも小さい。原核生物の内部共生体における遺伝子の喪失についてはほとんど何もわかっていないが、真核生物の場合と何か違った振る舞いをすると考える理由はない。それどころか、ほぼ同じようにして遺伝子を喪失したと考えて間違いない。ミトコンドリアはやはり、かつて宿主となる古細菌に棲む内部共生体だったのだ。

遺伝子の喪失は大きな変化をもたらす。遺伝子を失うと、複製が速くなるので内部共生体にメリットがあるが、同時にまたＡＴＰの節約にもなる。ここで簡単な思考実験をおこなってみる。宿主細胞が内部共生体を１００個もっているとしよう。どの内部共生体も最初はふつうの細菌で、のちに遺伝子を失う。たとえば、最初は４０００個の遺伝子からなるごく標準的な細菌ゲノムで、のちに２００個（５パーセント）を失うとする。ひょっとしたらこの２００個は、もとは細胞壁を合成する遺伝子だったが、宿主細胞のなかで暮らすうちに必要なくなるのかもしれない。２００個の遺伝子のそれぞれがコードしているタンパク質は、合成にエネルギーコストがかかる。こうしたタンパク質を作らないことで節約できるエネルギーはどれほどだろう？　平均的な細菌のタンパク質はアミノ酸２５０個からなり、どのタンパク質も平均で２０００個ある。ひとつのペプチド結合を形成する（アミノ酸同士を結びつける）には、およそ５個のＡＴＰが要る。そのため、１００個の内部共生体がもつ２００種のタンパク質をそれぞれ２０００個作るのに要するＡＴＰの総数は、５００億個になる。細胞のライフサイクルにおいてこれだけのエネルギーコストがかかり、細胞が24時間ごとに分裂するとしたら、これらのタンパク質の合成に要するコストは、１秒あたりＡＴＰ58万個にもなる！　逆に言えば、こうしたタンパク質を作らなければＡＴＰを節約できるのだ。

もちろん、こうしたＡＴＰがほかの何かに使われる必然的な理由はない（ただし、いくつか考えられる理由はあり、これについてはのちほど改めて語る）。だが、実際に使われた場合、細胞にどんな違いをもたらすのか考えてみよう。真核生物を細菌と隔てる比較的単純な要素が、内部にある動的な細胞骨格であり、これは、細胞の運動や細胞内の物質輸送の過程で、自身を改造して形状を変えることができる。真核生物の

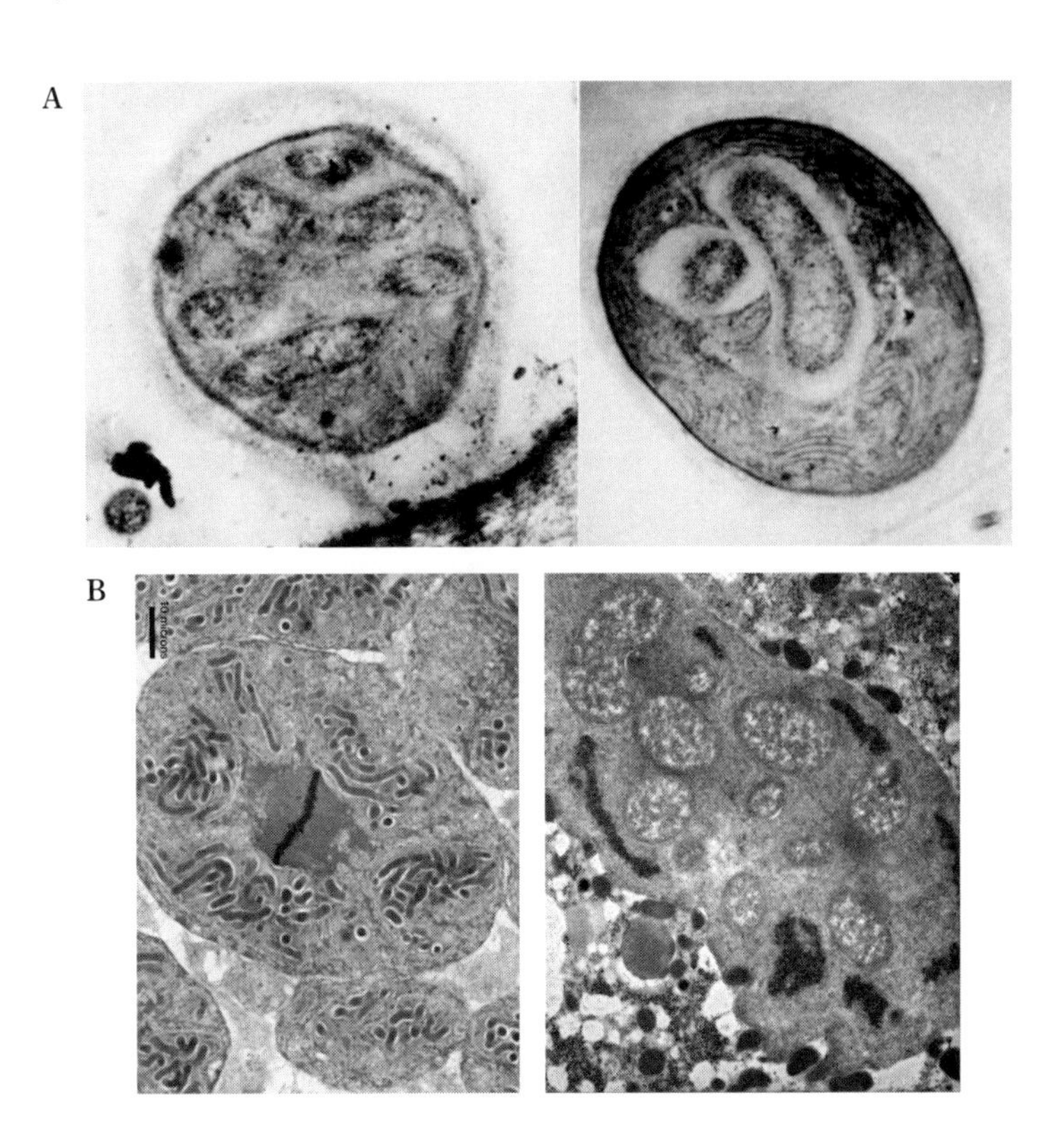

図 25　ほかの細菌のなかに棲む細菌．A：シアノバクテリア内部に棲む細胞内細菌の集団．右の細胞のなかにある波状の内膜はチラコイド膜であり，シアノバクテリアの光合成はここでおこなわれる．細胞壁は細胞を囲む黒い線で，半透明のゼラチン状物質で覆われている．細胞内細菌は，食胞と間違われやすい白い空間に閉じ込められているが，細胞壁のある細胞は食作用によってほかの細胞を飲み込むことができないので，これは収縮の結果にちがいない．こうした細菌がどうやって内部に入ったのかは謎だが，実際にそこにいることは間違いないので，非常にまれではあるが，自由生活性の細菌のなかに細胞内細菌が存在しうることは明らかだ．B：γ − プロテオバクテリアの集団が宿主細胞である β − プロテオバクテリアのなかにおり，それがまた多細胞のコナカイガラムシの真核細胞内にいる様子．左の写真では，中央の細胞（核が有糸分裂を起こしかけている）に内部共生体として細菌が 6 つ存在し，そのそれぞれに棒状の細菌がいくつも入っている．右の写真はそれを拡大したもの．この場合，真核細胞内でのそれらの共住は，自由生活性の宿主細胞と同じではないので，シアノバクテリアの例ほど説得力はない．それでも，どちらの例も細菌同士の内部共生には食作用が必要ないことを示している．

細胞骨格の主成分はアクチンというタンパク質だ。58万個のATPで、1秒間にどれだけのアクチンが作れるだろう？　アクチンは、モノマーのつながった鎖が2本絡まり合ってフィラメントを形成する。どのモノマーも374個のアミノ酸をもち、アクチンフィラメント1マイクロメートルあたり2×29個のモノマーが存在する。ペプチド結合1個あたりのATPのコストが同じなら、1マイクロメートルのアクチンに必要なATPの総数は13万1000個になる。だから、原理上は毎秒約4・5マイクロメートルのアクチンを作ることができる。これを長いと思わないなら、細菌の大きさは一般に2、3マイクロメートルだということを考えてほしい。[5] したがって、内部共生体の遺伝子喪失（わずか5パーセント）でもたらされるエネルギーの節約は、動的な細胞骨格の進化を容易に支えられ、事実、そうしたことが起こった。さらに忘れないでほしいが、内部共生体100個というのは控えめな想定だ。大型のアメーバのなかには、ミトコンドリアを30万個ももつものもいる。

しかも遺伝子喪失は5％ではとうてい収まらなかった。ミトコンドリアはその遺伝子をほぼすべて失っている。われわれヒトでは、失わなかったのはタンパク質をコードする遺伝子13個だけで、ほかのどの動物もそうだ。ミトコンドリアの祖先が、現代のα-プロテオバクテリアとそう変わらないものだったとすれば、初めはおよそ4000個の遺伝子をもっていたにちがいない。それが進化の長い時間のなかで、ゲノムの99％以上を失った。先述の計算によると、内部共生体100個が遺伝子を99％失ったら、節約できるエネルギーは24時間のライフサイクルではATP1兆個近くになり、毎秒なんと1200万個にもなる！　だが、ミトコンドリアはエネルギーを節約しない。ATPを作るのだ。ミトコンドリアは、自由生活性の祖先と同じぐらいATPを作るのに長けているが、細菌にかかる高い経費を大幅に削減した。つまり、真核細胞は複数の細菌のパワーをもっているが、タンパク質合成のコストは節減しているのだ。いやむしろ、タンパク質合成のコストを流用していると言っていい。

ミトコンドリアは遺伝子をほとんど失ったが、その一部は核へ移動した（これについては次の章で詳しく述べる）。移動した遺伝子のなかには、それまでどおり同じタンパク質をコードしつづけたものもあり、その場合はエネルギーの節約にはならなかった。しかし、そのなかには宿主細胞にとっても内部共生体にとっても、もう必要のないものもあった。それらは遺伝子の海賊として核に到達し、まだ自然選択による制約を受けずに、みずからの機能を自由に変えることができた。こうした不必要なＤＮＡのかけらは、真核生物が進化するための遺伝子素材になる。その一部が、新たな種々の仕事に合わせて特殊化できる遺伝子ファミリーをまるごと生み出したのだ。最初期の真核生物は、細菌にはない遺伝子ファミリーを３０００ほどもっていたことがわかっている。ミトコンドリアの遺伝子喪失により、エネルギーコストをかけずに核に新たな遺伝子を蓄積できるようになったのである。理論上、内部共生体を１００個もつ細胞が、内部共生体のそれぞれから核へ２００個の遺伝子（わずか5パーセント）を移せば、宿主細胞は核内に2万個の遺伝子を新たに手に入れることになり――なんとヒトゲノム全体に相当する！――その遺伝子はさまざまな新しい目的に使え、どれも正味のエネルギーコストはかからない。ミトコンドリアのメリットには、ただ息をのむばかりだ。

まだ疑問がふたつ残っており、そのふたつは密接に関わり合っている。第一に、この議論全体は、原核生物の「表面積」対「体積」の比の問題にもとづいている。ところがシアノバクテリアのような一部の細菌は、生体エネルギー膜を完全に内部に取り込むことが可能で、内膜をねじって複雑な形状にし、表面積を大幅に増やす。なぜ細菌は、このように呼吸を内部化することで、化学浸透共役の制約から抜け出せないのだろうか？　また第二に、遺伝子の喪失がそれほど重要なら、なぜミトコンドリアは、全ゲノムを手放してそのプロセスを完了させ、遺伝子喪失のエネルギー面でのメリットを最大化することがなかったのか？　これらの疑問の答えがわかれば、細菌が40億年のあいだ変化のない生活を続けている理由が明らかになる。

ミトコンドリア――複雑さへ導く鍵

ミトコンドリアが必ずひと握りの遺伝子を保持している理由はわかっていない。ミトコンドリアのタンパク質をコードしている数百の遺伝子は、真核生物の進化の初期に核へ移動した。現在、そうした遺伝子の産物であるタンパク質は、外部の細胞質ゾルで作られてから、ミトコンドリアに持ち込まれている。だが、呼吸系タンパク質をコードしている少数の遺伝子群は、相変わらずミトコンドリアに残っている。なぜなのか？　定評のある教科書『細胞の分子生物学』（中村桂子ほか訳、ニュートンプレス）にはこう書いてある。「なぜミトコンドリアや葉緑体で作られるタンパク質は細胞質ゾルでなく、これらの小器官で作らなくてはいけないのか、納得のいく答えは見つかっていない（前掲邦訳書より引用）」。この文は２００８、２００２、１９９２、１９８３年版に見られる。著者らがこの問題について実際にどれだけ考えたのだろうか、とだれもが思うはずである。

真核生物の起源という観点からは、ふたつのタイプの答えがありうるように思う――意味はないという答えと、必然という答えだ。「意味はない」と言っても、些末という意味で言っているわけではない――つまり、ミトコンドリアの遺伝子がその場に残ることについて、確たる生物物理学的な理由はないということだ。移動していないのは、移動できないからではなく、歴史的な理由で単に移動しなかっただけなのである。意味はないという答えは、遺伝子がミトコンドリアに残ったわけをこう説明する。核へ移動することは可能だったが、機会と選択圧のバランスから、一部の遺伝子はずっといた場所に残ったというわけだ。考えられる理由としては、ミトコンドリアタンパク質のサイズと疎水性、あるいは遺伝コードのわずかな変更などが挙げられる。理論上、「意味はない」仮説によれば、必要に応じて配列を変更するわずかな遺伝子操作は求められるが、残っているミトコンドリア遺伝子をすべて核へ移動させることは可能で、それでも細胞は申し分なく機能するだろう。一部の研究者は、こうした移動で老化が防げるという可能性にもとづき、ミトコンドリア遺伝子を核へ移す研究に積極的に取り組んでいる（これについては第7章で詳しく取り上げる）。これはあれこれ困難が付きまとう問題であり、この言葉が日常的に使われる意味においては意味がない取り組みではないが、こうした研究者が遺伝子はミトコンドリアに残る必要はないと考えているという意味では意味がない。彼らは核へ移すことに真にメリットがあると思っている。幸運を祈ろう。

彼らの推論に私は賛成できない。「必然」仮説によれば、ミトコンドリアは遺伝子が必要だからそれを残した――遺伝子がなければ、ミトコンドリアは存在すらできない。その原因は確たるものだ。この遺伝子を核へ移すことは、理論上でさえできないのである。なぜできないのか？　私の考えでは、その答えは、生化学者であり長年の仲間であるジョン・アレンによって見出されている。私がその答えを信じるのは、彼が友人だからではなく、その逆だ。彼の答えを信じたことが、彼と友人になった一因なのである。アレンは創意あふれる心で独創的な仮説をいくつも提唱しており、その検証に数十年を費やしている。いくつかの仮説について、われわれは何年も議論を交わしている。とくに今回の問題の場合、ミトコンドリアが

（同様の理由で葉緑体も）遺伝子を保持しているのは化学浸透共役を制御する必要があるからだ、という主張を十分に裏づける根拠が彼にはある。この主張によれば、残っているミトコンドリア遺伝子を核へ移すと、新たな棲みかに合わせてどれほどうまく遺伝子が作られていても、細胞はやがて死ぬ。ミトコンドリア遺伝子はまさにその場所、自分が役目を果たしている生体エネルギー膜のそばになければならないのだ。これを政治の世界の言葉で「ブロンズ・コントロール」と言うらしい[6]。戦争において、ゴールド・コントロールは長期的戦略を決定する中央政府であり、シルバー・コントロールは人員や使用兵器の配置計画を立てる軍司令部である。しかし、現場で勝ち負けを決めるのはブロンズ・コントロール――実際に敵と戦い、戦術的決断を下し、軍隊を鼓舞し、偉大な兵士として歴史に名を残すような勇敢な人々――の指揮なのだ。ミトコンドリア遺伝子は、現場で決断を下すブロンズ・コントロールなのである。

なぜこのような決断が必要なのか？　第2章で、途方もないプロトン駆動力について論じた。ミトコンドリアの内膜には、およそ150〜200ミリボルトの電位差がある。膜の厚みはわずか5ナノメートルなので、すでに述べたとおり、これは3000万ボルト毎メートルの電界強度にあたり、稲妻に匹敵する。これほどの電荷を制御できなくなれば、大変なことになる！　その場合の不利益は、ATP合成の喪失だけでは済まない。それだけでも深刻なことだろうが。電子がきちんと呼吸鎖を渡って酸素（あるいはほかの電子受容体）へ移動できなければ、電気回路がショートしたような状態になり、電子が逃げ出して酸素や窒素と直接反応し、反応性の高い「フリーラジカル」が生じる。ATP存在量の減少と、生体エネルギー膜の脱分極と、フリーラジカルの放出が組み合わさると、「プログラム細胞死」の典型的な誘因となる。プログラム細胞死は、前にも述べたが普遍的な現象で、単細胞の細菌にさえ見られる。基本的に、ミトコンドリア遺伝子は局所的な状況変化に反応し、変化が破局的になる前に膜電位を適度な範囲内に調節する。

これらの遺伝子が核へ移ってしまうと、仮説では、酸素圧や基質利用性の大幅な変化や、フリーラジカルのリークが起こり、すぐにミトコンドリアは膜電位を制御できなくなって、細胞は死ぬのだ。

われわれは、生きつづけるため、そして横隔膜や胸やのどの筋肉を細かく制御するために、絶えず呼吸しなければならない。ミトコンドリアのレベルで考えれば、ミトコンドリア遺伝子はこれとほぼ同じように呼吸を調整し、つねに出力を需要に細かく合わせている。ミトコンドリア遺伝子が普遍的に残っていることを説明するのに、これほど大きな理由はほかにない。

これは、遺伝子がミトコンドリアに残っていることの「必然」的な理由であるだけではない。生体エネルギー膜がどこにあろうと、そのそばに遺伝子が配置されることの必然的な理由でもある。特筆すべきは、ミトコンドリアが、呼吸のできるすべての真核生物に、同じ小さな遺伝子群を必ず残しているという点だ。細胞がミトコンドリアの遺伝子を完全に失った機会はこれまでにわずかしかないが、その場合は呼吸する能力も失った。ヒドロゲノソームとマイトソーム（アーケゾアに内在し、ミトコンドリアに由来する特殊化した細胞小器官）は、一般にすべての遺伝子を失っており、おまけに化学浸透共役の能力も失っている。逆に、前に紹介した巨大細菌は、必ず生体エネルギー膜のすぐそばに遺伝子（いや、むしろ全ゲノム）を配置している。私には、この問題は、入り組んだ内膜をもつシアノバクテリアで決着がつけられるように思える。遺伝子が呼吸の制御に必要なら、シアノバクテリアは、巨大細菌よりかなり小さくても、それとほぼ同じようにゲノムを多数もっているはずだ。そして実際にもっている。複雑なシアノバクテリアになると、ゲノムを数百個もっていることが多い。巨大細菌の場合と同様、このことが1遺伝子あたりの利用可能なエネルギーを制限する——小さな細菌ゲノムを多数ため込まざるをえないため、ゲノム1個のサイズを真核生物の核ゲノムのサイズまで増大させられないのだ。

ならば、これこそ細菌が真核生物のサイズにまで大きくなれない理由となる。生体エネルギー膜を内部化したり、サイズを拡大したりするだけでは、うまくいかないのだ。遺伝子は膜のそばに位置する必要があるが、実際には、内部共生が起こらないので、これらの遺伝子はゲノムまるごととしてもたらされる。1遺伝子あたりのエネルギーという点では、大型化でメリットがあるのは、内部共生によって大型化がなし遂げられる場合だけだ。その場合に初めて遺伝子喪失が可能になり、ミトコンドリアゲノムの縮小が核ゲノムを数桁以上も拡大させ、真核生物のサイズにまで至らせるのだ。

別の可能性も考えられるかもしれない。細菌のプラスミドを使う方法だ。プラスミドは半ば独立した環状のDNAで、場合によっては多数の遺伝子を運べる。呼吸に関わる遺伝子を1個の大きなプラスミドに載せてから、このプラスミドの複製をいくつも膜のそばに配置することは、なぜできなかったのだろう？これには運搬上厄介になりそうな問題があるが、理論上はうまくいくのだろうか？　私はうまくいくとは思わない。原核生物のあいだでは、大きくなること自体にメリットはなく、必要以上にATPをもつことにもメリットはない。小さな細菌はATPが足りなくなることはなく、十分にもっている。多少大きくなってATPを増やしたところで何もメリットはなく、多少小さくなって過不足のないATPをもつほうがいい——それに複製も速くなる。体積を増すこと自体でこうむる不利益としては、細胞内で離れた領域を担当する供給ラインが必要になることも挙げられる。大きな細胞は四方八方に荷物を運ばなければならず、真核生物はまさにそれをおこなっている。しかし、そんな輸送システムは一夜にして進化を遂げるわけではない。何世代もかかり、そのあいだに大型化に対して何か別のメリットも必要になる。だからプラスミドではうまくいかない——荷車を馬の前につなぐように本末転倒なのだ。運搬の問題に対する圧倒的に単純な解決策は、まったく運搬をせず、巨大細菌のなかでおこなわれているように、ゲノムのコピーを多数もって、それぞれが「細菌の」体積の細胞質を制御するようにすることなのである。

ならば、真核生物はどうやってサイズの袋小路から抜け出し、複雑な輸送システムを進化させたのだろう？　ミトコンドリアを複数もち、その一個一個がプラスミドと同じサイズのゲノムをもっている大きな細胞と、プラスミドを複数もち、それが散らばって呼吸を制御している細菌とでは、何がそんなに違うのか？　その答えは、ビル・マーティンとミクロス・ミュラーが最初の真核生物について立てた仮説のなかで指摘したように、真核生物が誕生したときのやりとりがATPとは無関係だったという点にある。マーティンとミュラーは、宿主細胞とその内部共生体とのあいだの代謝栄養共生を提唱した。つまり、エネルギーだけでなく成長の基質もやりとりしているというのだ。水素仮説では、最初の内部共生体は宿主細胞のメタン生成菌に対し、成長に必要な水素を供給したと主張されている。ここでは詳細は気にしなくていい。重要なのは、基質（この場合は水素）がなければ宿主細胞はまったく成長できないということだ。内部共生体は、成長に必要な基質をすべて供給する。内部共生体が多いほど、基質も多くなり、宿主細胞の成長も速くなり、内部共生体もうまくやっていけるようになる。すると内部共生の場合、大きな細胞のほうが内部共生体が多くなり、成長の燃料が多く得られるので、メリットがあるのだ。みずからの内部共生体への輸送ネットワークを作り出せば、さらにうまくいくだろう。これはほぼ文字どおり、馬（動力）を荷車（輸送システム）の前につなぐことになる。

内部共生体が遺伝子を失うと、それ自体のATPの需要は減る。これが皮肉な結果をもたらす。細胞呼吸によってADPからATPが作られ、そのATPが分解されてADPに戻るとき、細胞のあちこちでなされる仕事に動力が供給される。ここでATPが消費されなかったら、細胞にあるADPのすべてがATPに変換されて呼吸は停止してしまう。そうした状況では、呼吸鎖が電子を蓄積し、高度に「還元された」状態になる（詳しくは第7章で）。その後それが酸素と反応してフリーラジカルをリークし、周囲のタンパク質やDNAに損傷を与えたり、場合によっては細胞死を引き起こしたりさえする。重要なタンパク質のひとつであるADP–ATP輸送体の進化によって、宿主細胞はみずからのために内部共生体のATPを取り出せるようになったが、実は、内部共生体のためにこの問題を解決したとも言える。余分なATPを取り出して、内部共生体にADPを補給することにより、宿主細胞は内部共生体のなかでのフリーラジカルのリークを抑え、その結果、損傷と細胞死のリスクを減らしたのだ。これにより、動的な細胞骨格などの立派な構造物を作るためにATPを「燃焼させる」（酸化させる）ことが、宿主細胞と内部共生体の双方の利益になった理由を説明できる。* だが重要なのは、プラスミドの場合、細胞が大きくなることやATPを増やすこと自体には何のメリットもないが、内部共生の関係の場合は、どの段階でもメリットがあったという点である。

真核細胞の誕生は唯一の出来事だ。この地球で、40億年という進化の歴史においてただ一度しか起こっていない。ゲノムや情報の点で考えると、この特異な道筋を理解するのは不可能に近い。ところが、エネルギーや細胞の物理的構造の点で考えれば、大いに納得がいく。これまでの章では、化学浸透共役がどのようにしてアルカリ熱水噴出孔で生まれたのか、なぜそれが細菌や古細菌にずっと普遍的に残っているのかを見てきた。化学浸透共役によって、原核生物の見事な適応性と多様性が実現できたことも見てきた。こうした要素は、岩と水とCO_2にすぎないものからの生命誕生にまでその起源をさかのぼれるもので、地球以外の惑星でも見られる可能性が高い。いまやわれわれには、自然選択が無限の時間をかけて無数の細菌集団に働いても、まれに確率論的に起こる内部共生以外の方法では、大きくて複雑な細胞、いわゆる真核生物を生み出せないのはなぜなのかもわかっている。

複雑な生命に至るのには、最初から決まっている道筋はなく、普遍的な道筋もない。宇宙は、われわれ人間の考えで満たされてはいないのだ。複雑な生命が地球以外のどこかで生まれる可能性はあるが、地球で繰り返し生まれていないのと同じ理由により、よくあることとは考えにくい。その説明の第一の部分は単純だ――原核生物同士の内部共生はありふれてはいない（ただし、ふたつほど例が知られているので、起こりうるということはわかっている）。第二の部分は、それよりわかりにくく、サルトルの「地獄とは他人のことである」という考えのようなものだ。親密な内部共生が、細菌の果てしない行き詰まりを打破したかもしれないが、次の章では、この新たな存在たる真核細胞が難産で生まれたという事実によって、こうした出来事がごくまれにしか起こらない理由や、あらゆる複雑な生命が有性生殖から死に至るまで、実に多くの特異な性質を共有している理由をいくらか説明できることを見ていこう。

＊ ATPあるいはエネルギーの「流出」と呼ばれる、細菌における例が参考になる。この言葉は的確な表現である――一部の細菌は、細胞膜をはさんで起こるイオンの循環などの無益な芸当のために、貯えたATPすべての最大で3分の2まで外へまき散らすことがあるのだ。なぜか？　考えられるひとつの答えは、そうすればATPとADPの健全なバランスが保たれ、膜電位やフリーラジカルのリークを抑え込めるというものだ。するとこれも、細菌がATPを余分にたくさんもっていることを示している――細菌にはエネルギー面の困難がまったくなく、真核生物のサイズへスケールアップすると初めて1遺伝子あたりのエネルギーという問題が現れるのだ。

6　有性生殖と、死の起源

自然は真空を嫌う、とアリストテレスは言った。この考えは二千年後、ニュートンにも踏襲された。ふたりとも、空間を満たすものを気にかけ、ニュートンはそれをエーテルという謎めいた物質と考えた。物理学ではこの考えは20世紀になると廃れたが、生態学では「真空嫌悪」はまったく力を失っていない。すべての生態学的空間を満たすことを見事に表現した古い詩がある。「ノミの血を吸う小さなノミに、そのまた血を吸う小さなノミ、それが続くよどこまでも」考えられるすべてのニッチが埋まり、すべての種がみずからの空間に見事に適応する。どの植物も、どの動物も、どの細菌も、それ自体がまた生息環境であり、大型の捕食者はもとより、ありとあらゆるジャンピング遺伝子やウイルスや寄生体(パラサイト)にとっても、チャンスの山なのだ。何もかもがそうなのである。

ただし、実際はそうではない。そのように見えるだけだ。生命の果てしないタペストリーは見せかけにすぎず、その中心にはブラックホールがある。さて、いよいよ生態学における最大のパラドックスに取り組むべきときだ。なぜ地球上のすべての生命は、形態が複雑でない原核生物と、原核生物にはいっさい見られない特徴をたくさんもつ真核生物とに分けられるのか。両者のあいだには、自然が本来嫌うはずの溝、空隙、真空が存在する。すべての真核生物は、おおよそ何でも共有しているが、すべての原核生物は、形態的に見て、ほとんど何ももっていない。聖書にある不公平な教義「持てる者にはさらに与えられる」をこれほどよく実証するものはない。

前の章では、2種類の原核生物のあいだで内部共生が起こると、単純さの無限ループを断ち切れるという話をした。細菌が別の細菌のなかに入り、そこで果てしなく世代を重ねて生き延びるというのは容易ではないが、そういう例がわずかに知られているので、ごくまれだとしても確かに起こることはわかっている。だが、細胞が細胞のなかに入るのはまだ始まりにすぎず、生命の歴史では受胎の瞬間と言えるが、それ以上のものではない。ただ細胞のなかに細胞があるだけだ。どうにかして、そこから真の複雑さの誕生へ――あらゆる真核生物に共通する何もかもをため込んだ細胞へ――と針路を定めなければならない。最初は複雑な特徴をほぼ何ももたない細菌だが、最後には、完全な真核生物――核、大量の内膜と区画、動的な細胞骨格、そして有性生殖などの複雑な行動をもつ複数の細胞――となるのだ。真核細胞は、ゲノムのサイズと物理的なサイズが4~5桁以上大きくなった。真核生物の最後の共通祖先は、こうした特質をすべてため込んでいたが、細胞が細胞のなかへ入った最初の時点では、何もため込まれていなかった。現在生き残っている中間体はまったくないので、これらの複雑な真核生物の特質がなぜ、どのように進化を遂げたのかはほとんどわかっていない。

真核生物を生み出した内部共生はダーウィン的ではない、と言われることがある。小さな一歩が徐々に積み重なったのではなく、いきなり未知のものへ飛躍し、「ホープフル・モンスター（有望な怪物）」を生み出したと。ある程度は、それは正しい。前にも述べたように、自然選択が、無数の原核生物の集団に無限の期間にわたって働いても、内部共生以外の方法で複雑な真核細胞を生み出すことはできないだろう。

こうした出来事は、ふつうに分岐する生命の系統樹では表せない。内部共生は逆方向への分岐であり、枝は分かれるのでなく融合する。しかし、内部共生はただ一度の出来事で、進化においては一瞬のことなので、核をはじめ、何であれ典型的な真核生物の特質を生み出すことはできない。内部共生がおこなったのは、一連の出来事の起動であり、そうした出来事そのものは、言葉の通常の意味において完全にダーウィン的なのである。

したがって私が言いたいのは、真核生物の起源がダーウィン的でないということではなく、選択の環境が、原核生物同士のただ一度の内部共生によって一変したということだ。そのあとはずっとダーウィン的だった。問題は、内部共生体の獲得によって、どのように自然選択の道筋が変わったかである。地球以外の惑星でも似たような道筋を辿る、予測可能な形で変わったのか、それともエネルギーの制約がなくなったことで、自由な進化への歯止めが解かれたのか？　少なくとも真核生物の普遍的な特質の一部は、宿主細胞と内部共生体との親密な関係のなかで形成されたのであり、それゆえ第一原理から予測可能なのだ、と私は主張しよう。こうした特質には、核、有性生殖、ふたつの性、さらに、死を免れぬ体を生み出す不死の生殖細胞などがある。

内部共生から始まると、すぐさま出来事の順序に制約が加わる。たとえば、核や膜の系は内部共生のあとに生じたにちがいない。だが同時に、進化が起きたはずの速度にも制約が加わる。ダーウィン進化と漸進説は一緒くたにされやすいが、「漸進的」とは実のところ何を意味するのだろうか？　未知のものができるような大きな飛躍はなく、適応による変化はどれも小さくて不連続だという意味である。ゲノムそのものの変化を考える場合、これは当てはまらない。ゲノムの変化は、調節遺伝子のスイッチが不適切にオンやオフになる結果として、大きな欠失や重複、転移、突然の再編成という形をとる。しかし、こうした変化はそもそも適応によるものではなく、内部共生と同じように、選択が働く起点を変えるだけだ。じっさい、核はなぜかひょっこり現れたと言うと、遺伝子の跳躍進化と適応を混同させることになる。核は絶妙に適応した構造で、単なるDNAの貯蔵所ではない。核は核小体などの構造で成り立っており、核小体では新たなリボソームRNAが大量に生産されている。二重の核膜には、タンパク質でできた驚くほど美しい核膜孔複合体がちりばめられ（図26）、それぞれの複合体には、すべての真核生物に保存されている多数のタンパク質が存在する。そして伸縮性のあるラミナ（薄膜）が、タンパク質の柔軟な網目構造として核膜の内側を覆い、DNAを剪断応力から守っている。

要するに、このような構造は長期間働いた自然選択の産物であり、数百種類のタンパク質を改良し組織化する必要がある。これはすべて、純然たるダーウィン的なプロセスなのだ。だからといって、地質学的な意味でゆっくり起こる必要があったわけではない。化石記録では、長期間の停滞が、急速に変化する時期によってときおり中断されるというのはよくあることだ。この変化は地質学的な時間で見れば速いが、世代の観点からは必ずしも速くはない。そして、通常の状況で変化を阻むような制約によって妨げられはしない。自然選択が変化の原動力となるのは、ごくまれだ。一般に、自然選択は変化を阻み、適応地形〔訳注　生物と環境の適応関係を地形図のように表したもの。高いところほど適応度が高い〕のピーク（峰）から変異を排除する。その地形がなんらかの劇的な変化を受けた場合にのみ、選択は停滞よりむしろ変化を促す。それからは驚くほど迅速に進むことができる。その好例が眼だ。眼はカンブリア爆発の際、どうやら200万年ほどの期間に生じたらしい。永遠にも思える先カンブリア時代の数億年というリズムに感覚が麻痺してしまっていると、200万年は異様に慌ただしく思える。これほど長い停滞のあと、これほど急速な変化が起きたのはなぜなのか？　ひょっとしたら、酸素濃度が上昇したために、そこで初めて、大型の活動的な動物、つまり眼や甲殻をもつ捕食者や被食者にとって、選択が有利に働いたのかもしれない。* 有名な数理モデルでは、ある種の蠕虫がもつ単純な光受容体から眼が進化を遂げるのにかかりそうな時間が算出されている。結果は、ライフサイクルを1年、各世代での形態の変化をたかだか1パーセントと仮定しても、わずか50万年だった。

核が進化を遂げるにはどれだけ時間がかかるものだろう？ 有性生殖や食作用についてはどうか？ いったいなぜ眼よりも時間がかかるのか？ これは今後の課題だ——真核生物が原核生物から進化を遂げるのに最小限かかる時間を算出するのである。そんな課題に着手する前に、関連する一連の出来事についてもっと知らなければならない。しかし、数億年単位の莫大な時間がかかると考える、確からしい理由は見当たらない。なぜ２００万年ではないのか？ 細胞分裂が1日に一度と仮定すると、これは10億世代に近い。何世代必要なのか？ 原核生物が複雑なものへと進化するのを阻むエネルギー的な歯止めがなくなったら、真核細胞が比較的短期間で進化を遂げられないはずがないと思う。原核生物が30億年にわたり停滞していたのに比べると、それは突然の飛躍に見えるが、そのプロセスは完全にダーウィン的だった。

進化が急速に起こると考えられるからといって、実際にそうだったとはかぎらない。だが、自然が真空を嫌うことにもとづき、真核生物の進化がすばやく起きたにちがいないと考える根拠は十分にある。問題はまさに、真核生物は共通してすべてをもち、原核生物はどのひとつももっていないという事実だ。これは不安定性を示唆している。第1章で考察したアーケゾアは、比較的単純な単細胞の真核生物で、かつて

* 私がここで言いたいのは、（第1章で論じたように）酸素濃度の上昇が動物の進化を促したということではなく、大型動物の活発な行動を可能にしたということだ。エネルギーの制約が解けて、さまざまな動物の多系統放散が促されたわけだが、動物はすでにカンブリア爆発より前、先カンブリア時代の終わりにかけて酸素濃度が大きく上昇する前に進化を遂げていた。

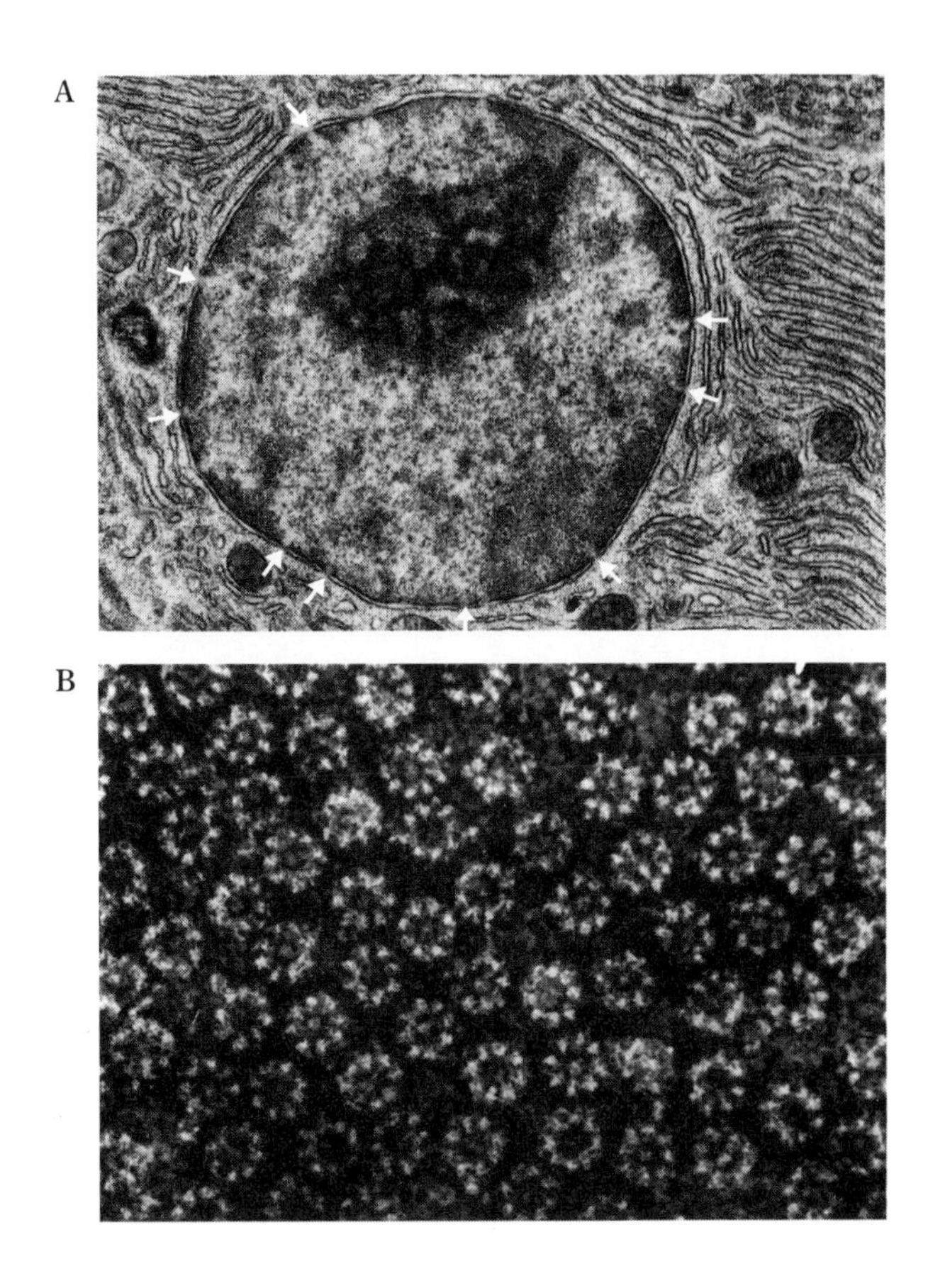

図 26　核膜孔．電子顕微鏡による研究の先駆者ドン・フォーセットによる一級の写真．A には，真核細胞の核を取り囲む二重膜と，その膜に一定の間隔であいた孔（矢印で示す）がはっきり見える．核内の黒い部分は比較的不活性な領域で，クロマチン（染色質）が「凝集」している．一方，白い部分は活発に転写がおこなわれている領域を示す．核膜孔のそばにある白い「空間」は，核を出入りする能動輸送の存在を示している．B は，びっしり敷き詰められた核膜孔複合体．そのどれもが，流入と流出のシステムを作るべく集められた多数のタンパク質でできている．核膜孔複合体のコアタンパク質はすべての真核生物に保存されているので，核膜孔は LECA（last eukaryotic common ancestor：真核生物の最後の共通祖先）にも存在していたはずだ．

は原核生物と真核生物の進化上の中間体と間違われていた。この異質なグループは、真核生物の形質をすべて備えたもっと複雑な祖先に由来することがわかった。しかし、それでも生態上の中間体であることは間違いない——原核生物と真核生物の中間にあたる形態的複雑さのニッチを占めているからだ。アーケゾアは真空を埋めている。だから、一見したところ真空は存在しない。存在するのは、寄生性の遺伝因子から巨大ウイルスまで、細菌から単純な真核生物まで、複雑な細胞から多細胞生物まで連続的に変わる形態上の複雑さだ。ごく最近、アーケゾアが見かけだけの中間体であることがわかると、強烈な「真空嫌悪」が明確に現れた。

アーケゾアが生存競争に負けて絶滅することがなかったという事実は、単純な中間体がこの空間で繁栄できることを意味している。その同じ生態的ニッチを、正真正銘の進化上の中間体——ミトコンドリア、核、ペルオキシソーム、（ゴルジ体や小胞体などの）膜系といったもののない細胞——が占められなかったわけがない。真核生物が数千万～数億年かけてゆっくり生じたとすれば、安定な中間体として、真核生物のもつさまざまな形質のない細胞が数多く存在していたにちがいない。それらが、現在アーケゾアが満たしているのと同じ中間のニッチを占めていてもおかしくなかった。そのいくつかは、真空を満たす正真正銘の進化上の中間体として今日まで残っていたはずだ。だがそうなっていない！　長年懸命に探しても、何も見つかっていないのである。生存競争に負けて絶滅しないのなら、なぜ何も残っていないのか？　おそらく遺伝的に不安定だったからだろう。この空隙を越える手だては多くはなく、ほとんど滅びてしまったのだ。

これは集団が小さかったことを意味するのだろう。そうすればつじつまも合う。大きな集団は進化において成功を収めたことを示している。初期の真核生物が繁栄していたなら、あちこちへ広がり、新たな生態学的空間を占め、多様化したはずだ。遺伝的にも安定していたはずだし、少なくとも、なかには生き残ったものもいたにちがいない。だが、そうはならなかった。するとまさしく、最初の真核生物は遺伝的に不安定で、小さな集団内で急速に進化した可能性が高いと思われる。

これが事実にちがいないと考えられる理由がもうひとつある。すべての真核生物がまったく同じ形質を共有しているからだ。考えてもみてほしい。これがどれほど特異なことかを！　ヒトは皆、直立の姿勢、毛皮のない体、ほかの指と向かい合う親指、大きな脳、言語能力といった同じ形質を共有している。われわれは皆先祖でつながっていて、同系交配しているからである。有性生殖だ。これが種の最も単純な定義であり、種は同系交配する個体からなる集団と言ってもいい。同系交配しないグループは互いに分かれ、異なる形質を進化させる――新たな種になるのだ。ところが、真核生物の誕生時には、これは起こらなかった。すべての真核生物は同じ基本的形質の一群を共通してもっていた。同系交配する集団にそっくりで、有性生殖だったのである。

別の生殖方式でも同じ結果に到達できていただろうか？　そうは思わない。無性生殖――クローニング――では、集団ごとに異なる変異がたまるので、大きな差異をもたらす。こうした変異は、環境ごとに異なるメリットとデメリットに直面し、選択を受ける。クローニングはそっくり同じコピーを生み出しそうだが、皮肉にも、変異がたまるとやがては集団間の差異を促すことになる。一方、有性生殖では集団内にさまざまな形質がプールされ、絶えず混合とマッチングがおこなわれて、差異を阻む。真核生物が同じ形質を共有しているという事実は、同系交配の有性生殖をする集団でそれが生じたことを示唆している。これはまた、その集団が十分に小さかったために同系交配をおこなったことも意味している。この集団では、有性生殖をしない細胞は生き残れなかった。聖書は正しかったのだ。「命に通じる門はなんと狭く、その

道も細いことか。それを見いだす者は少ない」（『聖書』（新共同訳、日本聖書協会）より引用）

細菌や古細菌に広く見られる、遺伝子の水平移動はどうだろうか？　有性生殖と同じく、遺伝子の水平移動も組み換えをともない、遺伝子の組み合わせを変えて「流動的な」染色体を作り出す。しかし有性生殖とは違い、遺伝子の水平移動は相互的ではないし、細胞融合や全ゲノムにわたる組み換えもともなわない。それは断片的で一方向性のものであり、集団内で形質を組み合わせるのではなく、個体間の差異を大きくする。大腸菌を考えてみてほしい。1個の細胞に含まれる遺伝子は約4000個だが、「メタゲノム（大腸菌のさまざまな株――リボソームRNAによって規定される――に存在する遺伝子の総数）」の遺伝子はむしろ1万8000個に近い。遺伝子の水平移動が盛んに起きると、違う株同士では最大で半数の遺伝子が異なるようになる。これは、脊椎動物全体よりもバリエーションが大きい。つまり、クローニングも遺伝子の水平移動も、細菌や古細菌の主要な遺伝方式ではあるが、真核生物に見られる一様性の謎は説明できないのだ。

私が本書を10年前に執筆していたら、有性生殖が真核生物の進化のごく初期に登場したという考えを裏づける証拠はほとんどなかった。多くのアメーバや、ジアルディアのように系統樹の根元近くで分岐したと思われるアーケゾアなど、おびただしい数の種は無性生殖をおこなうと見なされていた。今でも、ジアルディアの有性生殖の現場を押さえた者はいない。それでも、博物学にないものはテクノロジーで補える。ジアルディアのゲノムの配列はわかっている。そこには、減数分裂（有性生殖に関わる配偶子を生み出すための、染色体の数が減る細胞分裂）に必要な遺伝子が完璧に機能する状態で含まれ、そのゲノムの構造は、有性生殖による一般的な組み換えが起きていたことを証明している。同じことは、これまで見てきたおおよその種にも言える。通常はすぐに死に絶える、二次的に生まれた無性生殖の真核生物を除けば、既知の真核生物はすべて有性生殖をおこなう。それらの共通祖先もそうだと考えられる。要するに、有性生殖は真核生物の進化のごく初期に生じたわけであり、小さくて不安定な集団で有性生殖が進化を遂げたとすることでしか、すべての真核生物がこれほど多くの形質を共有している理由を説明できない。

これが本章の問題につながる。有性生殖の進化を促したと考えられる2種類の原核生物による内部共生には、特別な何かがあるのだろうか？　確かにあるし、またほかにもたくさんある。

遺伝子の構造の秘密

真核生物は「バラバラの遺伝子」をもっている。20世紀の生物学における発見で、これより大きな驚きをもたらしたものはほとんどない。それまでわれわれは、細菌の遺伝子にかんする初期の研究に惑わされ、遺伝子は糸に通したビーズのように、自分たちの染色体にも全部きちんと並んでいると考えていた。遺伝学者のデイヴィッド・ペニーは次のように言っている。「私が大腸菌ゲノムを設計した委員会の一員だったなら、大変誇りに思うだろう。しかし、ヒトゲノムを設計した委員会の一員であるとは、決して認めたくない。大学の委員会でさえ、あんなにひどい仕事はしないだろう」

では、何がひどかったのか？　真核生物の遺伝子はめちゃくちゃなのだ。タンパク質のかけらをコードする比較的短い配列からなり、あいだにイントロンという長い非コードDNA領域がはさまっている。一般に、1遺伝子（通常、ひとつのタンパク質をコードするDNA配列として定義される）あたり数個のイントロンがある。その長さは実にさまざまだが、タンパク質をコードする配列そのものより大幅に長い場合も多い。イントロンは、タンパク質内のアミノ酸配列を特定するRNAの鋳型へ必ずコピーされるが、その後、リボソームという細胞質内の巨大なタンパク質合成工場にRNAが到達する前に切り出される。これは決してたやすい仕事ではない。これをなし遂げるのが、スプライソソームという別の見事なタンパク質ナノマシンだ。スプライソソームの重要性については、すぐあとで改めて語ろう。さしあたり、この手順全体が異様に回りくどいやり方だということだけ覚えておいてほしい。イントロンの切り出しに失敗すると、無意味なRNAコードがリボソームに送り込まれ、そのままいくと無意味なタンパク質が合成される。リボソームは、カフカの小説に出てくる官僚と同じぐらい、煩雑な手続きのおかげをこうむっているのだ。

なぜ真核生物の遺伝子はバラバラになっているのか？　これにはいくつかのメリットが知られている。たとえば、選択的スプライシング（切り出し）によって、同じ遺伝子から異なる断片の組み合わせでさまざまなタンパク質ができ、免疫系の巧みな組み換えが可能となる。さまざまなタンパク質の断片が見事なやり方で組み換えられ、何十億種類もの抗体ができるのだ。そうした抗体は、ほぼどんな細菌やウイルスのタンパク質にもどれかが結合でき、その結果、免疫系の殺害機構が作動する。しかし、免疫系は大型の複雑な動物であとから生み出されたものだ。それ以前にメリットはあったのだろうか？　1970年代、20世紀の代表的な進化生物学者フォード・ドゥーリトルは、イントロンが地球の生命のまさしく起源にまでさかのぼる可能性を示唆した――「イントロン前生」説と呼ばれる考えだ。この考えは、初期の遺伝子には現在あるような高度なDNA修復機構がないため、エラーが急速に蓄積し、変異のメルトダウン（暴走）がきわめて起きやすかった、というものだ。変異率が高かったとすれば、蓄積する変異の数はDNAの長さに左右される。小さなゲノムだけがメルトダウンを避けられたかもしれない。だからイントロンはひとつの解決策だった。ではたくさんのタンパク質を短いDNAでどうやってコードするか？　小さな断片を組み換えればいい。これはすばらしい考えで、ドゥーリトル自身はもう信じていないが、いまだにわずかに支持者がいる。この仮説は、優れた仮説が皆そうであるように、数多くの予測をしているが、残念ながらそうした予測は正しくないことが判明している。

　なかでも主要な予測は、真核生物が最初に進化を遂げたにちがいないというものだ。真核生物だけが真のイントロンをもっている。イントロンが祖先からあったものなら、真核生物は最古の細胞だったにちがいなく、細菌と古細菌はそのあとに現れ、のちにゲノムを合理化する選択によってイントロンを失ったことになる。これは系統学的に納得がいかない。現代の全ゲノム解読により、真核生物は宿主細胞である古細菌と内部共生体である細菌から生じたことが明白に示されている。系統樹の根元に最も近いところで枝分かれしたのは古細菌と細菌であり、真核生物が生じたのはもっと最近だ。この見解は、化石記録とも、前の章でおこなったエネルギーの考察とも一致する。

　しかし、イントロンが祖先からあったものだとしたら、それはどこから、なぜもたらされたのだろう？答えは内部共生体にあるようだ。私は先ほど、「真のイントロン」は細菌には見つかっていないと言ったが、その前駆体が細菌のもの、もっと正確に言えば細菌の遺伝子の寄生体（パラサイト）であることはほぼ間違いない。これを専門用語で「可動性グループⅡの自己スプライシング型イントロン」と言う。用語のことは気にしなくてもいい。可動性イントロンは単なる利己的ＤＮＡの断片にすぎず、ゲノムの内外へみずからをコピーするジャンピング遺伝子である。しかし「単なる」と言うべきではない。驚くべき、目的をもつ機構なのだ。それは通常のやり方でＲＮＡへと読み取られるが、そして命を得て（ほかに言いようがあるだろうか？）、みずからがＲＮＡの「ハサミ」になる。このハサミは、宿主細胞へのダメージを最小限に抑えながら、転写産物である長いＲＮＡからパラサイトを切り出し、そうしてできる活性の高い複合体は逆転写酵素——RNAをDNAに変換できる酵素——のコードとなる。このハサミは、逆にイントロンのコピーをゲノムに挿入もする。したがって、イントロンは寄生性の遺伝子で、みずからを細菌のゲノムに出入りさせるのである。

「ノミの血を吸う小さなノミに……」。ゲノムが蛇穴のように、好き勝手に出入りする巧みなパラサイトでごった返していると、だれが思っていただろう？　だが、まさにそのとおりなのだ。こうした可動性イントロンは古くからあるものにちがいない。生命の3つのドメインすべてで見つかっており、ウイルスと違って、安全な宿主細胞を離れる必要はない。宿主細胞が分裂するたびに忠実にコピーされる。生命はそれでついにイントロンと共存できるようになったのだ。

そして細菌にはイントロンに対処する能力がかなりある。その仕組みはよくわかっていないが、大きな集団に働く選択の強さによるのかもしれない。イントロンがまずい場所にある細菌は、なんらかの形で遺伝子の妨げになり、イントロンがまずい場所にない細胞との自然選択による争いに負ける。あるいは、イントロン自体が親切で、宿主細胞をあまり攪乱しない些末なDNA領域に侵入するのかもしれない。ウイルスは単独でも生き延びるので、宿主細胞を殺してしまってもあまり気にしないが、可動性イントロンは宿主とともに死ぬので、宿主の邪魔をしても得るものは何もないのだ。この種の生命現象を分析するのに最適な言葉は、経済学の言葉である。費用便益分析、囚人のジレンマ、ゲーム理論などだ。とはいえ、実際には可動性イントロンは細菌や古細菌に豊富にあるわけではないし、遺伝子そのもののなかにあるわけでもない——それゆえ厳密にはイントロンとはとうてい言えない——が、遺伝子間領域に低密度で蓄積している。典型的な細菌ゲノムには、可動性イントロンは（遺伝子4000個のなかに）せいぜい30個ほどしかなさそうだが、真核生物には何万個もある。細菌にイントロンが少ないのは、長期的な費用と便益のバ

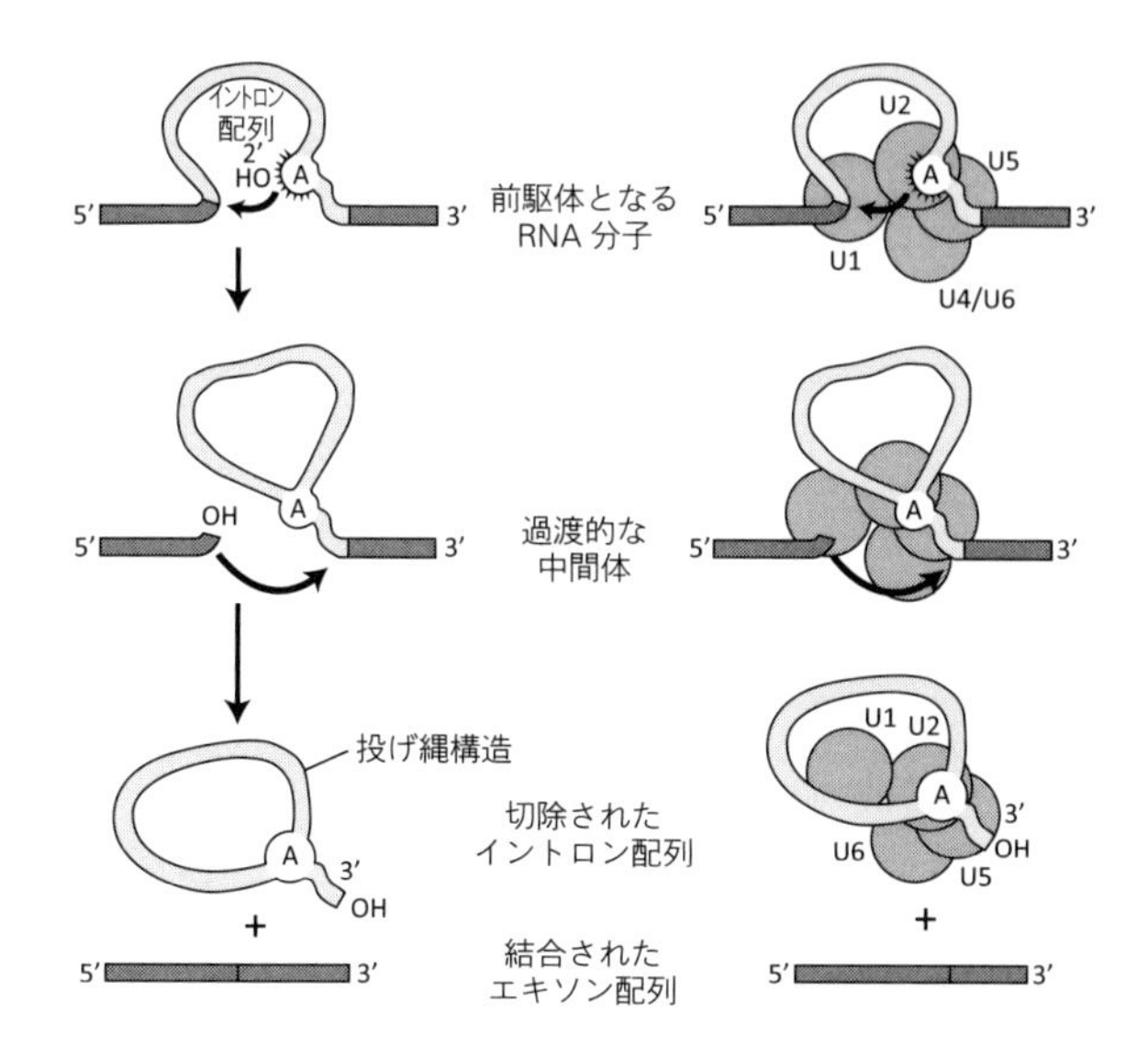

図 27　可動性の自己スプライシング型イントロンとスプライソソーム．真核生物の遺伝子は，エキソン（タンパク質をコードしている配列）とイントロン（遺伝子に挿入された長い非コード配列で，タンパク質合成の前に RNA のコードスクリプトから切り出される）からなる．イントロンは，細菌ゲノムに見られる寄生性の DNA 要素に由来するようだが（左側の図），変異によって崩れ，真核生物のゲノムでは不活性の配列となっている．そうした配列は，スプライソソームによって能動的に取り除かれることになる（右側の図）．その原理が，ここに示したスプライシング（継ぎ接ぎ）のメカニズムだ．細菌のパラサイト（左側）がみずからを切り出すと，切除されたイントロン配列は逆転写酵素をコードする領域をもつ．これにより，遺伝子パラサイトのコピーを DNA 配列に変換し，複数のコピーを細菌ゲノムに挿入することができる．真核生物のスプライソソーム（右側）は大きなタンパク質複合体だが，その機能は基本的に，スプライシングとまったく同じメカニズムをもつ触媒 RNA（リボザイム）に依存している．このことから，スプライソソーム，ひいては真核生物のイントロンは，真核生物の進化の初期に内部共生体である細菌から放出された，可動性グループ II の自己スプライシング型イントロンに由来する可能性が示唆される．

ランス、つまり何世代にもわたって双方に働いてきた選択の結果を表している。

この種の細菌が、15～20億年前に古細菌を宿主細胞として内部共生を始めた。現代でこれに最も近いのはある種のα－プロテオバクテリアであり、現生のα－プロテオバクテリアには可動性イントロンが少数しか含まれていないことがわかっている。だが、何がこうした太古の遺伝子パラサイトと真核生物の遺伝子構造を結びつけてくれるのだろうか？　それは、ＲＮＡのハサミが細菌の可動性イントロンを切り出す具体的なメカニズムと、単純な論理にほかならない。何段落か前にスプライソソームについて触れたが、これはタンパク質のナノマシンであり、われわれ自身の転写産物たるＲＮＡからイントロンを切り出す。スプライソソームはタンパク質でできているだけではない。その中心には、可動性イントロンとまったく同じＲＮＡのハサミがある。このハサミは、祖先が細菌の自己スプライシング型イントロンであることをうかがわせるメカニズムによって、真核生物のイントロンを切り出す（図27）。

ただそれだけだ。このイントロン自体の遺伝子配列には、細菌に由来することを示唆するところはない。逆転写酵素のようなタンパク質をコードしてはおらず、みずからをＤＮＡに出し入れすることもなく、可動性の遺伝子パラサイトでもなく、そこにいて何もしない、かさばるＤＮＡ領域にすぎない[1]。しかしこの「死んだ」イントロンは、その土手っ腹に穴をあけた変異によって、いまや見る影もないほど崩壊し、「生きている」パラサイトよりもはるかに危険な存在になっている。もはや自分自身を切り出すことはできず、宿主細胞によって取り除かれるしかない。だから、「生きている」親類から以前に調達されたハサミで取り除かれている。スプライソソームは、細菌のパラサイトをもとにした真核生物の機構なのだ。

これから紹介する仮説は、２００６年の刺激的な論文で、ロシア生まれのアメリカの生命情報学者ユージーン・クーニンと、ビル・マーティンが提示したものだ。彼らによると、真核生物が誕生したとき、内部共生体は宿主細胞の気づかぬうちに遺伝子パラサイトを大量に送り込んだのだという。これらは初期のイントロン侵入時にゲノム全体で増殖し、真核生物のゲノムを作り上げ、核などの根本的な特質の進化を促した。私ならこれに有性生殖も付け加えるだろう。このすべてが作り話、つまり、ハサミのせいだという薄弱な根拠にもとづく進化の「なぜなぜ物語」のように聞こえることは、私も認める。だが、この考えは遺伝子自体の具体的な構造に裏づけられている。イントロンの純然たる数——数万——とともに、その真核生物の遺伝子に入る物理的な位置が、太古の遺産であることを暗黙のうちに証明している。この遺産はイントロンそのものだけでなく、宿主と内部共生体の厳しくも親密な関係を物語っている。こうした考えは、まったくの真実ではないとしても、求めている答えに近いと私は思う。

イントロンと、核の起源

多くのイントロンの位置は、真核生物全体で保存されている。これも意外な興味深い点だ。あらゆる真核生物に見られる基本的な細胞代謝に関わるタンパク質、たとえばクエン酸合成酵素をコードする遺伝子を例にとってみよう。われわれヒトにも、海藻にも、キノコにも、木にも、アメーバにも、同じ遺伝子が見つかる。かぞえきれないほどの世代をかけて次々と分岐し、われわれは木との共通祖先から隔たっているが、自然選択はその機能を、つまりその特定の遺伝子配列を保存するように働いてきた。これは、共通の祖先の存在と、自然選択の分子的な基礎を、見事に明らかにしている。だれも予期しなかったのは、こうした遺伝子にたいてい2、3個のイントロンが、木とヒトでえてしてまったく同じ位置に挿入されているということだ。なぜそうなるのか？　妥当そうな説明がふたつだけある。その場所が何かの理由で自然選択によって好まれたために、イントロンが異なる生物種で独立に同じ場所に入ったか、あるいは、イントロンがかつて真核生物の共通祖先に入り、その後子孫に受け継がれたかのどちらかだ。もちろん、そうした子孫のなかにはふたたびそれを失ったものもいるかもしれない。

ひとにぎりの例しか知られていなければ、前者の解釈のほうが好まれるかもしれないが、どの真核生物にも共通する数百の遺伝子で、まったく同じ位置に数千個のイントロンが挿入されているので、この説明は信じがたいように思える。共通の祖先による説明のほうが断然簡潔だ。これが正しければ、真核細胞の誕生直後にイントロンの侵入が相次いだにちがいなく、それによって最初にすべてのイントロンが埋め込まれたことになる。その後、イントロンはなんらかの変異で崩壊し、可動性が失われた結果、消えないチョークで残された死体の輪郭のように、のちのすべての真核生物でもその位置を変えずにいるにちがいないのである。

また、初期のイントロン侵入を支持するさらに説得力に富む理由が別にある。遺伝子は、タイプの違いで「オーソログ」と「パラログ」に分けられる。オーソログは、異なる種で同じ働きをする基本的に同じ遺伝子で、今しがた検討した例のように、共通祖先から受け継がれる。したがって、すべての真核生物はクエン酸合成酵素の遺伝子としてオーソログをもっており、われわれは皆それを共通祖先から受け継いでいる。第二の遺伝子グループであるパラログも共通祖先をもつが、この場合は祖先の遺伝子が同じ細胞のなかで重複し、えてしてそれが何度も起こり、遺伝子ファミリーができる。こうしたファミリーには20～30個もの遺伝子が含まれることがあり、通常それぞれの遺伝子は最終的にわずかに異なる仕事に特化する。一例が、およそ10個の遺伝子からなるヘモグロビンファミリーで、そのすべてが非常によく似たタンパク質をコードし、それぞれのタンパク質はわずかに異なる役目を果たしている。要するに、オーソログは異なる種で等価な遺伝子であるのに対し、パラログは同じ生物にある遺伝子ファミリーのメンバーなのだ。しかし当然ながら、パラログのファミリー全体が共通祖先から受け継がれ、異なる種で見つかることもある。それゆえ、哺乳類はすべてパラログのヘモグロビン遺伝子ファミリーをもっている。

こうしたパラログの遺伝子ファミリーは、太古のパラログと最近のパラログに分類できる。独創的な研究で、ユージーン・クーニンはまさにこれをおこなった。彼は太古のパラログを、すべての真核生物に見られるが、どの原核生物にも重複のない遺伝子ファミリーと定義した。すると、この遺伝子ファミリーを生み出した遺伝子重複は、真核生物の進化における初期の出来事で、真核生物の最後の共通祖先が進化を遂げる前だったと推定できる。これに対し最近のパラログは、動物や植物といった一部の真核生物のグループにしか見られない遺伝子ファミリーである。この場合、重複はもっと最近、そのグループが進化を遂げるあいだに起こったと結論づけられる。

クーニンは、実際に真核生物の進化の初期にイントロンが侵入したのだとしたら、可動性イントロンはさまざまな遺伝子にランダムに入ったはずだ、と考えた。太古のパラログは、この時期に盛んに重複を起こしていたからだ。初期のイントロン侵入がまだ弱まっていなければ、可動性イントロンは、増えゆくパラログの遺伝子ファミリーのさまざまなメンバーにおいて、新しい場所になお入り込んでいただろう。一方、より最近におけるパラログの重複は、先に想定した初期のイントロン侵入が終わってからかなりあとに起こった。新たに入り込むことがなかったから、元のイントロンの位置がこうした遺伝子の新たなコピーにも保存されていたはずだ。つまり、太古のパラログは最近のパラログに比べ、イントロンの位置をあまり保存していないはずなのである。これは驚くほど事実に近い。最近のパラログでは、ほぼすべてのイントロンの位置が保存されているが、太古のパラログでは、イントロンがほとんど保存されていない。まさに予測どおりなのだ。

以上の議論から、初期の真核生物が、実際に自身の内部共生体から可動性イントロンの侵入を受けたことがうかがえる。だが、もしそうなら、細菌と古細菌では通常きっちり抑え込まれているイントロンが、初期の真核生物ではなぜ増えたのか？　考えられる答えはふたつあり、おそらくどちらも正しい。第一の理由は、初期の真核生物――基本的にはまだ原核生物の古細菌の状態――が、物騒なまでに間近から、つまりみずからの細胞質のなかから細菌のイントロンに激しく攻め立てられたというものだ。ここでラチェット（反転不能の歯車）が働く。内部共生は、自然の「実験」だから失敗することもある。宿主細胞が死ねば、実験は終わりだ。しかし宿主細胞でなく内部共生体なら、そうはならない。内部共生体が複数いれば、そのうちひとつだけが死んでも、実験は続く――宿主細胞は生き延び、ほかの内部共生体もすべて生き延びる。ところが、死んだ内部共生体のＤＮＡは細胞質ゾルに流れ込み、その後一般的な遺伝子の水平移動によって、宿主細胞のゲノムに組み込まれるようなのだ。

この実験は簡単には止まらず、今日まで続いている――われわれの核ゲノムは、まさにそうした移動によって到着した、「numts」（nuclear mitochondrial sequences、核－ミトコンドリア配列）と呼ばれる何千ものミトコンドリアＤＮＡの断片で満ちている。ときおり新しい numts が現れ、遺伝子をかき乱して遺伝病を引き起こすと注目を集める。真核生物の起源においては、そもそも核がなかったので、こうした移動は今より多かったにちがいない。ミトコンドリアから宿主細胞へのＤＮＡの無秩序な移動は、可動性イントロンをゲノムの特定部位に向かわせ、ほかの部位は避けるような選択機構がたとえあっても、ひどい結果をもたらしただろう。一般に、細菌のイントロンはその宿主となる細菌に適応し、古細菌のイントロンはその宿主となる古細菌に適応する。しかし、初期の真核生物では、細菌のイントロンが、まったく異なる遺伝子配列をもつ古細菌のゲノムに侵入していた。そこに適応上の制約はなかった。制約がない状態で、どうすればイントロンの野放図な増加を止められただろう？　無理だ！　絶滅が迫る。せいぜい望めるのは、遺伝的に不安定な――ひ弱な――細胞の小集団ぐらいである。

初期のイントロンが急増した第二の理由は、それに対して働く選択の力が弱かったというものだ。それはひとつには、ひ弱な細胞の小集団は、元気な細胞でごった返す集団よりも競争力が弱いからにほかならない。だが、最初の真核生物は、イントロンの侵入に対してそれまでにない耐性ももっていたにちがいない。結局のところ、その耐性をもたらしたのが内部共生体、つまり将来ミトコンドリアとなるものであり、それはエネルギーの点で恩恵となったと同時に、遺伝子の点ではコストとなった。イントロンはエネルギーの点でも遺伝子の点でも負担をもたらすので、細菌にとってはコストとなる。ＤＮＡの少ない小さな細胞は、必要以上に多くのＤＮＡをもつ大きな細胞より複製が速い。前の章で見たように、細菌はゲノムを合理化し、生存できる最小限に抑える。一方、真核生物はゲノムに極端なまでの非対称性が見られる。彼らが核ゲノムを自由に拡大できるのは、内部共生体のゲノムが縮小するからにほかならない。宿主細胞のゲノムの拡大については何も計画が立てられているわけではなく、単にゲノムのサイズが増大しても細菌のように選択によって不利にはならないだけだ。不利益が少ないおかげで、真核生物は、さまざまな複製や組み換えによって何千もの遺伝子を余分に蓄積できるだけでなく、遺伝子パラサイトの負担がはるかに大きくなっても耐えられる。このふたつは必然的に表裏一体の関係にある。真核生物のゲノムにイントロンがあふれかえったのは、エネルギーの観点からそれが可能だったためなのだ。

したがって最初の真核生物は、自身の内部共生体から遺伝子パラサイトの猛攻を受けていたように思われる。意外にも、こうしたパラサイトはたいした問題を引き起こさなかった。問題が実際に生じだしたのは、パラサイトが崩壊して、その遺骸――イントロン――がゲノムに散らばったときだったのである。そこで、宿主細胞はイントロンを物理的に切り出さなければならなくなった。さもないと、読み取られて無意味なタンパク質ができてしまうのだ。前にも述べたとおり、これをおこなうのが、可動性イントロンによるRNAのハサミに由来する、スプライソソームである。しかし、スプライソソームはすばらしいナノマシンかもしれないが、部分的な解決策にしかならない。困ったことに、スプライソソームは作業が遅いのだ。進化による改良を20億年近く重ねてきた現在でさえ、1個のイントロンを切り出すのに数分かかる。一方、リボソームはすさまじい速さ――最大で毎秒アミノ酸を10個つなぐ――で働く。アミノ酸およそ250個ぶんの長さの標準的な細菌のタンパク質を作るのに、30秒もかからないのだ。たとえスプライソソームがRNAに辿り着けたとしても（RNAはいくつものリボソームに覆われていることが多いので、それは容易ではない）、イントロンがそのまま組み込まれた状態では、大量の役に立たないタンパク質の合成を止めるのは無理だろう。

どうすればエラー・カタストロフィ（エラーの連鎖による破局）は避けられるのか？　マーティンとクーニンによれば、ただ途中に障壁をはさむだけでいいという。核膜は、転写と翻訳とを隔てる障壁になる――核内では、遺伝子がRNAのコードスクリプトに転写され、核外では、RNAがリボソームによってタンパク質に翻訳される。重要なのは、リボソームがRNAのそばに辿り着く前に、スプライシングという時間のかかるプロセスが核内で起きることである。核の存在の本質的な意義はそこにあり、リボソームを寄せつけない点にある。これにより、真核生物には核が必要なのに原核生物には必要でない理由が説明できる――原核生物にはイントロンの問題がないからなのだ。

でもちょっと待って、とあなたは言うだろう！　完全にできあがった核膜をいきなりぽんと出せるわけもないのに！　進化するのに何世代もかかったはずで、ならばなぜ初期の真核生物はそのあいだに死に絶えなかったのか？　確かに多くは死に絶えたにちがいないが、問題はそこまで難しくはなかったかもしれない。手がかりは、膜にかんする別の興味深い特徴にある。宿主細胞が正真正銘の古細菌だったことは遺伝子から明らかだから、膜には古細菌に特有の脂質があったはずなのに、現在真核生物の膜には細菌の脂質がある。これは手品のような事実だ。何かの理由で、真核生物の進化の初期に、古細菌の膜が細菌の膜に取って代わられたにちがいない。なぜなのか？

この疑問にはふたつの側面がある。ひとつ目は、実際にできるのかという現実性の問題だ。答えはイエスである。なんとも驚いたことに、古細菌と細菌の脂質がさまざまに混ざり合ったモザイク状の膜は、実は安定性が高い。これは実験から明らかになっている。したがって、古細菌の膜から細菌の膜へ徐々に移行することはありうる。そのため、それが起こらなかったとする理由はないが、実際にはそんな移行はめったに起こらない。これが疑問のふたつ目の側面につながる――どんな珍しい進化の力によって、こうした変化が促されたのか？　答えは内部共生体である。

内部共生体から宿主細胞へ無秩序に移動するＤＮＡには、細菌の脂質合成の遺伝子も含まれていたにちがいない。それでコードされた酵素が合成され、働いたと考えられる。そのまま酵素が細菌の脂質を作ったが、当初はこの合成に歯止めが効いていなかったようだ。ランダムに脂質が合成されるとどうなるか？　水中でできれば、脂質の小袋として沈殿する。ニューカッスル大学のジェフ・エリントンは、実際の細胞も同じような振る舞いをすることを示している。細菌で脂質合成を増やす変異が生じると、内膜が沈殿するのだ。これはできた場所の近くに沈殿しやすく、たくさんの脂質の「袋」でゲノムを取り囲む。ちょうど浮浪者がポリ袋で寒さから身を守るように、不十分ではあるが、たくさんの脂質の袋は、DNAとリボソームを隔てる不完全な障壁となって、イントロンの問題を緩和する。この障壁は不完全でなければならなかった。密閉された膜だと、RNAをリボソームのところまでもち出せなくなる。綻びのある障壁なら、ただペースを落とし、リボソームが働きだす前に、スプライソソームにイントロンを切り出す時間を少しばかり多く与えてくれる。言い換えれば、ランダムな（しかし意外ではない）起点が、選択に解決の糸口を与えたことになる。最初はゲノムを取り囲むたくさんの脂質の袋だが、最終的に、精巧にできた細孔だらけの核膜となったのである。

核膜の形態はこの見方と一致している。脂質の袋はポリ袋のように平たくできる。平たくなった袋の断面を見ると、ふたつの面が間近に平行に並んでいる——二重膜だ。これこそ核膜の構造である。いくつもの平たい小袋が融合し、隙間に核膜孔複合体がはまっている。細胞分裂の際、この膜は崩壊してばらばらの小袋に戻り、その後また成長して融合し、2個の娘細胞の核膜を再構成する。

核の構造をコードする遺伝子に見られるパターンも、この点で理にかなっている。ミトコンドリアを獲得する前に核が進化を遂げていたなら、さまざまな部分——核膜孔やラミナ（薄膜）、核小体——の構造は、宿主細胞の遺伝子によってコードされているはずだ。だが事実はそうではない。それらはすべて、キメラのように混じり合ったタンパク質でできており、細菌の遺伝子でコードされたものもあれば、古細菌の遺伝子でコードされたものもいくらかあり、残りは真核生物にしかない遺伝子によってコードされている。ミトコンドリアを獲得したあとに、無秩序な遺伝子移動の結果として核が進化を遂げたのでなければ、このパターンを説明することはほぼ不可能だ。真核細胞の進化では、内部共生体がほとんど（だが完全にではなく）原形をとどめないほど変化してミトコンドリアになった、とよく言われる。ところが、宿主細胞がさらに劇的な改造を受けたことは、あまり認知されていない。宿主細胞は単純な古細菌として始まり、内部共生体を獲得した。その内部共生体が何も知らぬ宿主をＤＮＡとイントロンで激しく攻め立て、核の進化を促したのだ。しかも核だけではない。有性生殖も手を取り合うように進化を遂げた。

有性生殖の起源

すでに述べたように、有性生殖は真核生物の進化のごく初期に現れた。また、有性生殖の起源がイントロンの猛攻と関係していた可能性についても示唆した。では、どのようにしてそうなったのか？　まずは、これから説明することをざっとまとめておこう。

真核生物がおこなっている真の有性生殖は、２種類の配偶子（ヒトの場合は精子と卵子）の融合を必要とし、各配偶子は通常の半分の染色体しかもっていない。あなたも私も二倍体であり、ほかの多細胞真核生物もほとんどが二倍体だ。したがって、われわれはどの遺伝子もふたつもっており、両親からひとつずつ受け継いでいる。さらに言えば、われわれはどの染色体も２本もっており、それらを姉妹染色体という。染色体を表す図では、不変の物理的構造に見えるかもしれないが、実際には決してそうではない。配偶子形成の際、一方の染色体の一部ともう一方の染色体の一部が融合して組み換えを起こし、遺伝子がそれまでにない新しい組み合わせとなる（図28）。新たに組み換えられた染色体を遺伝子単位で念入りに見ていけば、一部の遺伝子は母親由来で、また一部の遺伝子は父親由来とわかるだろう。そこから、染色体は減数分裂（文字どおり「数が減る細胞分裂」）のプロセスでふたつに分かれ、どの染色体もひとつだけもつ半数体の配偶子ができる。そうして組み換えられた染色体をもつ2種類の配偶子は、最終的に融合して受精卵となり、ユニークな組み合わせの遺伝子をもつ新たな個体ができる。これが子どもだ。

有性生殖の起源で問題となるのは、新たなメカニズムがたくさん進化する必要があったことではない。組み換えは、2本の姉妹染色体が隣り合って並ぶことによって起きる。その後、乗り換え（交叉）の起きた場所を通じて、一方の染色体の断片が物理的にもう一方へ移動し、もう一方の染色体でも同じことが起こる。こうした染色体の物理的な並列と遺伝子の組み換えは、細菌や古細菌でも遺伝子の水平移動の際に起こるが、通常は相互的ではなく、損傷した染色体を修復したり、染色体から欠失した遺伝子を再度取り込んだりするのに利用される。分子メカニズムは基本的に同じであり、有性生殖で異なるのは、範囲と相互性だ。有性生殖は、ゲノム全体にわたる相互組み換えなのである。これは、細胞全体の融合とゲノム全体の物理的移動を必ずともなない、原核生物では、見られるとしてもめったにない。

有性生殖は、20世紀には生物学の問題の「女王」と見なされていたが、いまやわれわれは、少なくとも狭義の無性生殖（クローニング）に比べ、有性生殖が役立つ理由を十分理解している。有性生殖によって遺伝子の強固な組み合わせがばらばらになると、個々の遺伝子が自然選択の「目にとまる」ようになり、われわれのあらゆる特性がひとつずつ分解できるようになる。これは生体を弱らせるパラサイトを寄せつけないのに役立つだけでなく、変化する環境に適応したり、集団内に必要な変異を維持したりするのにも役立つ。かつて中世の石工は、神は何もかもお見通しだとの理由から、大聖堂の奥に隠れた彫像の背中まで彫刻した。これと同じように、有性生殖は、すべてを見通す自然選択の目が、その作品を遺伝子ひとつひとつに至るまで調べられるようにしている。有性生殖はわれわれに「流動的な」染色体、つまり千変万化の遺伝子（専門用語では「対立遺伝子」*）の組み合わせをもたらし、その結果、自然選択はそれまでになく

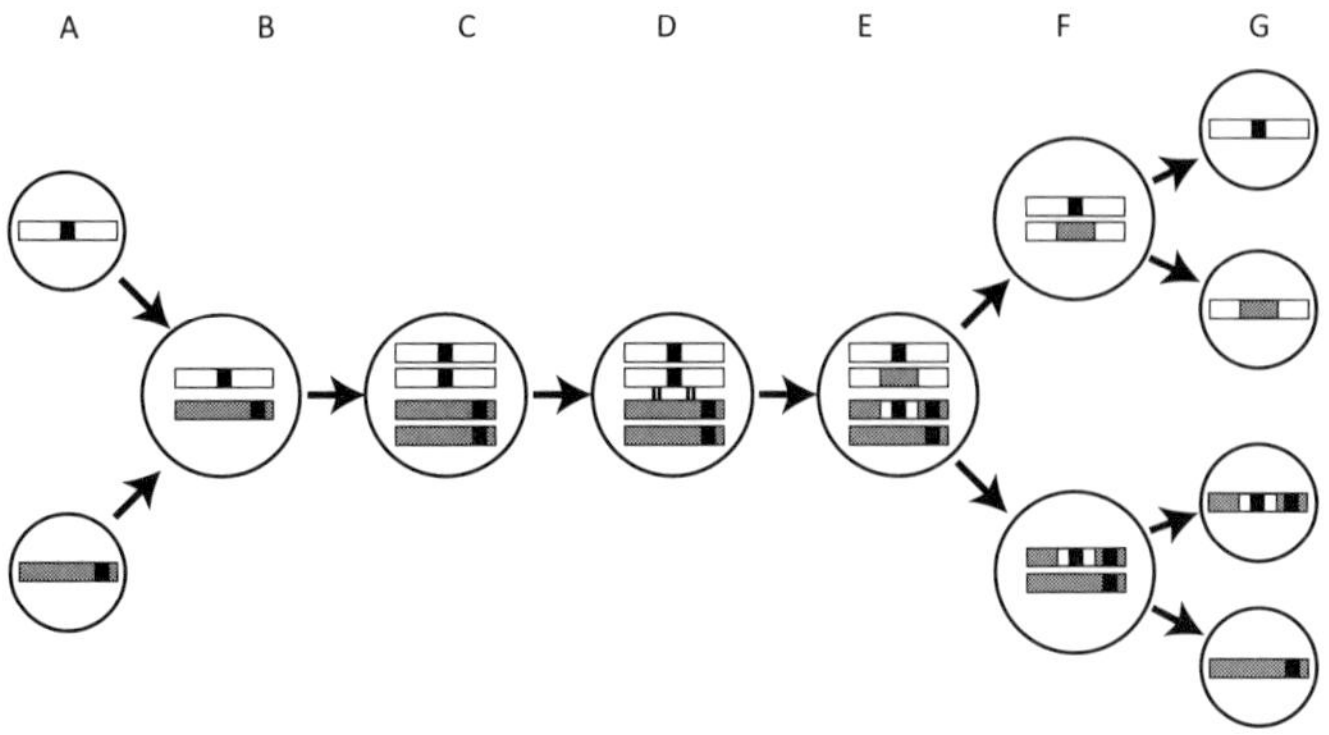

図 28　真核生物の有性生殖と組み換え．生殖周期を単純化して描いたもの．2 種類の配偶子が融合してから，組み換えをともなう 2 段階の減数分裂が起こり，遺伝子の異なる新たな配偶子ができる．相同な（だが遺伝子は異なる）染色体を 1 本もつ配偶子 2 個（A）が融合し，染色体を 2 本もつ接合子になる（B）．黒い帯は，なんらかの遺伝子の有害な変異か有益な変異を示している．減数分裂の最初の段階（C）では，染色体が並んでから複製され，相同なものが 4 本できる．続いて，その染色体のうち 2 本以上で組み換えが起こる（D）．DNA の一部が染色体間で相互乗り換え（交叉）を起こし，父系染色体の一部と母系染色体の一部を含んだ新しい染色体ができる（E）．2 回にわたる減数分裂でこれらの染色体は分かれ（F），ついには新たな配偶子ができる（G）．この配偶子のうち 2 個は元の配偶子とそっくり同じだが，あとの 2 個は異なっている点に注意．黒い帯が有害な変異を示していたら，ここで有性生殖によって，変異のない配偶子が 1 個，変異のふたつある配偶子が 1 個生じるわけで，後者は選択によって排除される．逆に，黒い帯が有益な変異を示していたら，有性生殖によって 1 個の配偶子にふたつの変異が集まり，両方同時に選択することも可能になる．要するに，有性生殖は配偶子のバラエティー（違い）を増し，個々の遺伝子を自然選択の目にとまりやすくするので，やがて変異は排除され，有益な変異が選ばれていくのだ．

巧みに生物を選別できるようになった。

　１００個の遺伝子が、決して組み換えられることのない染色体上に並んでいるとしよう。自然選択によって選別できるのは、染色体全体の適応度だけだ。かりに、この染色体に真に重要な遺伝子がいくつかあったとする。それらにどんな変異が起きても、ほぼ必ず死を招く。だが大事なのは、重要でない遺伝子に変異が起きても、自然選択の目にはほとんどとまらないということだ。わずかに有害な変異はそうした遺伝子に蓄積しうる。その悪影響は、染色体全体ではいくつかの重要な遺伝子による大きなメリットによって相殺されるからである。その結果、染色体の適応度、ひいては個体の適応度が次第に低下する。これはおおよそ男性のY染色体で起きていることだ——組み換えがないと、ほとんどの遺伝子がゆっくり退化する状態となり、重要な遺伝子だけが自然選択によって維持される。しまいには、モグラレミングの *Ellobius lutescens* で実際に起こったように、Y染色体がまるごと失われることもある。

しかし、自然選択が積極的に働くとさらにひどいことになる。重要な遺伝子で起きるまれな良性の変異が、とても有益なために集団全体に広まった場合、どうなるか考えてみよう。新しい変異を受け継いだ生物が優勢となり、ついにはその遺伝子が広まって「固定」される。集団内の全生物がその遺伝子をもつようになるのだ。しかし、自然選択は染色体を全体で「見る」ことしかできない。ならば、染色体にあるほかの99個の遺伝子も、集団内で固定されてしまう——一緒についていくわけで、これを、固定に「ヒッチハイク（便乗）する」という。こうなったら大変だ。集団内のどの遺伝子にも、タイプ（対立遺伝子）がふたつか3つあるとしよう。すると、1万〜100万通りの対立遺伝子の組み合わせが可能になる。固定されてしまうとこうした多様性は一掃され、集団全体が、100個の遺伝子——最近固定された遺伝子とともに、その染色体にたまたま一緒に入っていた遺伝子——からなるただひとつの組み合わせとなり、多様性は壊滅的に失われる。そしてもちろん、遺伝子数がたかだか100個というのは、あまりにも単純化しすぎている。無性生殖の生物は何千個も遺伝子をもち、そのすべてが、ただひとつの選択的排除（用語集参照）によって多様性を失う。集団の「実効的な」サイズが大幅に縮小し、無性生殖の集団ははるかに絶滅しやすくなる。[**] まさにそんなことが、大半の無性生殖の生物に起きている。クローニングで増えるほぼすべての動植物は数百万年以内に絶滅するのだ。

これらふたつのプロセス——軽いダメージを与える変異の蓄積と、選択が広まることによる多様性の喪失——を、ひとまとめに「選択的干渉」という。組み換えがなければ、特定の遺伝子の選択が、ほかの遺伝子の選択を妨げてしまう。さまざまな組み合わせの対立遺伝子をもつ染色体——「流動的な染色体」——を作り出すことで、有性生殖は、個々の遺伝子に対して選択が働くようにしている。こうして自然選択は、神のように、われわれのあらゆる長所と短所を遺伝子ごとに見ることができている。これが有性生殖の大きなメリットなのである。

だが、有性生殖には大きなデメリットもあり、それゆえ進化の問題の女王として長く君臨している。有性生殖は、特定の環境で成功を収めることがわかっている対立遺伝子の組み合わせを壊し、親の繁栄に役立ったまさにその遺伝子のセットをランダム化する。遺伝子のセットは世代ごとにまたシャッフルされるので、天才とそっくり同じクローンができる可能性はまったくない。モーツァルトがもうひとり誕生することはないのだ。さらに、「有性生殖にかかる2倍のコスト」の問題がある。無性生殖の細胞分裂では、2個の娘細胞ができ、娘細胞のそれぞれがまた新たな娘細胞を2個生み出し、これがどこまでも続く。集団は指数関数的に拡大する。有性生殖の細胞分裂では、生殖細胞が互いに融合して新たな個体を形成し、

＊（二四四ページ）同じ遺伝子についての複数の変異体を「対立遺伝子」という。なんであれ特定の遺伝子は、染色体上で同じ位置——「遺伝子座」——にあるが、遺伝子の実際の配列は個体ごとに異なる。ひとつの集団のなかでそのような変異体が複数見られれば、それらは対立遺伝子と呼ばれる。対立遺伝子は、同じ遺伝子座にある同じ遺伝子の多型変異体である。これと突然変異体とでは頻度が異なる。新たな突然変異は、集団内の存在頻度が低い。それがメリットを提供するのなら、このメリットがなんらかのデメリットによって相殺されるまで、集団全体に広まるだろう。するとそれは対立遺伝子になる。

＊＊集団の実効的なサイズは、集団内の遺伝子変異の量を反映している。パラサイトの感染によるリスクという点では、クローンの集団より単一の個体のほうがまだましだ。パラサイトが特定の遺伝子の組み合わせを狙えるように適応すると、集団全体がずたずたになるおそれがあるからである。反対に、大きな有性生殖の集団は（全部が同じ遺伝子をもっていても）たいてい対立遺伝子に多くのバリエーションがある。バリエーションがあると、一部の生物が特定のパラサイトの感染に耐性をもつ可能性が高くなる。たとえ個体数は同じでも、集団の実効的なサイズは大きくなるのだ。

それがまた生殖細胞を生み出す。したがって、無性生殖の集団は1世代ごとにサイズが2倍になるのに対し、有性生殖の集団のサイズは変わらない。そして、ただ自分にそっくりなクローンを作るのに比べ、有性生殖の場合は配偶の相手を見つけるという問題が生じ、感情面（と経済面）でさまざまなコストもかかる。おまけに雄のコストの問題もある。自分のクローンを作れば、攻撃的で意気盛んな雄が、角を突き合わせたり、尾羽を広げたり、役員室で睨みをきかせたりする必要はなくなる。さらに、エイズや梅毒などの恐ろしい性感染症にかかることもなく、遺伝子のたかり屋――ウイルスや「ジャンピング遺伝子」――に自分のゲノムをジャンクだらけにされるおそれもない。

不思議なのは、有性生殖が真核生物に広く普及していることだ。ある種の状況ではそのメリットがコストを打ち消すとしても、それ以外の状況ではそうならない、と考えたくもなるだろう。これはある程度正しい――微生物は30世代ほど無性生殖によって分裂してから、たいていはストレスを受けた状況で、たまに有性生殖にふけることもあるのだから。それでも、有性生殖は妥当に見えるレベルよりはるかに普及している。きっと、真核生物の最後の共通祖先がすでに有性生殖をおこなっていて、それゆえその子孫もすべて有性生殖をしていたからだろう。多くの微生物は定常的に有性生殖をおこなってはいないが、有性生殖を完全に失っても絶滅していないものはほとんどいない。したがって、有性生殖をまったくおこなわないことのコストは高い。同じような議論が、最初期の真核生物にも当てはまるはずだ。有性生殖をおこなわなかったものは――おそらく有性生殖を「発明」しなかったものはすべて――絶滅した可能性が高い。

しかし、ここでふたたび遺伝子の水平移動の問題に突き当たる。これは、遺伝子を組み換えて「流動的な染色体」を作り出すという点で、有性生殖に似ている。最近まで、細菌はクローニングの名人と見なされていた。細菌は指数関数的な率で増殖する。いっさい制約がない場合、1個の大腸菌が30分ごとに倍に増えると、ちょうど3日で地球と同じ質量のコロニーができる。だが、大腸菌にできることはそれだけではない。遺伝子の交換もできるのだ。遺伝子の水平移動によってみずからの染色体に新しい遺伝子を組み込む一方、不要な遺伝子を取り除く。胃腸にくる風邪をもたらす細菌は、鼻風邪をもたらす同じ「種」の細菌と比べて、遺伝子の30パーセントが異なっているかもしれない。つまり細菌は、クローニングの速さや単純さに加え、有性生殖のメリット（流動的な染色体）も享受しているわけだ。それでいて、細胞全体を融合することはなく、ふたつの性をもつこともないので、有性生殖のデメリットの多くを免れている。両方のいいとこ取りをしているように思える。では、最初期の真核生物において、なぜ遺伝子の水平移動から有性生殖が生じたのだろうか？

数理集団遺伝学者のサリー・オットーとニック・バートンによる研究は、真核生物の起源の状況に顕著に関係している要素の「神聖ならざる三位一体」を指摘している。有性生殖のメリットが最大になるのは、変異率が高く、選択圧が強く、集団内のバリエーションが多い場合だというのである。

まず変異率を考えよう。無性生殖では、高い変異率によって、軽いダメージを与える変異の蓄積率が上がり、選択的排除によるバリエーションの喪失も進む。選択的干渉の厳しさが増すのだ。初期にイントロンが侵入したとすれば、最初の真核生物は変異率が高かったにちがいない。どれほど高かったかを正確に絞り込むのは難しいが、モデル化によってつかむことは可能だろう。私は、アンドルー・ポミアンコフスキーとジェズ・オーウェンとともにこの問題に取り組んでいる。ジェズは物理学の素養があり、生物学のこうした大問題に関心をもっている博士課程の学生で、目下、計算モデルを開発して、有性生殖が遺伝子の水平移動に勝る点を突き止めようとしている。ここで考慮すべき要素がもうひとつある――ゲノムのサイズだ。変異率が同じままでも（たとえば致死突然変異がＤＮＡ１００億文字につきひとつ）、なんらかの変異のメルトダウンを起こさずにゲノムを無制限に拡大することはできない。この場合、100億文字未満のゲノムをもつ細胞は大丈夫だが、それよりはるかに大きなゲノムをもつ細胞は、すべて致死突然変異を起こすので死ぬ。真核生物誕生時のミトコンドリアの獲得は、ここに挙げた両方の問題を悪化させたにちがいない——変異率が上がったのはほぼ確実で、ゲノムのサイズは何桁も増大できるようになった。

たぶん、有性生殖はこの問題を解決する唯一の方法だったのだろう。遺伝子の水平移動は、原理上は組み換えによって選択的干渉を回避できるが、ジェズの研究によるとそこまでにすぎないという。ゲノムが大きいほど、遺伝子の水平移動によって「正しい」遺伝子を見つけ出すのが難しくなる。これは実のところ数当て賭博にすぎない。ゲノムに必要なすべての遺伝子を、正常に働く状態で確実にもたせる唯一の方法は、すべてをもちつづけ、ゲノム全体でつねに組み換えをおこなうことだ。これは遺伝子の水平移動ではなし遂げられない——ここで必要なのが、有性生殖、それも全ゲノムで組み換えがおこなわれるような「完全な有性生殖」なのである。

選択の強さはどうだろう？　やはりイントロンが重要となるかもしれない。現代の生物では、有性生殖に有利に働く典型的な選択圧は、寄生体の感染と環境の変動だ。それでも、有性生殖がクローニングに勝るためには、選択が強く働かなければならない——たとえば、寄生体は多く存在し、宿主を弱らせなければならない。きっとこれらと同じファクターが初期の真核生物にも当てはまっただろうが、宿主を弱らせる初期のイントロン侵入——遺伝子パラサイト——と戦う必要もあった。可動性イントロンがなぜ有性生殖の進化を促すのだろうか？　理由は、ゲノム全体にわたる組み換えで多様性が増し、有害な場所にイントロンをもつ細胞ができることもあれば、あまり危険でない場所にイントロンをもつ細胞ができることもあるからだ。その後、自然選択が働いてとくにひどい細胞は取り除かれる。遺伝子の水平移動は散発的に起こるので、一部の細胞では遺伝子が除去されるが、ほかの細胞では多めに変異を蓄積するといったように、うまくバリエーションを生み出すことはできない。名著『メンデルの悪魔』のなかで、マーク・リドレーは、有性生殖を新約聖書における罪の考えになぞらえている――ちょうどキリストが人々の罪を一身に引き受けて死んだように、有性生殖も、集団に蓄積した変異を一体のいけにえに押しつけて、処刑してしまえるのだ。

細胞間の違いもイントロンと関係していたかもしれない。古細菌も細菌もふつう環状の染色体を1個もっているのに対し、真核生物は線状の染色体を複数もっている。それはなぜか？　単純な答えを言えば、イントロンはみずからをゲノムに出し入れする際にエラーを起こすことがあるからだ。みずからを切り出したあと、染色体の両端の再接合に失敗すると、染色体が切れたままになる。環状の染色体が1ヵ所切れると線状の染色体が1個でき、数ヵ所切れると線状の染色体は数個できる。すると、可動性イントロンが起こした組み換えのエラーにより、初期の真核生物で複数の線状の染色体が生み出された可能性がある。

その結果、初期の真核生物に、細胞周期にまつわる恐ろしい問題が生じたにちがいない。細胞ごとに染色体の数も違えば、蓄積している変異や欠失も違っていただろう。また、新しい遺伝子やDNAをミトコンドリアから獲得してもいたはずだ。染色体の複製ではきっとコピーのエラーも起きた。この状況で遺伝子の水平移動が何を提供できたのかは、なんともわからない。しかし、標準的な細菌の組み換え――染色体を並べ、相手にない遺伝子を詰め込む――で、細胞は遺伝子や形質を蓄積しやすくなったはずだ。それでも有性生殖だけが、役に立つ遺伝子を蓄積し、そうでない遺伝子を取り除くことができた。新しい遺伝子やDNAを有性生殖と組み換えによって獲得するというこの傾向によって、初期の真核生物のゲノムの肥大を容易に説明できる。このような遺伝子の蓄積が、遺伝的不安定性の問題の一部を解決したはずだ。

一方、ミトコンドリアをもつことはエネルギー面で有利だったので、細菌と違って、エネルギー面の不利益もなかった。もちろん、これはすべて推測だが、その可能性は数理モデルで絞り込むことができる。

細胞はどうやってみずからの染色体を物理的に分離させたのだろう？　その答えは、細菌が大きなプラスミド――抗生物質耐性などの形質をコードする遺伝子の入った可動性の「カセット」――を分離させるときに使う機構にあるのではないか。大きなプラスミドは通常、細菌の細胞分裂の際、真核生物が使う紡錘形の微小管を足場として分離する。このプラスミド分離機構を、初期の真核生物は種々の染色体の分離に利用していた、というのもありそうな話に思える。このようにして分離されるのはプラスミドだけではない――一部の種の細菌も、通常のように細胞膜を使うのではなく、かなり動的な紡錘体の上で染色体を分離させるらしい。原核生物の世界からもっとうまくサンプルを取り出せば、有糸分裂と減数分裂における真核生物の染色体分離の物理的起源について、より多くの手がかりが得られるかもしれない。

細胞壁をもつ細菌ではほとんど知られていないが、一部の古細菌は融合することが知られている。細胞壁の喪失によって融合が格段に起こりやすくなったのは間違いなく、事実、細胞壁を失ったL型細菌はかなり容易に融合する。現代の真核生物において細胞融合に対する制御機構が多いことも、祖先の融合を止めるのが難しかった可能性を示している。創意豊かな進化生物学者ニール・ブラックストーンが主張するように、初期の融合はミトコンドリアによって促進されたとさえ考えられる。ミトコンドリアの苦しい立場を考えよう。内部共生体である彼らは、宿主細胞を出てすんなりと別の細胞に侵入することはできないので、自分が進化の点で成功を収めるかどうかは宿主の成長にかかっていた。宿主が変異によって損なわれ、成長できなくなれば、ミトコンドリアもお先真っ暗で、増殖できなくなる。だが、ミトコンドリアがどうにかして別の細胞との融合を誘導できたらどうなるだろう？　これは双方にメリットのある状況だ。

宿主細胞は相補的なゲノムを獲得し、その結果、組み換えができるようになるか、ひょっとしたら特定の遺伝子の変異が、問題のなさそうな相同遺伝子によって覆い隠されるかもしれない——異系交配のメリットだ。細胞融合によって宿主細胞がふたたび成長できるようになると、ミトコンドリアも自己複製を再開できただろう。したがって、初期のミトコンドリアは有性生殖を促せたのだ![2] それは、目先の問題を解決した可能性もあるが、皮肉にも、別の、より広範な問題への扉を開けたにすぎなかった。その問題とは、ミトコンドリア間の競争だ。その解決策がまさに、有性生殖がもつ別の不可解な側面——ふたつの性の進化——だったのかもしれない。

ふたつの性

「有性生殖に関心のある経験豊かな生物学者も、3つ以上の性をもつ生物にもたらされる具体的な結果を解明する気にはならないだろう。だが、実際に性がつねにふたつである理由を知りたければ、ほかに何をすべきだというのか?」そう述べたのは、進化遺伝学の創始者のひとり、サー・ロナルド・フィッシャーだ。この問題には、まだ決定的な答えが得られていない。

理論上、ふたつの性は、ありうる状況のなかで最悪のもののように思える。だれもが同じ性だったらと考えてみよう——だれでも互いに配偶できるだろう。パートナー(配偶相手)の選択肢が一気に2倍になるのだ。間違いなく、これで事が楽になる! あるいは何かの理由で複数の性をもたざるをえないとしたら、ふたつよりも3つや4つのほうがいいはずだ。配偶の相手が自分以外の性に限られていたとしても、集団の半分だけではなく、3分の2や4分の3とカップルになれるからだ。当然だが、パートナーが2体でなければならなくても、同じ性だったり、たくさんの性の組み合わせがありえたり、さらには雌雄同体だったりしてはいけない明白な理由はない。雌雄同体にともなう現実の困難を考えてみれば、この問題にいくらか答えが出る。どちらのパートナーも「雌」になるコストを負担したがらないのだ。雌雄同体の扁形動物などは、精液を注入されるのを避けるために奇妙なことをする。ペニスを使って激戦を繰り広げ、敗者の体に大きな穴をあけて精液を入れる。これは生々しい自然の姿だが、実は理由の議論としては何も進んでいない。雌になるほうが生物学的コストが大きいこと自体は不問に付されているからだ。いったいどうしてそうなのか？　雄と雌の違いは実のところ何なのか？　両者の溝は深く、X染色体とY染色体や、さらには卵細胞と精子とも関係ない。ふたつの性、いや少なくともふたつの交配型は、一部の藻類や菌類など、単細胞の真核生物にも見られる。それらの配偶子は微小で、ふたつの性は区別できなさそうに見えるが、それでもあなたや私のように相手を見分けられるのである。

ふたつの性の最大の違いは、ミトコンドリアの遺伝に関係している――一方の性はミトコンドリアを伝えるが、もう一方の性は伝えないのだ。この違いはヒトにも同じように当てはまり（われわれのミトコンドリアはすべて母親に由来し、卵子に10万個が詰まっている）、クラミドモナスなどの藻類にも当てはまる。こうした藻類はそっくり同じ配偶子（つまり同型配偶子）を生み出すものの、一方の性だけがミトコンドリアを伝え、もう一方はミトコンドリアを消化されるという冷遇を受ける。実は、消化されるのは厳密に言うとミトコンドリアDNAだ。問題はミトコンドリアの遺伝子であって、形態上の構造ではないようなのである。したがってわれわれは、今見たとおり、ミトコンドリアが有性生殖をめぐって戦うように見えるきわめて特異な状況にあるのだが、結果的にミトコンドリアは細胞から細胞に全部広まるのではなく、半数が消化されている。何が起きているのだろう？

最も可能性が高いのは、利己的な対立だ。遺伝子のまったく同じ細胞のあいだでは、真の競争は起こらない。そうしてわれわれの細胞は手なずけられ、協力して身体を形成しているのだ。われわれの細胞はすべて遺伝子がそっくり同じなので、われわれは巨大なクローンと言える。ところが、遺伝子の異なる細胞同士は確かに競合し、一部の変異体（遺伝子の変化した細胞）はがんを生み出す。そしてほぼ同じことが、遺伝子の異なるミトコンドリアが同じ細胞のなかに混ざり合った場合にも起こる。こうした複製がとくに速い細胞やミトコンドリアは、たとえ宿主の生物に有害で、ミトコンドリアのがんのようなものを生み出すとしても、広まりやすい。細胞はそれ自体で自律的に自己複製する存在であり、可能ならいつでも成長し分裂する準備が整っているからだ。かつてフランスのノーベル賞受賞者フランソワ・ジャコブは、すべての細胞の夢はふたつの細胞になることだ、と言った。驚くべきは、細胞が頻繁にそれをおこなっていることではなく、ヒトを作れるほど長きにわたり制御されていることだ。このような理由から、ふたつのミトコンドリアの集団が同じ細胞のなかで混ざれば、みずから災難を招くことになる。

この考えは数十年前にさかのぼれ、ウィリアム・ハミルトンなど、偉大な進化生物学者の一部から太鼓判を押されている。しかし、文句のつけようがないわけではない。第一に、例外がいくつか知られており、その場合はミトコンドリアが自由に混ざっても、必ずしも悲惨なことにはならない。第二に、現実的な問題がある。複製に有利となるミトコンドリアの変異を考えよう。変異を起こしたミトコンドリアはほかよりも速く成長する。変異が致命的な場合は、変異体が宿主細胞とともに死に絶えるし、そうでない場合は、変異体が集団全体に拡散する。変異体を拡散のさなかに取り押さえるには、拡散に対するなんらかの遺伝的抑制（たとえば、核遺伝子に何かの変化が起こり、ミトコンドリアの混合が妨げられる）がすぐに生じる必要がある。ぴったりの遺伝子がタイミングよく生じなければ、手遅れになるのだ。変異体がすでに拡散して固定されていたら、どうにもならない。進化は盲目的で、予見はできない。次にどんなミトコンドリアの変異体が現れるか予測できないのだ。そして第三に、複製の速いミトコンドリアはそれほど悪くないのではないかと思われる点がある——それは、ミトコンドリアにはごくわずかな遺伝子しかないという事実だ。これにはさまざまな理由があるだろうが、複製速度の速いミトコンドリアが選択されたというのも、きっと理由のひとつにちがいない。それは、時とともにミトコンドリアの複製速度を上げてきた数多くの変異が存在したことを意味する。そうした変異はふたつの性の進化によって排除されなかったのだ。

こうした理由から、私は前著で新しい考えを提示した。この問題は、ミトコンドリア遺伝子が核内遺伝子に適応するための要件にむしろ関わっているのかもしれない、という考えだ。これについては次の章で詳しく語る。ここでは要点を述べるにとどめたい。呼吸がきちんとおこなわれるためには、ミトコンドリア内と核内の遺伝子が互いに協力する必要があり、どちらか一方のゲノムだけで変異が起こると身体の適応度が低下する。私は、片方の性だけがミトコンドリアを伝える片親遺伝によって、ふたつのゲノムの共適応が向上するのではないか、と提唱した。この考えは、私には理にかなっているように思えるが、生物学への興味が芽生えた有能な数学者ジーナ・ハジヴァシリウが、博士課程でアンドルー・ポミアンコフスキーや私と研究を始めていなければ、そこで止まっていただろう。

ジーナは、片親遺伝がミトコンドリアゲノムと核ゲノムの共適応を向上させることを実際に明らかにした。その理屈はいたって単純で、サンプリングの影響と関係している。このテーマには興味深いバリエーションがあり、のちほど改めて取り上げる。遺伝子の異なる100個のミトコンドリアをもつ細胞があるとしよう。そのうち1個を取り出し、それだけ別の細胞に入れて、ミトコンドリアがまた100個になるまでコピーする。わずかな新しい変異もなければ、ミトコンドリアはすべて同じになる。クローンだ。では、これと同じことを次のミトコンドリアでもおこない、そのまま続けて100個のミトコンドリアすべてをそれぞれ100個コピーする。こうしてできる100個の新しい細胞はそれぞれ異なるミトコンドリアの集団をもっていて、良い集団もあれば悪い集団もある。すると細胞間のばらつきが増したことになる。細胞をまるごと100回コピーしただけなら、どの娘細胞も母細胞とほぼ同じ組み合わせのミトコンドリアをもっていたはずだ。自然選択にはそれらの見分けがつかないだろう――どれもあまりにも似ているからだ。しかし、サンプリングとサンプルのクローニングをおこなえば、さまざまな細胞ができ、そのなかには元の細胞より適応度が高いものもあれば、低いものもある。

これは極端な例だが、片親遺伝の要点を明らかにしている。両親のうち一方だけからわずかなミトコンドリアをサンプリングすることで、片親遺伝は受精卵細胞間のミトコンドリアのばらつきを増大させる。こうして多様性が増せば自然選択の目にもつきやすくなり、とりわけひどい細胞は排除され、より良い細胞が残る。集団の適応度は世代を経るうちに向上する。興味深いことに、これは有性生殖そのもののメリットとほぼ同じだが、有性生殖は核遺伝子間のばらつきを増大させるのに対し、ふたつの性は細胞間のミトコンドリアのばらつきを増大させる。それだけのことだ。いや、われわれはそう考えていた。

このわれわれの研究では、片親遺伝の場合とそうでない場合の適応度を単純に比較していた。だがその時点では、両親の配偶子がミトコンドリアを伝える二親性の細胞の集団内に、片親遺伝をさせる遺伝子が生じたらどうなるかは考えていなかった。広まって固定されるのだろうか？　もしそうなら、ふたつの性が進化を遂げ、一方の性は自分のミトコンドリアを伝え、もう一方の性は自分のミトコンドリアを死なせることになるだろう。われわれは、モデルを考案してこの可能性を検証した。さらに、利己的な対立の結果をともなう先述の共適応仮説と、変異の単純な蓄積とを比較した。* その結果は意外なもので、少なくとも初めはがっかりした。遺伝子は広まらず、もちろん固定されることもない、という結果だったのだ。

問題は、適応のコストが、変異したミトコンドリアの数によって増減することだった。変異体が多いほど、コストも高くなるのだ。一方、片親遺伝のメリットも変異の負担によって増減するが、今度は逆に、変異の負担が少ないほど、メリットも小さくなる。言い換えれば、片親遺伝のコストとメリットは不変ではなく、集団内の変異体の数とともに変わり、その変異ミトコンドリアの数はわずか数回の片親遺伝で減少しうるのだ（図29）。さらにわれわれは、片親遺伝が3つのモデルのすべてで確かに集団の適応度を向上させるが、片親遺伝の遺伝子が集団全体に広まりだすと、そのメリットは目減りしていき、ついにはデメリットに打ち消されることを見出した。大きなデメリットは、片親遺伝をする細胞の割合が集団内で減っていくことだった。このメリットとデメリットのトレードオフは、片親遺伝をおこなうものが集団の20パーセントそこそこになると、平衡に達する。変異率が高いと、その割合は集団の50パーセントまで上昇しうるが、集団の残り半分は内輪で交配しつづけ、むしろ3つの性ができる。結局のところ、ミトコンドリアの遺伝はふたつの交配型の進化を促さない。片親遺伝は配偶子間のばらつきを増し、適応度を向上させるが、このメリットはそれだけで交配型の進化を促すほど大きくはないのだ。

＊ 数学的観点からは、3つのモデルはすべて互いの変種であることがわかっている。どのモデルも変異率に依存しているのだ。単純な変異のモデルでは、変異体の蓄積率は当然ながら変異率に依存する。また、利己的な変異体が生じると、野生型よりも複製速度がわずかに速いので、新たな変異体は集団全体に広まる。数学的には、これは変異率が速いこと、つまり一定時間内により多くの変異体ができることに等しい。共適応モデルでは逆のことが起こる。核遺伝子はミトコンドリアの変異体に適応できるので、実効的な変異率が下がるのだ。すると、ミトコンドリアの変異体はもはや有害ではなくなり、それゆえわれわれから見れば変異体ではないということになる。

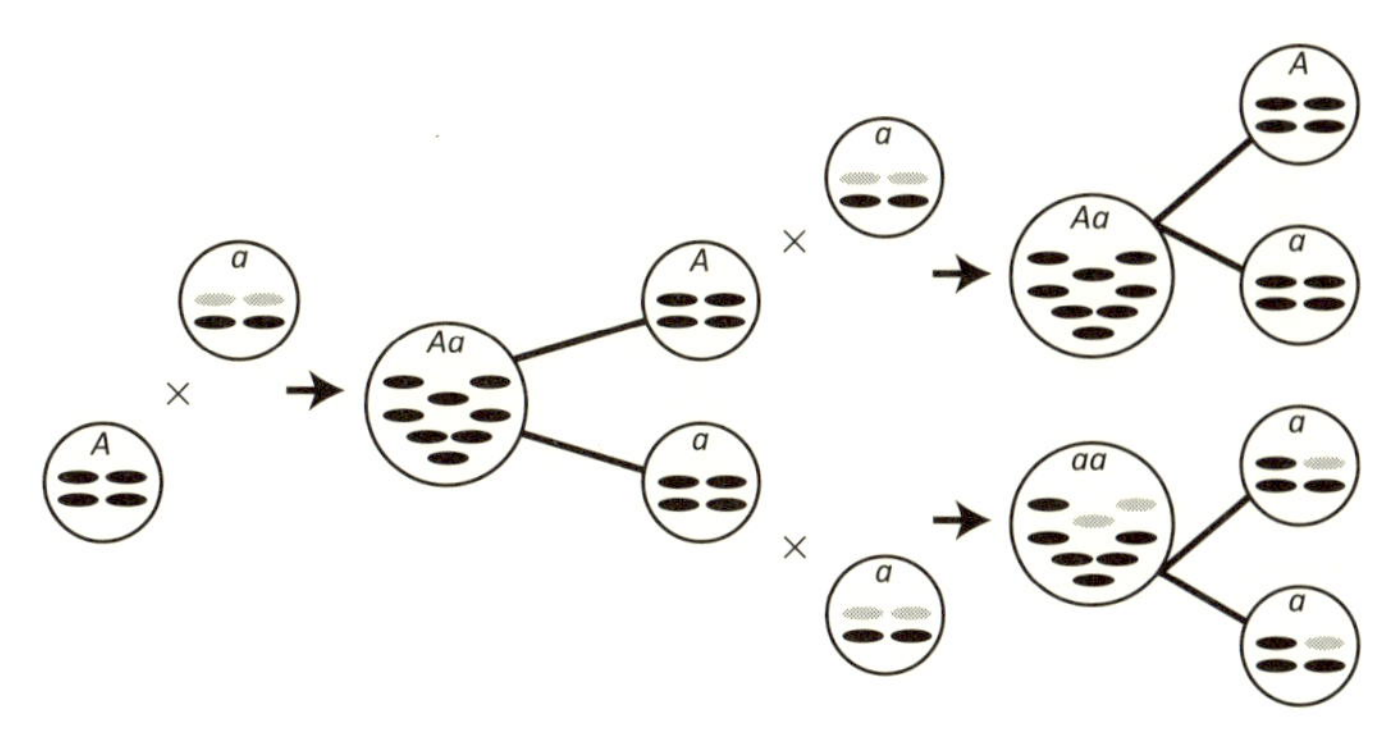

図 29　ミトコンドリアの遺伝における適応度のメリットの「リーク（広がり）」. *A* と *a* は, 核内の特定の遺伝子について, 異なるタイプ（対立遺伝子：*A* と *a*）をもつ配偶子である. *a* をもつ配偶子は, 別の *a* 配偶子と合体すると, そのミトコンドリアを伝える. *A* をもつ配偶子は「片親遺伝をする変異体」である. *A* 配偶子が *a* 配偶子と合体すると, *A* 配偶子だけがそのミトコンドリアを伝える. 図で示した最初の交配は *A* 配偶子と *a* 配偶子の合体で, このとき両方の核内対立遺伝子をもつ接合子（*Aa*）ができるが, ミトコンドリアはすべて *A* に由来している. *a* 配偶子が欠陥のあるミトコンドリア（灰色）をもっていても, 片親遺伝によって排除される. そしてこの接合子はふたつの配偶子を生み出す. 対立遺伝子 *A* をもつものと対立遺伝子 *a* をもつものだ. どちらも, 欠陥のあるミトコンドリア（灰色）をもつ *a* 配偶子と合体するとしよう. 上段の交配では, *A* 配偶子と *a* 配偶子から *Aa* 接合子ができ, ミトコンドリアはすべて *A* 配偶子に由来するものとなるため, 欠陥のあるミトコンドリア（灰色）が排除される. 下段の交配では, ふたつの *a* 配偶子が合体し, 欠陥のあるミトコンドリアは *aa* 接合子に伝わる. このあとどちらの接合子（*Aa* と *aa*）も配偶子を作る. こうして *a* 配偶子のミトコンドリアは 2 回の片親遺伝で「きれいになる」（欠陥ミトコンドリアが減っていくということ）. 二親遺伝の配偶子（*a*）の適応度が向上するので, 適応度のメリットは集団全体にリークし, 結局は欠陥ミトコンドリアそのものの拡散が阻止されるのだ.

さて、以上が私自身の考えに対する直接の反証で、だから私はこの考えがあまり気に入っていない。うまくいくように、思いつくかぎりのことはすべて試みたが、結局は、片親遺伝をする変異体がふたつの交配型の進化を促せる現実的な状況はないと認めるしかなかった。交配型は、何かほかの理由で進化を遂げたにちがいなかった[3]。そうであっても、片親遺伝は実在する。われわれのモデルは、それを説明できなければ間違っているはずだ。じっさいわれわれは、ふたつの交配型が何かほかの理由ですでに存在していたとしたら、特定の条件で片親遺伝を固定できることを示した。その条件を具体的に言うと、大量のミトコンドリアの存在と、ミトコンドリアの変異率が高いことである。われわれの結論に議論の余地はないと思われるし、われわれの説明は、自然界で例外的にミトコンドリアが片親遺伝しないものとして知られる種に、よりうまく当てはまる。また、実際に片親遺伝が普遍的に見られるのは多細胞生物——われわれのような、一般に大量のミトコンドリアと高い変異率をもつ動物——であるという事実も、これで納得できた。

これは、数理集団遺伝学がなぜ重要なのかを示す好例だ。仮説というものは、何であれ考えられる手段によって、きちんと検証されなければならない。この例の場合、きちんとしたモデルでは、ふたつの交配型があらかじめ存在していなければ、片親遺伝は集団内に固定されないことがはっきり示された。これは、このうえなく厳密な証明に近い。だが、まだすべてが終わったわけではない。交配型と「真の」性（雄と雌が明らかに異なるような）との違いがまだはっきりしていない。多くの植物や藻類は、交配型と性の両方をもっている。ひょっとしたら、性についてのわれわれの定義が間違っていて、実際に考慮すべきなのは、一見そっくり同じなふたつの交配型ではなく、真の性の進化なのかもしれない。片親遺伝によって、動物や植物における真の性の差異を説明できるのだろうか？　そうならば、交配型は別の理由で生じたのかもしれないが、真の性の進化はやはりミトコンドリアの遺伝によって促されたように思われる。率直に言って、この考えは説得力に欠くようにも思えるが、注目に値する。だが、この推論から、実際にわれわれの見出した啓示的な答えが導かれたわけではない。その答えは、片親遺伝が普遍的という通常の仮定から始めるのでなく、われわれ自身が以前おこなった研究による期待外れの結論から始めたからこそ、出てきたのである。

不死の生殖細胞、死を免れぬ体

動物には大量のミトコンドリアがあり、われわれは絶えずそれを使って活動的な暮らしをしているから、ミトコンドリアの変異率が高い。これは正しいのか？　おおよそ正しい。われわれは各細胞に数百ないし数千個のミトコンドリアをもっている。その変異率は（直接測るのが難しいので）はっきりわからないが、何世代も経るうちにミトコンドリア遺伝子が核内の遺伝子よりも10〜50倍ほど速く進化することはわかっている。これは、片親遺伝が動物にすぐに固定されるはずであることを示唆している。われわれのモデルでは、それどころか、片親遺伝が単細胞生物よりも多細胞生物で固定されやすいことも明らかになった。これは驚くにあたらない。

しかし、われわれは自分自身のこととなると判断を誤りやすい。最初期の動物はわれわれとは異なっていた。むしろ海綿やサンゴに近く、少なくとも成体は動きまわることのない、固着性の濾過食動物だった。当然ながら、所持するミトコンドリアは多くなく、ミトコンドリアの変異率は低い——それどころか核遺伝子よりも低い。これが、博士過程の学生で、生物学の大問題に魅了されたもうひとりの有能な物理学者、アルナス・ラズヴィラヴィシウスの出発点だった。物理学のとりわけ興味深い問題はすべて、いまや生物学にあるのではないかと人々は思いはじめている。

アルナスが気づいたのは、多細胞生物における単純な細胞分裂が、片親遺伝にかなり似た影響を及ぼすということである。細胞間のばらつきが増すのだ。それはなぜか？　細胞分裂のたびに、ミトコンドリアの集団が娘細胞のあいだにランダムに分配される。変異体がいくらかあると、完全に均等に分配される見込みは少なくなる――一方の娘細胞がもう一方よりもやや多く変異体を受け取る可能性がずっと高くなるのだ。これが細胞分裂のたびに何度も繰り返されれば、結果的にばらつきは増し、孫の娘の娘の細胞のなかには、ほかより変異の負荷を多く受け継ぐものも出てくる。それが良いことなのか悪いことなのかは、どの細胞が悪いミトコンドリアを受け取り、それがどれだけあるのかによって決まる。

すべての細胞がかなり似かよっている、海綿のような生物を考えてみよう。それは、脳や腸のように特殊化した多数の組織に分化していない。生きている海綿を粉々に切り刻むと（家でやるべきじゃない！）、海綿はそのかけらから再生する。そんなことができるのは、いたるところに潜んでいる幹細胞が、新しい体細胞や生殖細胞を生み出せるからだ。この点で、海綿は植物に似ている――どちらも、特殊化した生殖細胞を発生初期に隔離せず、多くの組織で幹細胞から配偶子を作り出す。この違いは重大だ。われわれは専用の生殖細胞をもっており、それは胚発生の初期に隠されてしまう。哺乳動物は通常、肝臓の幹細胞から生殖細胞を生み出すようなことはない。ところが海綿やサンゴや植物は、配偶子を作り出す新たな生殖器をさまざまな場所で生み出せる。こうした違いは細胞間の競争に根差しているという解釈もできるが、あまり説得力がない[4]。そこでアルナスは、こうした生物すべてに共通する点がひとつあることを見出した。それは、ミトコンドリアの数が少なく、ミトコンドリアの変異率も低いという点だ。そして生じるわずかな変異は、分離によって取り除ける。その仕組みは次のとおりだ。

細胞分裂を何度も繰り返すことで、細胞間のばらつきが増すことを思い出してほしい。これは生殖細胞にも当てはまる。生殖細胞を発生初期に隔離すれば、その細胞間に大きな違いは生じない――細胞分裂の回数が少なければ大きなばらつきは生まれないのだ。しかし、生殖細胞が成体組織からランダムに選び出

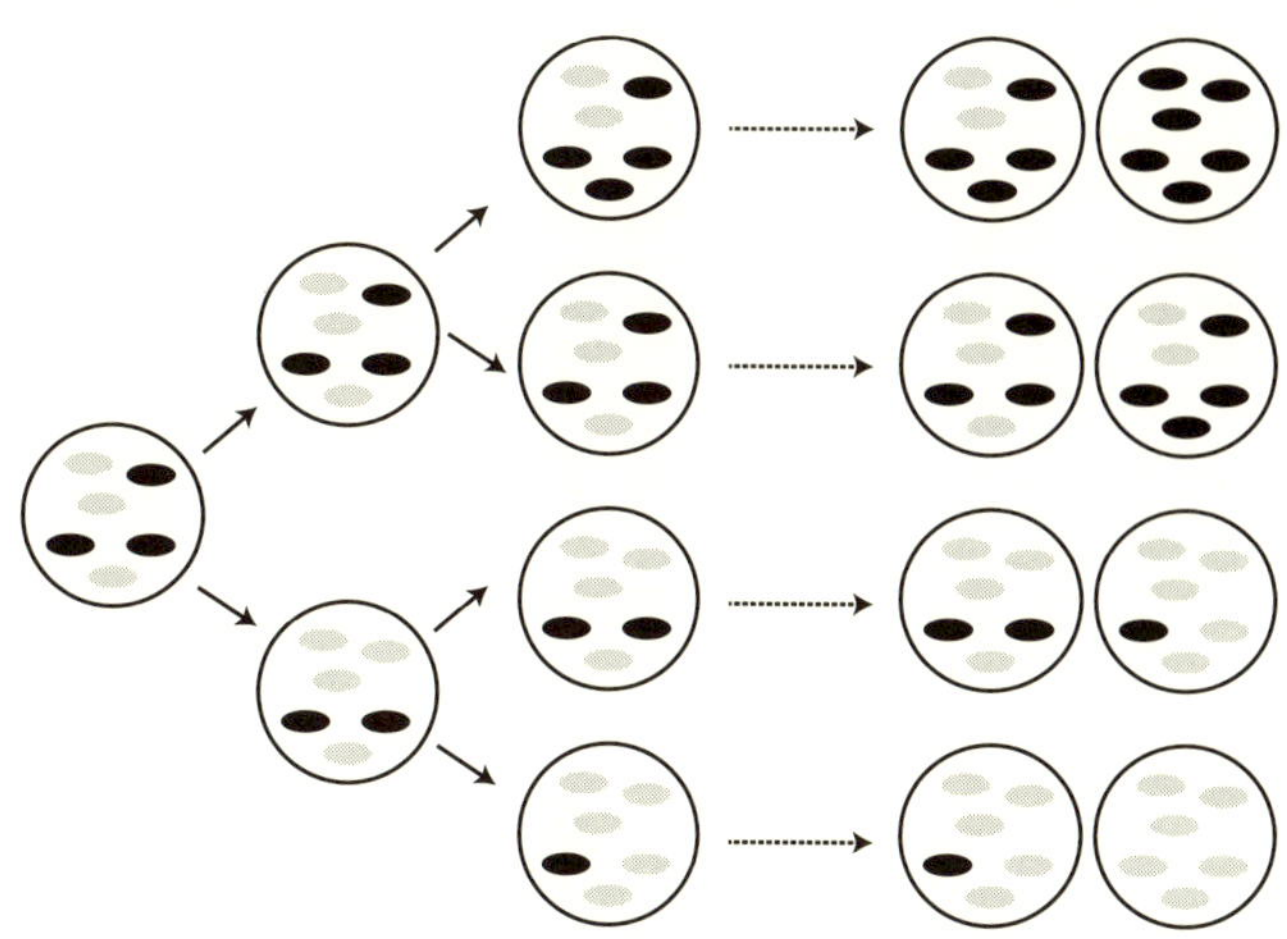

図30　ランダムな分離によって細胞間のばらつきが増す. さまざまなタイプのミトコンドリアの混在した状態から細胞が始まり，ミトコンドリアが倍加してからふたつの娘細胞にほぼ均等に分けられると，混在するタイプの比率は細胞分裂のたびにわずかに変化する．各細胞がミトコンドリアのどんどん異なる集団を分割するうちに，この違いは拡大する．最後の娘細胞（図の右）が配偶子になるとすれば，細胞分裂の繰り返しが配偶子間のばらつきを増したことになる．このなかには非常に良い配偶子もあれば，非常に悪い配偶子もあるので，自然選択の目につきやすくなる．これは片親遺伝とまったく同じ効果であり，結構なことだ．一方，右の細胞が新たな組織や器官を生み出す前駆細胞なら，こうしてばらつきが増すとひどいことになる．この場合，正常に機能する組織と機能しなくなる組織が生じ，その生物の適応度は全体として下がる．組織の前駆細胞間のばらつきを小さくするひとつの方法は，最初に分割されるミトコンドリアの数がはるかに大きくなるように，接合子内のミトコンドリアの数を増やすことだ．これは卵細胞のサイズを増し，「異型配偶（大きな卵子と小さな精子）」をもたらすことでなし遂げられる．

されるとしたら、それらのあいだにははるかに大きな違いがあるだろう（図30）。そして分裂を多く繰り返して生殖細胞ができるとなると、変異の蓄積量が生殖細胞によって異なってくる。ほぼ完璧なものもあれば、ひどくめちゃくちゃになるものもある。大きなばらつきが生じるのだ。これこそが自然選択に必要なことと言える。悪い細胞をすべて取り除けるので、良い細胞だけが生き残るのである。何世代も経ると、生殖細胞の質は向上する。生殖細胞を成体組織からランダムに選び出すほうが、それらを発生初期に「監禁」するよりもうまくいくのだ。

このようにばらつきが大きい

ことは生殖細胞のためには良いが、成体の健康には甚大な被害を及ぼしかねない。悪い生殖細胞は選択によって取り除かれ、良い生殖細胞が残って次の世代を生み出すことになるが、悪い幹細胞についてはどうだろうか？　新しい成体組織を生み出す幹細胞だ。生物を養えないような、まともに機能しない組織を生み出しやすくなるだろう。生物の全体としての適応度は、最も状態の悪い器官の適応度によって決まる。私が心臓発作を起こすとしたら、腎臓の機能はどうでもよくなる。私の健常な器官もほかのものとともに死ぬことになるからだ。したがって、生物においてミトコンドリアのばらつきを増すことにはメリットもあればデメリットもあり、おそらく生殖細胞に対するメリットは、体全体に対するデメリットによって相殺されるだろう。どの程度相殺されるかは、組織の種類の数と変異率によって決まる。

成体内の組織の種類が多いほど、重要な組織がとりわけ悪いミトコンドリアをため込む可能性は高くなる。逆に言えば、組織の種類がひとつだけなら、問題にならない。相互依存がないからだ——機能不全に陥ると個体全体の機能を損なうおそれのある器官はないのである。すると、1種類の組織しかもたない単純な生物の場合、ばらつきが増すのは明らかに良いことだ。生殖細胞にとって有益で、身体にとってあまり害にはならない。そのため、（おそらく）ミトコンドリアの変異率が低くて組織の種類もごくわずかであるような最初の動物は、二親性の遺伝を示し、隔離された生殖細胞はなかったはずだ、と推測された。だが、初期の動物がわずかに複雑さを増し、2種類以上の組織をもつようになると、体内で増したばらつきそのものが成体の適応度にひどい結果をもたらす。良い組織と悪い組織の両方が必ず生み出されるからだ——先述の心臓発作のシナリオである。成体の適応度を向上させるには、ミトコンドリアのばらつきを減らし、新たに生まれる組織がすべて、同じような、おおむね良いミトコンドリアを受け取れるようにする必要がある。

成体組織のばらつきを減らす最も単純な方法は、より多くのミトコンドリアをもつ卵細胞から始めることだ。統計的な原理から言って、大きな創始者集団が多数の受け手に分配されるほうが、小さな集団が何度も倍増してから同数の受け手に分配されるよりも、ばらつきは小さくなる。要するに、卵細胞のサイズを大きくして、そこにミトコンドリアをどんどん詰め込めばいいのだ。われわれの計算では、より大きな卵子を指定する遺伝子が、単純な多細胞生物の集団に広まっていく。その遺伝子は、壊滅的な結果をもたらしかねない機能上の差異を均し、成体組織間のばらつきを減らすからだ。その一方、ばらつきが減るのは配偶子にとっては良くないことで、互いに似てくるので、自然選択の「目につきにくく」なる。このふたつの相反する傾向は、どうすれば折り合いがつくだろう？　簡単だ！　2種類の配偶子の一方——卵細胞——だけが大きくなり、他方は縮小して精子になれば、問題がふたつとも解決する。大きな卵細胞が組織間のばらつきを減らし、成体の適応度を向上させる一方、精子のミトコンドリアの排除は、結果的に片方の親だけがミトコンドリアを伝える片親遺伝をもたらす。すでに述べたように、ミトコンドリアの片親遺伝は配偶子間のばらつきを増し、適応度を向上させる。つまり、最も単純な原点に立ち返れば、片親遺伝につながる異型配偶子（異なる配偶子、精子と卵子）は、2種類以上の組織をもつ生物において進化を遂げやすいのだ。

ここで強調しておかなければならないが、こうしたすべては、ミトコンドリアの変異率が低いことを前提としている。海綿やサンゴや植物ではそうであることが知られているが、「より高等な」動物の場合はそうではない。変異率が上がったらどうなるだろう？　生殖細胞の産生を遅くしても、もうメリットはない。われわれのモデルからは、変異はすばやく蓄積し、生殖細胞のなかでも精子や卵子といった最終産物に近いものは変異だらけになることがわかっている。遺伝学者ジェームズ・クロウの言うとおり、変異が集団に及ぼす最大の健康上の危険因子は、生殖能力のある高齢の雄なのだ。ありがたいことに、片親遺伝なら、雄は自分のミトコンドリアをいっさい伝えない。変異が速いとすれば、生殖細胞の初期における隔離を引き起こす遺伝子は、集団全体に広まることがわかる。始原に近い初期の生殖細胞を引き離し、雌性配偶子を監禁して、ミトコンドリアの変異の蓄積を抑える遺伝子だ。生殖細胞の変異率を特異的に下げるような適応も有利なはずである。事実、私の同僚ジョン・アレンが示したように、雌性生殖細胞のミトコンドリアはスイッチが切られ、卵巣の胚発生の初期に隔離される始原卵細胞に隠れているらしい。彼は、卵細胞のミトコンドリアは遺伝の「鋳型」であり、不活性なので変異率が低い、と長いこと主張してきた。われわれのモデルは、多数のミトコンドリアと速い変異をもつ、現代の生命活動の速い動物についてはそうした考えを裏づけるが、もっと生命活動の遅い祖先と、植物や藻類や原生生物などのより広範なグループについては裏づけていない。

これは結局どういうことなのか？　なんと、ミトコンドリアの変異にもとづくモデルでしか、異型配偶子（精子と卵子）と、片親遺伝と、雌性生殖細胞が発生初期に隔離されるような生殖細胞をもつ――これらがあいまって雌雄のあらゆる性差の基礎が築かれる――多細胞生物の進化を説明できないということだ。あるいは、ミトコンドリアの遺伝によって、両性間に実在する差異の大半は説明できると言ってもいい。細胞間の利己的な対立も関与しているかもしれないが、必要ではない。生殖細胞と体細胞との差異の進化は、利己的な対立とは無関係に説明できるのだ。重要なのは、われわれのモデルでは、私が最初に思いもしなかった出来事の順序を設定していることだ。私は、片親遺伝は祖先の状態で、次に生殖細胞が進化を遂げ、精子と卵細胞の進化は真の性の分岐と関連していた、と予想していた。ところがわれわれのモデルは、祖先の状態は二親性で、次に異型配偶子（精子と卵子）、それから片親遺伝、最後に隔離された生殖細胞が現れたことを示唆している。この順序のほうが正しいのか？　いずれにせよ、ほとんど情報がない。しかし、これは検証可能な明確な予測なので、これから検証していきたい。まず見ていくのは、海綿とサンゴだ。どちらのグループも精子と卵子をもっているが、生殖細胞は隔離されていない。ミトコンドリアの変異率を高く設定すれば、隔離された生殖細胞が現れるのだろうか？

いくつかのことを示唆して話を締めくくろう。どうしてミトコンドリアの変異率が上がるのか？　細胞とタンパク質の代謝回転が増せば、身体活動に合わせてそうなるだろう。カンブリア爆発の直前に海洋の酸素が豊富になったことは、活動的な左右相称動物の進化を促した。彼らが活動を高めるとミトコンドリアの変異率（これは系統発生的な比較で測定できる）が上がり、その結果、こうした動物では特殊化した生殖細胞を隔離せざるをえなくなったはずだ。これが、不死の生殖細胞と死を免れぬ体の起源――予定され運命づけられた終点としての死の起源――だった。生殖細胞は、どこまでも分裂しつづけられるという意味では、不死である。老いることも死ぬこともない。どの世代も発生初期に生殖細胞を隔離し、それが次世代の種となる細胞を生み出す。個々の配偶子が損傷を受けることがあっても、赤ん坊が元気に生まれてくるという事実は、断片から再生する海綿のような生物に見られる不死の能力を、生殖細胞だけがもっていることを意味する。この特殊化した生殖細胞が隔離されると、残りの体は各部が決まった目的のために特殊化でき、もはや不死の幹細胞を体内に保持しておく必要がなくなる。これでようやく、脳のように再生できない組織のことが理解できる。体細胞は使い捨てなのだ。これらの組織には限られた寿命があり、それは、その生物が生殖するのにどれだけの時間を要するかによって決まる。その動物の生殖可能な成体になるまでの早さ、発生の起こる率、見込まれる寿命によって決まるのだ。これでようやく、有性生殖と死のトレードオフ、ひいては老化の根源について理解できる。次の章ではこれを見ていくことにしよう。

この章では、ミトコンドリアが真核細胞に及ぼす影響を探ってきた。なかには劇的な影響もあった。核心となる問題を思い出してほしい。すべての真核生物で、細菌や古細菌にはまったく見られないような共通の形質の数々が進化したのはなぜなのか？　前の章では、原核生物が、その細胞構造と、とくに遺伝子が呼吸を制御するための要件の制約を受けていることを示した。ミトコンドリアを獲得したことで、真核生物にとって選択の起こる環境が変わり、細胞の体積とゲノムのサイズを4、5桁大きくできるようになった。そのきっかけとなったのは、2種類の原核生物によるまれな内部共生であり、これは不慮の事故のようなものだったが、結果は深刻であるとともに予測可能なものでもあった。深刻というのは、核のない細胞が、内部共生体からのDNAや遺伝子パラサイト（イントロン）による猛攻撃に対してひどく脆弱だからだ。予測可能というのは、各段階で宿主細胞に起きる現象――核、有性生殖、ふたつの性、生殖細胞の進化――が、出発点は突拍子もなくても、古典的な進化遺伝学によって理解できるからである。この章で見てきたアイデアのなかには、ふたつの性の進化にかんする私の説のように、のちに間違いだと判明するものもあるかもしれない。だが私の説の場合、理解を進めると、思っていたよりはるかに意味深いことがわかり、代わりに生殖細胞と体細胞の差異や、有性生殖と死の起源を説明できた。根底にある論理は、厳密なモデルの構築によって掘り起こされたもので、見事であると同時に予測可能でもある。生命は、地球以外でも複雑になる同様の道を辿る可能性が高いのだ。

40億年にわたる生命史に対するこの見方は、ミトコンドリアを真核細胞の進化のど真ん中に据えている。近年、医学研究ではこれにかなり近い見方になっている。いまや、ミトコンドリアは細胞死（アポトーシス）、がん、変性疾患、生殖能力などの制御に役立つことがわかっているのだ。ところが、私がミトコンドリアは実際に生理機能の要衝だと主張すると、えてして一部の医学者に反駁（はんばく）される。私にはバランスのとれた視座がない、と非難されるのだ。ヒトの細胞を顕微鏡で見れば、いくつもの部品が見事に組み合わさっていることがわかり、そのなかでミトコンドリアは、確かに重要ではあるが、ひとつの歯車にすぎない。しかし進化の観点からは、そうは見えない。進化から見れば、ミトコンドリアは、複雑な生命の起源において細胞の対等なパートナーと見なせる。真核生物のあらゆる形質——細胞のあらゆる生理機能——は、その後パートナー間で綱引きがあるなかで進化を遂げた。この綱引きは今日まで続いている。本書の最後の第Ⅳ部では、この相互作用がわれわれの健康や生殖能力や寿命をどのように支えているのかを見ていこう。

第Ⅳ部

予　言

7　力と栄光

キリスト・パントクラトール——世界を統べる者〔訳注　パントクラトールは全能の支配者という意味〕。東方正教会の図像以外を含めても、神であり人でもあり、厳しい一方で愛に満ちた全人類の裁き手という「ふたつの本性」をもつキリストの肖像画より大きな芸術の難題はない。肖像のキリストの左手は、こう書かれた『ヨハネによる福音書』を抱えていることもある。「わたしは世の光である。わたしに従う者は暗闇の中を歩かず、命の光を持つ」〔『聖書』（新共同訳、日本聖書協会）より引用〕意外ではないが、こうした厳粛な課題が与えられて、パントクラトールはかなり物憂げな顔になりがちだ。画家から見れば、神の心を人の顔にとらえるだけでは十分とは言えない。壮麗な大聖堂の祭壇のはるか頭上、ドームの内側に、モザイクで描かなければならない。私には、見え方をきちんと理解し、生き生きとした顔の陰翳をとらえ、小さな石のかけらに意味を授ける——ひとつひとつのかけらは、大きなデザインのなかで占める位置については ともかく、全体の構想にとって欠かせない——のに必要なスキルなど想像もつかない。些細な欠陥が全体の効果を台無しにし、神の顔をひどく滑稽にしてしまいかねないことは、私にもわかる。だがシチリアのチェファル大聖堂のようにこの上なく立派に仕上がると、どんなに信仰のない人でも神の顔とわかるような、世に忘れられた職人の非凡な才能を示す不朽の記念碑となる。[1]

私はどこか思わぬ方向へ話を逸らそうとしているわけではない。モザイクが人の心に訴える魅力と、生物におけるモザイクの驚くほどよく似た意味に、胸を打たれたのだ——タンパク質や細胞のモジュール性と、われわれの美的感覚とのあいだに、意識下のつながりがあるのだろうか？　われわれの眼は、おびただしい数の光受容細胞（桿体と錐体）でできており、どの受容体も、光線によってスイッチのオン・オフがなされ、モザイクとして像を形成する。これが心の眼でニューロンのモザイクとして再構成され、像のばらばらの要素——明度、色、コントラスト、輪郭、動き——から頭に浮かぶのだ。モザイクがわれわれの感情を揺さぶるのは、ひとつにはわれわれの心と同じようなやり方で現実をばらばらにしているためと言える。そして細胞にこれができるのは、細胞がモジュール式のユニット、いわば生身のタイルであり、それぞれに生きるための場所と仕事があり、40兆個のかけらがヒトという見事な三次元のモザイクを構成しているからなのである。

モザイクは、生化学的現象にはさらに深く根づいている。ミトコンドリアの膜を越えてプロトンを汲み出しながら電子を食物から酸素へと運ぶ、巨大な呼吸鎖は、無数のサブユニットからなるモザイクだ。最大の複合体Iは45種類のタンパク質からなり、どのタンパク質も、長い鎖状につながった数百のアミノ酸でできている。このような複合体は、電子を酸素へ送る「超複合体」というもっと大きな集合に分類されることも多い。何千もの超複合体が、ひとつひとつモザイクのピースとなって、ミトコンドリアという壮麗な大聖堂を飾り立てている。こうしたモザイクの質はきわめて重要なものとなる。パントクラトールが滑稽になるのは笑い事ではなかろうが、呼吸系タンパク質の個々のピースが占める位置にわずかでもずれが生じると、聖書の罰に匹敵するひどい重荷を負うこともある。アミノ酸が1個だけ——モザイク全体のなかで石1個だけ――場所をずらしても、筋肉や脳が破壊的に変性し、ほどなく死ぬおそれがある。ミトコンドリア病だ。こうした遺伝子疾患は、重さも発症年齢もまるで予測できず、どのピースがどれだけの頻度で冒されるかに左右されるが、すべては、ミトコンドリアがわれわれの生存の本質にとって中心的な地位を占めていることを反映している。

したがって、ミトコンドリアはモザイクで、その質は生死の観点から重要と言えるが、それだけではない。パントクラトールと同様、呼吸系タンパク質は「ふたつの本性」――ミトコンドリア由来と核由来――をもつ点でユニークであり、これらは理想的な組み合わせとなる必要がある。呼吸鎖――電子を食物から酸素へ運ぶタンパク質の集合体――の独特な配置を図31に示す。ミトコンドリア内膜にあるコアタンパク質の大半（図で濃く塗られた部分）は、ミトコンドリアそのものの遺伝子によってコードされている。残りのタンパク質（図で淡く塗られた部分）は、核の遺伝子によってコードされている。この奇妙な状況については、ミトコンドリアのゲノムが小さすぎて、ミトコンドリアに見つかるタンパク質の大半をとうていコードできないことが初めて明らかになった1970年代の初めから、知られていた。それゆえ、ミトコンドリアがまだ宿主細胞とは独立しているという古い考えはナンセンスなのだ。一見自律的なようだが（いつでも好きなときに自己複製するという不気味なイメージがある）、それはまやかしにすぎない。実際には、その機能はふたつの異なるゲノムによって決まっているのだ。ミトコンドリアは、この両方のゲノムにコードされたタンパク質をすべて与えられなければ、増殖することも機能することもできない。

これがいかに奇妙なことなのかを強調させてもらおう。細胞呼吸――これがなければわれわれは数分以内に死んでしまう――は、ふたつのまったく異なるゲノムによってコードされたタンパク質からなるモザイク状の呼吸鎖によってなされている。酸素まで到達するには、電子は呼吸鎖のなかで「レドックス中

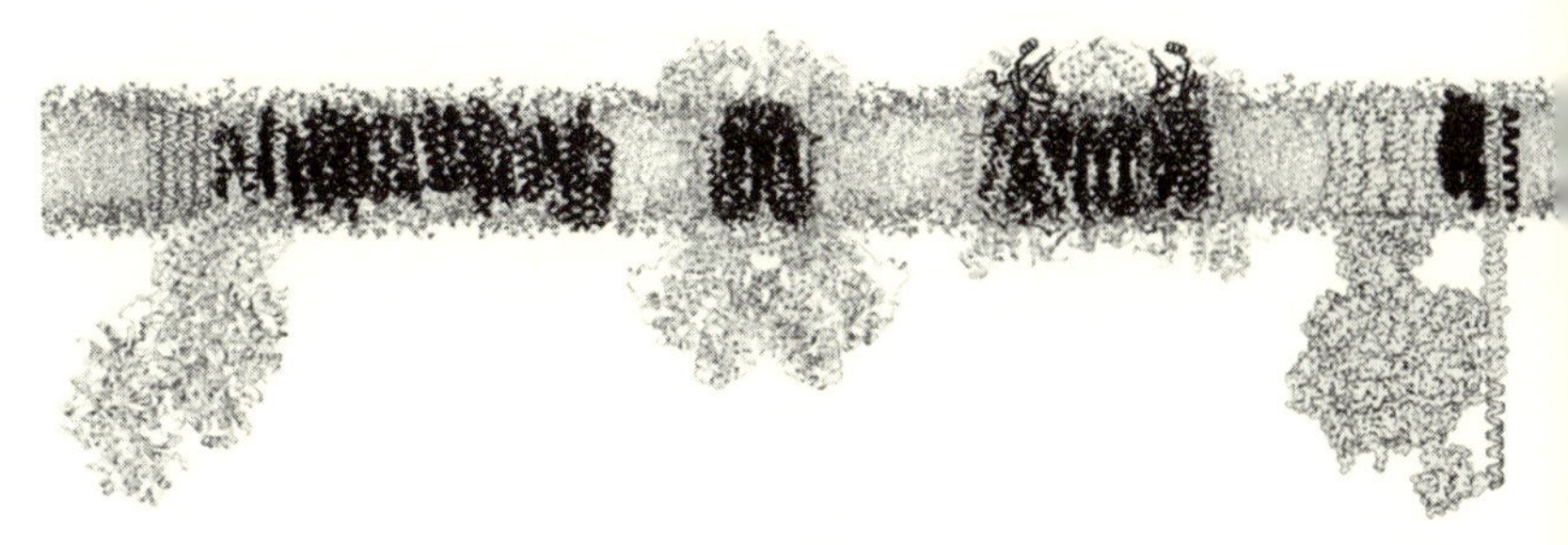

図31　呼吸鎖のモザイク．ミトコンドリア内膜に埋め込まれた複合体Ⅰ（左），複合体Ⅲ（中央左），複合体Ⅳ（中央右），ATP合成酵素（右）のタンパク質構造．色の濃いサブユニットは，おおかた膜に埋まっており，ミトコンドリアに存在する遺伝子によってコードされている．一方，色の薄いサブユニットは，おおかた膜の外か縁にあり，核内の遺伝子によってコードされている．このふたつのゲノムはまったく違うやり方で変化を遂げる．ミトコンドリアの遺伝子は母から娘へ無性生殖的に伝わるが，核の遺伝子は各世代で有性生殖によって組み換えられる．また，ミトコンドリアの遺伝子（動物の場合）は，核の遺伝子の最大50倍の速度で変異を蓄積する．このように異なる傾向があっても，自然選択は一般に機能しないミトコンドリアを排除でき，数十億年ものあいだほぼ完璧な機能を維持している．

心」から次のレドックス中心へと跳躍していかないといけない。レドックス中心は一般に一度にひとつの電子を与えたり受け取ったりする。第2章で述べたとおり、飛び石なのだ。そうしたレドックス中心は、呼吸鎖の奥深くに埋め込まれ、その厳密な位置を決めるのはタンパク質の構造であり、それゆえタンパク質をコードする遺伝子の配列であり、したがってミトコンドリアのゲノムと核のゲノムの両方なのである。すでに指摘したように、電子はトンネル効果というプロセスによって跳躍していく。いくつかの要因――酸素の牽引力（もっと具体的に言えば、次のレドックス中心の還元電位）、隣り合うレドックス中心間の距離、占有状態（次のレドックス中心がすでに電子で占められているかどうか）――によって決まる確率にしたがって、各レドックス中心に現れては消えるのだ。レドックス中心間の厳密な距離はとりわけ重要である。トンネル効果は、およそ14Å（1オングストローム（Å）が原子の直径程度であることを思い出してほしい）以内というきわめて短い距離でしか起こらない。それより間隔のあいたレドックス中心は、無限に離れているようなものだ。そのあいだを電子が跳躍する可能性はゼロに近いのだから。この厳密な範囲のなかで、跳躍の起こる率はレドックス中心間の距離に左右される。そしてまたそれは、ふたつのゲノムが起こす相互作用に左右されるのである。

レドックス中心間の距離が1Å増すごとに、電子の移動する速度はおよそ10分の1になる。もう一度言わせてもらおう。電子の移動する率は、レドックス中心間の距離が1Å増すたびに、10分の1になるのだ！　その減少率は、タンパク質を構成する負電荷のアミノ酸と正電荷のアミノ酸との「水素結合」など、隣り合った原子間の電気的相互作用のスケールにおおよそ等しい。一度の変異でタンパク質を構成する1個のアミノ酸の素姓が変われば、水素結合が壊れたり新たにできたりするかもしれない。すると網の目のように張りめぐらされた水素結合がすべて、レドックス中心をしかるべき位置に繋ぎとめているものも含め、わずかにずれる可能性がある。それで1Åほど動いても不思議はない。そんなわずかなずれの影響が、トンネル効果によって増幅される。1Å動くと、電子の移動速度はひと桁落ちるか、ひと桁増すかしうる。ミトコンドリアの変異がひどく破滅的となるおそれがある一因は、これである。

この危なっかしい配置は、ミトコンドリアのゲノムと核のゲノムがずっと分岐しつづけているという事実によってさらに危うさを増している。前の章で、有性生殖とふたつの性のどちらの進化も、ミトコンドリアの獲得と関係していたのではないかという議論をした。有性生殖は、大きなゲノムで個々の遺伝子の働きを維持するのに必要であるのに対し、ふたつの性は、ミトコンドリアの質を維持するのに役立っている。予期せぬ影響は、このふたつのゲノムがまったく違うやり方で進化を遂げるということだった。核の遺伝子は1世代ごとに有性生殖によって組み換えられるが、ミトコンドリアの遺伝子は卵細胞のなかで母から娘へ受け渡され、あるとしてもまれにしか組み換えられない。しかも、ミトコンドリアの遺伝子は核の遺伝子より10〜50倍も速く進化を遂げる——少なくとも動物において、世代を経ての配列の変化率という点で。すると、ミトコンドリアの遺伝子にコードされたタンパク質は、核の遺伝子にコードされたタンパク質に比べ、すばやく、異なる道筋で変化していることになるが、それでもこのふたつのタンパク質は、電子が呼吸鎖を効率的に移動できる距離（Å）を隔てて相互作用する必要がある。あらゆる生物にとってここまで重要なプロセス——呼吸、すなわち生命力の源！——について、これほど不合理な配置は考えにくい。

では、どのようにしてそうなったのか？　進化の近視眼的な働きについて、これ以上の好例はほとんど見当たらない。このとんでもない配置は、必然的なものだったにちがいない。出発点を思い出そう——ほかの細菌のなかで生きる細菌だ。そうした内部共生がなければ、複雑な生命は存在しえなかったと考えられる。自律的な細胞にしか、余分な遺伝子をなくし、最終的に呼吸を局所的に制御するのに必要な遺伝子だけ残すことはできない。それは十分理にかなったことのように思えるが、遺伝子の喪失に対する唯一の制約が、自然選択なのである——そしてこの選択は宿主細胞とミトコンドリアの両方に対して働く。何が遺伝子の喪失をもたらすのか？　ひとつには、単に複製の速度だ。一番小さなゲノムをもつ細菌が一番速く複製をおこなうので、やがて優位を占めやすい。しかし複製の速度では、核への遺伝子の移動を説明できず、ミトコンドリアからの遺伝子の喪失を説明できるだけだ。前の章で、ミトコンドリアの遺伝子がなぜ核にやってきたのかを明らかにした。一部のミトコンドリアが死に、そのＤＮＡを宿主細胞のなかにばらまいて、それが核に拾われたのである。これはなかなかとどめようがない。核内でこのＤＮＡの一部は、タンパク質をミトコンドリアへ送るように導く標的指向性の配列——いわばアドレスコード——を手に入れる。

これは異常な出来事のように思えるかもしれないが、実はミトコンドリアへ導かれるものとして知られる1500のタンパク質のほぼすべてに当てはまる。率直に言って、比較的簡単に起きるのだ。そのためには、同じ遺伝子が、生き延びているミトコンドリアと核に同時に存在するような、過渡的な状況がなければならない。最終的にはふたつのうち片方が失われる。われわれのミトコンドリアに残っている、タンパク質をコードする13の遺伝子（ミトコンドリアの当初のゲノムの1パーセント未満）を除いて、すべての場合で核の遺伝子が残ってミトコンドリアの遺伝子は失われている。これは偶然とは思えない。なぜ核の遺伝子のほうが選ばれるのだろう？　もっともらしい理由はいろいろあるが、理論的研究ではどのみちまだ証明されていない。考えられる理由のひとつは、雄の適応度だ。ミトコンドリアは母から娘へと母系で伝わるので、雄の適応度を高めるミトコンドリアの変種を選ぶことはできない。雄のミトコンドリアの何かの遺伝子がたまたま雄の適応度を高めても、次の世代に伝わらないからだ。したがって、こうしたミトコンドリア遺伝子を核へ移動させると、雄でも雌でも伝わるようになり、雌だけでなく雄の適応度も向上する。核の遺伝子はまた、有性生殖で組み換えを起こすため、適応度がさらに向上する可能性もある。そのうえ、ミトコンドリア遺伝子が物理的に場所を取るという事実もある。そこを呼吸などのプロセスの機構で満たしたほうがいいだろう。最後に、反応性の高いフリーラジカルが呼吸によってリークし、それがそばにあるミトコンドリアDNAを変異させるおそれもある。細胞の生理機能に対するフリーラジカルの影響については、のちほど改めて語ろう。すべてを考え合わせると、ミトコンドリアから核へ遺伝子が移るのには実にもっともな理由があり、この観点から見れば、そもそもなんらかの遺伝子がそこに残ることのほうが驚きなのである。

なぜ残っているのだろうか？　第5章で議論したが、こうした力のバランスは、遺伝子が局所的に呼吸を制御するために必要なことなのだ。ミトコンドリアの薄い内膜をはさんだ電位差が150～200ミリボルトで、この電界強度は3000万ボルト毎メートルにあたり、稲妻に匹敵することを思い出してもらおう。この莫大な膜電位を、電子の流れ、酸素の利用可能性、ADPとATPの比、呼吸系タンパク質の数などに応じて制御するのに、遺伝子が必要となる。このように呼吸を制御するのに必要な遺伝子が核へ移動し、その遺伝子産物のタンパク質を、破局を防ぐのに間に合うようにミトコンドリアへ戻せなくなると、自然界の「実験」はそこで終わる。その特定の遺伝子を核へ移動させなかった動物（や植物）は生き延びるが、移動させた者は、不運にも誤って配置された遺伝子とともに死んでしまうのだ。

自然選択は盲目的で無慈悲だ。遺伝子は絶えずミトコンドリアから核へ移動している。新たな配置がうまくいけば、その遺伝子は新たな棲みかにとどまるが、うまくいかないと、なんらかのペナルティが科せられ、おそらくは死ぬ。最終的に、ほとんどすべてのミトコンドリア遺伝子が、完全に失われるか、核へ移動するかして、ひとにぎりの肝要な遺伝子がミトコンドリアに残った。これが、モザイク状の呼吸鎖の基礎となっている——盲目的な自然選択だ。それはうまく働いている。知的な技師がそのように設計したのだとは私は思わない。細菌同士の内部共生の必要性を考えれば、これは、自然選択が複雑な細胞をこしらえることのできる唯一の方法だったとあえて言おう。このとんでもない配置は、必然だったのである。

本章では、モザイク状のミトコンドリアがもたらす結果について検討する。この必要性から、複雑な細胞の形質がどの程度予測できるだろうか？　モザイク状のミトコンドリアが選択されたことで、真核生物——われわれ皆——に共通するとりわけ不可解な形質がいくつか説明できるのは確かだ、と私は主張したい。選択の結果として予測されるものとしては、われわれの健康や適応度、生殖能力、寿命、さらには種としての歴史などに及ぼした影響が挙げられる。

　自然選択は、どこでどのように働くのか？　働くことはわかっている。多くの遺伝子配列の決定的証拠が、ミトコンドリア遺伝子と核遺伝子の共適応を促す自然選択の歴史を明らかにしている。ミトコンドリア遺伝子と核遺伝子で、時間的な――たとえば、チンパンジーとヒトやゴリラが分かれた数百万年にわたる――変化率を比べることができる。するとすぐに、直接相互作用する遺伝子――呼吸鎖のタンパク質をコードする遺伝子など――は同じぐらいの速さで変化するのに対し、核内にあるほかの遺伝子は概してはるかにゆっくりと変化（進化）することがわかる。明らかに、ミトコンドリア遺伝子の変化は、相互作用する核遺伝子の代償的な変化を誘導し、逆もまた言えるのだ。そのため、なんらかの選択が起きたことはわかっている。問題は、どんなプロセスがそうした共適応を生み出したのかである。

　その答えは、呼吸鎖そのものの生物物理学的メカニズムにある。核のゲノムとミトコンドリアのゲノムがうまくマッチしないとどうなるか考えてみよう。電子は通常どおり呼吸鎖へ入るが、ミスマッチなゲノムでコードされたタンパク質同士はうまく共存しない。一部のアミノ酸同士の電気的相互作用（水素結合）が撹乱され、ひとつかふたつのレドックス中心が通常より1Å離れることもある。その結果、電子は通常の何分の1かの速度で呼吸鎖を流れて酸素へ向かう。すると電子は最初のいくつかのレドックス中心にたまりはじめ、先へ進めなくなる。川下のレドックス中心はすでに電子で占められているからだ。呼吸鎖は高度に還元される。つまり、レドックス中心が電子で満たされるわけである（図32）。最初のいくつかの

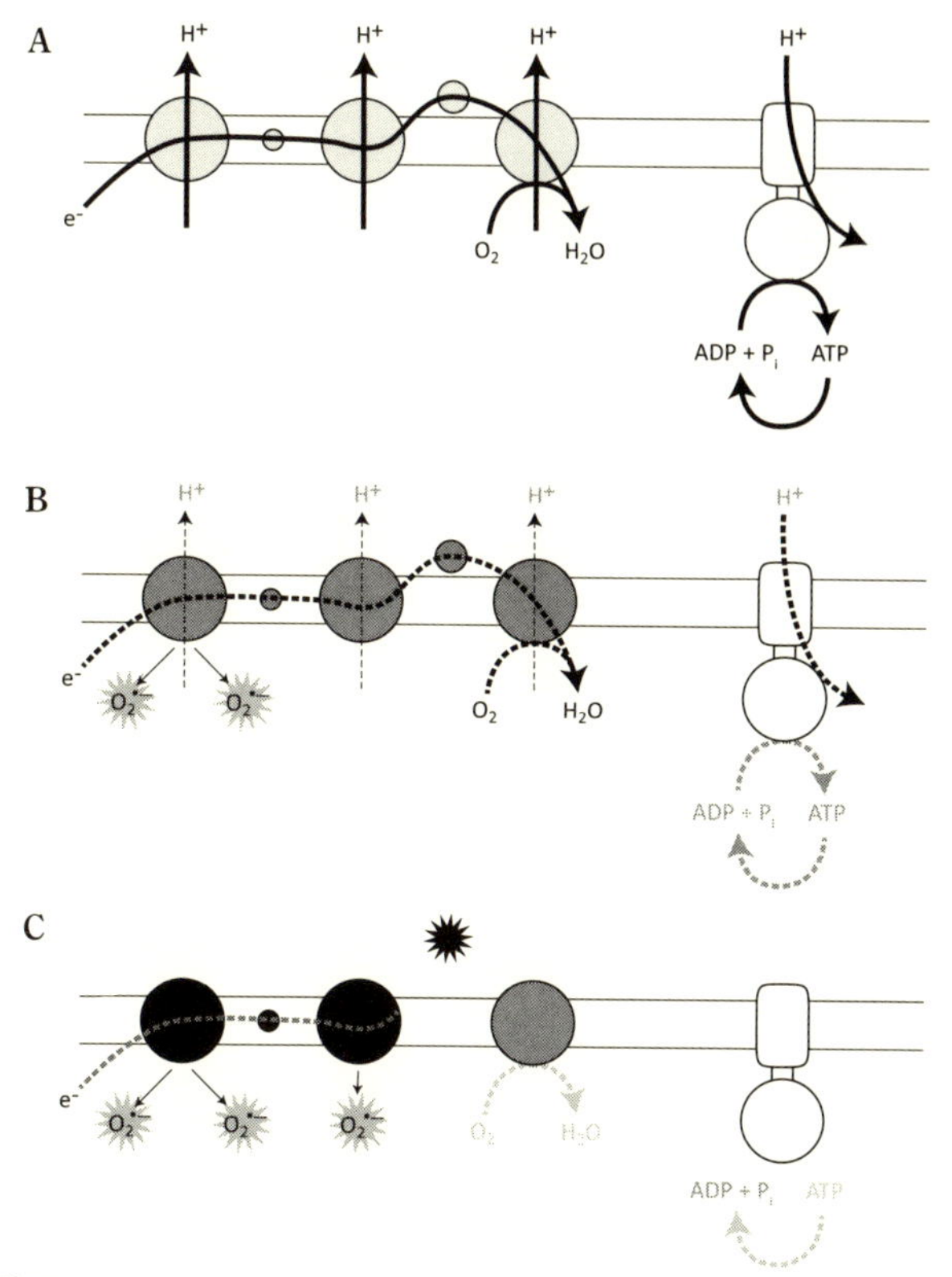

図 32　細胞死におけるミトコンドリア．A は，呼吸鎖を酸素へと流れる通常の電子の流れを示す（波打つ矢印）．電子の流れは膜を越えてプロトンを押し出す原動力となり，ATP 合成酵素（右）を通るプロトンの流れは ATP 合成を促す．膜に埋め込まれた 3 つの呼吸系タンパク質の淡い灰色は，それらの複合体が高度に還元されていないことを示している．電子が複合体に蓄積されず，すぐに酸素へ渡されているからだ．B は，ミトコンドリアゲノムと核ゲノムのミスマッチの結果，電子の流れが遅くなることによる協調的な影響を示す．電子の流れが遅くなると，酸素の消費が減り，プロトンの汲み出しが抑えられ，膜電位が低下して（汲み出されるプロトンの数が減るから），ATP 合成がおこなわれなくなる．呼吸鎖への電子の蓄積は，タンパク質複合体の色の濃さに表れている．複合体 I が高度に還元された状態になると，酸素との反応性が増して，スーパーオキシド（$O_2^{\cdot-}$）などのフリーラジカルができる．C：この状態が数分以内に解決されないと，フリーラジカルがカルジオリピンなどの膜脂質と反応して，シトクロム *c*（A と B では膜にゆるく結合しているが，C では放出されている小さなタンパク質）の放出をもたらす．シトクロム *c* を失うと，酸素への電子の流れが完全になくなり，呼吸鎖複合体はいっそう還元されて（図では黒く塗りつぶされている），フリーラジカルのリークが増すとともに膜電位と ATP 合成が失われる．こうした要素があいまって細胞死の経路の引き金を引き，アポトーシスが起こる．

レドックス中心は鉄硫黄クラスターだ。この鉄がFe^{3+}からFe^{2+}の（すなわち還元された）形態に変わると、それが酸素と直接反応してスーパーオキシド・ラジカル$O_2^{\cdot-}$ができる。この記号に含まれる点は単一の不対電子のことで、フリーラジカルを示すサインだ。そしてこれが大きな混乱を引き起こす。

スーパーオキシド・ラジカルの蓄積をすばやく排除するメカニズムはいろいろあるが、特筆すべきはスーパーオキシド・ジスムターゼという酵素だ。しかし、そうした酵素の量は慎重に調整される。多すぎると、火災報知器にも似た働きをする重大な局所的シグナルを不活性化するおそれがあるのだ。フリーラジカルは狼煙（のろし）の役目を果たす。狼煙をなくしてしまうと、問題は解決されなくなる。この場合、問題は、ふたつのゲノムが一緒にうまく機能しないということだ。電子の流れがとどこおると、スーパーオキシド・ラジカルが生じる――狼煙である。[2] なんらかの閾値を超えると、フリーラジカルはそばにある膜脂質、とくにカルジオリピンを酸化して、通常はゆるくカルジオリピンにつながっている呼吸系タンパク質シトクロム*c*を放出させる。すると電子の流れが完全に止まる。シトクロム*c*に飛び乗らないと酸素に到達できないのだから。シトクロム*c*がなくなれば、電子はもう呼吸鎖の末端へ到達できないのである。電子の流れがないと、それ以上のプロトンの汲み出しができないため、膜電位はすぐに失われる。したがって、呼吸における電子の流れに、3つの変更が生じるわけだ。第一に、電子の移動速度が落ちるため、ATP合成の率も低下する。第二に、高度に還元された鉄硫黄クラスターが酸素と反応して一気にフリーラジカルを生み出し、膜につながっているシトクロム*c*を解き放つ。そして第三に、こうした変化を打ち消すために何もしなければ、膜電位が失われるのだ（図32）。

今説明した一連の興味深いプロセスは、1990年代の半ばに発見され、当時だれもが仰天した。これが、プログラム細胞死すなわちアポトーシスの引き金なのである。細胞は、アポトーシスを起こすとき、周到な振り付けに従ってみずからを殺す。いわば細胞の「白鳥の歌（スワン・ソング）」だ〔訳注　白鳥が死に際に唄うとされる歌〕。アポトーシスでは、単にばらばらに壊れるのでなく、酵素カスパーゼという「タンパク質の殺し屋」の一群が内部で解き放たれる。これらのカスパーゼは、細胞の巨大分子――DNA、RNA、炭水化物、タンパク質――を細かく切り刻む。そうしてできたかけらは、膜の小包――泡状突起――にくるまれて周囲の細胞の餌となる。そして数時間以内に、元の細胞の存在を示す痕跡はいっさいなくなり、KGBの隠蔽工作のようにきれいに歴史からかき消される。

アポトーシスは、多細胞生物のプロセスで完全に理にかなっている。それは、胚発生で組織を形作り、損傷した細胞を取り除いたり置き換えたりする際に必要となる。まったく意外だったのは、ミトコンドリア、とくに呼吸系タンパク質シトクロム*c*が中心的に関与していることだった。いったいなぜ、ミトコンドリアからシトクロム*c*が失われると、細胞死のシグナルとなるのだろう？　このメカニズムの発見以来、謎は深まるばかりだった。同じ組み合わせの現象――ATP濃度の低下、フリーラジカルのリーク、シトクロム*c*の喪失、膜電位の消失――は、真核生物全体で保存されていることがわかっている。植物細胞と酵母も、まったく同じシグナルを受けてみずからを殺す。だれもそんなことは予想していなかった。だがそうした現象は、第一原理から、ふたつのゲノムという選択から必然的にもたらされる結果として現れる。予想どおり、複雑な生命の普遍的な特性なのである。

電子がミスマッチな呼吸鎖を進んでいく状況をまた考えよう。ミトコンドリアの遺伝子と核の遺伝子がきちんと一緒に働かないと、生物物理学的に自然にアポトーシスがもたらされる。これは、歯止めをかけられないプロセスに対し、自然選択が磨きをかける見事な例と言える。自然な傾向が選択によって磨き上げられ、ついには高度な遺伝的メカニズムになって、そのメカニズムの中心に起源の手がかりが残るのだ。

ふたつのゲノムは、大型の複雑な細胞がそもそも存在するために必要となる。それらは一緒にうまく働かなければならず、さもないと呼吸はおこなわれない。もしもきちんと一緒に働かないと、細胞はアポトーシスによって排除される。するとこれは、ミスマッチなゲノムをもつ細胞に対して働く自然選択の一種と見ることができる。やはり、ロシア生まれの遺伝学者テオドシウス・ドブジャンスキーが述べた有名な言葉のとおり、進化を考慮しなければ生物学はいっさい理解できないのである。

こうしてわれわれは、ミスマッチなゲノムをもつ細胞を排除するメカニズムをもっている。逆に、一緒にうまく働くゲノムをもつ細胞は、自然選択によって排除されない。進化を経た結果は、まさに今日にしているとおりだ。一方のゲノムの配列変化がもう一方のゲノムの配列変化によって埋め合わされるような、ミトコンドリアゲノムと核ゲノムの共適応である。前の章で述べたとおり、ふたつの性の存在は、雌性生殖細胞間のばらつきを増す――卵細胞に含まれるミトコンドリアがほぼクローンの集団となると、それぞれの卵子で異なるミトコンドリアのクローンが増幅されるのだ。そうしたクローンのなかには、受精卵の新たな核に対してたまたまうまく働くものもあれば、そうでないものもあるだろう。すると十分にうまく働かないものはアポトーシスで排除され、一緒にうまく働くものが生き残る。

生き残るとはいったいどういうことか？　多細胞生物の場合、おおまかな答えは「発生」だ。受精卵の細胞（接合子）から、細胞分裂によって新たな個体ができる。このプロセスは精妙に制御されている。発生のさなかに不意にアポトーシスで死ぬ細胞は、発生のプログラム全体を脅かし、流産すなわち胚発生の失敗をもたらす。それは必ずしも悪いことではない。自然選択の冷静な目で見れば、発生を早く――あまり多くの資源が新たな個体に向けられないうちに――やめるほうが、発生を最後まで進めさせるよりもはるかに良い。最後まで進めてしまうと、核遺伝子とミトコンドリア遺伝子が適合しない子が生まれ、ミトコンドリア病になって健康を害し、早死にするおそれがある。一方、発生を早めにやめさせる――ミトコンドリア遺伝子と核遺伝子がひどく適合しない場合に胚を犠牲にする――と、もちろん繁殖率は下がる。高い割合で胚発生が最後まで進まない場合、もたらされる結果は不妊だ。ここでコストとメリットが自然選択の絶対的な中心となる。適応度と繁殖率のせめぎ合いだ。明らかに、どんな不適合がアポトーシスや個体の死をもたらし、どんなものが許容されるのかについて、精巧なコントロールが必要となる。

こうしたすべては、いささか無味乾燥であくまで理論上のものに見えるかもしれない。本当に重要なのだろうか？　答えはイエスだ！――少なくともいくつかのケースでは。そしてそれらは氷山の一角と思われる。最たる例は、スクリップス海洋研究所のロン・バートンが示している。彼はこれまで10年以上にわたり、海生のカイアシ類 *Tigriopus californicus* におけるミトコンドリアと核の不適合の研究に取り組んできた。カイアシ類は体長1～2ミリメートルの小さな甲殻類で、湿潤な環境ならほぼどこにでも見つかる。この種の場合は、カリフォルニア南部に位置するサンタクルーズ島の潮間帯の水たまりだ。バートンは、互いに島の反対側にいるふたつのカイアシの集団間で交雑をおこなっている。両集団は、わずか数キロメートル離れているだけだが、数千年にわたり生殖面で隔離されてきた。バートンらは、このふたつの集団間の交配において「雑種崩壊」と呼ばれるものを挙げている。不思議なことに、最初の世代（ふたつの集団間における一度の交雑の結果）ではほとんど影響が見られないが、次にその雑種の雌が、元の父方の集団の雄と交雑すると、生まれる子はひどくひ弱になり、バートンの論文のタイトルを借用すれば「みじめな状態」になる。結果はずいぶん幅広いものとなったが、平均で見れば雑種の適応度はかなり低下している。ATP合成がおよそ40パーセント減り、そのため生存率や繁殖率や発生時間（この場合、変態までの時間であり、それは体のサイズに依存し、それゆえ成長率に依存する）も同じように減少しているのだ。

この問題全体は、単純な手段——戻し交雑——によるミトコンドリア遺伝子と核遺伝子の不適合に原因があると見なせるだろう。雑種の雄と元の母方の集団の雌との戻し交雑で生まれる子は、今度は通常の十分な適応度を取り戻していた。しかし逆の実験——雑種の雌と元の父方の集団の雄との交雑——では、適応度を高める効果はいっさいなかった。生まれる子はひ弱なままで、それどころかさらにひどくなった。この結果はかなり理解しやすい。ミトコンドリアは必ず母親から受け継がれ、きちんと機能するには、母親の遺伝子に近い核遺伝子と相互作用する必要がある。遺伝子の異なる集団の雄と交雑すると、母親のミトコンドリアは、自分とは一緒にうまく機能しない核遺伝子と組み合わさる。第一世代の交雑では、核遺伝子の50パーセントがまだ母親由来で、母親のミトコンドリアと一緒にうまく働くので、問題はあまり深刻にはならない。ところが第二世代の雑種では、核遺伝子の75パーセントがミトコンドリアとマッチせず、適応度がひどく低下する。雑種の雄と元の母方の集団の雌が交雑すると、今度は核遺伝子の62・5パーセントが、母方の集団に由来してミトコンドリアとマッチする。十分な健康が取り戻せる。だが、逆の交雑は反対の効果をもたらす。母親のミトコンドリアは、核遺伝子のおよそ87・5パーセントとマッチしない。ひ弱な群れになったのも無理はない。

雑種崩壊。ほとんどの人は、雑種強勢という概念については知っている。異系交配が有益なのは、縁戚関係のない個体同士が同じ遺伝子に同じ変異をもつ可能性が低く、父親と母親から受け継いだコピーが互いに補い合って適応度を高めやすいからである。しかしそこまで行くのは雑種強勢だけだ。異なる種同士の交雑では、成長できなかったり生殖できなかったりする子を生みやすい。これが雑種崩壊だ。近縁の種同士の有性生殖の障壁は、教科書に書かれているよりもはるかに越えやすい——野生では行動上の理由で互いに無視したがる種同士が、飼育環境ではうまく交尾することはよくある。種の伝統的な定義——それとは別の集団との交雑で生殖能力のある子を生み出せない——は、多くの近縁種については正しくないのだ。それでも、時とともに集団が分岐するにつれ、集団間の生殖の障壁が高くなり、ついにはそうした交雑で生殖能力のある子を生み出せなくなる。この障壁は、ロン・バートンのカイアシのように、長期間生殖隔離された同じ種の集団間の交雑において、明確に現れだすにちがいない。この場合、雑種崩壊はもっぱらミトコンドリア遺伝子と核遺伝子の不適合に起因する。同じような不適合が、もっと一般に種の起源において雑種崩壊を引き起こすことはあるのだろうか？

私はあるのではないかと思う。もちろんこれは、たくさんあるメカニズムのひとつにすぎないが、ほかにも「ミトコンドリア－核」の崩壊の例が、ハエやハチから小麦、酵母、さらにはマウスに至るまで、多くの種で報告されている。このメカニズムが、ふたつのゲノムが一緒にきちんと働く必要性から生じるという事実は、真核生物ではそれに種分化（新種形成）が必然的に続くことを示している。それでも、効果は顕著に現れる場合とそうでない場合がある。理由はどうやらミトコンドリア遺伝子の変化率と関係しているらしい。カイアシの場合、ミトコンドリア遺伝子は核遺伝子に比べ、最大で50倍速く進化する。ところがショウジョウバエ（Drosophila）の場合、ミトコンドリア遺伝子の進化の速度ははるかに遅く、核遺伝子の2倍そこそこだ。したがって、ミトコンドリア－核の崩壊は、ショウジョウバエよりカイアシのほうがひどい。変化率が速いということは、一定時間内に配列に多くの違いが生じるわけで、それゆえ異なる集団間の交雑でゲノム同士の不適合が見られる可能性が高い。

いったいなぜ動物のミトコンドリア遺伝子のほうが核遺伝子よりずっと速く進化するのかは、明らかになっていない。ミトコンドリア遺伝学の刺激的な先駆者ダグ・ウォレスは、ミトコンドリアは適応の最前線なのだと主張している。ミトコンドリアが急速に変化すると、動物はすばやく食餌や気候の変化に適応できる――もっと遅い形態上の適応に先立つ最初のステップだ。私はこの考えが気に入っているが、今のところ支持するにせよ反対するにせよ十分と言える証拠がほとんどない。だが、ウォレスが正しければ、自然選択が働きうるミトコンドリアの配列に新たな変異をもたらしつづけると、適応度が向上することになる。こうした変化は、新しい環境に適応しやすくするために最初に起きるもので、種分化においていち早く訪れる前触れとも言える。それに対応する生物学の興味深い規則は、進化生物学の創始者のひとり、J・B・S・ホールデーンが最初に明らかにした。この規則の新たな解釈では、ミトコンドリア－核の共適応が、実は種の起源とわれわれ自身の健康において重要な役割を演じている可能性を示唆している。

性決定とホールデーンの規則

ホールデーンは印象的な言葉を発するのが好きで、1922年にこの注目すべき宣言をおこなっている。

2種類の系統の動物がもうける子において、一方の性が存在しないか、まれか、生殖不能となる場合、それは異型接合の［異型配偶子をもつ］性である。

ホールデーンが「異型接合の性」の代わりに「雄」と言っていたらもっとわかりやすかっただろうが、それでは実は一般性に欠けてしまう。哺乳類では、雄は異型接合、つまり異型配偶子をもつ。これは、雄がXとYという2種類の性染色体をひとつずつもっているということだ。哺乳類の雌は、X染色体をふたつもっているので、性染色体について同型接合である（同型配偶子をもつ）。ところが、鳥類や一部の昆虫では逆になる。今度は雌が異型配偶子（W染色体とZ染色体）をもち、雄は同型配偶子（Z染色体ふたつ）をもつ。近縁の種の雄と雌が交雑し、生存可能な子ができるとしよう。だがここで、そうした子をよく見てみる。すると全部が雄か、全部が雌か、あるいは両方の性がいても片方の性は生殖不能か障害をもつ。ホールデーンの規則によれば、この性は哺乳類なら雄で、鳥類なら雌だ。１９２２年以来集められてきた例をリストアップすると膨大な数になる。多くの動物の門にわたり、何百ものケースがこの規則に従い、生物ほど例外に煩わされる分野にしては、例外は驚くほどわずかしかない。

ホールデーンの規則については、もっともらしい理屈がいろいろ考えられているが、すべてのケースを説明できるものはないので、理論上完全に満足のいく理屈はない。たとえば、性選択は雄のほうが強く働く。雌の注意を引こうと、雄同士で競わなければならないからだ（専門的に言えば、雌同士より雄同士のほうが生殖の成否にばらつきが大きいため、雄の性的形質はより自然選択の目につきやすくなる）。すると、それにより雄は、異なる集団間の交雑において雑種崩壊を起こしやすくなる。問題は、この理屈では、鳥類の雄が雌に比べて雑種崩壊を起こしにくいわけが説明できないことである。

もうひとつの難点は、ホールデーンの規則がおそらくは、進化というもっと広い観点から見れば狭く見える性染色体に限ったものではないということだ。多くの爬虫類や両生類は性染色体そのものをもたず、温度によって性を決定している。高温で孵化した卵が成長して雄になる種もあれば、雌になる種もある。それどころか、見たところ性は根本的に重要であるがゆえに、性決定のメカニズムは種によって驚くほど多様な形をとりうるのだ。性は、寄生体、染色体の数、ホルモン、環境的誘因、ストレス、個体数密度、さらにはミトコンドリアによっても決定されうる。性が染色体によって決定されなくても、ふたつの性のうち一方が集団間の交雑において悪影響を受けやすいという事実は、もっと根本的なメカニズムが働いている可能性をほのめかしている。じっさい、性決定の具体的なメカニズムがきわめて多様でありながら、ふたつの性の発生についてはきわめて一貫性があるという事実そのものが、性決定（雄や雌の発生を促すプロセス）になんらかの保存された土台があり、遺伝子の違いはそれに飾りを加えているにすぎない可能性を示しているのである。

考えられる土台のひとつは、代謝率だ。古代ギリシャ人さえ、男は女より文字どおり温かいと認識していた。「温かい男」仮説だ。雄の胚は雌よりわずかに速く成長し、その差異は、物差しを使って（ただし決して家庭にある物差しでやろうとしないこと）妊娠から数時間で測定できる。Y染色体では、ヒトの雄の発生を決定づけるSRY遺伝子が、いくつもの成長因子のスイッチを入れて成長率を加速する。こうした成長因子には、性特異的なところはない。雄と雌のどちらでも正常に活動し、単にその活動が雌より雄において高いレベルに設定されているだけだ。成長因子の活動を高め、成長率を加速するような変異は、性別の変化を引き起こし、Y染色体（あるいはSRY遺伝子）のない雌の胚で雄を発生させられる。一方、成長因子の活動を低下させる変異は反対の効果をもたらし、完全に機能するY染色体をもつ雄を雌に変える。これは、成長率が、少なくとも哺乳類では性の発生を促す真の力となることを意味している。遺伝子は手綱を握っているだけで、進化の過程で容易に置き換わる——成長率を設定する遺伝子が、同じ成長率を設定する別の遺伝子に取って代わられるのだ。

雄の成長率は速いという考えは、両生類や（ワニなどの）爬虫類においてどの性が発生するかを温度が決定するという事実と興味深くも対応している。両者が関係しているのは、代謝率もある程度温度に左右されるからだ。極端にならない範囲内で、爬虫類の体温を（日光浴をするなどして）10℃上げると、代謝率はおよそ倍になり、それで速い成長率が維持できる。雄が高い温度で発生するというのは（さまざまな込み入った理由で）つねに正しいわけではないが、遺伝子か温度によって決まっている「性と成長率の関係」は、ほかのどんなメカニズムよりも強く保存されている。それはまるで、機会をうかがっているさまざまな遺伝子がときおり発生の制御の手綱を握り、雄か雌の発生へ導く成長率を設定するかのようだ。ちなみにこれは、雄がY染色体の消滅を恐れる必要がない理由のひとつとなる。Y染色体の機能は、きっと雄の発生に必要な「速い代謝率」を設定する何かほかの因子に引き継がれるはずで、それは別の染色体にある遺伝子かもしれない。またこれで、哺乳類の精巣（睾丸）が外部にあって不思議と無防備な理由も説明できるかもしれない。適切な温度の維持は、われわれの生体に陰嚢よりはるかに深く組み込まれているメカニズムなのだ。

こうした考えは、私には思いがけないものだったと言っておかなければならない。性が結局のところ代謝率で決まるという仮説は、数十年前からウルズラ・ミットヴォッホによって提唱されていた。ミットヴォッホはユニヴァーシティ・カレッジ・ロンドンの同僚で、90歳にしてなお驚くほど活動的で、重要な論文を公表しつづけている。彼女の論文は本来そうあるべきなほどはよく知られていない。ひょっとしたらそれは、成長率、胚のサイズ、性腺のDNA、タンパク質の量などの「素朴な」パラメータの測定が、分子生物学や遺伝子解読の時代に古くさく見えるからかもしれない。ところがエピジェネティクス（遺伝子の発現を制御する因子の研究）の新時代に入りつつある現在、彼女のアイデアはよりよく受け入れられるものであり、私は生物学史のなかでふさわしい座を占めてほしいと思っている。[3]

だが、これがホールデーンの規則とどう関係しているのだろう？　生殖不能や生存不能は機能の喪失に相当する。なんらかの閾値を超えると、器官や生物はだめになる。機能の限界はふたつの単純な基準によって決まる。タスク（精子を作るなど）をなし遂げるための代謝の需要と、利用できる代謝のパワーだ。利用できるパワーが必要なパワーより少ないと、器官や生物は死ぬ。遺伝子ネットワークという精妙な世界では、こうした基準はとんでもなくそっけないものに見えるかもしれないが、それでも、だからこそ重要だ。あなたの頭にビニール袋をかぶせ、あなたに必要な代謝のパワーを断つとしよう。少なくとも脳では1分ほどで機能が止まる。脳と心臓には多くの代謝が必要なので、それらが最初に死を迎える。皮膚や腸の細胞ははるかに長く生きられるだろう。必要な代謝がずっと少ないからだ。残りの酸素でも、数時間や、場合によっては数日、それらの低い代謝の需要を十分に満たせる。われわれを構成する細胞の観点からは、死は1か0かではなく、連続的なものなのである。われわれは細胞の群れであり、一度に全部は死なない。需要の最も高い細胞が、一般に最初に需要を満たせなくなる。

これはまさしくミトコンドリア病における問題である。たいていは神経筋変性を起こし、脳と骨格筋といった、基本的に代謝率のとりわけ高い組織に影響を及ぼす。視覚はとくにダメージを受けやすい。網膜や視神経の細胞の代謝率は体内でもとりわけ高く、レーベル遺伝性視神経症などのミトコンドリア病は視神経を冒して失明させる。ミトコンドリア病について一般化して語ることは難しい。深刻さは、変異のタイプ、変異体の数、組織間での変異体の分離など、多くの要因で決まるからだ。しかしそれはさておき、ミトコンドリア病はたいてい代謝の需要がとくに高い組織に影響を及ぼすという事実は変わらない。

ふたつの細胞が、ミトコンドリアの数もタイプも同じで、ATPを生み出す能力が同等だとしよう。このふたつの細胞に対する代謝の需要が異なれば、結果は違ってくる（図33）。第一の細胞では、代謝の需要が低いものとしよう。すると需要を楽に満たし、十分すぎるほどのATPを生成して、なんであれ細胞

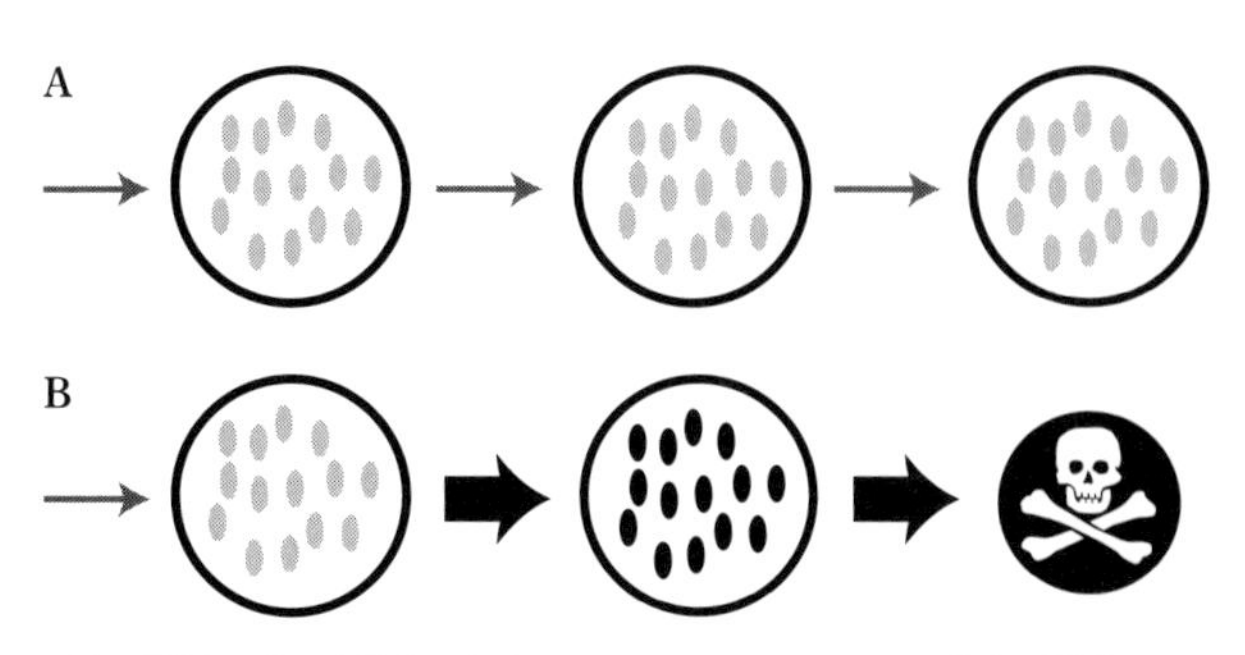

図 33　運命は需要を満たす能力に左右される． ミトコンドリアの能力が同等なふたつの細胞に，異なる需要があるとしよう．A では需要はほどほどで（矢印の太さで示す），ミトコンドリアは楽に需要を満たせ，高度に還元されない（薄い灰色で表している）．B では当初の需要はほどほどだが，やがてはるかに高いレベルに増す．ミトコンドリアへの電子のインプットがそれに応じて増すが，能力の不足により，呼吸鎖が高度に還元される（濃く塗られている）．能力をすばやく高められないかぎり，細胞はアポトーシスによる死を迎える（図 32 で描いたとおり）．

のタスクにそのＡＴＰを消費する。ところが第二の細胞に対する代謝の需要ははるかに大きいとしよう――それもなんと、ＡＴＰを生み出す最大の能力を上回っている。その細胞は、需要を満たそうと必死にがんばり、生理機能全体を、求められる高いアウトプットに見合うように調整する。電子が呼吸鎖に流れ込むが、呼吸鎖の能力が低すぎ、電子が出て行くよりも速く入ってくる状態となる。レドックス中心は高度に還元され、酸素と反応してフリーラジカルを生み出す。このフリーラジカルが周囲の膜脂質を酸化して、シトクロム*c*を解き放つ。すると膜電位が落ちる。そうして細胞はアポトーシスによって死ぬ。これは、組織の設定という点ではあるが、やはり機能的選択の一形態と言える。代謝の需要を満たせない細胞は排除され、満たせる細胞が残るからである。

　もちろん、十分に機能しない細胞を除去しても、幹細胞のプールからの新しい細胞に交換されなければ組織全体の機能を向上させられない。ニューロンや筋細胞に関わる大きな問題は、交換できない点にある。ニューロンをどうしたら交換できるのか？　われわれの人生の経験はシナプスのネットワークに書き込まれており、ひとつのニューロンは1万ものシナプスを形成する。このニューロンがアポトーシスで死ぬと、それらのシナプスの結合は、そこに書き込まれていた経験や人格の一切合切とともに永久に失われる。そのニューロンは交換できないのだ。それどころか、そこまで明らかに必要ではなくても、最後まで分化した組織はすべて交換できない。前の章で論じた生殖細胞と体細胞の根本的な違いがなければ、そうした組織の存在自体が不可能となる。選択されるのは、要するに子孫なのだ。大きくて交換不可能な脳をもつ生物が、小さくて交換可能な脳をもつ生物よりも生存能力の高い子孫を残せば、彼らは繁栄する。生殖細胞と体細胞の違いがある場合にのみ、自然選択はこのように働きうる。だがそれが働くとき、体は使い捨てになる。寿命が有限になるのだ。そのため、代謝の要求を満たせない細胞が最終的にわれわれを殺すことになる。

だからこそ、代謝率が重要となる。代謝率の速い細胞は遅い細胞に比べ、ミトコンドリアのアウトプットが同じなら、需要を満たせなくなりやすい。ミトコンドリア病のみならず、ふつうの老化や加齢性の病気も、たいていは代謝の需要がとくに高い組織に影響を及ぼす。そしてめぐりめぐって、代謝の需要がとくに高い性にも影響を及ぼす。雄は雌よりも代謝率が速い（少なくとも哺乳類では）。ミトコンドリアになんらかの遺伝子欠陥があれば、その欠陥は主に代謝率の速い性——雄——に現れる。一部のミトコンドリア病は、実際に女性より男性に多く見られる。たとえばレーベル遺伝性視神経症は男性に5倍多く見られ、やはりミトコンドリアの要素が大きいパーキンソン病も男性で2倍多い。男性には、ミトコンドリア－核の不適合の影響も、よりひどく現れるはずだ。そのような不適合が生殖隔離された集団間の異系交配によってもたらされると、結果的に雑種崩壊となるにちがいない。それゆえ雑種崩壊は、代謝率のとくに高い性において最も顕著で、その性のなかでも、とりわけ代謝率の高い組織において最も顕著に見られる。やはりこうしたすべては、あらゆる複雑な生命におけるふたつのゲノムの要件から予測できる結果なのである。

以上の考察から、ホールデーンの規則について単純かつ見事な解釈が提示される。代謝率のとくに速い性が生殖不能や生存不能となりやすい、というものだ。しかし、それは正しいのか？　あるいは本当に重要なのか？　正しくても些末なアイデアというものはあり、これは決して、ホールデーンの規則について挙がっているほかの理由と相反するものではない。代謝率が唯一の理由にちがいないとは言えなくても、大きく寄与してはいるだろうか？　私は寄与していると思う。たとえば、温度が雑種崩壊を激化させることはよく知られている。コクヌストモドキの*Tribolium castaneum*が、近縁種の*Tribolium freeman*と交雑すると、雑種である子は通常育てる温度の29℃では健康だが、34℃に上げると雌（この場合）で脚と触覚に奇形が生じる。この種の温度感受性は広く見られ、しばしば性特異的な生殖不能をもたらすが、これは代謝率の観点で最も理解しやすい。需要がある閾値を超えると、特定の組織が崩壊しだすのだ。

そうした特定の組織には、生殖器官――とくに生涯にわたり精子の産生が続く、雄の器官――も含まれることが多い。目を引く例は植物にあり、細胞質雄性不稔と呼ばれる。大半の被子植物は雌雄同体（両性花）だが、かなりの割合が雄性不稔を示し、ふたつの「性」――雌雄同体と（雄性不稔による）雌――ができている。このトラブルはミトコンドリアによって引き起こされ、一般に利己的な闘争の観点から解釈されてきた。[4] ところが分子的なデータは、雄性不稔が単に代謝率を反映しているだけである可能性を示している。オックスフォード大学の植物学者クリス・リーヴァーは、ヒマワリの細胞質雄性不稔の原因が、ミトコンドリアのATP合成酵素のサブユニット1個をコードする遺伝子であることを明らかにした。この場合の問題は、組み換えのエラーであり、それが比較的小さな割合（重要なのは、全部ではないこと）の

ＡＴＰ合成酵素に影響を及ぼす。するとＡＴＰ合成の最大の率が低下する。大半の組織では、この変異の影響は目につかない。雄の生殖器官――葯（やく）――だけが退化する。退化するのは、構成する細胞がアポトーシスによって死に、それにともなって、われわれの場合とまったく同じようにミトコンドリアからシトクロム*c*を放出するためだ。葯は、ヒマワリでは、退化を引き起こせるほど高い代謝率をもつ唯一の組織のようである。そこでのみ、欠陥のあるミトコンドリアでは代謝の需要を満たせない。その結果、雄に特異的な不稔が生じる。

同様の知見はショウジョウバエ（Drosophila）でも報告されている。核を別の細胞へ移すと、核ゲノムはほぼそっくり同じだが、ミトコンドリア遺伝子は異なるような、雑種細胞（細胞質雑種（サイブリッド））を作ることができる[5]。これを卵細胞でやると、核の素姓は遺伝的にそっくり同じだが、ミトコンドリア遺伝子は近縁種のものであるようなハエの胚ができる。結果は、ミトコンドリア遺伝子によって大きく異なる。最良の場合、生まれたハエは何も悪いところがない。最悪の交雑では、雄は生殖不能となる。ショウジョウバエでは雄が異型配偶子をもつ性だからだ。なにより興味深いのはその中間の場合であり、このときハエは問題なさそうに見える。ところが、いろいろな器官で遺伝子の活動をよく調べると、精巣の遺伝子が問題を抱えていることがわかる。精巣とそれに付属する生殖器官で１０００個以上の遺伝子について、雄のハエで発現上昇が見られるのだ。いったい何が起きているのかはよくわからないが、私の見解では、こうした器官は課せられた代謝の需要に対処できないというのが最も単純な説明だろう。そのような器官のミトコンドリアは、核遺伝子と完全には適合しない。代謝の需要が高い精巣の細胞は、生理的にストレスを受けていて、このストレスがゲノムの相当な部分に関わる反応を生み出す。植物の細胞質雄性不稔と同じように、代謝の点で逼迫した生殖器官だけが影響を受ける――しかも雄だけが。*

このすべてが本当なら、なぜ鳥では雌が影響を受けるのだろう？　おおよそ同じ推論が成り立つが、いくつか気になる違いがある。少数の鳥、とくに猛禽類では、雄より雌のほうが大きいので、おそらく成長も速いと考えられる。だがそれは普遍的ではない。ウルズラ・ミットヴォッホの初期の研究によれば、ニワトリでは卵巣が、最初の1週間ほどスタートは遅れるが、その後精巣より速く成長するという。この場合、雌の生殖器官のほうだけ速く成長するので、雌は生存不能ではなく生殖不能になると予想できる。しかしそれは正しくない。鳥類でのホールデーンの規則は、ほとんどの場合、実は生殖不能ではなく生存不能となるように見える。私は困惑していたが、去年になって、鳥類の性選択の専門家ジェフ・ヒルから鳥類でのホールデーンの規則にかんする論文を受け取った。ヒルは、鳥類で呼吸鎖をコードするいくつかの核遺伝子が、Z染色体に見つかることを指摘している（鳥類の場合、雄はZ染色体を2個もつが、雌はZ染色体1個とW染色体1個をもち、異型配偶子をもつ性となっていることを思い出してほしい）。なぜそれが重要なことなのか？　鳥類の雌がZ染色体を1個しか受け継がないと、いくつかの重要なミトコンドリア遺伝子も1個しか得られず、それを父親から受け継ぐことになる。母親が慎重に父親を選ばなければ、母親のミトコンドリア遺伝子が父親から受け継ぐ核遺伝子の1個と適合しなくなる。するとただちにひどい「崩壊」を起こす。

ヒルは、この条件が雌にきわめて慎重に相手を選ぶ負担を強いたり、大きなペナルティを科したり（子

＊　この推論は少し変に思えるかもしれない。精巣は本当に、心臓や脳や飛翔筋などの組織より代謝率が高いのか？　必ずしもそうではない。問題は、需要を満たす能力にある。ピーク需要は実際に精巣のほうが高いのかもしれないし、あるいは需要を満たすのに求められるミトコンドリアの数は精巣のほうが少ないため、ミトコンドリア1個あたりの需要は高いのかもしれない。これは検証可能な単純な予測だが、私の知るかぎり検証されていない。

が雌の場合には死ぬ）する、と主張している。それがまた、鳥類の雄の鮮やかな羽や体色の説明にもなるかもしれない。ヒルが正しければ、羽の具体的な模様はミトコンドリアのタイプを示している。模様の明確な違いは、ミトコンドリアＤＮＡのタイプの明確な違いを反映していると考えられる。それゆえ雌は、適合性を知るガイドとして模様を利用しているのだ。だがそれでは、ふさわしいタイプの雄がかなりみすぼらしい個体ということもあるかもしれない。そこでヒルは、大半の色素がミトコンドリアで合成されるので、色の鮮やかさはミトコンドリアの機能を反映しているのだと訴える。鮮やかな色の雄は、最高品質のミトコンドリア遺伝子をもっているにちがいない。この仮説を裏づける証拠は現時点でほとんどないが、ミトコンドリア－核の共適応の条件がどれだけ広範なものとなりうるかは感じられる。複雑な生命におけるふたつのゲノムの条件が、種の起源と、性の発生と、鳥類の雄の鮮やかな体色のようにばらばらな進化の謎を説明できるというのは、びっくりするような考えだ。

　さらに掘り下げられるかもしれない。間違えてミトコンドリア－核の不適合を起こすとペナルティがある一方、正しく選んできちんと適合させるのにもコストがかかる。このコストとメリットのバランスは、種によって、身体の酸素消費の要求に応じて異なるはずだ。やがてわかるが、それは、適応度と生殖能力のあいだのトレードオフとなる。

死の閾値

あなたが空を飛べるとしよう。グラムあたりで比べて、全速力で飛び跳ねるチーターの2倍以上のパワーをもつことになる。力と、有酸素能（有酸素作業能力）と、体の軽さの並外れた組み合わせだ。事実上完璧なミトコンドリアをもっていなければ、飛べる望みはない。あなたの飛翔筋におけるスペースの取り合いを考えよう。まず、もちろんそこに筋原線維は必要だ。スライド（滑走）するフィラメントで、これが筋収縮を起こす。これを多く詰め込めるほど、あなたは力強くなる。筋肉の力はロープと同じで断面積に比例するからだ。しかしロープと違って、筋収縮はＡＴＰから動力を得なければならない。１分をはるかに超えて力の発揮を維持するには、その場でＡＴＰを合成する必要がある。すると、筋肉のなかでまさに必要な場所にミトコンドリアがないといけない。ミトコンドリアは、本来ならもっと多くの筋原線維が取るはずのスペースを占めることになる。ミトコンドリアには、酸素も要る。そのため、酸素を運び老廃物を取り除く毛細血管も必要だ。有酸素運動をする筋肉における最適なスペース配分は、およそ3分の1が筋原線維、３分の1がミトコンドリア、３分の1が毛細血管となる。これは、われわれヒトでも、チーターでも、脊椎動物で圧倒的に速い代謝率をもつハチドリでも、変わらず正しい。結局、より多くのミトコンドリアをため込むだけでは、得られる力を増すことはできないのである。

こうしたすべてから、鳥類が飛翔を長く維持できるだけのパワーを生み出せる唯一の方法は、１秒間に単位表面積あたり「通常の」ミトコンドリアより多くのＡＴＰを生み出せる、「スーパーチャージャーのある」ミトコンドリアをもつことなのだと言える。食物から酸素への電子の流れは速くなければならない。これは、高い代謝率を維持すべく、プロトンの汲み出しやＡＴＰ合成の率が速くなければならないとも言い換えられる。自然選択が各段階で働き、おのおのの呼吸系タンパク質が仕事をする最大の率を加速する必要があるのだ。その率は測定でき、実際に鳥類では哺乳類よりミトコンドリアが速く仕事をすることがわかっている。ところが、すでに見たとおり、呼吸系タンパク質は、ふたつの異なるゲノムでコードされたサブユニットからなるモザイクだ。電子の流れが速くなるには、ミトコンドリア－核の共適応によって、ふたつのゲノムが一緒にうまく働く強い選択が起こる必要がある。酸素消費の要求が大きいほど、この共適応の選択圧は強くなる。ふたつのゲノムが一緒にうまく働かない細胞は、アポトーシスによって排除される。前にも述べたが、そんな選択が生じるのに最も妥当な状況は、胚発生のさなかだ。冷静なまでに理論的に見れば、ふたつのゲノムが不適合で一緒にうまく働かないので飛翔を維持できないような胚は、できるだけ早くに胚発生をやめさせるほうが理にかなっている。

ところで、どれだけ不適合だと不適合で、どれだけだめだとだめなのだろう？　おそらく、なんらかの閾値――アポトーシスが引き起こされるところ――があるにちがいない。その閾値を超えると、モザイク状の呼吸鎖を流れる電子の速度が不十分となる。仕事をするのに足りなくなるのだ。個々の細胞、ひいては胚全体が、アポトーシスによって死ぬ。一方、閾値に達しないと、電子の流れは十分に速い。その場合は、ふたつのゲノムが一緒にうまく機能している。そして細胞、ひいては胚全体は、自分自身を殺さない。それどころか発生が継続し、すべてがうまくいって健康な雛（ひな）が生まれる。そのミトコンドリアは「予備検査」され、目的にかなうものとして太鼓判を押されているのである。[6] 重要なのは、「目的にかなう」というのが目的によって異なることだ。目的が飛翔なら、ふたつのゲノムはほぼ完璧にマッチしないといけない。そして高い有酸素能のコストは、低い生殖能力だ。これより低い目的ならかなえられたもっと多くの胚は、完璧さのために犠牲になる。ミトコンドリア遺伝子の配列にもたらす影響を予想することもできる。その配列の変化率は、鳥類では大半の哺乳類（鳥類と同じ問題を抱えるコウモリは除く）よりも低い。飛べない鳥は、同じ制約に縛られないので、変化率が高い。大半の鳥類の変化率が低い理由は、ミトコンドリア遺伝子の配列がすでに飛翔のために完璧になっているからだ。この理想的な配列からの変化はたやすく許容されないので、たいてい自然選択によって排除される。ほとんどの変化が排除される結果、あまり変わらないものが残る。

もっと低い目的を選んだらどうだろうか？　たとえば私がラットで（私の息子が通う学校の校歌にあるように「逃れられぬ運命」だとして）、飛ぶことには興味がないとしよう。その場合、私の将来の子を完璧さのために犠牲にするのはばかげている。アポトーシスの引き金――機能上の選択――がフリーラジカルのリークだという話はすでにした。呼吸における電子の流れの遅さは、ミトコンドリアのゲノムと核のゲノムとの適合性が低いことを示している。呼吸鎖は高度に還元され、フリーラジカルをリークする。するとシトクロムcが放出され、膜電位が落ちる。私が鳥だったら、この組み合わせはアポトーシスの引き金となる。私の子は幾度となく胚のうちに死ぬだろう。だが私はラットであって、それは望まない。何かの生化学的な手口で、私が子の死の先触れとなるフリーラジカルのシグナルを「無視」したらどうなるだろう？　私は死の閾値を引き上げ、もっとフリーラジカルのリークが多くてもアポトーシスの引き金を引かないようにすることができる。そして、大半の子が胚発生を生き延びられるという、計り知れないほどのメリットを手にする。生殖能力が増すのだ。生殖能力が急激に増すと、どんな対価を支払うことになるだろう？

もちろん、私は決して飛べるようにならない。またもっと一般的に言えば、私の有酸素能は低くなる。私の子のミトコンドリア遺伝子と核遺伝子が最適なマッチを示す可能性は薄くなる。これはそのまま、コストとメリットの関係として、もうひとつの重要な組み合わせにつながる――適応性と病気だ。動物におけるミトコンドリア遺伝子の急速な進化は、さまざまな食餌や気候への適応を促すという、ダグ・ウォレスの仮説を思い出してほしい。これがどのように起こるのか、いやそれどころか本当に起こるのかどうかも、実際のところわからないが、まったくの嘘だったら驚きだ。なにより重要な適応は、食餌と体温に関わるもので（この基本的なふたつをきちんとできないと長くは生きられない）、ミトコンドリアはどちらにとっても確実に中心的な役割を果たしている。ミトコンドリアの性能は、そのDNAに大きく左右される。DNAの配列が異なれば、対応する性能のレベルが異なる。温暖な環境より寒冷な環境のほうがよく働く配列もあれば、湿度が高いほうがよく働く配列もあり、脂肪の多い食餌を燃やす場合によく働く配列もある。

環境に応じた選択を確かに受けていそうな人類集団で、種々のミトコンドリアDNAにランダムでないように見える地理的分布があるという事実にもヒントはあったが、あくまでヒントにすぎなかった。しかし先述のように、鳥類のミトコンドリアDNAには明らかにバリエーションが少ない。飛翔に最適な配列からの変異の大半は自然選択によって排除されるという事実そのものが、多様性の乏しいミトコンドリアDNAが残ることを意味している。そのため、寒冷な環境や脂肪の多い食餌に対してたまたまとくによく働く変異体のミトコンドリアを選択する余地が少なくなる。この点で、季節による環境の変化に耐えるよりむしろ移住する鳥がよくいるのは興味深い。彼らのミトコンドリアは、定住していれば直面する苛酷な環境で働くよりも、移住のための激しい活動を支えるほうに長けているのだろうか？　逆に、ラットのミトコンドリアにははるかに多くのバリエーションがあって、根本的にそれが適応性向上の素材を提供することになる。本当だろうか？　正直なところ、私にはわからないが、ラットはかなり適応性の高い動物だ。それは「逃れられぬ運命」なのだ。

だがもちろん、ミトコンドリアのバリエーションが多いと、コストがかかる――それは病気だ。ある程度までは、病気は生殖細胞の選択によって避けられる。ミトコンドリアの変異をもつ卵細胞を、成熟可能となる前に除去するのだ。そうした選択が起きている証拠はいくつかある。マウスやラットで、ミトコンドリアの重い変異は数世代で排除される傾向があるが、あまり重くない変異はほぼいつまでも残るのだ。しかし、この文言についてもう一度考えてみよう――数世代だ！　この選択はかなり弱い。あなたが重いミトコンドリア病をもって生まれたら、幸運にも孫をもてたとして、孫は病気にならないようだと思ってもほとんどそれは慰めにならない。選択が生殖細胞内のミトコンドリアの変異に対して働くのだとしても、ミトコンドリア病にならないことを保証するわけではないのだ。未熟な卵細胞の時点では、核の素姓はまだ確立していない。減数分裂の途中で止まり、何年も中途半端な状態で保たれているだけでなく、この時点で父親の遺伝子はまだこの出来事に加わっていない。ミトコンドリア－核の共適応による選択は、成熟した卵細胞が精子によって受精し、新たに遺伝的にユニークな核ができたあとにしか起こりえないのだ。雑種崩壊を引き起こすのは、ミトコンドリアの変異ではなく、核遺伝子とミトコンドリア遺伝子の不適合なのであり、これらの遺伝子は、ほかの状況では問題なく機能する。すでに見たとおり、ミトコンドリア－核の不適合を排除する強い選択は、必然的に生殖不能の可能性を高める。生殖不能になりたくなければ、病気のリスクが高まるというコストを受け入れるしかない。やはり、この生殖能力と病気の関係は、ふたつのゲノムの条件から予測可能な結果なのである。

したがって、死の閾値と考えられるものが存在する（図34）。この閾値を超えると、細胞、ひいては生物が、アポトーシスによって死ぬ。閾値より下なら、細胞や生物は生き延びる。この閾値は、種が異なれば必然的に変わる。酸素消費の要求が大きいコウモリや鳥類などの生物の場合、閾値は低く設定されなければならない――（ミトコンドリアゲノムと核ゲノムのわずかな不適合で）軽い機能障害を起こしたミトコンドリアから少しばかりフリーラジカルがリークしても、アポトーシスによって胚を死なせるシグナルが出るように。ラットやナマケモノや、テレビを見てごろごろしている人の場合、酸素消費の要求は小さく、閾値は高く設定される。少しばかりフリーラジカルがリークしても今度は許され、機能障害を起こしたミトコンドリアでも問題なく胚発生が進む。どちらの場合にも、コストとメリットがある。閾値が低いと、有酸素能が高くなり、病気のリスクは低下するが、生殖不能となる率が高く、環境への適応性が落ちるというコストを負う。反対に閾値が高いと、有酸素能が低下して病気のリスクは高くなる一方、生殖能力と環境への適応性の向上というメリットが生じる。キーワードは、生殖能力、適応性、有酸素能、病気だ。これ以上はあまり自然選択の本質に迫れない。もう一度言おう。こうしたトレードオフの関係はすべて、ふたつのゲノムの条件から必然的に現れるのである。

先ほどこれを、死の閾値と考えられるものと呼んだが、そのとおりだ。それは実在するのか？　実在するとしたら、真に重要なのだろうか？　自分たちのことを考えてみよう。妊娠の40パーセントは「早期非顕性流産」で終わるようだ。ここで言う「早期」は非常に早い――妊娠して数週間以内で、たいてい妊娠の明白な徴候が初めて現れる前のことだ。この時点ではまだ妊娠しているとは気づいていないだろう。そして「非顕性」とは「隠れた」という意味で、臨床的に認知されていないことを示す。一般にそれがなぜ起こったのかはわからない。染色体の分離の異常で「トリソミー（三染色体性）」が起きるなど、通常疑われる要因によるものではない。問題は生体エネルギーに関わるものなのだろうか？　いずれにせよそれを証明するのは難しいが、高速のゲノム解読ができるこの「すばらしい新世界」では、明らかにすることは可能なはずだ。不妊の精神的苦痛ゆえに、胚の成長を促す因子を調べるかなり乱暴な研究も正当と認められている。弱った胚にATPを注入するというひどく稚拙な手段で、胚を長生きさせられるのだ。これではっきりと、生体エネルギー的因子が重要なのだと言える。そのうえ、こうした欠陥は「最善の結果を得るためのもの」なのかもしれない。ミトコンドリア－核の不適合があって、アポトーシスを引き起こした

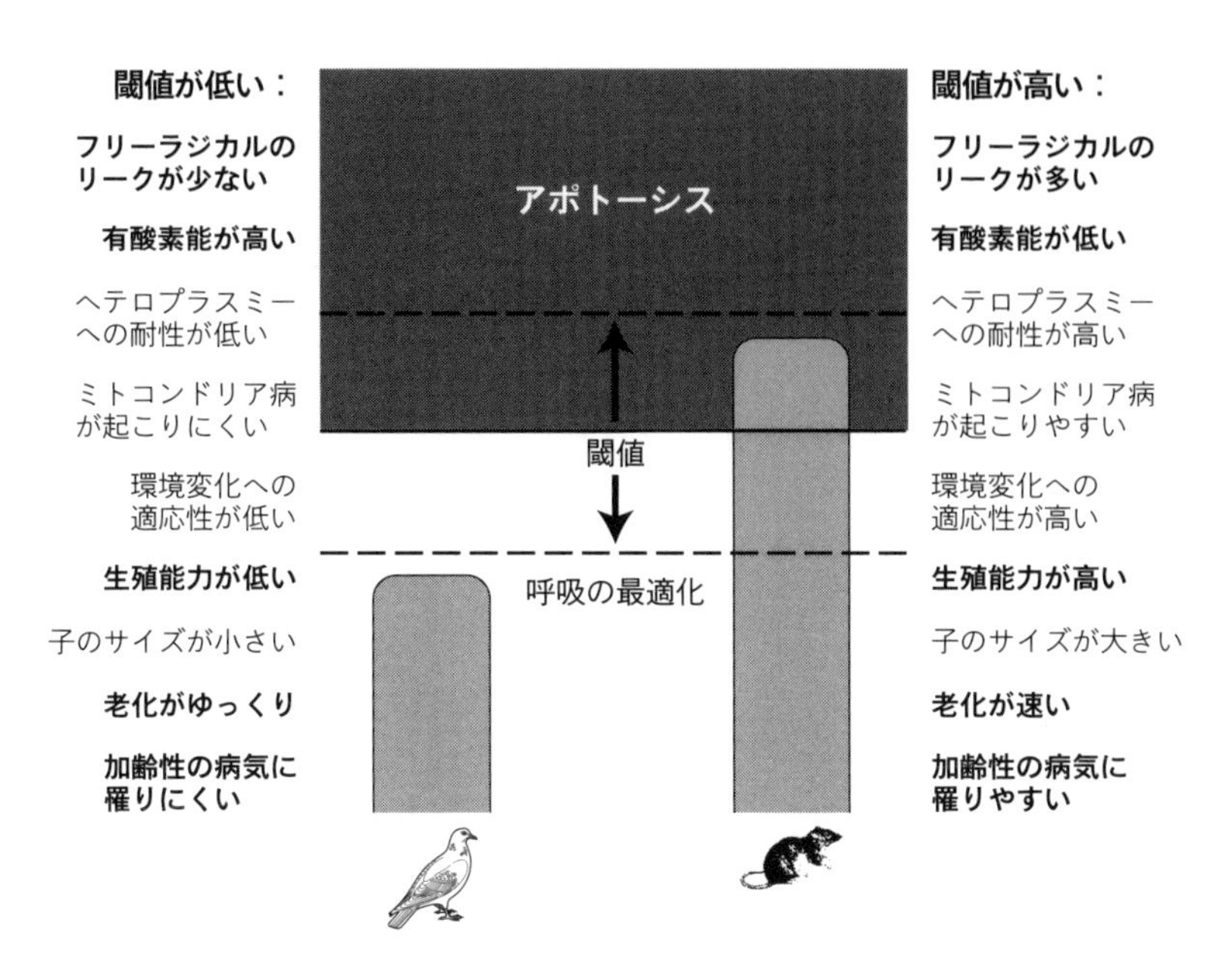

図 34　死の閾値．フリーラジカルのリークが細胞死（アポトーシス）を引き起こす閾値は，有酸素能に応じて種間で異なるはずだ．高い酸素需要をもつ生物の場合，ミトコンドリアゲノムと核ゲノムが非常によくマッチする必要がある．あまりマッチしないと，機能障害を起こした呼吸鎖からフリーラジカルが多くリークする（図 32）．非常によくマッチする必要があると，細胞はフリーラジカルのリークに対してより敏感になるにちがいない．少ないリークでも，マッチが十分でなく，細胞死を引き起こすシグナルとなるのだ（閾値が低い）．逆に，酸素需要が低い場合，細胞を殺しても得るものがない．そうした生物は，フリーラジカルのリークが比較的多くても，アポトーシスを起こさずに耐えられる（閾値が高い）．死の閾値が高い場合と低い場合に予測されることがらを，図の両袖に示した．ハトは死の閾値が低く，ラットは逆に高いと考えられる．どちらも体のサイズと基礎代謝率は同じだが，ハトのほうがフリーラジカルのリークははるかに少ない．ここに挙げた予測が本当に正しいのかはわからないが，驚いたことに，ラットが 3 ～ 4 年しか生きられないのに対し，ハトは最長 30 年生きる．〔訳注：図中「ヘテロプラスミー」とは，出自の異なるミトコンドリアの混在のこと〕

のかもしれないのだ。しかし進化をもとにどんな道徳的判断もしないほうがいい。私にはただ、苦悩を共有した個人的な年月を忘れはしない（ありがたいことにもう過去の話だ）と言えるだけで、ほとんどの人と同じく、私も理由を知りたい。だが多くの早期非顕性流産は、実際にミトコンドリア－核の不適合を反映したものなのではないかと思っている。

一方、死の閾値が実在して重要であると考えられる理由が、もうひとつ存在する。死の閾値が高いということには、最終的に払う間接的なコストがある。老化のペースが速く、加齢性の病気に罹る傾向が強いのだ。こんなことを言うと、一部の人を怒らせるだろう。閾値が高いと、アポトーシスを引き起こすまでにフリーラジカルのリークを多く許容できるようになる。すると、ラットのように有酸素能の低い種は、より多くのフリーラジカルをリークするはずだ。また逆に、ハトのように有酸素能の高い種は、フリーラジカルのリークが少ない。今挙げたふたつの種は、注意深く選んだ。体重も基礎代謝率もほぼ等しい。これだけを根拠に、おおかたの生物学者は、この2種の寿命が似たようなものにちがいないと予想していた。だがマドリードのグスタボ・バルハがおこなった見事な研究によれば、ハトはラットに比べ、ミトコンドリアからのフリーラジカルのリークが少ない[7]。フリーラジカル老化説によれば、老化はフリーラジカルのリークによってもたらされる。フリーラジカルのリークする率が速いほど、われわれは速く老化するのだ。この理論にはかつて10年ほど不遇の時代があったが、この場合はそれで明確な予測ができる。ハトはラットよりはるかに長生きするはずなのである。実際にそうなっている。ラットは3～4年しか生きないが、ハトは30年近く生きる。ハトは確かに空飛ぶラットではないのだ。ならば、フリーラジカル老化説は正しいのか？　当初の形式では、答えはあっさり「ノー」だ。しかし私は、もう少し巧みな形式なら正しいと思っている。

フリーラジカル老化説

フリーラジカル老化説のルーツは、１９５０年代の放射線生物学にある。電離放射線は、水を分解し、不対電子を1個もつ反応性の高い「かけら」を生み出す——酸素のフリーラジカルだ。悪名高いヒドロキシル・ラジカル（$OH^{\cdot}$）など、そのいくつかは確かにきわめて反応性が高い。そのほかのスーパーオキシド・ラジカル（$O_2^{\cdot-}$）などは、比較的おとなしい。フリーラジカル生物学の草分けたち——レベカ・ガーシュマンやデナム・ハーマンなど——は、そうしたフリーラジカルを、放射線がまったくなくても、ミトコンドリアの内部で酸素から直接作り出せることに気づいた。彼らはフリーラジカルを基本的に有害なものと見なし、それはタンパク質を損傷したりＤＮＡを変異させたりできるとしていた。これはまったく正しい——確かにできる。それどころか、長い連鎖反応を起こすこともでき、その反応では、分子（一般に膜脂質）が次々と電子をつかみ、細胞の繊細な構造を破壊する。彼らの説によれば、フリーラジカルはしだいに大きくなるダメージをもたらす。想像してみよう。ミトコンドリアがフリーラジカルをリークし、それがそばにあるミトコンドリアＤＮＡなど、ありとあらゆる近隣の分子と反応を起こす。ミトコンドリアＤＮＡに変異がたまり、変異の一部がそのＤＮＡの機能を損ない、さらに多くのラジカルをリークする呼吸系タンパク質を生み出す。変異はさらに多くのタンパク質やＤＮＡを損傷し、ほどなく「腐敗」が核に広まり、ついには「エラー・カタストロフィ（エラーの連鎖による破局）」が起きるのだ。病気と死亡の人口統計グラフを見れば、60歳から１００歳までの数十年でそれらの発生率が指数関数的に増えているのがわかるだろう。エラー・カタストロフィの概念（ダメージが連鎖的にダメージを生む）は、このグラフと合っているように思える。そして、老化のプロセス全体が、われわれが生きるのに必要なガスである酸素に促されているという考えには、美貌の殺し屋がもつようなゾクゾクする魅力がある。

フリーラジカルが悪だとすれば、抗酸化物質は善だ。抗酸化物質はフリーラジカルの悪影響を妨害し、連鎖反応を阻止するので、ダメージの拡散を防げる。フリーラジカルが老化を引き起こすのなら、抗酸化物質は老化のペースを落とすはずで、病気の発症を遅らせて、ひょっとしたらわれわれの寿命を延ばしてくれるかもしれない。著名な科学者のなかにも、ライナス・ポーリングなど、抗酸化物質の神話を受け入れて毎日スプーン何杯かのビタミンCを摂っている人がいる。ポーリングは確かに92歳という高齢まで生きているが、それでもまだ、酒も煙草も生涯続けている一部の人も含めた、まるっきり正常な範囲内だ。明らかに、事はそれほど単純ではないのである。

このフリーラジカルと抗酸化物質に対する白か黒かの見方は、今なお多くの雑誌や健康食品店の風潮だが、この分野の研究者はおおかた、とうの昔にその見方が間違いだと気づいていた。私がよく引き合いに出すのは、古典的な教科書『フリーラジカルと生体』（松尾光芳・嵯峨井勝・吉川敏一訳、学会出版センター）の著者であるバリー・ハリウェルとジョン・ガタリッジによるこんな言葉だ。「１９９０年代までに、抗酸化物質が老化や病気の万能薬ではないことは明らかになっており、代替医療だけが今もこの考えを広めている」

フリーラジカル老化説は、醜い現実によって葬られた美しいアイデアのひとつだ。いやはや、現実は醜い。当初立てられた説を構成する原理のひとつたりとも、実験による検証という吟味に耐えられたものはなかった。年齢とともにミトコンドリアからリークするフリーラジカルが増えるという一貫した測定結果はないのだ。ミトコンドリアの変異の数はわずかに増えるものの、一部の組織を除いて、見つかる変異は一般に驚くほど少なく、ミトコンドリア病を引き起こす程度として知られる数をはるかに下回っている。ダメージ蓄積の形跡が表れている組織もあるが、エラー・カタストロフィに近いものはなく、因果のつながりは疑わしい。抗酸化物質は決して寿命を延ばしたり病気を防いだりはしない。むしろ反対だ。その考えがあまりにも広まったため、過去数十年にわたり、数十万人の患者が臨床試験に参加している。結果は明白だ。抗酸化物質のサプリメントを大量に摂取すると、ある程度だが確実にリスクがある。抗酸化物質のサプリメントを飲むと、早死にする可能性が高まるのだ。多くの長命な動物には、組織に含まれる抗酸化酵素が少なく、短命な動物には、それがはるかに多い。不思議なことに、酸化促進剤は、実は動物の寿命を延ばしうるのである。まとめて考えると、老年学という分野の大半が見方を変えたのも意外ではない。この点について私は過去の著書でも詳しく論じている。私は、抗酸化物質が老化を遅らせるという考えを、2002年には『生と死の自然史』（西田睦監訳、遠藤圭子訳、東海大学出版会）で退ける先見の明があったと思いたいところだが、正直言ってそうではなかった。だがそれでも、兆しは見えていた。抗酸化物質の神話は、願望的思考と、金儲けの欲望と、代案の欠如によって広まったものだったのだ。

ではなぜ、私がまだフリーラジカル老化説のもっと巧みな形式なら正しいと考えているのか、と思うかもしれない。理由はいくつかある。元の説から重要な因子をふたつ抜いているのだ。シグナル伝達とアポトーシスである。前にも述べたように、フリーラジカルのシグナルは、アポトーシスなどの細胞の生理現象にとって枢要な役目を果たしている。フリーラジカルのシグナルを抗酸化物質で阻害するのは危険であり、マドリードのアントニオ・エンリケスらが示したとおり、培養細胞でATP合成を抑制することがあるのだ。フリーラジカルのシグナルは、おそらく呼吸鎖複合体の数を増して呼吸の能力を高め、個々のミトコンドリアのなかで呼吸を最適化しているらしい。ミトコンドリアは、互いに融合してはふたたび分裂するのに多くの時間を費やしているので、より多くの複合体（とより多くのミトコンドリアDNA）ができると、より多くのミトコンドリアができることになる——ミトコンドリアの生合成と呼ばれるものである。* それゆえフリーラジカルのリークはミトコンドリアの増加をもたらし、ミトコンドリアは全体としてより多くのATPを作り出すことになるのだ！　逆に、抗酸化物質でフリーラジカルを阻害すると、ミトコンドリアの生合成を抑えるので、ATPの合成は、エンリケスが示したとおり減少する（図35）。抗酸化物質はエネルギーの利用可能性を下げると考えられるのだ。

しかし、すでに見たとおり、フリーラジカルのリークが死の閾値を上回るほど多いと、アポトーシスを引き起こす。では、フリーラジカルは呼吸を最適化しているのか、それともアポトーシスによって細胞を排除しているのだろうか？　実を言うと、これは見かけほど矛盾してはいない。フリーラジカルは、呼吸の能力が需要に対して低いという問題のシグナルを発する。呼吸鎖複合体の産生を増やし、呼吸の能力を高めることでこの問題を解消できれば、それでいい。問題を解消できなければ、細胞は自殺して、おそら

* 私はこれを「反応生合成」と呼んでいる。個々のミトコンドリアが、呼吸の能力が低すぎて需要を満たせないことを示す局所的なフリーラジカルのシグナルに対し、反応するのだ。呼吸鎖は高度に還元される（電子で詰まる）。電子は呼吸鎖から抜け出して酸素と直接反応し、スーパーオキシド・ラジカルを生み出す。このラジカルは、ミトコンドリア内にあってその細胞小器官自体の複製やミトコンドリア遺伝子のコピーを制御するタンパク質——転写因子という——と相互作用する。転写因子のなかには、「レドックス（酸化還元）感受性をもつ」ものもある。つまり、電子を失ったり得たりすると、酸化されたり還元されたりするアミノ酸（システインなど）をもつものである。その好例がミトコンドリアトポイソメラーゼ－1であり、これはミトコンドリアDNAへのタンパク質のアクセスを制御している。このタンパク質で重要なシステインが酸化されると、ミトコンドリアの生合成が増す。すると局所的なフリーラジカルのシグナル（ミトコンドリアから外に出ることはない）がミトコンドリアの能力を高め、需要に応じてATPの産生を増すのである。突然の変化に応じたこの種の局所的なシグナルで、ミトコンドリアがわずかなゲノムを保持している理由が説明できるかもしれない（第5章参照）。

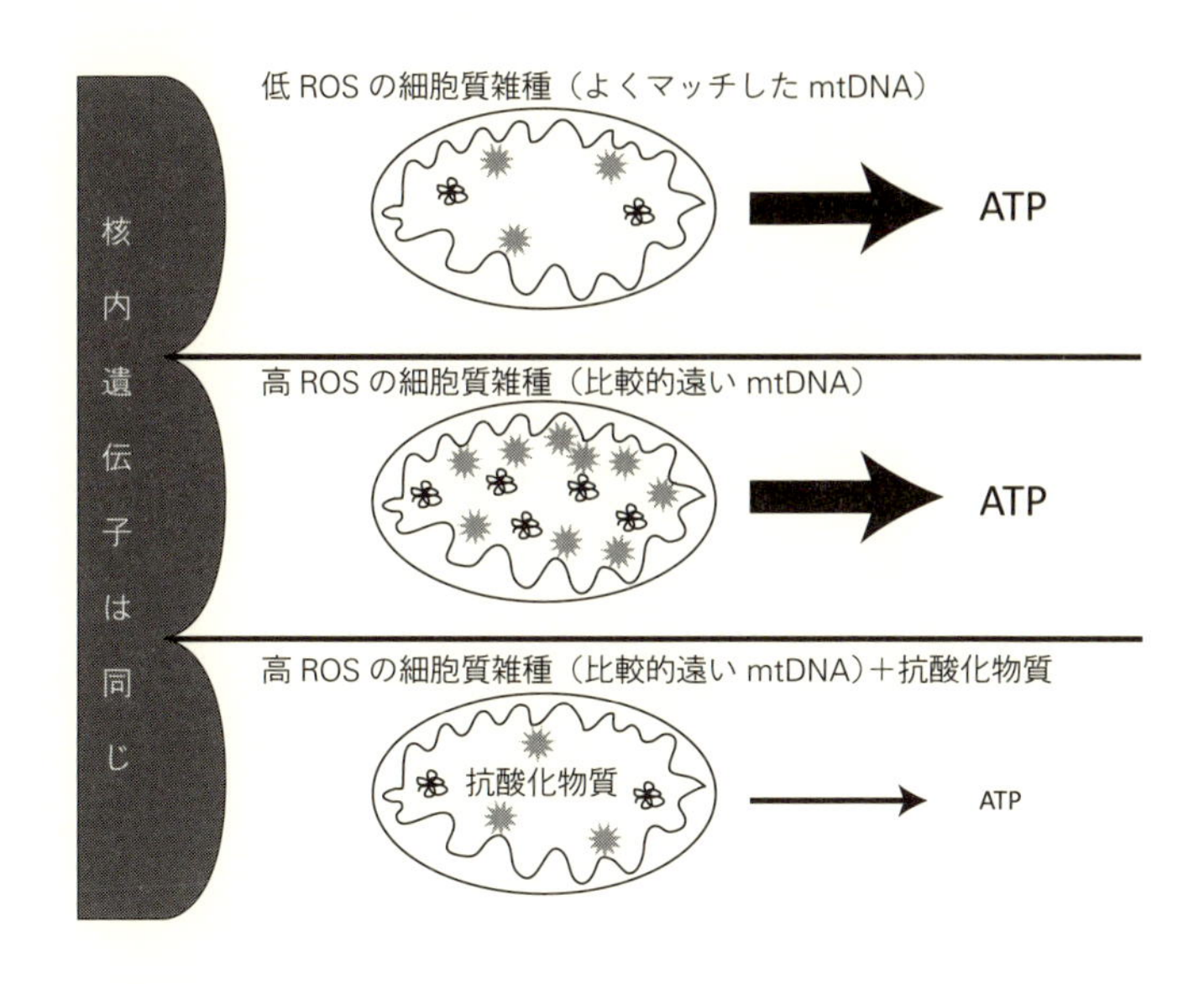

図35　抗酸化物質には危険がある．雑種細胞（細胞質雑種）を用いた実験の結果を示す絵．どの場合も，核内の遺伝子はほぼ同じで，主な違いはミトコンドリアDNA（mtDNA）にある．ミトコンドリアDNAにはふたつのタイプがある．ひとつは，核遺伝子と同じ系統のマウスに由来し（上の絵，「低ROS」）で，もうひとつは，ミトコンドリアDNAに多くの違いがある近縁の系統に由来する（中央の絵，「高ROS」）．ROSは活性酸素種（reactive oxygen species）のことで，ミトコンドリアからのフリーラジカルのリークの率に相当する．ATP合成の率は大きな矢印で描かれており，これは低ROSの細胞質雑種と高ROSの細胞質雑種で等しい．だが低ROSの細胞質雑種は，フリーラジカルのリーク（ミトコンドリア内部に小さな「爆発」で示した）が少なく，ミトコンドリアDNA（ごちゃごちゃした線）の数も少ないなかで，このATPを余裕で生み出している．一方，高ROSの細胞質雑種は，フリーラジカルのリーク率が2倍以上で，ミトコンドリアDNAの数も2倍以上ある．フリーラジカルのリークは呼吸をパワーアップしているように思われる．その解釈は，下の絵によって裏づけられる．抗酸化物質はフリーラジカルのリークを減らすが，ミトコンドリアDNAの数と，なによりATP合成の率も減らす．したがって抗酸化物質は，呼吸を最適化するフリーラジカルのシグナルを妨げてしまうのである．

くは欠陥のあるＤＮＡを全体から排除する。損傷した細胞が（幹細胞に由来する）良質の新しい細胞に取って代わられると、問題は解消され、それどころか根絶されるのだ。

フリーラジカルのシグナル伝達が呼吸の最適化において枢要な役割を果たすという事実により、抗酸化物質で寿命が延びない理由が説明できる。抗酸化物質が培養細胞において呼吸を抑制できるのは、培養細胞には身体が講じるような通常の防護策がないからだ。身体の場合、ビタミンCなどの抗酸化物質を大量に摂取すると、ほとんど吸収しない。往々にして下痢を起こすのである。何かが過剰に血液に入っても、すばやく尿として排出され、血中濃度は安定する。だからといって、とくに野菜や果物といった食品の抗酸化物質を避けろとは言わない――それらは必要なものだ。食事が粗末だったりビタミンが不足したりしていたら、抗酸化物質のサプリメントを飲むのは良いことですらある。だが、バランスのとれた食事（酸化促進剤も抗酸化物質も含む）に加えて抗酸化物質のサプリメントを詰め込むのは、逆効果だ。身体が大量の抗酸化物質を細胞に入らせたら、抗酸化物質は惨事をもたらし、エネルギー不足によってわれわれを死なせてしまうおそれもある。だから身体は、大量に入らせない。抗酸化物質の濃度は細胞の内外で注意深く調節されているのだ。

またアポトーシスは、損傷した細胞を根絶やしにすることによって、損傷の証拠を消し去る。フリーラジカルのシグナルとアポトーシスの連携は、当初のフリーラジカル老化説による予測の大半を裏切るものだ。この説が打ち立てられたのは、それらのプロセスが知られるようになるはるか以前のことだった。こうした理由で、フリーラジカルのリークの持続的な増加も、大量のミトコンドリアの変異も、酸化によるダメージの蓄積も、抗酸化物質のメリットも、エラー・カタストロフィも、実際にわれわれが目にしているわけではない。以上の事実は完全に理にかなっており、当初のフリーラジカル老化説による予測がおおかた間違っている理由を明らかにしてくれる。だが、フリーラジカル老化説がまだ正しい可能性がある理由についてはは何も示唆してくれない。フリーラジカルがそんなにもよく調節されてメリットをもたらすとしても、なぜそれが老化と何か関係していなければならないのだろう？

確かに、種間の寿命のばらつきは説明できる。1920年代以降、寿命が代謝率とともに変わる傾向があることは知られていた。風変わりな生物統計学者レイモンド・パールは、このテーマで書いた初期の論文にこんなタイトルをつけた――「なぜ怠惰な人のほうが長生きなのか」。そんなことはない。むしろ逆だ。しかしこれは、パールの有名な「生きる速度説」への手引きとなっており、その説にはある程度真実の土台がある。代謝率の低い動物（多くはゾウなどの大型種）は、一般に代謝率の高い動物（マウスやラットなど）より長生きする。[8] このルールはふつう、爬虫類、哺乳類、鳥類といった主要なグループのなかでは成り立つが、これらのグループ間では決してうまく成り立たない。それゆえこの概念は今はあまり信用されず、少なくとも無視されている。ところが実は、単純な説明がひとつある。すでに触れたが、フリーラジカルのリークである。

当初のフリーラジカル老化説では、フリーラジカルは呼吸のやむをえない副産物と想定されていた。酸素の1～5パーセントほどが、やむをえずフリーラジカルに変換されると考えられていたのだ。しかしこれはふたつの点で間違っている。第一に、これまでの一般的な測定はすべて、大気濃度の酸素にさらした細胞や組織を対象としておこなわれている。その濃度は、体内で細胞がさらされる濃度をはるかに上回っているのだ。実際のリークの率は何桁か低いのではなかろうか。有意な結果という点で、これがどれほどの違いをもたらすのかはわからない。そして第二に、フリーラジカルのリークは呼吸のやむをえない副産物ではない。それは意図的なシグナルであり、リークの率は、種や組織、一日のなかの時間、ホルモンの状態、摂取カロリー、運動によって大きく異なる。運動をしているとき、あなたはより多くの酸素を消費するので、あなたのフリーラジカルのリークが増すというのは正しいだろうか？　いや、間違っている。リークは同程度のままか、むしろ減りさえする。消費される酸素に対し、リークするラジカルの比率は大幅に落ちるからだ。そうなるのは、呼吸鎖における電子の流れが速くなり、呼吸鎖の還元の度合いが低下し、酸素と直接反応しにくくなるためである（図36）。ここで細かい話は気にしなくていい。重要なのは、生きる速度とフリーラジカルのリークとのあいだに単純な関係はないということだ。すでに指摘したとおり、鳥類は、代謝率から考えて生きる「はずの」期間より、はるかに長く生きる。彼らは代謝が速いが、リークするフリーラジカルは比較的少なく、長生きする。この根底にあるのは、フリーラジカルのリークと寿命の相関だ。相関は因果関係を導くものとしてよく知られるが、これは驚きの相関だ。因果関係はあるのだろうか？

ミトコンドリアでフリーラジカルのシグナルがもたらす結果を考えよう。呼吸の最適化と、機能障害を起こしたミトコンドリアの排除だ。フリーラジカルを多くリークするミトコンドリアほど、みずからのコピーを多く作り出す。それは、フリーラジカルのシグナルが呼吸の能力を高めて呼吸の不足を正すからにほかならない。しかし呼吸の不足が、需要と供給の変化でなく、核との不適合を反映していたとしたらどうだろう？　一部のミトコンドリアの変異は確かに老化とともに生じ、異なるタイプのミトコンドリアの混合をもたらす。そうしたタイプのなかには、核内の遺伝子とうまく働くものと、そうでないものがある。この場合の問題を考えてみよう。不適合なミトコンドリアほど、フリーラジカルを多くリークする傾向があるので、みずからのコピーを多く作る。これはふたつの影響のどちらかをもたらす。細胞がアポトーシスによって死に、ミトコンドリアの変異という重荷を取り除くか、そうしないかだ。まず細胞が死んだら

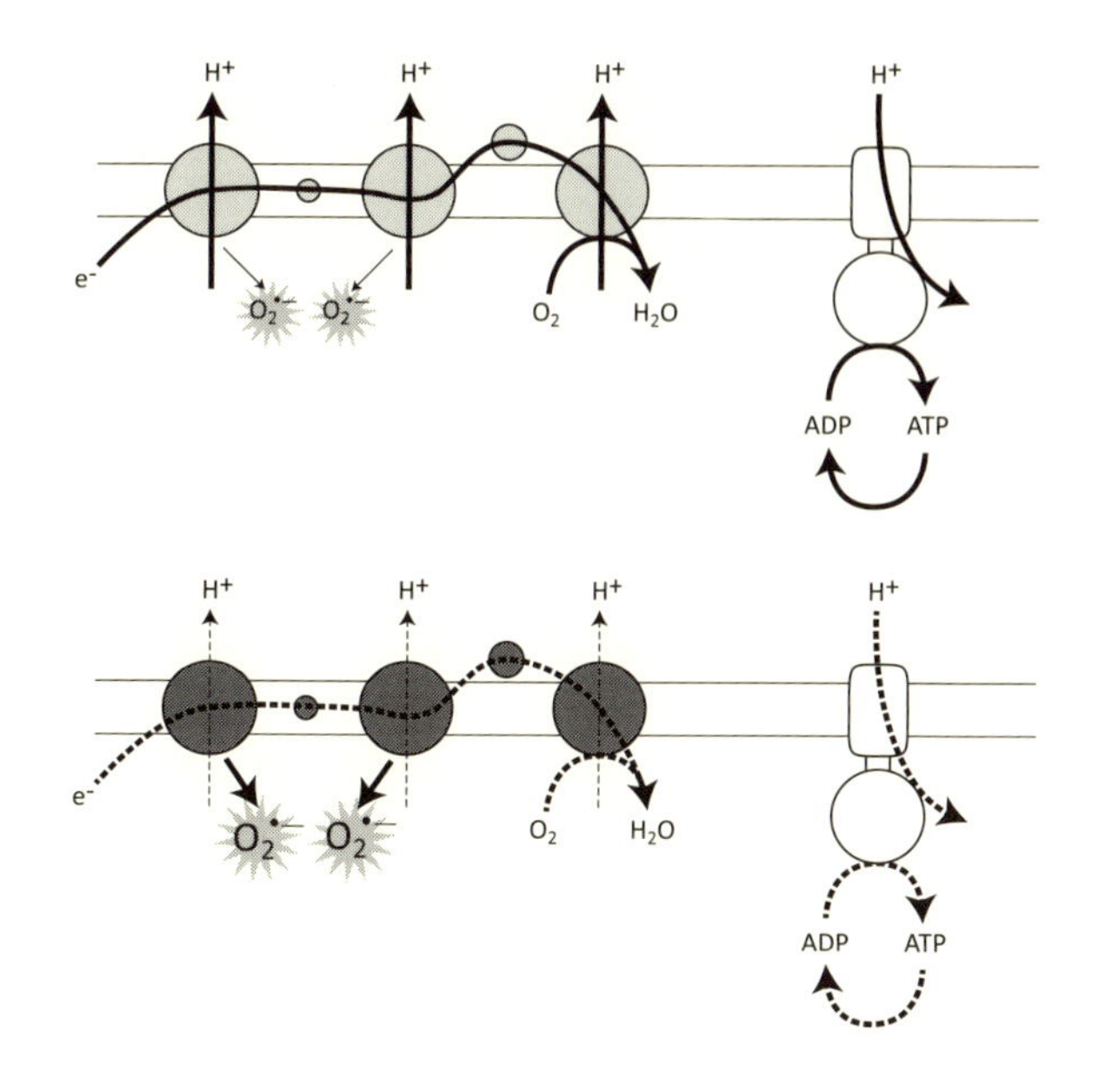

図 36　じっとしていると体に悪いわけ．フリーラジカル老化説の伝統的な見方は，電子の一部が呼吸の最中に呼吸鎖から「リーク」して酸素と直接反応し，スーパーオキシド・ラジカル（$O_2^{\cdot -}$）などのフリーラジカルを生み出すというものだ．活発に運動しているときには電子が速く流れ，消費する酸素が多くなるので，リークする電子の比率が一定でも，運動中にフリーラジカルのリークは増すと考えられていた．だがそうではない．上のほうの図は，運動中の実際の状況を示している．呼吸鎖を進む電子の流れが速いのは，ATP がすばやく消費されるためだ．それにより，多くのプロトンが ATP 合成酵素を通って流れるようになり，それで膜電位が下がり，すると呼吸鎖がより多くのプロトンを汲み出すようになり，これが電子をより速く引っぱって呼吸鎖を通って酸素へと向かわせ，その結果，呼吸鎖複合体への電子の蓄積が防がれ，呼吸鎖の還元状態が低下する（薄い灰色で表した）．じっとしているときには逆のことが言える（下のほうの図）．つまり，活動休止のあいだはフリーラジカルのリークする率が高くなると考えられるのだ．ATP の消費が減ると，膜電位が高くなり，プロトンを汲み出しにくくなるため，呼吸鎖複合体は次第に電子で詰まり（濃い灰色で示す），フリーラジカルのリークが増える．ジョギングするのが一番なのだ．

どうなるか考えよう。別の細胞に置き換わるか、そうでないかだ。置き換われば、万事良好である。だが、脳や心筋などにおいて置き換わらなかったら、組織はゆっくりとかさを減らす。細胞が減ったまま同じ仕事を続けるので、細胞には大きな無理がかかる。ミトコンドリアの不適合をもつショウジョウバエの精巣のように、何千もの遺伝子の活性が変化して生理的にストレスがかかるのだ。このプロセスのどの段階でも、フリーラジカルのリークが必然的にタンパク質を損傷したりエラー・カタストロフィを引き起こしたりはしない。すべての現象は、ミトコンドリア内でのかすかなフリーラジカルのシグナルによって促されるが、その結果は、組織の減少と、生理的なストレスと、遺伝子調節の変化なのだ。どの変化も老化と関連している。

では、細胞がアポトーシスによって死なない場合はどうなるだろう？　必要なエネルギーが少なければ、欠陥のあるミトコンドリアや、乳酸を生み出す発酵（誤って嫌気的呼吸と呼ばれることも多い）でも間に合わせられる。このとき、「老いた」細胞にミトコンドリアの変異がたまることになるだろう。そのような細胞はもはや成長しないが、みずからストレスとなって組織を荒らしまわす存在になり、往々にして慢性の炎症や成長因子の調節異常を引き起こす。すると、幹細胞や血管細胞など、とにかく成長したがる細胞を刺激し、成長しないほうがいい場合にも成長させてしまう。運が悪ければ、（たいていは加齢性の疾患とされる）がんになる。

このプロセス全体が、結局のところミトコンドリア内のフリーラジカルのシグナルに起因するエネルギー不足によって促されるということは、改めて強調しておきたい。加齢とともに蓄積する不適合が、ミトコンドリアの性能を落とすのだ。これは、従来のフリーラジカルの理論とはまったく違う。ミトコンドリアやほかのどこかの酸化的損傷をよりどころとするものではないからだ（だがもちろん、それを排除するわけではない。必要ではないというだけだ）。前にも話したが、フリーラジカルはATP合成を増やすシグナルの役目を果たすので、抗酸化物質はうまく働かないはずだと予測できる。抗酸化物質がミトコンドリアに入れば利用可能なエネルギーを減らすので、寿命を延ばしも病気から守りもしないだろう。この見方で、加齢とともに病気や死亡率が急激に増加することも説明できる。組織の機能が何十年もかけて徐々に衰え、やがて正常な機能に必要な閾値を下回ってしまうのだ。われわれは次第に活動に対処できなくなり、ついには何もせずに生きることさえできなくなる。このプロセスは、死に至る数十年でだれにでも繰り返され、急激な衰弱をもたらす。

では、老化に対して何ができるのだろう？　私は、レイモンド・パールが間違っていると述べた。怠惰な人のほうが長生きなのではない。運動が体にいいのである。カロリー制限や低炭水化物の食事も、ある程度はそうだ。どれも（酸化促進剤と同じく）生理的なストレス反応を促し、その反応は一般に欠陥のある細胞やだめなミトコンドリアを取り除き、短期的に生存を促すが、たいてい生殖能力を下げるというコストを払わせる。[9]ここにも、有酸素能と、生殖能力と、寿命のつながりが見てとれる。とはいえ、われわれ自身の生理機能を調節してなし遂げられることには、どうしても限界がある。われわれにはみずからの進化史で決まっている最長の寿命があり、それは結局のところ、脳内の複雑なシナプス結合と、ほかの組織における幹細胞集団のサイズに左右される。ヘンリー・フォードは、スクラップ置き場を訪れて、捨てられたフォード車のどの部品がまだ使えるかを確かめ、新しいモデルではそうした無駄に長持ちする部品をもっと安物に替えてコストを節減すべきだと言ったらしい。進化もこれと同じで、胃の内壁の活気に満ちた幹細胞の大集団を、使われなくなるまで維持しても意味がない。脳が最初にだめになるからだ。要するにわれわれは、進化によって平均余命に最適化されているのである。生理機能を調整するだけで120歳を優に超えて生きる手だてが見つかるとは、私には思えない。

だが、進化は別問題だ。さまざまな死の閾値について考えなおそう。コウモリや鳥類のように酸素の要求が多い種は、閾値が低い。多少のフリーラジカルのリークでも胚発生のさなかにアポトーシスを引き起こし、リークの少ない子だけが最後まで成長するのだ。このフリーラジカルのリークの少なさは、今しがた述べた理由で寿命の長さと対応している。逆に、酸素の要求が少ない動物——マウス、ラットなど——は死の閾値が高く、フリーラジカルのリークが多くても耐えられ、結局は短命となる。すると単純な予測ができる。世代を重ねながら高い有酸素能が選択されていけば、寿命が延びるはずだ。そして事実そうなる。たとえばラットは、回し車で走る能力によって選択することができる。各世代でとりわけ能力の高いラット同士ととりわけ能力の低いラット同士で交雑させれば、能力の高いグループでは寿命が延び、能力の低いグループでは寿命が短くなる。10世代経れば、能力の高いラットの有酸素能は、能力の低いラットに比べ350パーセント高くなり、寿命はほぼ1年長くなる（ラットがふつうは3年ほどしか生きないことを考えれば、大きな違いだ）。同様の選択は、コウモリや鳥類どころか、もっと一般に内温動物（温血動物）の進化においても起きており、結果的に寿命をひと桁増やしているのだと私は主張したい[10]。

われわれヒトは、そのようなやり方で自分たちを選択しようとはしない。あまりにも行き過ぎた優生思想だからだ。たとえ実際にうまくいっても、そうしたソーシャルエンジニアリング（社会工学）は解決する以上に多くの問題を生み出す。だが実は、われわれはすでにそのようなことをおこなってきたのかもしれない。ヒトはほかの大型類人猿に比べ、高い有酸素能をもっている。そして確かに彼らよりずっと長生きだ——代謝率が同程度であるチンパンジーやゴリラのほぼ2倍も長く生きる。ひょっとしたらそれは、われわれが種としての形成期にアフリカのサバンナでガゼルを追いかけていたおかげなのかもしれない。

持久走はとても楽しくはないとしても、それが種としてのわれわれを陶冶したのだ。労なくして得るものはない。ふたつのゲノムの条件にかんする単純な検討から、われわれの祖先は有酸素能を高め、フリーラジカルのリークを減らし、生殖能力の問題を抱え、寿命を延ばしたと推測できる。こうしたすべてはどこまで真実なのだろう？　これは検証可能な考えであり、誤りだと証明される可能性もある。それでもこの考えは、モザイク状のミトコンドリアという推定から必然的に浮かび上がり、その推定はまた、ほぼ20億年前、ただ一度の機会に、細菌を細菌のままにとどめるエネルギー上の制約を乗り越えた真核細胞の起源にもとづいている。アフリカの平原に沈む太陽が、今も非常に強い感情を呼び起こすのも不思議はない。それはわれわれを、ねじれてはいるが見事な因果の連鎖によって、この星の生命のまさに起源にまで結びつけてくれるのである。

エピローグ——深海より

日本のはるか沖合いの太平洋で、1200メートル以上の深さに、明神海丘という海底火山がある。日本の生物学者のチームがこれまで10年以上かけてこの海域を調査し、興味深い生物がいないか探している。彼らの話では、2010年の5月まではとくに驚くべきものは見つかっていなかったが、この月に熱水噴出孔にしがみついている多毛類がいくつか捕集されたという。興味深かったのはその多毛類ではなく、それと関わりをもつ微生物だった。いや、その微生物のひとつ——もっと詳しく見るまでは真核生物にそっくりだったひとつの細胞——だった（図37）。やがてそれは最高にじれったい謎となった。

真核生物には文字どおり「真の核」があるが、この細胞には、一見したところ通常の核のような構造がある。さらにまた、ほかの入り組んだ内膜や、ミトコンドリアに由来するヒドロゲノソームとも考えられるいくつかの内部共生体もある。真核生物の菌類や藻類と同様、それには細胞壁があり、暗黒の深海の生物なら意外ではないが、葉緑体はない。その細胞はそこそこ大きく、長さが10マイクロメートルほど、幅が3マイクロメートルほどで、体積は大腸菌などの典型的な細菌のおよそ100倍もある。核は大きく、細胞の体積の半分近くを占める。そのため、さっと見たところ、これは既知のグループには分類しがたいが、明らかに真核生物だ。生命の系統樹で無事にちゃんとした居場所をあてがわれるのも、時間と遺伝子解読の問題にすぎないと思われるかもしれない。

なるほど、だがもう一度よく見てほしい！　確かにすべての真核生物には核があるが、知られているかぎりどの場合も、その核の構造は似ている。細胞内にあるほかの膜とつながった二重膜と、リボソームRNAを合成する核小体と、精巧な核膜孔複合体と、伸縮性のあるラミナ（薄膜）がある。またDNAはきちんとタンパク質に包まれ、染色体を形成している——比較的太い染色質の繊維で、直径30ナノメートルほどだ。第6章で見たとおり、タンパク質合成をおこなうリボソームはつねに核から締め出されている。これこそまさに、核と細胞質との区別のおおもとである。では、明神海丘で見つかった細胞についてはどうだろう？　核膜は一重で、裂け目がいくつかある。核膜孔はない。DNAは細菌と同じように細い繊維からなり、直径はおよそ2ナノメートルで、真核生物の太い染色体とは違う。核内にリボソームがある。核内にリボソームだ！　そして核外にもリボソームがある。核膜は何ヵ所かで細胞膜とつながっている。内部共生体はヒドロゲノソームかもしれないが、いくつかは三次元再構成によれば細菌のらせん状の形態をもっている。この細胞は、比較的最近になって細菌を獲得したように見えるのだ。また内膜はあるが、真核生物の典型的な特質である小胞体やゴルジ体や細胞骨格とはまったく似ていない。つまり、この細胞は実のところ現生の真核生物とはまるで違うのである。表面的な類似点をもっているにすぎない。

ならばそれは何なのか？　報告した論文の著者たちにもわからなかった。彼らはこの生物を、*Parakaryon myojinensis* と名づけた。新しい言葉「*parakaryote*（准核生物）」は、中間的な形態を意味している。『ジャーナル・オブ・エレクトロン・マイクロスコーピー』に掲載された彼らの論文は、これまでに私が目にしたなかでも最高にもどかしいタイトルのひとつで、「原核生物か真核生物か？　深海のユニークな微生物」というものだ。立派に問題提起をしているものの、この論文は答えにはまるで近づいていない。ゲノムの配列や、リボソームRNAの標識さえも、その細胞の正体について何か知見を与えてくれるだろうし、それでこのほとんど見過ごされているいわば科学の脚注も、影響力の大きな『ネイチャー』の論文へと一変するだろう。しかし彼らは、その唯一のサンプルを切片にした。彼らに確かに言えるのは、15年間で1万もの電子顕微鏡用の切片を作ってきて、これにわずかでも似たものは目にしていないということだけだ。その後も似たものを見つけてはいない。ほかのだれであろうと。

ならばそれは何なのだろう？　その風変わりな特徴は、サンプル作成の際に人為的にもたらされたものかもしれない――電子顕微鏡の苦難の歴史を考えれば、軽んじてはいけない可能性だ。一方、その特徴が人為的にもたらされたにすぎないとすれば、なぜこのサンプルだけ特異な状態となったのだろう？　また、なぜその構造自体はとても理にかなったものに見えるのか？　私はあえて人為的にもたらされたものではないと言おう。すると考えられる選択肢は3つとなる。まずそれは高度に派生した真核生物で、特異な生活様式に適応し、熱水噴出孔で深海の多毛類の背中にしがみつきながら本来の構造を変えたのかもしれない。だがその可能性は低そうだ。ほかにも多くの細胞が同様の環境で生きているが、追随しなかったのだから。一般に、高度に派生した真核生物は、原型的な真核生物の特徴を失うものの、残っている特

図37　深海のユニークな微生物．これは原核生物なのか，真核生物なのか？　細胞壁（CW）と，細胞膜（PM）と，核膜（NM）に囲まれた核（N）がある．ヒドロゲノソームにも似ている内部共生体（E）もいくつかある．長さが約10マイクロメートルとかなり大きく，核が大きくて細胞体積の40％ほども占めている．すると明らかに真核生物だ．だが違う！　核膜は単層であって，二重膜ではない．核膜孔複合体はなく，まばらに裂け目があるだけだ．リボソームは核内（まだら状の灰色の部分）と核外にある．核膜は，ほかの膜や，さらには細胞膜ともつながっている．DNAは細いフィラメント状で，直径が2ナノメートルと細菌のものに近く，真核生物の染色体とは違う．すると明らかに真核生物ではない．この謎のものは，実は細菌を内部共生体として獲得した原核生物で，現在また真核生物への進化を繰り返し，大きくなってゲノムを膨張させ，複雑さの材料をため込んでいるところなのではないかと私は思う．だがこれはただひとつのサンプルで，ゲノムの配列を明らかにしなければわからないだろう．

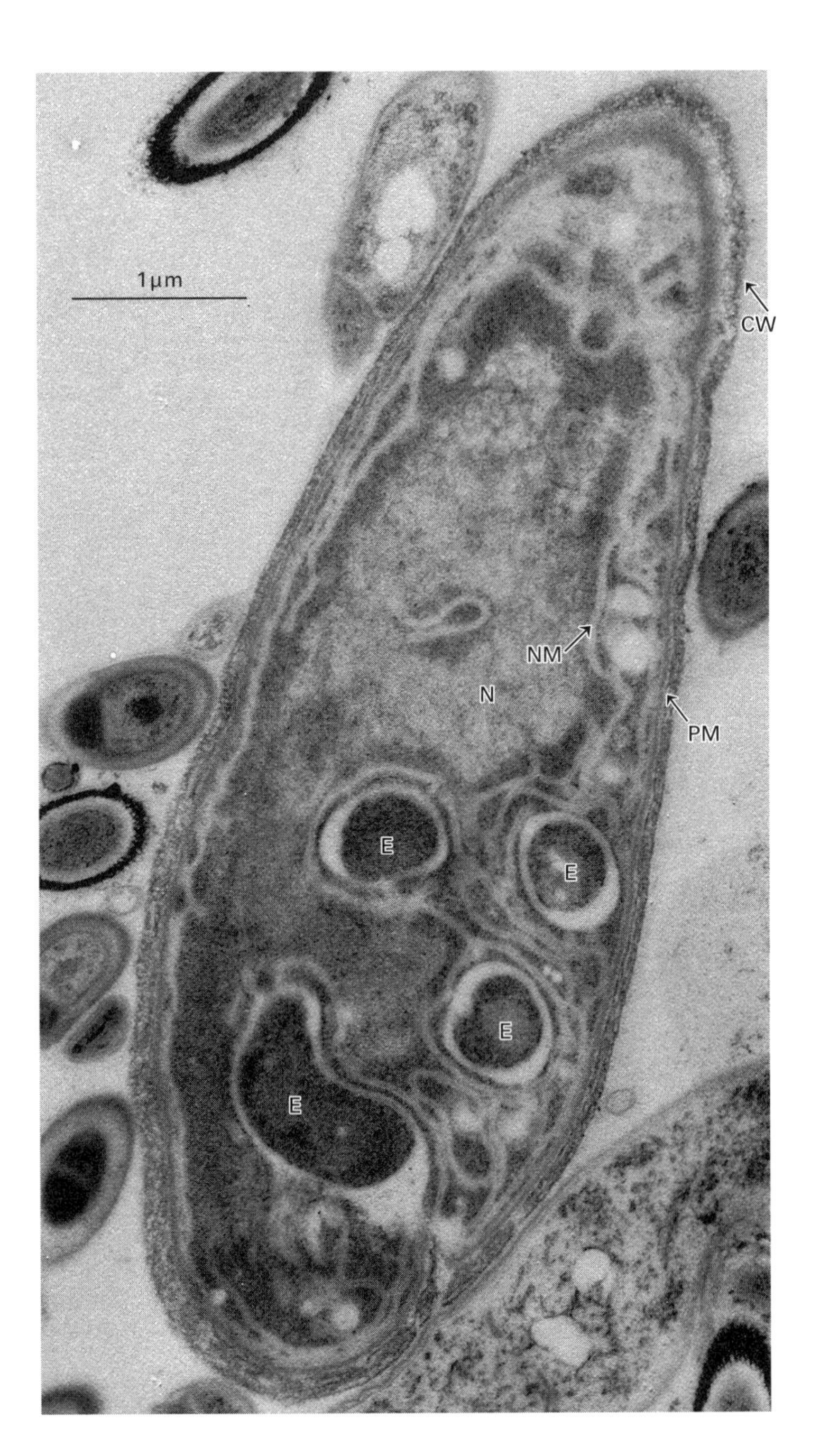

1μm
CW
NM
N
PM
E
E
E
E

徴はまだ真核生物のものだとわかる。じっさいそれは、すべてのアーケゾアについても言える。アーケゾアは、生きた化石と呼ばれる存在で、かつては原始的な中間体と考えられていたが、やがて完全な真核生物から派生したことがわかった。*Parakaryon myojinensis* が本当に高度に派生した真核生物だとしたら、それは、われわれが今までに目にしたどんなものとも基本計画が根本的に異なっている。だから私は違うと思う。

一方、それが本物の生きた化石——不変の深海で、一連の現生真核生物の付属品を進化させられぬままなんとか生きている「正真正銘のアーケゾア」——である可能性もある。この説明は、先ほどの論文の著者たちに支持されているが、私はこれも違うと思う。その生物は、ずっと不変の環境で生きてはいない。多毛類の背中にくっついているが、その多毛類は、真核生物の初期の進化においては明らかに存在しなかった複雑な多細胞真核生物なのだ。生息密度が低い——何年も調査していてたった1個の細胞しか見つかっていない——ことからも、20億年近くも変わらず生き延びられたとは思えない。個体数が少ないと、絶滅しやすいのだ。個体数が増えればいいが、増えないと、ランダムな統計的可能性によって姿を消してしまうのも時間の問題にすぎない。20億年はとても長い時間だ。シーラカンスが深海で生きた化石として生き延びたと考えられている期間より、およそ30倍も長い。真核生物の初期からの真の生き残りは何であれ、少なくとも実在するアーケゾアぐらいは個体数がないと、そこまで長く生き延びられないはずなのだ。

すると、最後の3つめの可能性が残る。シャーロック・ホームズもこう言った。「ありえないものをすべて排除したら、なんであれ残ったものは、どれだけありそうになくても真実にちがいないのだ」ほかのふたつの選択肢は決してありえなくはないが、この3つめはなにより興味深い。それは原核生物で、内部共生体を獲得し、ある種の進化の過程を繰り返して、真核生物に似た細胞へ変化している最中なのだとい生息密度が低いわけがすぐに説明できるのだ。原核生物同士の運搬上の問題がつきまとう。[1] 原核生物同士の内部共生はまれなことで、原核生物同士の前に見たとおり、原核生物同士の内部共生はまれなことで、運搬上の問題がつきまとう。

う可能性だ。私が思うに、このほうがはるかに納得がいく。生息密度が低いわけがすぐに説明できるのだ。前に見たとおり、原核生物同士の内部共生はまれなことで、運搬上の問題がつきまとう。[1] 原核生物同士の内部共生において、宿主細胞と内部共生体のレベルで働く自然選択にうまく折り合いを付けるのは、決して簡単なことではない。この細胞が辿る運命として可能性が高いのは、死滅だ。原核生物同士の内部共生で、この細胞がなぜ、真核生物のように見えるのによく調べるとそうではないさまざまな特徴をもつのかも、説明できる。この細胞は比較的大きく、そのゲノムはほかのどの原核生物よりもはるかに大きいように見え、それを収めた「核」は種々の内膜とつながっている、などの特徴だ。こうした特徴はどれも、内部共生体をもつ原核生物で進化を遂げるだろうと基本原理から予測されていた。

私は、こうした内部共生体がすでにそのゲノムの大部分を失っているというほうにやや賭けたい。前に、内部共生による遺伝子の喪失というプロセスでしか、宿主細胞のゲノムを真核生物のレベルにまで拡大させられないと主張したのだから。それがここで起きている最中のように見える。真核生物の起源と同じぐらい極端なゲノムの非対称性が、ここでも形態の複雑さをもたらした起源を裏づけている。確かに宿主細胞のゲノムは大きく、すでに大腸菌より100倍大きい細胞で3分の1以上を占めている。このゲノムは、一見したところ核にそっくりの構造のなかに収まっている。奇妙なことに、リボソームは一部しかこの構造から締め出されていない。これは、イントロンの説が間違っているということなのか？　それはなんとも言えない。この場合、宿主細胞は古細菌でなく細菌と考えられるので、細菌の可動性イントロンの移動によるダメージは受けにくいはずだ。核の区画化が独立に進化を遂げたという事実は、ここでも同じような力が働き、さらに内部共生体をもつ大きな細胞でも働きやすいはずであることをどちらかと言えば示している。有性生殖や交配型など、真核生物がもつほかの特質についてはどうだろう？　ゲノムの配列がわからなければなんとも言えない。前に述べたとおり、これは実のところ最高にじれったい謎なのだ。今後の成り行きを見守るしかない。これこそ、科学の果てしない不確かさの本質なのである。

本書全体を通じて、生命がなぜ今こうなっているのかを予測しようとしてきた。おおざっぱに考えれば、*Parakaryon myojinensis* は、祖先の細菌から複雑な生命へと、似たような道筋を辿るのを繰り返しているかのように見える。宇宙のどこかでも同じ道筋が辿られるのかどうかは、振り出し――生命そのものの起源――にかかっている。この振り出しが繰り返されてもおかしくないということも、私は主張した。

地球上のあらゆる生命は化学浸透共役を利用しており、膜をはさんだプロトン勾配を使って炭素とエネルギーの代謝を促している。われわれは、この特異な形質の起源や影響と考えられるものを探ってきた。生きるためには、継続的な原動力として、ＡＴＰのような分子も含め、反応の媒介物を副産物として生み出す絶え間ない化学反応が必要であることも明らかにした。そうした分子は、細胞を構成するための、エネルギーを必要とする反応を促す。この炭素とエネルギーの流れは、生体触媒が誕生する前である生命の起源においてはずっと大量だったにちがいなく、それが狭い経路のなかで代謝の流れに制約を課したのだ。自然界では、ごくわずかな環境しか生命の要件を満たさない――鉱物の触媒を通る、炭素と利用可能なエネルギーの継続的で大量の流れが、自然に区画化された微小な系に閉じ込められ、生成物を濃縮し老廃物を排出することができるという要件だ。こうした基準にかなう環境はほかにもあるかもしれないが、アルカリ熱水噴出孔は間違いなく基準にかない、このような熱水孔は宇宙において水のある岩石惑星ではよくありそうだ。こうした熱水孔の生命に必要な買い物リストは、岩石（カンラン石）と、水と、CO_2という、宇宙で最高にありふれた３つの物質である。生命の誕生に適した条件は、たった今、この天の川銀河だけでも４００億ほどの惑星にあると思われる。[2]

アルカリ熱水噴出孔には、問題と解決策の両方が備わっている。水素は豊富にあるが、このガスはCO_2とたやすく反応しない。すでに話したとおり、鉱物でできた薄い半導体の障壁をはさんだ天然のプロトン勾配が、理論上は有機物の形成を促し、やがて熱水孔の細孔内で細胞を出現させた可能性がある。本当にそうなら、生命は一番最初からプロトン勾配（と鉄硫黄鉱物）を利用して、H_2とCO_2の反応に対する速度論的障壁を乗り越えていたことになる。こうした初期の細胞が天然のプロトン勾配で成長するには、プロトンの活発な流れから分断されずに生命に必要な分子を保持できる、リークしやすい膜が必要だった。するとそうした細胞は熱水孔から出られなくなったが、ただし（対向輸送体を必要とする）一連の厳密な現象という狭き門が存在し、これによって能動的なイオンポンプと現代のようなリン脂質の膜との共進化が可能となった。そうなって初めて、細胞は熱水孔から出て、初期の地球の海洋や岩石に棲み着けるようになった。前に語ったとおり、この一連の厳密な現象で、ＬＵＣＡ（生命の最後の共通祖先）の矛盾した特性も、細菌と古細菌の根本的な差異も説明できた。とくに、こうした厳密な条件によって、なぜ地球上のあらゆる生命が化学浸透共役を利用しているのか――なぜこの奇妙な形質が遺伝コードと同じぐらい普遍的なのか――が説明できるのだ。

このシナリオ――宇宙規模ではありふれているが、特定の結果をもたらす一連の厳密な制約があるような環境――のおかげで、宇宙のどこかの生命も化学浸透共役を利用し、それによって似たようなチャンスと制約に出くわす可能性は高くなる。化学浸透共役によって、生命は限りない代謝の多様性を手に入れ、細胞はほぼなんでも「食べて」「呼吸する」ことができるようになる。遺伝コードが普遍的なために、遺伝子を水平移動によってあちこちへ受け渡すことができるのと同様、すべての細胞が共通のオペレーティング・システムを使っているために、多種多様な環境に代謝が適応するためのツールキットもあちこちへ受け渡すことができる。われわれの太陽系も含め、宇宙全体で細菌が見つからないとしたら、私には驚きだ。どれもほぼ同じような働きをし、レドックス反応と、膜を隔てたプロトン勾配を原動力とするだろう。これは基本原理から予測できる。

だがもしそうなら、宇宙のどこかの複雑な生命も、地球上の真核生物とまったく同じ制約に直面するだろう——エイリアンもミトコンドリアをもっているはずなのだ。すでに話したように、あらゆる真核生物の共通祖先は、原核生物同士のまれな内部共生によって、ただ一度だけ生じた。細菌同士のそうした内部共生はふたつ（図25）——*Parakaryon myojinensis* を含めれば3つ——知られているので、細菌が食作用なしに細菌のなかに入りうることはわかっている。40億年の進化のなかで、そんなケースがおそらく数千はあったにちがいなく、ひょっとしたら何百万もあったかもしれない。それは関門ではあるが、厳しい関門ではない。どのケースでも、内部共生体の遺伝子が失われ、宿主細胞のサイズとゲノムの複雑さが増す傾向が予想できる——*Parakaryon myojinensis* でまさにそれが見られているように。一方で、宿主と内部共生体が密接な関係のなかで対立を起こすことも予想できる——これは第二の関門で、最初の関門と合わせて複雑な生命の進化を真に難しくするダブルパンチだ。最初の真核生物が小さな集団ですばやく進化を遂げた可能性が高いこともすでに見たとおりで、真核生物の共通祖先が非常に多くの形質を共有し、どれも細菌には見つかっていない形質だという事実そのものが、小さくて不安定な有性生殖の集団だったことを示唆している。私が思うとおり、*Parakaryon myojinensis* が真核生物の進化を改めてまた始めているところだとしたら、その生息密度がきわめて低い（15年の捜索でわずか1個体）のも当然と言える。それが辿る運命として可能性が高いのは、死滅だ。ひょっとしたらそれは、すべてのリボソームを核の区画から締め出せずに終わるためか、有性生殖を「発明」せずに終わるために、死ぬのかもしれない。いやもしかすると、万にひとつの可能性として、成功を収め、地球上に第二の真核生物の到来をもたらすこともありうる。

　複雑な生命は宇宙でまれな存在だろうと結論づけてもいいと私は思う。自然選択には、ヒトやほかの複雑な生命を生み出す本質的な傾向はないのだ。細菌レベルの複雑さで行き詰まる可能性のほうがはるかに高い。その統計的な確率を示すことは、私にはできない。*Parakaryon myojinensis* の存在を励みにする人もいるかもしれない――地球上で複雑な生命の起源が複数見られれば、複雑な生命は宇宙でももっとありふれている可能性がある。そうかもしれない。私がもっと確信をもって主張したいのは、エネルギー面の理由から、複雑な生命の進化にはふたつの原核生物による内部共生が必要だということだ。しかしそれはまれにランダムに生じる出来事で、物騒なまでに不慮の事故に近く、その後、細胞間の密接な関係のなかで対立が起きるといっそう進化が困難になる。それが終わってから、通常の自然選択に戻る。核から有性生殖まで、真核生物が共有する多くの特質は、基本原理から予測がつくという話はしたが、それだけではない。ふたつの性の進化、生殖細胞と体細胞の区別、プログラム細胞死、モザイク状のミトコンドリア、さらに、有酸素能と生殖能力や、適応性と病気や、老化と死のあいだに見られるトレードオフの関係。こうしたすべての形質は、細胞内の細胞という起点から生じることが予測できるのだ。自然選択がなしたこのすべてのプロセスは、再度起こりうるだろうか？　多くは起こるだろうと思う。進化にエネルギーを組み込むことは長年の懸案であり、それが、自然選択にもっと予測に役立つ基礎を築くきっかけとなるのである。

　エネルギーは遺伝子よりはるかに許容性が低い。あなたのまわりを見てほしい。このすばらしい世界は、変異と組み換えという遺伝子変化――自然選択の基礎――の威力を反映している。あなたは窓から見える木と一部の遺伝子を共有しているが、あなたとその木は15億年前、真核生物の革命のごく初めに分かれ、それぞれが、変異と組み換えと自然選択の産物たる別々の遺伝子によって可能となった、別々の道を辿っている。あなたは走りまわり、今でもときおり木登りもしているだろうか。一方、木はそよ風に軽く揺れ、空気を転換してもっと多くの木を生み出している――これはきわめつけの手品だ。こうしたすべてのことは、遺伝子に記されている。あなたの共通祖先に由来するが、今では見る影もないほど異なっている遺伝子だ。そのような変化は、進化の長いプロセスで許容され、選択されている。遺伝子にはほぼ無限の許容性があり、起こりうることはなんでも起きるのである。

しかしその木にもミトコンドリアがあり、それは葉緑体とほぼ同じように働き、無数の呼吸鎖に果てしなく電子を流して、いつもどおり膜をはさんでプロトンを汲み出している。あなたもいつもしているとおりに。これと同じ電子やプロトンの行き来が、あなたを母胎にいるときから生き長らえさせている。あなたは毎秒10^{21}個のプロトンをひっきりなしに汲み出している。あなたのミトコンドリアは、あなたの母親から卵細胞に入って受け継がれたもので、それはこのうえなく貴重な贈り物であり、世代を超えて途切れなく、40億年前の熱水噴出孔で最初にもぞもぞしていた生物までさかのぼれる命の贈り物だ。危険を冒してこの反応に手を加えてみよう。シアン化物は電子やプロトンの流れを止め、あなたの命をいきなり絶つ。老化も同じことをするが、ゆっくりと穏やかにそれを進める。死とは、電子やプロトンの流れが止まり、膜電位が消失し、その絶えざる「炎」が消えることだ。生が、落ち着く場所を探し求める電子の活動にすぎないとすれば、死は、その電子が動きを止めることにほかならない。

このエネルギーの流れは驚きに満ち、許容性が低い。数秒や数分にわたるいかなる変化も、この自然界の実験全体を終わらせてしまうおそれがある。芽胞は、うまいこと代謝の休眠状態に入ることができ、その状態からまた幸運にも抜け出せる。だがそうでないわれわれの場合……最初の生体細胞を働かせたのと同じプロセスによって生かされている。そうしたプロセスは根本的に変わってはいない。変わるはずがなかった。生命は生きることを目的としている。生きるには、絶えざるエネルギーの流れが必要だ。エネルギーの流れが進化の道筋に大きな制約を加え、可能なことを限定するというのは、ほとんど意外ではない。細菌が細菌の仕事をしつづけ、成長と分裂と支配を続けさせる「炎」に本格的に手を加えられないということも、意外ではない。ただ一度うまくいった偶然、ただ一度の原核生物同士の内部共生では、その「炎」に手を加えるのでなく、ひとつひとつの真核細胞に新たに「炎」を起こし、ついにはあらゆる複雑な生命を生み出したというのも、意外ではない。この「炎」を生かしつづけることは、われわれの生理機能と進化にとって肝要であり、それでわれわれの過去のさまざまな出来事や今日生きていることが説明できるというのも、意外ではない。われわれの頭脳という、宇宙で最高にありそうにない生体マシンが、いまやこの絶えざるエネルギーの流れの経路でありながら、生命がなぜ今こうなっているのかを考えられるというのは、なんと幸運なことだろう。汝(なんじ)、プロトン駆動力(フォース)とともにあらんことを！

謝辞

本書は私個人の長い旅の終わりを告げるとともに、新たな旅の始まりでもある。最初の旅は、2005年にオックスフォード大学出版局から刊行された*Power, Sex, Suicide: Mitochondria and the Meaning of Life*〔邦訳は『ミトコンドリアが進化を決めた』（斉藤隆央訳、みすず書房）〕を著したときに始まった。そのとき私は、本書で扱っている問題――複雑な生命の起源――に初めて取り組みだした。真核細胞の起源にかんするビル・マーティンの驚くべき研究と、彼が先駆的な地球化学者マイク・ラッセルとおこなった、生命の起源やごく初期における古細菌と細菌の分岐にかんする同じぐらい画期的な研究に、強く感化された。その本（および本書）に記したすべての内容は、この進化生物学のふたりの巨人が提示した文脈に基礎を置いている。それでも、拙著で展開したアイデアの一部は私のオリジナルなものだ。本を書くということは考える機会を与えてくれ、私にとって、一般読者のために書くのは無類の楽しみでもある。思考を明確にし、何よりもまず自分で理解できるような形で表現しなければならない。すると私は理解していないものに直面する羽目になり、なかにはまだだれも知らないものもあってわくわくした。そこで、『ミトコンドリアが進化を決めた』では、いくつか独創的なアイデアを提示することとなり、以来私はそれを抱えて生きてきた。

私はこうしたアイデアを世界じゅうの会議の場や大学で発表し、鋭い批判への対応にも慣れていった。アイデアは洗練され、進化におけるエネルギーの重要性の概念全体に磨きがかかった。大事にはぐくんだ考えをいくつか誤りとして葬り去りもした。だが、どんなに良いアイデアも、厳密な仮説として組み上げて検証しなければ本物の科学にはならない。２００８年まではそれも夢物語に思われたが、その年、ユニヴァーシティ・カレッジ・ロンドン（ＵＣＬ）が、パラダイムを転換するアイデアを探る「野心的な思索者」に贈る新しい賞を発表した。学長による冒険的研究賞は、元気旺盛な人で「科学の自由」を求めて長らく戦ってきたドン・ブレイベン教授の創案によるものだった。ブレイベンいわく、科学は基本的に予測不可能なものであり、どれだけ納税者の金の使い道に優先順位をつけるように社会が望んでも、順序で縛れない。真に変革をもたらすアイデアは、必ずと言っていいほどほとんど思いも寄らぬ方向からもたらされる。それだけは確かに言える。そうしたアイデアは、科学に変革をもたらすだけでなく、科学の進歩に刺激され、広く経済にも変革をもたらす。それゆえ、人類の利益と認められたものに狙いを定めようとするのでなく、どんなに雲をつかむようなアイデアに見えても、そのアイデアだけを頼りに科学者に資金を与えることも、社会のためになる。それがまれにしかうまくいかないのは、まったく新しい知見はふつう、まるっきり分野の外から得られるものだからだ。自然は人間の作った境界など顧慮しないのである。[1]

幸いにも、私にはこのＵＣＬのプログラムに応募する資格があった。私には是が非でも検証したいアイデアが本一冊になるほどもあり、ありがたいことに、ドン・ブレイベンを最終的に納得させることができた。この賞をもたらしたのはドンで、彼には大変な恩義があるが、プログラムと私個人の両方をサポートしてくれた寛大さと科学的なビジョンをもつ、ＵＣＬの研究部門担当の副学長であるデイヴィッド・プライス教授と、当時学長だったマルコム・グラント教授にも、同じぐらい恩義を感じている。スティーヴ・ジョーンズ教授にも、私を支援し、当時彼がヘッドを務めていた遺伝・進化・環境学科へ喜んで迎え入れてくれたことに、とても感謝している。この学科は、私が手がけることとなった研究の本来のよりどころだった。

それが6年前だった。以来、私はできるだけ多くの問題に、できるだけ多くの角度から取り組んできた。冒険的研究賞からの資金提供そのものは3年間だったが、それで十分に、私の針路は定まり、ほかのところからも研究を続ける資金を獲得できる望みがもてるようになった。この点で、その後ここ3年にわたり私の生命の起源にかんする研究をサポートしてくれたリーヴァーヒューム・トラストに大いに感謝したい。多くの組織が、最初の苦労の多いまったく新しい実験的な取り組みをバックアップしてくれるわけではない。ありがたいことに、われわれの卓上型の「生命の起源」反応装置は現在、刺激的な結果を生み出しつつあるが、これもすべて、リーヴァーヒューム・トラストの支援がなければ実現できなかった。本書はこうした研究から最初の意味を抽出したもので、新たな旅の始まりである。

もちろん、この著作はひとりでなしえたものではない。私は、デュッセルドルフ大学の分子進化学教授であるビル・マーティンと多くのアイデアをやりとりした。彼はいつでも気前よく時間とエネルギーを割き、アイデアを提供してくれ、だめな推論や無知をこきおろすのをためらわなかった。ビルといくつかの論文を書くのは、本当に光栄なことだった。それらの論文は、当該分野に著しく寄与していると思いたい。確かに、ビルと論文を書く楽しさや熱中に匹敵する経験をしたことは人生でほとんどない。ビルからはもうひとつ大事な教えを学んだ。「問題を、考えられるが現実世界では知られていない可能性でかき乱すな。われわれの知る生命が実際におこなうことにつねに注目し、なぜかを問え」というものだ。

UCLの遺伝学教授、アンドルー・ポミアンコフスキー――POMの呼び名のほうがよく知られている――にも謝意を表したい。POMは進化遺伝学者で、この分野の知の伝統に深く染まっている。ジョン・メイナード゠スミスやビル・ハミルトンなどの伝説的な人物と仕事をしていたからだ。POMは、彼らの厳密さと、生物の未解決問題を見定める目を併せもっている。私が彼に、複雑な細胞の起源はまさにそんな問題だと納得させることができたのだとしたら、彼は私を、集団遺伝学という抽象的だがすばらしい世界へ導いてくれた。そうした対照的な視点から複雑な生命の起源に取り組んだおかげで、急激に学習効果が表れ、とても楽しい経験ができた。

ＵＣＬのもうひとりの親友で、尽きせぬアイデアと熱意とこうしたプロジェクトを推進するノウハウをもっているのが、フィン・ヴェルナー教授だ。フィンは同じ問題に対してまた別のまるで異なる素養――構造生物学の背景知識――をもち、とくにＲＮＡポリメラーゼという、とりわけ古くて壮大な分子マシンのひとつで、それだけで生命の初期の進化を見通す力を与えてくれるものの分子構造に詳しい。フィンとの会話やランチはどれも私に元気を与えてくれ、私はまた新たに挑戦する心構えができた。

私はまた、多くの有能な博士課程の学生やポスドクと研究する機会にも恵まれ、彼らはこの研究の多くを前進させてくれた。学生たちにはふたつのグループがある。反応装置の泥臭い化学反応に取り組むグループと、数学のスキルを真核生物の形質の進化に対して発揮するグループだ。なかでも、バリー・ハーシー博士とアレクサンドラ・ウィッチャーとエロイ・カンプルビには、難しい反応を実験室で実際に起こすスキルを発揮し、ビジョンを共有してくれたことに対し感謝する。またルイス・ダートネル博士は、最初にプロトタイプの反応装置を作り、こうした実験を始めるのを助けてくれた。その努力において、材料化学教授のジュリアン・エヴァンズと微生物学教授のジョン・ウォードにも恩義を感じている。ふたりは惜しげもなく時間やスキルや人的・物的資源を、反応装置のプロジェクトと学生の共同監督に割いてくれた。彼らはこの冒険的研究を通じて戦友となってくれた。

学生やポスドクで数理モデル化を担当する第二のグループは、最近まで工学・物理科学研究会議から資金提供を受けていた比類なきUCL博士課程教育プログラムから、みずから名乗りを上げてくれた人々だ。このプログラムは、CoMPLEXという気の利いた略称で通っており、正式名称は、Centre for Mathematics and Physics in the Life Sciences and Experimental Biology（ライフサイエンスおよび実験生物学における数学・物理学研究センター）である。POMや私とともに研究しているCoMPLEXの学生には、ジーナ・ハジヴァシリウ博士、ヴィクトル・ソーホー、アルナス・ラズヴィラヴィシウス、ジェズ・オーウェンがおり、そして最近になってブラム・カイパー博士とローレル・フォガーティ博士が加わった。すべての始まりはかなりあいまいなアイデアで、それが厳密な数理モデルとなって、生物の真の仕組みについて目を見張るような知見を与えてくれた。なんとも刺激的な体験で、私は結果を予測しようとするのはあきらめた。この研究を始めたのはロブ・シーモア教授で、彼はおおかたの生物学者よりも生物学に詳しく、一方で恐るべき数学者でもあった。悲しいかな、ロブは2012年に67歳でがんによって亡くなった。彼は多くの学生に愛されていた。

本書は過去6年にわたりこうした実に大勢の研究者とともに公表した成果（全部で論文25本ほど。参考文献参照）にもとづいているが、会議やセミナーで、あるいは電子メールやパブでおこなった、はるかに長期にわたる考察と議論が反映されている。どれも私の考えを彫琢してくれた。とくに、マイク・ラッセル教授に感謝しなければならない。生命の起源にかんする彼の革新的なアイデアは若い世代を刺激し、彼の逆境における不屈の精神はわれわれすべてにとって模範となる。さらにジョン・アレンにも、進化生化学的な仮説で道を照らしてくれたことに礼を述べたい。ジョンはまた、学問の自由を率直な物言いで擁護してきた——最近は大きな代償を払っているが。フランク・ハロルド教授にも感謝している。彼による生体エネルギー論と細胞構造と進化の統合はいくつかすばらしい本で語られており、その偏見のない懐疑的な態度は、つねにもう一歩先へ踏み込むように私を促した。ダグ・ウォレス教授にも感謝する。ミトコンドリアのエネルギー特性が老化や病気の中心的な原動力だとする彼の考えは、先見性とインスピレーションに富んでいる。グスタボ・バルハ教授にも感謝する。彼は、フリーラジカルと老化にかんする誤解の深い茂みをはっきりと見通しているため、私はいつでもまず彼の見方を頼りにする。そしてとりわけ、グレアム・ゴダード博士にも謝意を伝えたい。かなり前に彼が励ましたりはっきり物を言ってくれたおかげで、私の人生は大きく変わった。

　こうした友人や仲間はもちろん氷山の一角にすぎない。私の考えを具体的に形作ったすべての人にここで感謝することはできないが、皆に恩義がある。以下ランダムに名前を挙げさせてもらう。クリストフ・デシモズ、ピーター・リッチ、アマンディン・マレシャル、サー・サルバドール・モンカダ、メアリー・コリンズ、バズ・ボーム、ウルズラ・ミットヴォッホ、マイケル・デュシェン、ジュリ・サバドカイ、グレアム・シールズ、ドミニク・パピノー、ジョー・サンティニ、ユルク・ベーラー、ダン・ジャファレス、ピーター・カヴニー、マット・パウナー、イアン・スコット、アンジャリ・ゴスワミ、アストリッド・ウイングラー、マーク・トマス、ラザン・ジャウダット、シオバン・セン・グプタ（以上、ＵＣＬ）。サー・ジョン・ウォーカー、マイク・マーフィー、ガイ・ブラウン（以上、ケンブリッジ大学）。エーリッヒ・グナイガー（インスブルック大学）。フィリパ・ソウザ、タル・ダガン、フリッツ・ベーゲ（以上、デュッセルドルフ大学）。ポール・ファルコウスキー（ラトガーズ大学）。ユージーン・クーニン（ＮＩＨ）。ダイアン・ニューマン、ジョン・ドイル（カリフォルニア工科大学）。ジェームズ・マキナニー（メイヌース大学）。フォード・ドゥーリトル、ジョン・アーチボルド（ダルハウジー大学）。ヴォルフガング・ニッチケ（マルセイユ大学）。マーティン・エンブリー（ニューカッスル大学）。マーク・ファン・デル・ヒーゼン、トム・リチャーズ（エクセター大学）。ニール・ブラックストーン（北イリノイ大学）。ロン・バートン（スクリップス海洋研究所）。ロルフ・タウアー（マールブルク大学）。ディーター・ブラウン（ミュンヘン大学）。トニオ・エンリケス（マドリード大学）。テリー・キー（リーズ大学）。田中雅嗣（東京都健康長寿医療センター研究所）。山口正視（千葉大学）。ジェフ・ヒル（オーバーン大学）。ケン・ニールソン、ジャン・アメンド（南カリフォルニア大学）。トム・マッカラム（コロラド大学）。クリス・リーヴァー、リー・スウィートラヴ（オックスフォード大学）。マルクス・シュヴァルツレンダー（ボン大学）。ジョン・エリス（ウォリック大学）。ダン・ミシュマー（ベン＝グリオン大学）。マシュー・コッブ、ブライアン・コックス（マンチェスター大学）。ロベルト・モッテルリーニ、ロベルタ・モッテルリーニ（パリ大学）。スティーヴ・イスコー（クイーンズ大学［オンタリオ州キングストン］）。皆さん、ありがとう。

本書の一部（あるいは全部）について、読んでコメントしてくれた少数の友人や家族にも大いに感謝している。なかでも父トマス・レーンは、歴史をテーマとした自著の執筆の時間を割き、本書の多くを読んで私の言葉の用法を正してくれた。ジョン・ターニーも、みずからの執筆作業に携わりながら、惜しみなく時間を割いてとくにタイミング良くコメントしてくれた。マルクス・シュヴァルツレンダーは、その熱意で私を困難な時期も元気づけてくれた。マイク・カーターは、友人のなかでただひとり、私が書いたすべての本のすべての章を読んで、鋭いウィットをもってコメントし、ときには方針を変えるように説得してくれさえした。イアン・アクランド＝スノーとアダム・ラザフォードとケヴィン・フォングにも、まだ本書を読んでもらってはいないが、ランチをともにしたりパブで楽しく会話したりしてくれたので礼を言わなければならない。彼らは、正気でいるためにそれがどれほど大事なことか、よく知っている。

ほとんど言うまでもないが、本書は私のエージェントと出版社の専門的な力量の助けを大いに受けている。ユナイテッド・エージェンツのキャロライン・ドーネイには、本書の企画の価値を最初から信じてくれたことに対し、プロファイル社のアンドルー・フランクリンには、その編集時のコメントで率直に急所を突き、本書をはるかに人の心に訴えるものにしてくれたことに対し、ノートン社のブレンダン・カリーには、明確でないくだりを鋭く指摘してくれたことに対し、そしてエディー・ミッジには、その繊細な原稿整理の作業ですばらしい判断力と幅広い知識を発揮してくれたことに対し、とても感謝している。エディーの介在のおかげで、私は必要以上に恥ずかしい思いをせずに済んだ。ペニー・ダニエル、サラ・ハル、ヴァレンティナ・ザンカ、およびプロファイル社のチームにも、本書を印刷以降のプロセスへ導いてくれたことに対し、大いに感謝する。

そして最後に私の家族へ。妻のアナ・イダルゴ博士は、私とともに本書に入れ込み、どの章も少なくとも二度読んで、いつでも行く先を照らしてくれた。私は自分以上に彼女の判断と知識を信頼したので、私の文章のなかで良いものは、彼女の自然選択のもとで進化を遂げた。生命を理解しようとする以上に己の人生を費やすのに良い方法は思いつかないが、私自身の存在意義と喜びのもとがアナであり、エネコとヒューゴーというすばらしい息子たちであり、スペインとイギリスとイタリアにいる親族であることを、私はすでに知っている。本書は最も幸福なときに著したものなのだ。

訳者あとがき

「ニックはジャレド・ダイアモンドのような書き手たちを思い起こさせる。世界について多くを説明する壮大な理論を考え出す人々だ。彼はそんな独創的な思索家のひとりで、あなたにこう言わせる。〝この男の仕事についてもっと多くの人が知るべきだ〟」

これは、本書を読んで圧倒されたビル・ゲイツが、自身のブログに記した言葉だ。そして、「この本を読むのなら、早く読むべきだ。今から五年もすれば、ニックなど、この分野の研究者がずっと先へ話を進めているだろう」とまで語る。ゲイツ氏は難病や貧困をなくす挑戦的研究を支援する基金を創設しているが、これをきっかけに氏の財団から研究助成もなされそうな勢いすらある。

何がゲイツ氏をここまで心酔させたのか？　それは、生命の起源という究極の疑問に対し、ここまで具体的かつ詳細に、説得力のあるシナリオを提示した本がこれまでにほとんどなかったためだろう。そもそも地球上の生命誕生の痕跡は残されていない。化石のような物的証拠がないなかで、生命が誕生してから、原核生物が細菌と古細菌に分岐し、真核生物と有性生殖が登場するまでのいわば「生物学のブラックホール」のプロセスを、唯一確かなことがわかっていると言えそうな太古の地球環境を手がかりに、酸化還元を中心とする化学反応とエネルギー論の観点から緻密な議論できわめて野心的な仮説を組み上げたニック・レーンの手腕は、おそるべき離れ業と言うほかない。

ただし、ゲイツ氏も一部の説明はかなり専門的で、万人向けの本ではないと釘を刺すとおり、本書の記述は難度が高く、その歯ごたえはこれまでのレーンの著作をしのいでいると思う。『ミトコンドリアが進化を決めた』と『生命の跳躍』の考察をもとにそれらを組み合わせた内容が骨子とはいえ、近年の成果も盛り込んで議論を深化させているので、生化学についてそれなりの基礎知識がないと細部まで理解することは難しいかもしれない。しかし、わかりにくい個所は読み飛ばしてしまっても、流れを追えば全体として理論のすごみは十分に味わえるはずだ。また、レーンの主張が本当に正しいかどうかはわからないわけだが、それでもゲイツ氏が指摘するように、エネルギーに注目するレーンの考え方は、生命の来し方行く末を知るうえで今後も大いに役立つものであるにちがいない。生命史にわずかに見られる痕跡や現生生物からの推測に比べ、エネルギー論ならば物理的に議論できて実験による検証もしやすいからだ。

それにまた、レーンの研究は、本書の謝辞にもあるように、彼の所属するユニヴァーシティ・カレッジ・ロンドンで冒険的研究賞なるものを受賞している。この賞を創案したブレイベン教授の言葉が素敵だ。「科学は基本的に予測不可能なものであり、どれだけ納税者の金の使い道に優先順位をつけるように社会が望んでも、順序で縛れない」近ごろ目先の実用性や成果を基準に優先順位をつけて基礎科学への予算を絞りつつある日本の文科省などには、傾聴に値する話ではなかろうか。


今年になって科学誌『ネイチャー』の三月三日号に、ミトコンドリアは古細菌の細胞が真核細胞になりかけた段階で獲得されたとする論文が発表されている。従来は、古細菌に細菌が取り込まれて真核細胞へ進化したというシナリオと、古細菌の細胞に核膜が完成して真核細胞ができたあとにミトコンドリアとなる細菌が取り込まれたというシナリオで争われていたところへ、古細菌の細胞に内膜系ができて複雑になりかけた段階でミトコンドリアとなる細菌が取り込まれて真核細胞が完成したという中間のシナリオが提示されたわけである。

さらにやはり今年五月には、『サイエンス』誌に、チンチラという齧歯（げっし）類の腸内微生物からミトコンドリアのない真核生物が見つかったとする報告が掲載されている。ゲノム解析でミトコンドリアの遺伝子の形跡がいっさい認められず、（本来ならミトコンドリアがエネルギーを生成するために必要な）酸素が乏しい腸内環境で、ミトコンドリアの代わりに細胞質内の酵素で食物を分解し、エネルギーを供給しているのではないかと論文の著者らは推測している。本当にミトコンドリアがないのか厳密な調査が必要という声もあるが、このように本書刊行後もこの分野で次々と新しい成果が出てきているのは事実だ。ゲイツ氏の「今から五年もすれば、ニックなど、この分野の研究者がずっと先へ話を進めているだろう」という言葉も真実味を帯びる。

最後になったが、本書の翻訳にあたり、一部を片神貴子さんにお手伝いいただいた。高度な内容に苦戦しながら、あきらめずに最後まで伴走してくださったことに感謝したい。さらに、専門的な議論を読み解くヒントを幾度も与えてくださり、日本の読者へ届けるためにあれこれ考慮をいただいた、みすず書房編集部の市原加奈子さんにもお礼を申し上げる。

二〇一六年六月

斉藤隆央

ニック・レーン
生命、エネルギー、進化
斉藤隆央訳

2016年 9月13日 第1刷発行
2023年 3月 8日 第13刷発行

発行所 株式会社 みすず書房
〒113-0033 東京都文京区本郷2丁目20-7
電話 03-3814-0131(営業) 03-3815-9181(編集)
www.msz.co.jp

本文印刷所 萩原印刷
扉・表紙・カバー印刷所 リヒトプランニング
製本所 誠製本

ISBN 978-4-622-08534-8
[せいめいエネルギーしんか]

著者略歴

(Nick Lane)

ユニヴァーシティ・カレッジ・ロンドン（UCL）遺伝・進化・環境部門，UCL Origins of Life プログラムリーダー．2015 年，Biochemical Society Award（英国生化学会賞）を受賞．他の著書に，*Transformer: The Deep Chemistry of Life and Death*, Profile Books, 2022, *Life Ascending: The Ten Great Inventions of Evolution*, Profile Books/W.W. Norton, 2009（斉藤隆央訳『生命の跳躍』みすず書房，2010），*Power, Sex, Suicide: Mitochondria and the Meaning of Life*, Oxford University Press, 2005（斉藤隆央訳『ミトコンドリアが進化を決めた』みすず書房，2007），*Oxygen: The Molecule that made the World*, Oxford University Press, 2002（西田睦監訳，遠藤圭子訳『生と死の自然史』東海大学出版会，2006），共著書に *Life in the Frozen State*, CRC Press, 2004 がある．科学書作家としても高い評価を得ており，2016 年に英国王立協会からマイケル・ファラデー賞を受けている．また，*Life Ascending* は同協会による 2010 年の科学書賞を受賞．

訳者略歴

斉藤隆央〈さいとう・たかお〉翻訳者．1967 年生まれ．東京大学工学部工業化学科卒業．化学メーカー勤務を経て，現在は翻訳業に専念．訳書に，ジム・アル＝カリーリ『エイリアン』（紀伊國屋書店），ミチオ・カク『人類、宇宙に住む』『フューチャー・オブ・マインド』『神の方程式』（以上 NHK 出版），オリヴァー・サックス『タングステンおじさん』，マット・リドレー（共訳）『やわらかな遺伝子』（以上早川書房），E・O・ウィルソン『人類はどこから来て、どこへ行くのか』，ホヴァート・シリング『時空のさざなみ』（以上化学同人），アリス・ロバーツ『生命進化の偉大なる奇跡』（学研プラス）『飼いならす』（明石書店），ニック・レーン『ミトコンドリアが進化を決めた』『生命の跳躍』ポール・J・スタインハート『「第二の不可能」を追え！』（以上みすず書房）ほか多数．

索　引

ア

カ

サ

タ

ナ

ハ

マ

ヤ

ラ

用語集

ATP　アデノシン三リン酸．既知のすべての細胞に使われている生物のエネルギー「通貨」．ADP（アデノシン二リン酸）は，ATPが「使われた」ときにできる分解生成物．呼吸のエネルギーでリン酸（PO_4^{3-}）をADPに結合すれば，またATPができる．**アセチルリン酸**は，ATPとやや似た働きをする単純な（二炭素の）生物のエネルギー「通貨」で，これは初期の地球で地質学的プロセスによってできていた可能性がある．

ATP合成酵素　驚くべき回転モータータンパク質．膜に存在して，プロトンの流れを利用してATP合成の動力を供給するナノタービン．

DNA　デオキシリボ核酸．二重らせんの形をとる遺伝物質．**パラサイトDNA**は，生物個体を犠牲にしてもみずからを利己的にコピーできるDNA．

FeSクラスター　鉄硫黄クラスター．鉱物に似た小さな結晶で，鉄原子と硫黄原子の格子（たいていはFe_2S_2かFe_4S_4という化合物）からなる．呼吸で使われるものの一部も含め，多くの重要なタンパク質の中心に見つかる．

LUCA　今日生きているあらゆる細胞の最後の共通祖先．その考えられる特質は，現生の細胞の特質を比べることによって再現できる．

pH　酸性度の指標．具体的にはプロトンの濃度．酸はプロトン濃度が高い（そのためpHが低く，7より下）．アルカリはプロトン濃度が低く，pHが高くなる（7より上で14まで）．純水は中性でpH7.

RNA　リボ核酸．DNAに近い親類だが，構造と特性を変える小さな化学的変化がふたつ見られる．RNAには主な形態が3つある．メッセンジャーRNA（DNAからコピーされたコードスクリプト），転移RNA（遺伝コードに従ってアミノ酸を運ぶ），リボソームRNA（リボソームで「機械部品」として働く）だ．

RNAワールド　生命進化の初期段階として想定されるもので，この状況では，RNAが（DNAの代わりに）自己複製のひな型になると同時に，（タンパク質の代わりに）反応を加速する触媒として働きもする．

アーケゾア　古細菌（アーキア）と混同しないように！アーケゾアは単純な単細胞真核生物で，かつては細菌とそれより複雑な真核細胞とをつなぐ進化の「ミッシング・リンク（失われた環）」と誤認されていた．

アポトーシス　「プログラム」細胞死．細胞がみずからを解体するように遺伝子にコードされている，エネルギーを消費するプロセス．

アミノ酸　生体で一本の鎖状につながってタンパク質を形成する20種類の構成分子のひとつ（ひとつのタンパク質はたいてい数百のアミノ酸からなる）．

アルカリ熱水噴出孔　一般に海底にある熱水孔の一種で，水素ガスを豊富に含む温かいアルカリ流体を放出する．生命の起源において大きな役割を果たしたにちがいない．

遺伝子　タンパク質（あるいは調節RNA

のような産物）をコードするDNA鎖．ゲノムは，ひとつの生物がもつ遺伝子の総体．

遺伝子の水平移動　（ふつうは）少数の遺伝子が細胞間で移動したり，むき出しのDNAを環境から取り込んだりすること．遺伝子の水平移動は，同じ世代のなかでの遺伝子のやりとりだ．**垂直遺伝**では，全ゲノムがコピーされ，細胞分裂で娘細胞に受け渡される．

イントロン　遺伝子内の「スペーサー」配列で，タンパク質をコードしておらず，通常はタンパク質が作られる前にコードスクリプトから取り除かれる．**可動性イントロン**は，ゲノムのなかで何度も自分自身をコピーできる遺伝子パラサイト．真核生物のイントロンは，真核生物の進化の初期に細菌の可動性イントロンの拡散によって得られ，その後変異により崩壊したものらしい．

エントロピー　カオス（混沌）へ向かう傾向をもつ分子的無秩序の状態量．

オーソログ　異なる種に見つかり，同じ機能をもつような同じ遺伝子．どの種もひとつの共通祖先からそれを受け継いでいる．

オングストローム（Å）　長さの単位でおおよそ原子のスケール．厳密には100億分の1メートル（10^{-10}m）．1**ナノメートル**はその10倍の長さで，10億分の1メートル（10^{-9}m）．

化学浸透共役　呼吸によるエネルギーを使って，膜を越えてプロトンを汲み出す手だて．そして膜内にあるタンパク質のタービン（ATP合成酵素）を通って戻るプロトンの流れが，ATPの合成を促す．そのため，呼吸はプロトン勾配によるATP合成と「共役」しているのである．

核　複雑な（真核生物の）細胞の「コントロールセンター」で，そこには細胞の遺伝子の大半が収められている（一部はミトコンドリアにある）．

片親遺伝　片方の親だけから，一般に精子でなく卵子から，ミトコンドリアが決まって受け継がれること．二親性の遺伝は，両方の親からミトコンドリアを受け継ぐこと．

還元　なんらかの物質にひとつ以上の電子を加えること．その結果，その物質は**還元される**．

基質　細胞の成長に必要な物質．酵素によって生体分子に転換される．

吸エルゴン的　進行させるのに自由エネルギー（熱でなく「仕事」）のインプットが必要な反応のこと．

組み換え　DNAの一片を，それに相当する別の起源をもつ一片と交換し，「流動的な」染色体においてさまざまな組み合わせの遺伝子（厳密に言えば対立遺伝子）を生み出す．

原核生物　核がない（原語の意味のとおり「核以前」）単純な細胞を示す総称．細菌と古細菌という，生命の三大ドメインのうちふたつが含まれる．

嫌気的呼吸（無酸素呼吸）　細菌でよく見られ，酸素以外の分子（硝酸塩や硫酸塩など）を使って食物や鉱物やガスを「燃やす」（酸化させる），さまざまな呼吸形態．**嫌気性生物**は，酸素なしで生きる生物のこと．**好気的呼吸（酸素呼吸）**および**呼吸**も参照．

減数分裂　有性生殖における還元的な（つまり数を減らす）細胞分裂のプロセス．それによってできる配偶子がもつ染色体の完全なセットは，母細胞に見られるようなふたつ（二倍体）ではなく，ひとつ（半数体）だ．**有糸分裂**は，真核生物における通常の形態の細胞分裂で，この場合，染色体は倍加したのちに，微小管が形成する紡錘体上でふたつの娘細胞に分けられる．

原生生物　単細胞の真核生物で，なかにはかなり複雑になるものもあり，その遺伝子は4万個にもなり，平均的なサイズは細菌の1万5000倍以上もある．**原生動物**は，印象的ではあるが今は正式に使われていない言葉であり（「最初の動物」という意味），これはアメーバなど，動物のような振る舞いをする原生生物を指していう．

好気的呼吸（酸素呼吸）　われわれの呼吸形態であり，食物と酸素の反応によるエネ

ルギーが仕事の動力に利用される．細菌も，鉱物やガスを酸素とともに「燃やす」ことができる．**嫌気的呼吸（無酸素呼吸）**および**呼吸**も参照．

光合成 二酸化炭素を有機物に変換する作用．太陽エネルギーを利用して水（あるいは別の物質）から電子を引き抜き，最終的にそれを二酸化炭素に付ける．

酵素 特定の化学反応の触媒となるタンパク質で，触媒がない場合に比べて反応速度が数百万倍になることもよくある．

呼吸 栄養物を「燃やして」（酸化して）ATPの形でエネルギーを生み出すプロセス．電子は食物などの電子供与体（たとえば水素）から奪われ，**呼吸鎖**という一連のステップを経て，酸素などの酸化剤（たとえば硝酸塩）に渡される．放出されるエネルギーは，膜を越えてプロトンを汲み出し，ATP合成を促すプロトン駆動力を生み出すのに使われる．**好気性呼吸**と**嫌気性呼吸**も参照．

古細菌 生命の三大ドメインのひとつで，残るふたつは細菌と（われわれヒトなどの）真核生物．古細菌は原核生物で，DNAを収める核など，複雑な真核生物に見られる大半の精巧な構造がない．

固定（遺伝子の） ひとつの集団の全個体に特定のひとつの遺伝子（対立遺伝子）が見つかること．

細菌 生命の三大ドメインのひとつで，残るふたつは古細菌と（われわれヒトなどの）真核生物．古細菌とともに細菌も原核生物で，DNAを収める核など，複雑な真核生物に見られる大半の精巧な構造がない．

細胞質 細胞の核以外のゲル状物質．細胞質ゾルは，ミトコンドリアなどの細胞内の小部屋を取り巻く水っぽい溶液．**細胞骨格**は，細胞内にある動的なタンパク質の骨格で，細胞が形を変える際に形成されたり再形成されたりする．

散逸構造 渦や台風やジェット気流のように特徴的な形をとり，エネルギーの継続的な流れによって維持される安定な物理的構造．

酸化 なんらかの物質からひとつ以上の電子を奪うこと．その結果，その物質は**酸化される**．

脂肪酸 一般に炭素が15～20個つながった長鎖の炭化水素で，細菌や真核生物の脂肪（脂質）の膜に使われている．一端に必ず酸の基をもつ．

蛇紋岩化作用 ある種の岩石（カンラン石など，マグネシウムと鉄の豊富な鉱物）と水の化学反応で，これにより水素ガスで飽和した強アルカリの流体が生じる．

自由エネルギー （熱ではなく）仕事の原動力として自由に使えるエネルギー．

食作用 細胞が別の細胞を物理的に包んで飲み込み，飲み込まれた細胞は食胞となって内部で消化されること．**浸透栄養**は，菌類がおこなっているように，食物を外部で消化してから小さな化合物として吸収すること．

真核生物 核と，ミトコンドリアなどの特化した組織をもつ，1個またはそれ以上の細胞からなる生物．植物，動物，菌類，藻類，それにアメーバのような原生生物など，あらゆる複雑な生物は，真核細胞で成り立っている．真核生物は生命の三大ドメインのひとつで，残るふたつは細菌と古細菌というもっと単純な原核生物のドメインだ．

スノーボール・アース 氷河が赤道の海水面にまで押し寄せた全球凍結．地球の歴史で数回起きたと考えられている．

性決定 雄か雌のどちらへ発達するかをコントロールするプロセス．

生殖細胞 動物で性細胞（精子や卵細胞など）として役割が特化されたもの．このタイプの細胞だけが各世代の新しい個体を生み出す遺伝子を受け渡す．

染色体 DNAからなる筒状の構造体で，タンパク質にきっちり覆われ，細胞分裂の際に見える．ヒトには23対の染色体があり，そこにすべての遺伝子がふたつずつ含まれている．**流動的な染色体**は，組み換えでできるものであり，さまざまな組み合わ

せの遺伝子（対立遺伝子）を生み出す．

選択的排除　特定の遺伝子タイプ（対立遺伝子）が強く選択され，やがて集団からほかのすべてのタイプがそれに取って代わられること．

対向輸送体　膜をはさんで一般に帯電した原子（イオン）同士――たとえばプロトン（H^+）とナトリウムイオン（Na^+）――を交換するタンパク質の「回転ドア」．

代謝　生体細胞内で生命を維持する化学反応のセット．

対立遺伝子　集団内でひとつの遺伝子に対して見られる特定のタイプ．

多系統放散　複数の車輪で複数の中心からスポークが広がるように，進化上異なる多くの祖先（さまざまな門）から多数の種に分岐すること．

単系統放散　ひとつの車輪でひとつの中心からスポークが広がるように，単一の共通祖先（あるいは単一の門）から多数の種に分岐すること．

タンパク質　遺伝子がもつDNAの文字配列に指定された厳密な順序で，アミノ酸が鎖状につながったもの．**ポリペプチド**は，もっと短いアミノ酸鎖で，その順序は必ずしも指定されない．

電子　負電荷をもつ素粒子．**電子受容体**は，1個またはそれ以上の電子を受け取る原子や分子．**電子供与体**は，電子を失う原子や分子．

転写　タンパク質合成の第一段階として，DNAから短いRNAのコードスクリプト（メッセンジャーRNAという）を形成すること．

内部共生　ふたつの細胞間の相互的な関係（通常は代謝物質の交換）で，一方がもう一方の内部に物理的に棲むもの．

ヌクレオチド　鎖状につながってRNAやDNAを形成する構成要素のひとつ．特定の反応の触媒となる酵素の補因子として働くヌクレオチドも多くある．

熱泳動　温度勾配や対流による有機物の濃縮．

熱力学　熱とエネルギーと仕事を扱う物理学の一分野．熱力学は，特定の条件の組み合わせのもとで起こりうる反応を決定する．**反応速度論**は，そうした反応が実際に起きる速度を明らかにする．

発エルゴン的　自由エネルギーを放出する反応のことで，仕事の原動力となりうる．**発熱反応**は熱を放出する．

発酵　これは嫌気的呼吸で*はない*！　発酵はATPを作り出す純粋に化学的なプロセスで，膜をはさんだプロトン勾配やATP合成酵素は関与しない．生物によって，その経路はわずかに異なる．われわれは老廃物として乳酸を生み出すが，酵母はアルコールを生成する．

ばらつき　数値の集合に見られる広がりの指標．ばらつきがゼロなら，すべての値は等しい．ばらつきが小さいと，値はほぼ平均の近くに集まる．ばらつきが大きいと，値の範囲が広い．

パラログ　同じゲノム内で遺伝子重複によってできた遺伝子ファミリーのメンバーのこと．共通祖先から受け継いで，異なる種で同じ遺伝子ファミリーが見つかることもある．

非平衡　互いに反応「したがる」分子がまだ反応していない，反応の可能性を秘めた状態．有機物と酸素は非平衡の状態になる――機会（マッチを擦る）が与えられれば，有機物は燃えるのだ．

複製　細胞や分子（一般にDNA）をコピーしてふたつにすること．

プラスミド　寄生性の小さな環状DNAで，細胞から細胞へ利己的に転移する．プラスミドは宿主に有益な遺伝子（抗生物質への耐性を授ける遺伝子など）を与えることもある．

フリーラジカル　不対電子をもつ原子や分子（不対電子はその原子や分子を不安定で反応性の高いものにしやすい）．呼吸の際に漏れ出す酸素のフリーラジカルは，老化や病気にひと役買っているのかもしれない．

プロトン　正電荷をもつ素粒子．水素原子

はプロトン1個と電子1個からなる．それが電子を失うと水素原子核が残る．これが正に帯電したプロトンであり，H^+と表す．

プロトン勾配　膜の両側でのプロトン濃度の差．**プロトン駆動力**は，膜をはさんだ電荷とH^+濃度の複合的な差がもたらす電気化学的な力．

変異　通常は遺伝子の特定の配列の変化を指すが，DNAのランダムな欠失や重複などの遺伝子変化も含む場合がある．

翻訳　（リボソームで）新たなタンパク質を物理的に組み立てること．その際，アミノ酸の厳密な配列がRNAのコードスクリプト（メッセンジャーRNA）によって規定される．

膜　細胞を覆うきわめて薄い脂肪の層（細胞内部にも見られる）．「脂質二重層」からなり，疎水性（水を嫌う）の部分が内部にあり，親水性（水を好む）の頭部が両面に出ている．**膜電位**は，膜の両側の電位差のこと．

ミトコンドリア　真核細胞のなかに散らばる「発電所」．α-プロテオバクテリアに由来し，小さくても非常に重要なそれ自身のゲノムをもっている．**ミトコンドリアゲノム**は，ミトコンドリアのなかに物理的に存在するゲノム．**ミトコンドリアの生合成**は，新たなミトコンドリアの複製・増殖のことで，これには核内の遺伝子も必要となる．

有性生殖　減数分裂による細胞分裂で，通常の分け前の半分しか染色体がない配偶子ができてから，配偶子の合体によって受精卵ができるような生殖周期をもつ．

葉緑体　植物細胞や藻類において，光合成をおこなうのに特化した小部屋．起源はシアノバクテリアという光合成細菌．

利己的な対立　内部共生体やプラスミドと宿主細胞とのあいだなど，ふたつの異なる要素の利害の衝突を比喩的に示した表現．

リボソーム　あらゆる細胞に見つかるタンパク質製造「工場」．（DNAからコピーした）RNAのコードスクリプトから，正しいアミノ酸配列をもつタンパク質を合成する．

レドックス（酸化還元）　還元（reduction）と酸化（oxidation）の複合プロセスで，結局のところ供与体から受容体への電子の移動のこと．**レドックス対**は，特定の電子供与体と特定の電子受容体の組み合わせ．**レドックス中心**は，電子を受け取ってからそれを渡し，受容体と供与体の両方になる．

原　注

1　生命とは何か？

1）こうした非コード DNA のすべてが何か有用な目的を果たしているかどうかについては，議論がかまびすしい．ある人々は，果たしていると言い，「ジャンク（がらくた）DNA」という名で呼ぶのはやめるべきだと主張している．別の人々は，「タマネギテスト」を持ち出してそれに異を唱えている．ほとんどの非コード DNA が有用な目的を果たしているのなら，なぜタマネギにはヒトの 5 倍もそれが必要なのかという問題だ．私は，その名で呼ぶのをやめるのは早計だと思う．ジャンクはゴミと同じではない．ゴミはすぐに捨てられるが，ジャンクはいつか役に立つかもしれないと期待してガレージにしまっておかれるのだ．

2）第三の同位体として不安定な炭素 14 もあり，これは放射性崩壊を起こし，半減期は 5570 年だ．人工物の年代決定によく使われるが，地質年代では役に立たないので，ここでは関係ない．

3）このメタンを作り出したのはメタン生成細菌，いやもっと正確に言えばメタン生成古細菌であり，炭素同位体特性を信じれば（メタン生成菌はとくに強いシグナルを示す），これは 34 億年前より昔に栄えていた．前に述べたとおり，メタンは地球の原始大気の重要な構成要素ではなかった．

4）これは厳密には正しくない．好気的呼吸（酸素呼吸）は確かに発酵に比べてひと桁近く多くの利用可能なエネルギーを生み出すが，発酵は厳密に言えば決して呼吸の一形態ではない．真の嫌気的呼吸（無酸素呼吸）は，硝酸塩など，酸素以外の物質を電子受容体として利用し，そうした物質は酸素とほぼ同じだけのエネルギーを提供する．しかし，こうした酸化体は，酸素がないと形成されないので，酸素のある世界でしか呼吸に適した量がたまらない．そのため，たとえ水生の動物が酸素でなく硝酸塩を使って呼吸できたとしても，酸素の豊富な世界でしかそれはできないだろう．

5）植物に内温性というのは意外に思えるかもしれないが，さまざまな花で知られており，誘引物質の放出を助けて花粉媒介動物をおびき寄せるのに役立っているにちがいない．花粉媒介昆虫に「熱の見返り」を与え，花の生長を促し，低温から守っている可能性もある．ハス（*Nelumbo lotus*）などの植物は温度調節もでき，温度変化を感知し，細胞の熱生成を調節して，組織の温度を狭い範囲に維持している．

6）こうした言葉のどれにも，数十年のあいだにため込まれた知的・感情的な問題がぎっしり詰まっている．archaebacteria も archaea もどのみち厳密には正しくない．このドメインは細菌（bacteria）より古くはないからだ．私が archaea と bacteria という言葉を好むのは，ひとつにはふたつのドメインのきわめて根本的な違いを重視しているためで，またひとつにはそのほうが簡潔だからだ．

2　生とは何か？

1）もちろん，硝酸塩やリン酸塩などの鉱物も要る．多くのシアノバクテリア（植物の光合成用の細胞小器官である葉緑体の前駆体にあたる細菌）は，窒素を固定できる．つまり，空気中にある比較的不活性の窒素ガス（N_2）を，より活性が高く有用なアンモニアに変換できるのだ．植物はこの能力を失っており，環境から受け取るものに頼っている．たとえば，マメ科植物の根粒に共生して活性の高い窒素を供給する細菌という形で．そうした外来の生化学的メカニズムがなければ，植物はウイルスと同様，生長も繁殖もできなかった．寄生体なのである！

2）同様のことは，恒星が形成されるときにも起こる．この場合，物体間に働く重力という物理的な力が無秩序さを局所的に減少させるのだが，核融合で大量に放出される熱によって，その恒星系や宇宙のほかの場所において無秩序さが増大する．

3）もっと人間に卑近な例を示せば，17 世紀のスウェーデンの大戦艦ヴァーサ号だ．この艦は 1628 年に処女航海でストックホルム沖の湾内に沈み，1961 年に引き揚げられた．船体がすばらしくよく保存されていたのは，成長著しいストックホルムの街から湾内に下水が流れ込んでいたからだ．文字どおり糞のなかで保存されていたわけで，下水ガスの硫化水素が，酸素が船の優美な木彫りをだめにするのを防いでいた．船体が引き揚げられてからは，保全のための戦いとなっている．

4）ATP だけではない．プロトン勾配は万能の力場であり，細菌（古細菌は違う）の鞭毛の回転運動や細胞内外への分子の能動輸送の動力に利用され，熱の生成に消費されている．また，プログラム細胞死（アポトーシス）によって細胞の生死にも中心的な役目を果たしている．

5）私のオフィスは幸運にもピーター・リッチのオフィスと廊下でつながっている．リッチはピーター・ミッチェルの引退後にグリン研究所の所長となり，やがてその研究所をユニヴァーシティ・カレッジ・ロンドンへ，グリン生体エネルギー論研究所として移管した人物だ．彼は自分のチームとともに，プロトンを複合体Ⅳ（シトクロム酸化酵素）――酸素が還元されて水になる，最後の呼吸鎖複合体――に通す動的な水チャネルに盛んに取り組んでいる．

6）これは酸素非発生型光合成の短所のひとつだ――細胞が最終的にみずからの老廃物のなかに閉じ込められてしまう．縞状鉄鉱層のなかには，細菌サイズの微小な孔があいているものがあり，それはおそらくそのせいだ．一方，酸素は毒性があるものの老廃物としてははるかに良い．ガスとして拡散してしまうからだ．

7）どうして呼吸が光合成に由来するのではなく，その逆だと確かに言えるのだろう？　呼吸はすべての生命にあまねく見られるが，光合成は細菌の一部のグループに限られるからだ．全生物の最後の共通祖先が光合成をおこなっていたとしたら，細菌の大半のグループとすべての古細菌がこの価値ある形質を失ったのでなければならない．少なくともこれは無駄なことだ．

8）脂質はふたつの部分からなる．親水性の頭部と，2 個か 3 個の疎水性の「尾部」（細菌と真核生物では脂肪酸，古細菌ではイソプレン）だ．このふたつの部分によって，脂質は脂肪状の滴ではなく二重層を形成する．頭部は古細菌と細菌で同じ分子――グリセロール――だが，互いに反対の鏡像型を用いている．これは，あらゆる生命が DNA で左手型のアミノ酸と右手型の糖を用いているという一般に語られる事実から，興味深いこ

とに外れている．このキラリティー（鏡像異性）は，生体酵素のレベルで選択がなされたのでなく，片方の異性体がなんらかの非生物的な要因により強く選好されたことによって生じたとよく説明される．古細菌と細菌が正反対のグリセロールの立体異性体を用いるという事実は，偶然と選択が大きな役割を演じたにちがいないことを示している．

3　生命の起源におけるエネルギー

1）ジルコン結晶と最初期の岩石の化学組成にもとづけば，初期の地球はかなり中性に近い大気だったと今では考えられている．その大気は火山からの脱ガスを反映し，ほとんど二酸化炭素と窒素と水蒸気で構成されている．

2）「妥当な原初の条件」というなんでもないフレーズに，実は多くの罪が隠れている．一見したところ，それは単に，用いられた化合物と条件は初期の地球で見られたと無理なく考えられる，という意味に思える．確かに，冥王代の海にはいくらかシアン化物があった可能性が高く，初期の地球の気温は数百度（熱水噴出孔で）から氷点下まで幅があったと考えられる．問題は，原始スープに含まれる有機物の現実的な濃度が，実験でたいてい使われている濃度よりずっと低いという点にある．また，ひとつの環境で高温と低温の両方を実現することは，ほとんどできない．だからこうした条件は，地球上のどこかに存在していたかもしれないが，地球全体がひとつのユニットと見なせ，合成化学者の実験室のように筋道立ってひとまとまりの実験をおこなった場合にしか，前生物的な化学反応を進めた可能性はないだろう．このうえなく妥当性を欠く話だ．

3）ここではスープを，まるで稲妻や紫外線放射によって「地球上で作られた」かのように論じた．有機物の源としては，化学的なパンスペルミア〔訳注　生命の種が宇宙にあって地球に播かれたとする生命起源説〕によって宇宙から届けられたとする考えもある．宇宙空間や小惑星に有機分子が豊富にあるのは間違いないし，隕石にのって有機物が地球につねに届けられているのも確かだ．しかし地球に届くと，こうした有機物は海に溶け込んだにちがいなく，せいぜい原始スープの足しになった程度だろう．すると化学的なパンスペルミアは生命の起源の答えとはならない．スープと同じ解決しにくい問題に悩まされるからだ．フレッド・ホイルやフランシス・クリックなどが提唱する，細胞ごと届けられるという考えも，答えにはならない．問題を別の場所へ押しやるだけだ．地球上の生命がどのように誕生したのかは明確に答えられないにしても，地球やほかのどこかにおける生体細胞の出現を司るはずの原理を探ることはできる．パンスペルミアはこうした原理にまったく取り組めないので，不適切なのである．

4）これは，あらゆる科学の哲学的土台である「オッカムのかみそり」――最も単純な自然の原因を考えよ――に訴えかける仮定だ．この答えは正しくない可能性もあるが，必要だと明らかにならないかぎり，より複雑な推定に頼ってはならない．複製の起源を説明するには，ほかのあらゆる可能性が誤りだと証明されたなら（私はそれはないと思っているが），最終的に天の企みを持ち出すしかないかもしれないが，それまでは原因を複雑にすべきでない．これは問題に取り組むひとつの手段にすぎないが，科学が収めてきた驚くべき成功は，それがきわめて効果的なアプローチであることを示している．

5）なじみ深い例がワインのアルコール濃度で，これはアルコール発酵だけではおよそ15パーセントを超えられない．アルコールが増えると，順反応（発酵）が阻害され，それ以上アルコールが作れなくなる．アルコールを取り除かないかぎり，発酵が止まってしまう．ワインは熱力学的平衡に達してしまう（スープになっている）のである．ブラン

デーなどの蒸留酒はワインの蒸留によって造られるので，アルコール濃度がさらに高くなる．われわれ人間は蒸留をマスターした唯一の生命ではないかと思う．

6) 本当はタンパク質でなくポリペプチドと言うべきだ．タンパク質を構成するアミノ酸の配列は，DNAでは，遺伝子によって指定される．ポリペプチドは，タンパク質と同種の結合でアミノ酸がつながった鎖だが，通常ははるかに短く（ときにはアミノ酸数個分しかない），その配列は遺伝子が指定する必要はない．短いポリペプチドは，ピロリン酸やアセチルリン酸――ATPの非生物的な前駆体とおぼしきもの――などの「脱水」剤があれば，アミノ酸から自然に形成される．

7) ヴェヒターズホイザーは，生命の起源に対する認識を変えた．彼は原始スープのアイデアをきっぱりと退け，複数の誌面でスタンリー・ミラーと長く辛辣な論争を始めた．科学はある意味で冷静なものだと考える人にとっては激しい非難と思えるこんな言葉を，ヴェヒターズホイザーは述べている．「前生物的なスープの説は，論理的に矛盾し，熱力学と相容れず，化学的・地球化学的にありそうになく，生物学や生化学と断絶しており，実験で反証されるため，痛烈な批判を受けたのだ」

8) 残念なことに，これは現在，マイク・ラッセルが考え抜いた末の見方でもある．彼は，CO_2をH_2と反応させてホルムアルデヒドやメタノールを作り出そうとしたができなかったので，もはやそれが可能だとは考えていない．そしてヴォルフガング・ニッチケとともに，現在のメタン栄養細菌のものに似たプロセスによる生命の誕生をもたらしたものとして，ほかの分子，とくにメタン（熱水孔で作られる）や一酸化窒素（おそらく初期の海にあった）が必要だとした．ビル・マーティンと私はその考えに賛同しない．その理由についてはここで論じないが，本当に興味があれば，参考文献に挙げたスーザ（Sousa）らの論文に見ることができる．これは，初期の海の酸化状態に左右されるから些細な問題ではないが，実験をもとに吟味できる．過去10年ほどで大きな進歩が見られ，いまやアルカリ熱水孔の理論をかなり真面目に考える科学者は増えつつあり，彼らは同じような全体の枠組みのなかで，具体的かつ明確で検証可能な仮説を立て，実験での検証に乗り出している．これが科学のあるべき営みであり，われわれは皆，細部の誤りが明らかになるのは歓迎でも，全体の枠組みは揺るがないように（当然）願っているものなのだと，私は確信している．

9) そうか，気になるのなら説明しよう……．還元電位はミリボルトで測られる．マグネシウムでできた電極を硫酸マグネシウム水溶液のビーカーへ挿入するとしよう．マグネシウムはイオン化する強い傾向をもつため，溶液中に多くのMg^{2+}イオンを放出し，電極に電子を残す．すると負の電荷が与えられ，それを標準「水素電極」に対して定量化することができる．標準水素電極は，水素雰囲気下で，不活性の白金電極を25℃でpHが0（1リットルあたり1グラムのプロトンが存在）のプロトン溶液に挿入したものだ．マグネシウムと標準水素電極を導線でつなぐと，負のマグネシウム電極から，それに比べ正の（実は負の度合いが低いにすぎない）水素電極へと電子が流れ，酸からプロトンを引き抜いて水素ガスが生じる．マグネシウムは，実のところ標準水素電極に比べ，負の度合いが高い還元電位をもつ（正確には－2.37V）．ちなみに，こうした値はすべてpH0でのものであることに注意してほしい．本文で私は，水素の還元電位がpH7でマイナス414mVだと言っている．それは，pHが1上がるごとに還元電位がおよそ59mV負になるためだ（本文参照）．

4　細胞の出現

1)「はじめに」を参照．このリボソームは，あらゆる細胞に見つかるタンパク質製造工場だ．この巨大な分子複合体には，大きく分けてふたつのサブユニット（大と小）があり，それら自体がタンパク質とRNAの混合物でできている．「リボソーム小サブユニットRNA」をウーズが配列決定したのは，ひとつには，かなり取り出しやすかったためであり（どのひとつの細胞にも，数千個のリボソームがある），またひとつには，タンパク質の合成が生命にとって基本的なプロセスなので，ヒトと熱水孔の細菌とでほんのわずか違うだけで普遍的に保存されているためでもある．どんな建物や学問であれ，土台を替えるのは決して易しくはない．それとほぼ同じ理由で，リボソームはめったに細胞間を移動しないのである．

2) 細菌と古細菌が，原核生物の二大ドメインで，外見の形態はよく似ているが，生化学的メカニズムや遺伝的特質の点では根本的に異なることを思い出してもらおう．

3) そして同じ無機の要素が今も生命に有機化学反応をもたらしている．おおよそ同じ鉄硫黄クラスターが，われわれ自身のミトコンドリアに，呼吸鎖1個あたり1ダース以上も見つかっており（呼吸鎖Iだけについては図8を参照），ミトコンドリア1個あたりでは数万個になる．これがなければ，呼吸は機能せず，われわれは数分で死んでしまうだろう．

4) pHのスケールは対数なので，pH1単位は，プロトン濃度に10倍の差があることを示している．これほど狭い空間でこれだけの大きさの差が生じることはありえないと思うかもしれないが，実は，直径数マイクロメートルレベルの細孔を流れる流体の性質から，それはありうる．この環境での流れは「層状」になりえ，そうなると乱流や混合が起こることはほとんどない．アルカリ熱水噴出孔の細孔のサイズは，層流と乱流を両立させやすい．

5) ロシアの生体エネルギー学者アルメン・ムルキジャニアンによると，太古の酵素が低Na^+／高K^+濃度に対して最適化されているという事実は，最初の膜がこうしたイオンをリークしやすかったことを考えれば，細胞が周囲の媒質のイオン平衡に対して最適化されていたことを意味する．初期の海は，Na^+が高濃度でK^+が低濃度だったので，生命は海で始まったはずがない，と彼は考えている．彼が正しければ，私は間違っていることになる．ムルキジャニアンは，K^+濃度が高くNa^+濃度は低い陸上の地熱系を提示している――これにはまた独自の問題があるのだが（彼は，硫化亜鉛を用いる光合成によって有機合成が促されたとする考えをもっているが，実際の生命ではまだ知られていない）．しかし，自然選択が40億年かけてタンパク質を最適化するというのは，本当にありえないのだろうか？　あるいは，原初のイオン平衡がどの酵素にとっても申し分なかったと考えるべきなのか？　酵素の働きを最適化することが可能だとしたら，初期のリークしやすい膜の場合，どうしたらそれができただろう？　天然のプロトン勾配のなかで対向輸送体を使うというのが，満足のいく答えとなるのだ．

6) 鋭い読者は，なぜ細胞はNa^+を汲み出すだけにしないのかと思っているかもしれない．リークしやすい膜を越えてH^+を汲み出すより，Na^+を汲み出すほうが確かにいいが，膜の透過率が下がるにつれ，そのメリットは失われる．理由は難解だ．細胞が利用できる力は，膜の両側の濃度差によって決まるのであって，イオンの濃度の絶対値で決まるのではない．海ではNa^+の濃度が非常に高いので，細胞の内外で同じ3桁の差を維持

するには，H^+よりはるかに多くのNa^+を汲み出す必要があり，膜がどちらのイオンも比較的通しにくければ，Na^+を汲み出すメリットが減る．興味深いことに，メタン生成菌や酢酸生成菌など，熱水孔に棲む細胞はNa^+を汲み出していることが多い．理由としてひとつ考えられるのは，酢酸などの有機酸の濃度が高いと，膜のH^+の透過率が増し，Na^+を汲み出すのがより有利になるという可能性だ．

7) 電子分岐というこの興味深いプロセスについてもっと知りたい読者のために．ふたつの別々の反応を組み合わせるので，難しい（吸エルゴン的）段階がそれより楽な（発エルゴン的）反応によって促されるのである．H_2に含まれる2個の電子のうち，1個はただちに「たやすい」ターゲットと反応して，もう1個に難しい段階──CO_2を有機分子に還元する段階──をなし遂げさせる．電子分岐を実行するタンパク質機構には，鉄ニッケル硫黄クラスターが多く含まれている．メタン生成菌の場合，この本質的に鉱物の構造がH_2の電子のペアを切り離し，その片割れをCO_2に与えて有機物を生成し，もう片方は硫黄原子──全体のプロセスを進めさせる「よりたやすい」ターゲット──に与える．電子は最終的にメタン（CH_4）が生じる際に結合しなおされ，メタンは老廃物として外界へ放出されるので，メタン生成菌という名が与えられている．要するに，電子分岐というプロセスはなんと循環的なのだ．H_2の電子はしばし分離されるが，結局は全部CO_2に運ばれて，それをメタンに還元し，できたメタンはすぐに外へ捨てられる．唯一保存されるのは，CO_2還元の発エルゴン的段階で，膜を隔てたH^+勾配（実は，メタン生成菌では一般にNa^+勾配だが，H^+とNa^+は対向輸送体によって容易に交換可能）の形で放出されるエネルギーの一部だ．つまり，電子分岐はプロトンを汲み出して，熱水孔がタダで与えてくれるものを再生しているのである．

5　複雑な細胞の起源

1) 実は理論上はなりうる．単一の遺伝子を，異なる履歴をもつふたつの断片の接合によって作れるからだ．しかし一般にこうしたことは起きないし，単一の遺伝子から履歴を辿ろうとする場合，通常，系統学では対立する複数の物語を再現しようとはしない．

2) 発酵の最終生成物を取り除く方法のなかで，とりわけ速く確実なのは，呼吸によって燃焼させることだ．呼吸の最終生成物である二酸化炭素は，空気中に拡散したり炭酸塩岩として析出したりして簡単に失われる．そのため発酵は，大いに呼吸に依存しているのだ．

3) 球の体積の変化は半径の3乗に比例するのに対し，表面積の変化は半径の2乗に比例する．したがって，球の半径が大きくなると表面積よりも体積のほうが速く増加し，細胞には，表面積が体積の割に小さくなるという問題が生じる．ならば形状を変えるとよい．たとえば，多くの細菌は棒状で，それならば表面積は体積の割に大きくなる．だが数桁もサイズを大きくすると，こうして形状を変えてみても問題はある程度しか軽減できない．

4) 原核生物が食作用によってほかの細胞を飲み込めないという事実は，宿主細胞が原核生物ではなく，なんらかの「原始的な」食細胞で「なければならなかった」理由として挙げられることがある．この推論には問題がふたつある．ひとつは，単にその理由が間違っているというものだ──まれな例ではあるが，原核生物のなかに棲む内部共生体が知られている．第二の問題は，真核生物には内部共生体がよく見られるが，ミトコンドリアのような細胞小器官をしじゅう生み出すわけではないというものにほかならない．事

実，かぞえきれないほどのチャンスが（間違いなく）あったのに，知られている例はミトコンドリアと葉緑体しかない．真核細胞の誕生は特異な出来事だったのだ．第1章で述べたように，何か妥当な説明によって，一度しか起こらなかった理由を明らかにできるにちがいない．その説明は信じられる程度には説得力があるはずだが，完全には説得力がないので，多くの機会で起きなかった理由はよくわからないままだ．原核生物同士の内部共生はまれだが，それだけで真核細胞の誕生の特異性を説明できるほどまれではない．しかし，原核生物同士の内部共生はエネルギーの面で途方もなく恩恵が大きいことと，ライフサイクルを合わせるのが非常に難しいこと（これについては次の章で取り上げる）を考え合わせれば，この進化の特異性をうまく説明できる．

5）こうした数字にいくつかの視点を加えれば，動物細胞は一般にアクチンフィラメントを毎分1～15マイクロメートル（μm）程度の速度で作るが，有孔虫のなかには毎秒12マイクロメートルに達するものもある．ただし，これはあらかじめ形成されたアクチンモノマーから組み立てる速度であって，アクチンを新規合成する速度ではない．

6）私にこの言葉を紹介してくれたのは，イギリスの元国防大臣ジョン・リードだ．彼は拙著『生命の跳躍』（斉藤隆央訳，みすず書房）を読んで，上院でお茶でもしないかと私を誘ってくれた．知的好奇心の旺盛なこのホストにミトコンドリアの分散型制御を説明したところ，この軍事用語のおかげで完全に理解してもらうことができた．

6　有性生殖と，死の起源

1）いやもちろん，ほとんど何もしない，だ．一部のイントロンは，転写因子の結合などの機能を獲得し，ときにはRNA本体のように能動的になって，タンパク質合成やほかの遺伝子の転写を妨げることもある．われわれは，非コードDNAの機能をめぐる，時代を決定づける議論のまっただなかにいる．非コードDNAのなかには確かに機能をもつものもあるが，私は，「（ヒト）ゲノムの大半はその配列にしっかり拘束されてはいないので，配列が示す役目を果たさない」と主張する懐疑的な人々の考えに同調する．事実上，それはつまり機能をもっていないということだ．私があえて推測を迫られたら，ヒトゲノムで機能をもつのは20％ほどかもしれず，残りは基本的にジャンク（がらくた）だと答えるだろう．しかしこれは，空所を埋めるなど，何かほかの目的に役立たないという意味ではない．結局，自然は真空を嫌うのである．

2）ブラックストーンは，ミトコンドリアの生物物理学にもとづくメカニズムも提案している．変異によって成長が損なわれた宿主細胞は，ATPの需要が減るので，それを分解してできるADPも少なくなる．呼吸時の電子の流れはADPの濃度に左右されるため，呼吸鎖は電子で満たされやすくなり，反応性が高くなって，酸素のフリーラジカルができる（これについては次章で詳しく述べる）．現在の一部の藻類では，ミトコンドリアからのフリーラジカルのリークが配偶子の形成と有性生殖を引き起こしており，この反応は抗酸化物質を与えることで阻止できる．フリーラジカルは膜の融合を直接引き起こせるのだろうか？　それは可能だ．放射線損傷は，フリーラジカルのメカニズムによって膜の融合をもたらすことが知られている．そうならば，自然の生物物理学的なプロセスは，それに続く自然選択の基礎となったと考えられる．

3）異系交配を確実にさせることから，シグナル伝達やフェロモンに関わるものまで，ほかの可能性はいろいろある．2個の細胞が有性生殖で合体する場合，まず互いを見つける必要があり，確実に正しい細胞──同じ種（しゅ）の別の細胞──と合体しなければならない．

細胞はたいてい「走化性」〔訳注　化学的刺激によって起こる移動〕によって互いを見つける．つまり，細胞はフェロモン（事実上「におい」）を出したり，そのにおいの発生源に向かって濃度勾配をさかのぼったりするのだ．双方の配偶子が同じフェロモンを出したら，混同してしまう．小さな輪になって泳ぎまわり，自分自身のフェロモンを嗅ぐことになりかねない．一方の配偶子だけがフェロモンを出して，もう一方がそれに向かって泳ぐほうが一般に都合が良いので，交配型の違いは，配偶相手を見つける問題に関わっていると考えられる．

4) たとえば，発生生物学者レオ・バスの主張によると，邪魔な細胞壁のせいでほとんど動けない植物細胞より，動くことのできる動物細胞のほうが，みずからを食い物にする利己的な企てで生殖細胞を侵しやすいという．しかし，完全に動ける動物細胞からなるサンゴや海綿にもこれが当てはまるというわけではなさそうだ．サンゴや海綿は，植物並みの生殖細胞をもっているのである．

7　力と栄光

1) チェファル大聖堂は，1091年にノルマン人がシチリア征服（もっと有名なイングランド征服より前の1061年に始まって，30年続いた戦役）を完了した40年後の1131年に建造が始まった．この大聖堂の建造は，ルッジェーロ2世が沖合いで船が難破して命拾いしたあと，神への感謝を捧げるためのものだった．ノルマン支配下におけるシチリアの見事な教会や宮殿は，ノルマンの典型的な建築に，ビザンティン様式のモザイクとアラビア風のドームが組み合わさっている．チェファルのパントクラトールはビザンティンの職人の手で製作され，なかには当時のコンスタンティノープル（現在のイスタンブール）にあったアギア・ソフィア大聖堂の有名なパントクラトールよりずっとすばらしいと言う人もいる．いずれにせよ，一見の価値がある．

2) ほとんどのフリーラジカルのリークは，実は複合体Ｉからのものだ．複合体Ｉのレドックス中心間の距離は，これが必然であることを示唆している．トンネル効果の原理を思い出そう．電子が，あるレドックス中心から別のレドックス中心へ「跳躍」する確率は，距離と，（次のレドックス中心の）電子の占有状態と，酸素の「牽引力」（還元電位）によって決まる．複合体Ｉのなかに，電子の流れの経路で最初の分岐がある．主要な経路のほうでは，ほとんどのレドックス中心はおよそ11Å以内の間隔〔訳注　図8で括弧内の縁同士の距離〕で並んでいるので，電子はたいていそのあいだをすばやく跳躍していく．もうひとつの経路は袋小路だ――電子が入ることはできるが，容易に出てこられない．この分岐点で，電子には「選択肢」がある．主要な経路で隣のレドックス中心まではおよそ8Åで，別の経路のレドックス中心までは12Åだ（図8）．通常の条件では，電子は主要な経路を流れていく．だが，その経路が電子で詰まってしまうと――高度に還元されると――今度は別の経路のレドックス中心に電子がたまる．こちらのレドックス中心は複合体の端近くにあり，酸素と反応してスーパーオキシド・ラジカルを生み出しやすい．測定によれば，この鉄硫黄クラスターは呼吸鎖からフリーラジカルがリークする最大の源となっている．私はこれを，電子の流れが遅すぎて需要を満たせないときに，フリーラジカルのリークを「狼煙」として促すメカニズムと見ている．

3) ミットヴォッホは，真性両性具有者についても似たような問題を指摘している．右側は精巣で左側は卵巣といったように，両方のタイプの生殖器官をもって生まれる人のことだ．右が精巣，左が卵巣となるほうが，その逆よりはるかに可能性が高い．真性両性具

有者の3分の1だけが，左に精巣，右に卵巣をもっている．この違いは遺伝子によるものとはほぼ考えられない．ミットヴォッホは，重要な時期に，右側のほうが左側よりわずかに速く成長するため，男性性（男性の特質）が発現しやすいことを明らかにしている．興味深いことに，マウスでは正反対になる．左側のほうがわずかに速く成長するため，精巣ができやすいのだ．

4）ミトコンドリアは，精子でなく卵細胞で，母系を伝わっていく．雌雄同体は，理論上，ミトコンドリアによる性の歪みをとくに起こしやすい．ミトコンドリアから見れば，雄は遺伝子の行き止まりだ――ミトコンドリアが行き着く場所として一番「望まない」のは，葯（やく）〔訳注　雄しべの先端で，花粉の入っている部分〕なのである．したがって，雄の生殖器官を不稔にし，確実に雌のほうへ行けるようにするのは，ミトコンドリアのためになる．昆虫に寄生する多くの細菌，とくにブフネラ（Buchnera）やウォルバキア（Wolbachia）も，似たようなことをする．選択的に雄を殺して，昆虫の性比を完全に歪めるのだ．ミトコンドリアは宿主の生物にとって枢要なので，寄生性の細菌に比べれば，そうした利己的な闘争によって雄を殺す可能性が少ないが，それでも雄に対して不稔などの選択的なダメージを及ぼしうる．だが私は，闘争はホールデーンの規則において比較的小さな役割しか果たしていないと考えたい．鳥類（やコクヌストモドキ）でなぜ雌のほうが悪影響を受けるのかを，説明できないからだ．

5）そうした細胞質雑種は細胞培養実験で広く使われている．細胞の機能，とくに呼吸について，厳密な測定ができるからだ．種間でミトコンドリア遺伝子と核遺伝子がマッチしないと，呼吸の速度が落ち，前にも述べたようにフリーラジカルのリークが増す．機能欠陥の大きさは遺伝距離に左右される．チンパンジーのミトコンドリアDNAとヒトの核遺伝子で作られた細胞質雑種（そう，すでに作られているが，細胞培養でのみだ）では，ATP合成の率が通常の細胞のおよそ半分になる．マウスとラットの細胞質雑種では，呼吸がまったく機能しない．

6）私は，胚発生におけるある時点で，フリーラジカルのシグナルがわざと増幅されているのではないかと思う．たとえば，一酸化窒素（NO）ガスが呼吸鎖の最後の複合体であるシトクロム酸化酵素に結合すると，フリーラジカルのリークとアポトーシスの可能性を増すことができる．発生のある時点でNOがより多くできれば，結果的にシグナルは閾値以上に増幅され，不適合なゲノムをもつ胚は死ぬ．これがいわば検問となるのだ．

7）グスタボ・バルハは，ハトやセキセイインコなどの鳥類では，ラットやマウスなどに比べ，同程度の酸素を消費しても，フリーラジカルのリークする率が最小で10分の1になることを見出した．実際の率は組織によって異なる．バルハはまた，鳥類の脂質の膜が，飛べない哺乳類のものより酸化のダメージによく耐えられることも明らかにしており，この耐性は，DNAとタンパク質に対する酸化のダメージが少ないことを示している．結局のところ，バルハの研究結果は，ほかの観点から解釈することは難しいのだ．

8）これは矛盾した話にも見える．大きな種ほど一般にグラムあたりでは代謝率が低いが，前に私は，哺乳類は雄のほうが大きくて代謝率が高い，と反対のことを述べた．同じ種のなかでの体重の差は，種間に見られる何桁もの差に比べれば取るに足らない．その大きなスケールでは，同じ種のなかの成体の代謝率などほぼ同じと言える（だが子は成体よりも代謝率が高い）．前に私が話した代謝率の性差は，発生の特定の段階で絶対的な成長率に生じる差によるものだ．ウルズラ・ミットヴォッホが正しければ，この差はわずかなので，身体の左右で生じる成長の差を説明できる．本章の注3参照．

9）それだけでは済まない．だめなミトコンドリアを取り除く最良の手段は，身体にそれを

無理やり使わせて，代謝回転の速度を増すことだ．じっさい高脂肪の食事はミトコンドリアを無理やり使わせやすいが，高炭水化物の食事は，ミトコンドリアをあまり使わずに，発酵のほうでより多くのエネルギーを供給できる．しかし，ミトコンドリア病の人の場合（そしてわれわれは皆，年齢とともに欠陥のあるミトコンドリアを増やす），発酵への転換が多くなりすぎることがある．「ケトン食療法」を採用したミトコンドリア病患者のなかには，昏睡状態に陥った人もいる．彼らの欠陥のあるミトコンドリアでは，発酵の助けを借りずに，ふつうに生きるのに必要なエネルギーを供給できないからである．

10）有酸素能と内温性の進化との関係については，『ミトコンドリアが進化を決めた』と『生命の跳躍』（いずれも斉藤隆央訳，みすず書房）でやや詳しく論じている．もっと知りたい読者のために，手前味噌ながら薦めさせていただく．

エピローグ――深海より

1）*Parakaryon myojinensis* の内部共生体は，論文の著者たちがファゴソーム（細胞内の液胞）としているもののなかに見つかっているが，細胞壁は無傷の状態だ．彼らは，宿主細胞はかつて食細胞だったが，のちにその能力を失ったにちがいないと結論づけている．だが必ずしもそうとはかぎらない．図 25 を見なおそう．その細胞内細菌はよく似た「液胞」に覆われているが，この場合は宿主が明らかにシアノバクテリアなので，食細胞ではない．ダン・ヴイェクは，内部共生体を囲むこの液胞を，電子顕微鏡用の試料作成時に収縮した結果だと言っている．私は，*Parakaryon myojinensis* の「ファゴソーム」も収縮の結果であって，食作用とは関係がないと思う．もしそうなら，この祖先の宿主細胞がより複雑な食細胞だったと考えられる理由はない．

2）宇宙望遠鏡ケプラーの観測データによれば，この銀河系で，われわれの太陽に似た恒星の 5 つにひとつがハビタブルゾーン（生命居住可能領域）に「地球型の」惑星をもっており，そこから天の川銀河で適した惑星は全部で 400 億個と予測できる．

謝　辞

1）さらに詳しく知りたければ，ブレイベンがいくつか説得力に富む著書で議論を展開しているので読むことを薦める．最新の著書は，*Promoting the Planck Club: How Defiant Youth, Irreverent Researchers and Liberated Universities Can Foster Prosperity Indefinitely* (Wiley, 2014) だ．

参考文献

ここに選んだものは，決して完璧な参考文献一覧ではなく，むしろ文献への入口だ．これらは，過去10年にわたる私自身の思考にとくに影響を与えた書籍や論文である．すべての内容に同意するわけではないが，どれも刺激的で読むに値する．どの章にも私自身の論文がいくつか含まれており，本書でおおまかに展開した議論について，査読を受けた具体的な基礎文献を示している．こうした論文には網羅的な参考文献リストが含まれており，私自身のもっと詳細なソースを見定めたければ，それを読むといい．もっと気軽に読みたければ，ここに挙げた書籍や論文には取っかかりになるものがたくさんあるはずだ．各章でテーマごとに文献を分類し，分けたセクションのなかでは著者のアルファベット順に並べた．いくつか重要な論文は，複数のセクションに関連するので一度ならず挙げている．

はじめに

レーウェンフックと初期の微生物学の発展

Dobell C. *Antony van Leeuwenhoek and his Little Animals*. Russell and Russell, New York (1958)〔『レーウェンフックの手紙』（天児和暢訳，九州大学出版会）〕.

Kluyver AJ. Three decades of progress in microbiology. *Antonie van Leeuwenhoek* **13**: 1–20 (1947).

Lane N. Concerning little animals: Reflections on Leeuwenhoek's 1677 paper. *Philosophical Transactions Royal Society B*. **370**: 20140344 (2015).

Leewenhoeck A. Observation, communicated to the publisher by Mr. Antony van Leewenhoeck, in a Dutch letter of the 9 Octob. 1676 here English'd: concerning little animals by him observed in rain-well-sea and snow water; as also in water wherein pepper had lain infused. *Philosophical Transactions Royal Society B* **12**: 821–31 (1677).

Stanier RY, van Niel CB. The concept of a bacterium. *Archiv fur Microbiologie* **42**: 17–35 (1961).

リン・マーギュリスと連続細胞内共生説

Archibald J. *One Plus One Equals One*. Oxford University Press, Oxford (2014).

Margulis L, Chapman M, Guerrero R, Hall J. The last eukaryotic common ancestor (LECA): Acquisition of cytoskeletal motility from aerotolerant spirochetes in the Proterozoic Eon. *Proceedings National Academy Sciences USA* **103**, 13080–85 (2006).

Sagan L. On the origin of mitosing cells. *Journal of Theoretical Biology* **14**: 225–74 (1967).

Sapp J. *Evolution by Association: A History of Symbiosis*. Oxford University Press, New York (1994).

カール・ウーズと生命の三大ドメイン

Crick FHC. The biological replication of macromolecules. *Symposia of the Society of Experimental Biology.* **12**; 138-63 (1958).

Morell V. Microbiology's scarred revolutionary. *Science* **276**: 699-702 (1997).

Woese C, Kandler O, Wheelis ML. Towards a natural system of organisms: Proposal for the domains Archaea, Bacteria, and Eucarya. *Proceedings National Academy Sciences USA* **87**: 4576-79 (1990).

Woese CR, Fox GE. Phylogenetic structure of the prokaryotic domain: The primary kingdoms. *Proceedings National Academy Sciences USA* **74**: 5088-90 (1977).

Woese CR. A new biology for a new century. *Microbiology and Molecular Biology Reviews* **68**: 173-86 (2004).

ビル・マーティンと真核生物のキメラ的起源

Martin W, Müller M. The hydrogen hypothesis for the first eukaryote. *Nature* **392**: 37-41 (1998).

Martin W. Mosaic bacterial chromosomes: a challenge en route to a tree of genomes. *BioEssays* **21**: 99-104 (1999).

Pisani D, Cotton JA, McInerney JO. Supertrees disentangle the chimeric origin of eukaryotic genomes. *Molecular Biology and Evolution* **24**: 1752-60 (2007).

Rivera MC, Lake JA. The ring of life provides evidence for a genome fusion origin of eukaryotes. *Nature* **431**: 152-55 (2004).

Williams TA, Foster PG, Cox CJ, Embley TM. An archaeal origin of eukaryotes supports only two primary domains of life. *Nature* **504**: 231-36 (2013).

ピーター・ミッチェルと化学浸透共役

Lane N. Why are cells powered by proton gradients? *Nature Education* **3**: 18 (2010).

Mitchell P. Coupling of phosphorylation to electron and hydrogen transfer by a chemiosmotic type of mechanism. *Nature* **191**: 144-48 (1961).

Orgell LE. Are you serious, Dr Mitchell? *Nature* **402**: 17 (1999).

1　生命とは何か？

生命の確率と特性

Conway-Morris SJ. *Life's Solution: Inevitable Humans in a Lonely Universe*. Cambridge University Press, Cambridge (2003)〔『進化の運命――孤独な宇宙の必然としての人間』（遠藤一佳・更科功訳，講談社）〕.

de Duve C. *Life Evolving: Molecules, Mind, and Meaning*. Oxford University Press, Oxford (2002).

de Duve. *Singularities: Landmarks on the Pathways of Life*. Cambridge University Press, Cambridge (2005)〔『進化の特異事象――あなたが生まれるまでに通った関所』（サイト編集室訳，一灯舎）〕.

Gould SJ. *Wonderful Life. The Burgess Shale and the Nature of History*. WW Norton, New York (1989)〔『ワンダフル・ライフ――バージェス頁岩と生物進化の物語』（渡辺政隆訳，早川

書房)〕.

Maynard Smith J, Szathmary E. *The Major Transitions in Evolution*. Oxford University Press, Oxford. (1995)〔『進化する階層 ── 生命の発生から言語の誕生まで』(長野敬訳, シュプリンガー・フェアラーク東京)〕.

Monod J. *Chance and Necessity*. Alfred A. Knopf, New York (1971)〔『偶然と必然 ── 現代生物学の思想的な問いかけ』(渡辺格・村上光彦訳, みすず書房)〕.

分子生物学の始まり

Cobb M. 1953: When genes became information. *Cell* **153**: 503–06 (2013).

Cobb M. *Life's Greatest Secret: The Story of the Race to Crack the Genetic Code.* Profile, London (2015).

Schrödinger E. *What is Life?* Cambridge University Press, Cambridge (1944)〔『生命とは何か:物理的にみた生細胞』(岡小天・鎮目恭夫訳, 岩波書店)〕.

Watson JD, Crick FHC. Genetical implications of the structure of deoxyribonucleic acid. *Nature* **171**: 964–67 (1953).

ゲノムのサイズと構造

Doolittle WF. Is junk DNA bunk? A critique of ENCODE. *Proceedings National Academy Sciences USA* **110**: 5294–5300 (2013).

Grauer D, Zheng Y, Price N, Azevedo RBR, Zufall RA, Elhaik E. On the immortality of television sets: "functions" in the human genome according to the evolution-free gospel of ENCODE. *Genome Biology and Evolution* **5**: 578–90 (2013).

Gregory TR. Synergy between sequence and size in large-scale genomics. *Nature Reviews Genetics* **6**: 699–708 (2005).

地球上の生命の最初の 20 億年

Arndt N, Nisbet E. Processes on the young earth and the habitats of early life. *Annual Reviews Earth and Planetary Sciences* **40**: 521–49 (2012).

Hazen R. *The Story of Earth: The First 4.5 Billion Years, from Stardust to Living Planet*. Viking, New York (2014)〔『地球進化 46 億年の物語』(円城寺守監訳 ; 渡会圭子訳, 講談社)〕.

Knoll A. *Life on a Young Planet: The First Three Billion Years of Evolution on Earth.* Princeton University Press, Princeton (2003)〔『生命最初の 30 億年 ── 地球に刻まれた進化の足跡』(斉藤隆央訳, 紀伊国屋書店)〕.

Rutherford A. *Creation: The Origin of Life/The Future of Life*. Viking Press, London (2013)〔『生命創造』(松井信彦訳, ディスカヴァー・トゥエンティワン)〕.

Zahnle K, Arndt N, Cockell C, Halliday A, Nisbet E, Selsis F, Sleep NH. Emergence of a habitable planet. *Space Science Reviews* **129**: 35–78 (2007).

酸素の増加

Butterfield NJ. Oxygen, animals and oceanic ventilation: an alternative view. *Geobiology* **7**: 1–7 (2009).

Canfield DE. *Oxygen: A Four Billion Year History*. Princeton University Press, Princeton (2014).

Catling DC, Glein CR, Zahnle KJ, MckayCP. Why O_2 is required by complex life on habitable

planets and the concept of planetary 'oxygenation time'. *Astrobiology* **5**: 415-38 (2005).

Holland HD. The oxygenation of the atmosphere and oceans. *Philosophical Transactions Royal Society B* **361**: 903-15 (2006).

Lane N. Life's a gas. *New Scientist* **2746**: 36-39 (2010).

Lane N. *Oxygen: The Molecule that Made the World*. Oxford University Press, Oxford (2002)〔『生と死の自然史 —— 進化を統べる酸素』(西田睦監訳；遠藤圭子訳，東海大学出版会)〕.

Shields-Zhou G, Och L. The case for a Neoproterozoic oxygenation event: Geochemical evidence and biological consequences. *GSA Today* **21**: 4-11 (2011).

連続細胞内共生説による予測

Archibald JM. Origin of eukaryotic cells: 40 years on. *Symbiosis* **54**: 69-86 (2011).

Margulis L. Genetic and evolutionary consequences of symbiosis. *Experimental Parasitology* **39**: 277-349 (1976).

O'Malley M. The first eukaryote cell: an unfinished history of contestation. *Studies in History and Philosophy of Biological and Biomedical Sciences* **41**: 212-24 (2010).

アーケゾアの興亡

Cavalier-Smith T. Archaebacteria and archezoa. *Nature* **339**: 100-101 (1989).

Cavalier-Smith T. Predation and eukaryotic origins: A coevolutionary perspective. *International Journal of Biochemistry and Cell Biology* **41**: 307-32 (2009).

Henze K, Martin W. Essence of mitochondria. *Nature* **426**: 127-28 (2003).

Martin WF, Müller M. *Origin of Mitochondria and Hydrogenosomes*. Springer, Heidelberg (2007).

Tielens AGM, Rotte C, Hellemond JJ, Martin W. Mitochondria as we don't know them. *Trends in Biochemical Sciences* **27**: 564-72 (2002).

van der Giezen M. Hydrogenosomes and mitosomes: Conservation and evolution of functions. *Journal of Eukaryotic Microbiology* **56**: 221-31 (2009).

Yong E. The unique merger that made you (and ewe and yew). *Nautilus* **17**: Sept 4 (2014).

真核生物のスーパーグループ

Baldauf SL, Roger AJ, Wenk-Siefert I, Doolittle WF. A kingdom-level phylogeny of eukaryotes based on combined protein data. *Science* **290**: 972-77 (2000).

Hampl V, Huga L, Leigh JW, Dacks JB, Lang BF, Simpson AGB, Roger AJ. Phylogenomic analyses support the monophyly of Excavata and resolve relationships among eukaryotic 'supergroups'. *Proceedings National Academy Sciences USA* **106**: 3859-64 (2009).

Keeling PJ, Burger G, Durnford DG, Lang BF, Lee RW, Pearlman RE, Roger AJ, Grey MW. The Tree of eukaryotes. *Trends in Ecology and Evolution* **20**: 670-76 (2005).

真核生物の最後の共通祖先

Embley TM, Martin W. Eukaryotic evolution, changes and challenges. *Nature* **440**: 623-30 (2006).

Harold F. *In Search of Cell History: The Evolution of Life's Building Blocks*. Chicago University Press, Chicago (2014).

Koonin EV. The origin and early evolution of eukaryotes in the light of phylogenomics. *Genome*

Biology **11**: 209 (2010).

McInerney JO, Martin WF, Koonin EV, Allen JF, Galperin MY, Lane N, Archibald JM, Embley TM. Planctomycetes and eukaryotes: a case of analogy not homology. *BioEssays* **33**: 810-17 (2011).

複雑さへの小さなステップのパラドックス

Darwin C. *On the Origin of Species by Means of Natural Selection, or the Preservation of Favoured Races in the Struggle for Life* (1st Edition). John Murray, London (1859)〔『種の起源』（渡辺政隆訳，光文社）など〕.

Land MF, Nilsson D-E. *Animal Eyes*. Oxford University Press, Oxford (2002).

Lane N. Bioenergetic constraints on the evolution of complex life. *Cold Spring Harbor Perspectives in Biology*. **doi**: 10.1101/cshperspect.a015982 (2014).

Lane N. Energetics and genetics across the prokaryote-eukaryote divide. *Biology Direct* **6**: 35 (2011).

Müller M, Mentel M, van Hellemond JJ, Henze K, Woehle C, Gould SB, Yu RY, van der Giezen M, Tielens AG, Martin WF. Biochemistry and evolution of anaerobic energy metabolism in eukaryotes. *Microbiology and Molecular Biology Reviews* **76**: 444-95 (2012).

2　生とは何か？

エネルギー，エントロピー，構造

Amend JP, LaRowe DE, McCollom TM, Shock EL. The energetics of organic synthesis inside and outside the cell. *Philosophical Transactions Royal Society B*. **368**: 20120255 (2013).

Battley EH. *Energetics of Microbial Growth*. Wiley Interscience, New York (1987).

Hansen LD, Criddle RS, Battley EH. Biological calorimetry and the thermodynamics of the origination and evolution of life. *Pure and Applied Chemistry* **81**: 1843-55 (2009).

McCollom T, Amend JP. A thermodynamic assessment of energy requirements for biomass synthesis by chemolithoautotrophic micro-organisms in oxic and micro-oxic environments. *Geobiology* **3**: 135-44 (2005).

Minsky A, Shimoni E, Frenkiel-Krispin D. Stress, order and survival. *Nature Reviews in Molecular Cell Biology* **3**: 50-60 (2002).

ATP 合成の率

Fenchel T, Finlay BJ. Respiration rates in heterotrophic, free-living protozoa. *Microbial Ecology* **9**: 99-122 (1983).

Makarieva AM, Gorshkov VG, Li BL. Energetics of the smallest: do bacteria breathe at the same rate as whales? *Proceedings Royal Society B* **272**: 2219-24 (2005).

Phillips R, Kondev J, Theriot J, Garcia H. *Physical Biology of the Cell*. Garland Science, New York (2012)〔『細胞の物理生物学』（笹井理生・伊藤一仁・千見寺浄慈・寺田智樹訳，共立出版）〕.

Rich PR. The cost of living. *Nature* **421**: 583 (2003).

Schatz G. The tragic matter. *FEBS Letters* **536**: 1-2 (2003).

呼吸と ATP 合成のメカニズム

Abrahams JP, Leslie AG, Lutter R, Walker JE. Structure at 2.8 Å resolution of F_1-ATPase from bovine heart mitochondria. *Nature* **370**: 621–28 (1994).

Baradaran R, Berrisford JM, Minhas SG, Sazanov LA. Crystal structure of the entire respiratory complex I. *Nature* **494**: 443–48 (2013).

Hayashi T, Stuchebrukhov AA. Quantum electron tunneling in respiratory complex I. *Journal of Physical Chemistry B* **115**: 5354–64 (2011).

Moser CC, Page CC, Dutton PL. Darwin at the molecular scale: selection and variance in electron tunnelling proteins including cytochrome *c* oxidase. *Philosophical Transactions Royal Society B* **361**: 1295–1305 (2006).

Murata T, Yamato I, Kakinuma Y, Leslie AGW, Walker JE. Structure of the rotor of the V-type Na^+-ATPase from *Enterococcus hirae*. *Science* **308**: 654–59 (2005).

Nicholls DG, Ferguson SJ. *Bioenergetics.* Fourth Edition. Academic Press, London (2013).

Stewart AG, Sobti M, Harvey RP, Stock D. Rotary ATPases: Models, machine elements and technical specifications. *BioArchitecture* **3**: 2–12 (2013).

Vinothkumar KR, Zhu J, Hirst J. Architecture of the mammalian respiratory complex I. *Nature* **515**: 80–84 (2014).

ピーター・ミッチェルと化学浸透共役

Harold FM. *The Way of the Cell: Molecules, Organisms, and the Order of Life*. Oxford University Press, New York (2003).

Lane N. *Power, Sex, Suicide: Mitochondria and the Meaning of Life*. Oxford University Press, Oxford (2005)〔『ミトコンドリアが進化を決めた』（斉藤隆央訳，みすず書房）〕.

Mitchell P. Coupling of phosphorylation to electron and hydrogen transfer by a chemiosmotic type of mechanism. *Nature* **191**: 144–48 (1961).

Mitchell P. Keilin's respiratory chain concept and its chemiosmotic consequences. *Science* **206**: 1148–59 (1979).

Mitchell P. The origin of life and the formation and organising functions of natural membranes. In *Proceedings of the first international symposium on the origin of life on the Earth* (eds AI Oparin, AG Pasynski, AE Braunstein, TE Pavlovskaya). Moscow Academy of Sciences, USSR (1957).

Prebble J, Weber B. *Wandering in the Gardens of the Mind*. Oxford University Press, New York (2003).

炭素と，レドックス反応の必要性

Falkowski P. *Life's Engines: How Microbes made Earth Habitable*. Princeton University Press, Princeton (2015)〔『微生物が地球をつくった』（松浦俊輔訳，青土社）〕.

Kim JD, Senn S, Harel A, Jelen BI, Falkowski PG. Discovering the electronic circuit diagram of life: structural relationships among transition metal binding sites in oxidoreductases. *Philosophical Transactions Royal Society B* **368**: 20120257 (2013).

Morton O. *Eating the Sun: How Plants Power the Planet*. Fourth Estate, London (2007).

Pace N. The universal nature of biochemistry. *Proceedings National Academy Sciences USA* **98**:

805–808 (2001).

Schoepp-Cothenet B, van Lis R, Atteia A, Baymann F, Capowiez L, Ducluzeau A-L, Duval S, ten Brink F, Russell MJ, Nitschke W. On the universal core of bioenergetics. *Biochimica Biophysica Acta Bioenergetics* **1827**: 79–93 (2013).

細菌と古細菌の根本的な違い

Edgell DR, Doolittle WF. Archaea and the origin(s) of DNA replication proteins. *Cell* **89**: 995–98 (1997).

Koga Y, Kyuragi T, Nishihara M, Sone N. Did archaeal and bacterial cells arise independently from noncellular precursors? A hypothesis stating that the advent of membrane phospholipid with enantiomeric glycerophosphate backbones caused the separation of the two lines of descent. *Journal of Molecular Evolution* **46**: 54–63 (1998).

Leipe DD, Aravind L, Koonin EV. Did DNA replication evolve twice independently? *Nucleic Acids Research* **27**: 3389–3401 (1999).

Lombard J, Lopéz-García P, Moreira D. The early evolution of lipid membranes and the three domains of life. *Nature Reviews Microbiology* **10**: 507–15 (2012).

Martin W, Russell MJ. On the origins of cells: a hypothesis for the evolutionary transitions from abiotic geochemistry to chemoautotrophic prokaryotes, and from prokaryotes to nucleated cells. *Philosophical Transactions Royal Society B* **358**: 59–83 (2003).

Sousa FL, Thiergart T, Landan G, Nelson-Sathi S, Pereira IAC, Allen JF, Lane N, Martin WF. Early bioenergetic evolution. *Philosophical Transactions Royal Society B* **368**: 20130088 (2013).

3　生命の起源におけるエネルギー

生命の起源におけるエネルギーの要件

Lane N, Allen JF, Martin W. How did LUCA make a living? Chemiosmosis in the origin of life. *BioEssays* **32**: 271–80 (2010).

Lane N, Martin W. The origin of membrane bioenergetics. *Cell* **151**: 1406–16 (2012).

Martin W, Sousa FL, Lane N. Energy at life's origin. *Science* **344**: 1092–93 (2014).

Martin WF. Hydrogen, metals, bifurcating electrons, and proton gradients: The early evolution of biological energy conservation. *FEBS Letters* **586**: 485–93 (2012).

Russell M (editor). *Origins: Abiogenesis and the Search for Life*. Cosmology Science Publishers, Cambridge MA (2011).

ミラー－ユーリーの実験と RNA ワールド

Joyce GF. RNA evolution and the origins of life. *Nature* **33**: 217–24 (1989).

Miller SL. A production of amino acids under possible primitive earth conditions. *Science* **117**: 528–29 (1953).

Orgel LE. Prebiotic chemistry and the origin of the RNA world. *Critical Reviews in Biochemistry and Molecular Biology* **39**: 99–123 (2004).

Powner MW, Gerland B, Sutherland JD. Synthesis of activated pyrimidine ribonucleotides in prebiotically plausible conditions. *Nature* **459**: 239–42 (2009).

平衡とはほど遠い熱力学

Morowitz H. *Energy Flow in Biology: Biological Organization as a Problem in Thermal Physics.* Academic Press, New York (1968).

Prigogine I. *The End of Certainty: Time, Chaos and the New Laws of Nature*. Free Press, New York (1997)〔『確実性の終焉――時間と量子論，二つのパラドクスの解決』(安孫子誠也・谷口佳津宏訳，みすず書房)〕.

Russell MJ, Nitschke W, Branscomb E. The inevitable journey to being. *Philosophical Transactions Royal Society B* **368**: 20120254 (2013).

触媒作用の起源

Cody G. Transition metal sulfides and the origins of metabolism. *Annual Review Earth and Planetary Sciences* **32**: 569-99 (2004).

Russell MJ, Allen JF, Milner-White EJ. Inorganic complexes enabled the onset of life and oxygenic photosynthesis. In Allen JF, Gantt E, Golbeck JH, Osmond B: *Energy from the Sun: 14th International Congress on Photosynthesis*. Springer, Heidelberg (2008).

Russell MJ, Martin W. The rocky roots of the acetyl-CoA pathway. *Trends in Biochemical Sciences* **29**: 358-63 (2004).

水中の脱水反応

Benner SA, Kim H-J, Carrigan MA. Asphalt, water, and the prebiotic synthesis of ribose, ribonucleosides, and RNA. *Accounts of Chemical Research* **45**: 2025-34 (2012).

de Zwart II, Meade SJ, Pratt AJ. Biomimetic phosphoryl transfer catalysed by iron (II) - mineral precipitates. *Geochimica et Cosmochimica Acta* **68**: 4093-98 (2004).

Pratt AJ. Prebiological evolution and the metabolic origins of life. *Artificial Life* **17**: 203-17 (2011).

原始細胞の形成

Budin I, Bruckner RJ, Szostak JW. Formation of protocell-like vesicles in a thermal diffusion column. *Journal of the American Chemical Society* **131**: 9628-29 (2009).

Errington J. L-form bacteria, cell walls and the origins of life. *Open Biology* **3**: 120143 (2013).

Hanczyc M, Fujikawa S, Szostak J. Experimental models of primitive cellular compartments: encapsulation, growth, and division. *Science* **302**: 618-22 (2003).

Mauer SE, Monndard PA. Primitive membrane formation, characteristics and roles in the emergent properties of a protocell. *Entropy* **13**: 466-84 (2011).

Szathmáry E, Santos M, Fernando C. Evolutionary potential and requirements for minimal protocells. *Topics in Current Chemistry* **259**: 167-211 (2005).

複製の起源

Cairns-Smith G. *Seven Clues to the Origin of Life*. Cambridge University Press, Cambridge (1990)〔『生命の起源を解く七つの鍵』(石川統訳，岩波書店)〕.

Costanzo G, Pino S, Ciciriello F, Di Mauro E. Generation of long RNA chains in water. *Journal of Biological Chemistry* **284**: 33206-16 (2009).

Koonin EV, Martin W. On the origin of genomes and cells within inorganic compartments. *Trends in Genetics* **21**: 647–54 (2005).

Mast CB, Schink S, Gerland U & Braun D. Escalation of polymerization in a thermal gradient. *Proceedings of the National Academy of Sciences USA* **110**: 8030–35 (2013).

Mills DR, Peterson RL, Spiegelman S. An extracellular Darwinian experiment with a self-duplicating nucleic acid molecule. *Proceedings National Academy Sciences USA* **58**: 217–24 (1967).

深海の熱水噴出孔の発見

Baross JA, Hoffman SE. Submarine hydrothermal vents and associated gradient environments as sites for the origin and evolution of life. *Origins Life Evolution of the Biosphere* **15**: 327–45 (1985).

Kelley DS, Karson JA, Blackman DK, *et al*. An off-axis hydrothermal vent field near the Mid-Atlantic Ridge at 30 degrees N. *Nature* **412**: 145–49 (2001).

Kelley DS, Karson JA, Früh-Green GL, *et al*. A serpentinite-hosted submarine ecosystem: the Lost City Hydrothermal Field. *Science* **307**: 1428–34 (2005).

黄鉄鉱による引き抜きと鉄硫黄世界

de Duve C, Miller S. Two-dimensional life? *Proceedings National Academy Sciences USA* **88**: 10014–17 (1991).

Huber C, Wächtershäuser G. Activated acetic acid by carbon fixation on (Fe, Ni) S under primordial conditions. *Science* **276**: 245–47 (1997).

Miller SL, Bada JL. Submarine hot springs and the origin of life. *Nature* **334**: 609–611 (1988).

Wächtershäuser G. Evolution of the first metabolic cycles. *Proceedings National Academy Sciences USA* **87**: 200–204 (1990).

Wächtershäuser G. From volcanic origins of chemoautotrophic life to Bacteria, Archaea and Eukarya. *Philosophical Transactions Royal Society B* **361**: 1787–1806 (2006).

アルカリ熱水噴出孔

Martin W, Baross J, Kelley D, Russell MJ. Hydrothermal vents and the origin of life. *Nature Reviews Microbiology* **6**: 805–14 (2008).

Martin W, Russell MJ. On the origins of cells: a hypothesis for the evolutionary transitions from abiotic geochemistry to chemoautotrophic prokaryotes, and from prokaryotes to nucleated cells. *Philosophical Transactions Royal Society B* **358**: 59–83 (2003).

Russell MJ, Daniel RM, Hall AJ, Sherringham J. A hydrothermally precipitated catalytic iron sulphide membrane as a first step toward life. *Journal of Molecular Evolution* **39**: 231–43 (1994).

Russell MJ, Hall AJ, Cairns-Smith AG, Braterman PS. Submarine hot springs and the origin of life. *Nature* **336**: 117 (1988).

Russell MJ, Hall AJ. The emergence of life from iron monosulphide bubbles at a submarine hydrothermal redox and pH front. *Journal Geological Society London* **154**: 377–402 (1997).

蛇紋岩化作用

Fyfe WS. The water inventory of the Earth: fluids and tectonics. *Geological Society of London Spe-*

cial Publications **78**: 1–7 (1994).

Russell MJ, Hall AJ, Martin W. Serpentinization as a source of energy at the origin of life. *Geobiology* **8**: 355–71 (2010).

Sleep NH, Bird DK, Pope EC. Serpentinite and the dawn of life. *Philosophical Transactions Royal Society B* **366**: 2857–69 (2011).

冥王代の海の化学反応

Arndt N, Nisbet E. Processes on the young earth and the habitats of early life. *Annual Reviews Earth Planetary Sciences* **40**: 521–49 (2012).

Pinti D. The origin and evolution of the oceans. *Lectures Astrobiology* **1**: 83–112 (2005).

Russell MJ, Arndt NT. Geodynamic and metabolic cycles in the Hadean. *Biogeosciences* **2**: 97–111 (2005).

Zahnle K, Arndt N, Cockell C, Halliday A, Nisbet E, Selsis F, Sleep NH. Emergence of a habitable planet. *Space Science Reviews* **129**: 35–78 (2007).

熱泳動

Baaske P, Weinert FM, Duhr S, et al. Extreme accumulation of nucleotides in simulated hydrothermal pore systems. *Proceedings National Academy Sciences USA* **104**: 9346–51 (2007).

Mast CB, Schink S, Gerland U, Braun D. Escalation of polymerization in a thermal gradient. *Proceedings National Academy Sciences USA* **110**: 8030–35 (2013).

アルカリ熱水孔における有機合成の熱力学

Amend JP, McCollom TM. Energetics of biomolecule synthesis on early Earth. In Zaikowski L *et al.* eds. *Chemical Evolution II: From the Origins of Life to Modern Society*. American Chemical Society (2009).

Ducluzeau A-L, Schoepp-Cothenet B, Baymann F, Russell MJ, Nitschke W. Free energy conversion in the LUCA: Quo vadis? *Biochimica et Biophysica Acta Bioenergetics* **1837**: 982–988 (2014).

Martin W, Russell MJ. On the origin of biochemistry at an alkaline hydrothermal vent. *Philosophical Transactions Royal Society B* **367**: 1887–1925 (2007).

Shock E, Canovas P. The potential for abiotic organic synthesis and biosynthesis at seafloor hydrothermal systems. *Geofluids* **10**: 161–92 (2010).

Sousa FL, Thiergart T, Landan G, Nelson-Sathi S, Pereira IAC, Allen JF, Lane N, Martin WF. Early bioenergetic evolution. *Philosophical Transactions Royal Society B* **368**: 20130088 (2013).

還元電位と，CO_2 還元に対する速度論的障壁

Lane N, Martin W. The origin of membrane bioenergetics. *Cell* **151**: 1406–16 (2012).

Maden BEH. Tetrahydrofolate and tetrahydromethanopterin compared: functionally distinct carriers in C_1 metabolism. *Biochemical Journal* **350**: 609–29 (2000).

Wächtershäuser G. Pyrite formation, the first energy source for life: a hypothesis. *Systematic and Applied Microbiology* **10**: 207–10 (1988).

天然のプロトン勾配は CO_2 の還元を促せたのか？

Herschy B, Whicher A, Camprubi E, Watson C, Dartnell L, Ward J, Evans JRG, Lane N. An origin-of-life reactor to simulate alkaline hydrothermal vents. *Journal of Molecular Evolution* 79: 213-27 (2014).

Herschy B. Nature's electrochemical flow reactors: Alkaline hydrothermal vents and the origins of life. *Biochemist* 36: 4-8 (2014).

Lane N. Bioenergetic constraints on the evolution of complex life. *Cold Spring Harbor Perspectives in Biology* doi: 10.1101/cshperspect.a015982 (2014).

Nitschke W, Russell MJ. Hydrothermal focusing of chemical and chemiosmotic energy, supported by delivery of catalytic Fe, Ni, Mo, Co, S and Se forced life to emerge. *Journal of Molecular Evolution* 69: 481-96 (2009).

Yamaguchi A, Yamamoto M, Takai K, Ishii T, Hashimoto K, Nakamura R. Electrochemical CO_2 reduction by Nicontaining iron sulfides: how is CO_2 electrochemically reduced at bisulfide-bearing deep sea hydrothermal precipitates? *Electrochimica Acta* 141: 311-18 (2014).

天の川銀河における蛇紋岩化作用の確率

de Leeuw NH, Catlow CR, King HE, Putnis A, Muralidharan K, Deymier P, Stimpfl M, Drake MJ. Where on Earth has our water come from? *Chemical Communications* 46: 8923-25 (2010).

Petigura EA, Howard AW, Marcy GW. Prevalence of Earth-sized planets orbiting Sunlike stars. *Proceedings National Academy Sciences USA* 110: 19273-78 (2013).

4　細胞の出現

遺伝子の水平移動と種分化の問題

Doolittle WF. Phylogenetic classification and the universal tree. *Science* 284: 2124-28 (1999).

Lawton G. Why Darwin was wrong about the tree of life. *New Scientist* 2692: 34-39 (2009).

Mallet J. Why was Darwin's view of species rejected by twentieth century biologists? *Biology and Philosophy* 25: 497-527 (2010).

Martin WF. Early evolution without a tree of life. *Biology Direct* 6: 36 (2011).

Nelson-Sathi S *et al*. Origins of major archaeal clades correspond to gene acquisitions from bacteria. *Nature* doi: 10.1038/nature13805 (2014).

1パーセント未満の遺伝子にもとづく「生命の普遍的な系統樹」

Ciccarelli FD, Doerks T, von Mering C, Creevey CJ, Snel B, *et al.* Toward automatic reconstruction of a highly resolved tree of life. *Science* 311: 1283-87 (2006).

Dagan T, Martin W. The tree of one percent. *Genome Biology* 7: 118 (2006).

古細菌と細菌に保存された遺伝子

Charlebois RL, Doolittle WF. Computing prokaryotic gene ubiquity: Rescuing the core from extinction. *Genome Research* 14: 2469-77 (2004).

Koonin EV. Comparative genomics, minimal gene-sets and the last universal common ancestor.

Nature Reviews Microbiology **1**: 127–36 (2003).

Sousa FL, Thiergart T, Landan G, Nelson-Sathi S, Pereira IAC, Allen JF, Lane N, Martin WF. Early bioenergetic evolution. *Philosophical Transactions of the Royal Society B* **368**: 20130088 (2013).

LUCA の矛盾した特性

Dagan T, Martin W. Ancestral genome sizes specify the minimum rate of lateral gene transfer during prokaryote evolution. *Proceedings National Academy Sciences USA* **104**: 870–75 (2007).

Edgell DR, Doolittle WF. Archaea and the origin(s) of DNA replication proteins. *Cell* **89**: 995–98 (1997).

Koga Y, Kyuragi T, Nishihara M, Sone N. Did archaeal and bacterial cells arise independently from noncellular precursors? A hypothesis stating that the advent of membrane phospholipid with enantiomeric glycerophosphate backbones caused the separation of the two lines of descent. *Journal of Molecular Evolution* **46**: 54–63 (1998).

Leipe DD, Aravind L, Koonin EV. Did DNA replication evolve twice independently? *Nucleic Acids Research* **27**: 3389–3401 (1999).

Martin W, Russell MJ. On the origins of cells: a hypothesis for the evolutionary transitions from abiotic geochemistry to chemoautotrophic prokaryotes, and from prokaryotes to nucleated cells. *Philosophical Transactions Royal Society B* **358**: 59–83 (2003).

膜脂質の問題

Lane N, Martin W. The origin of membrane bioenergetics. *Cell* **151**: 1406–16 (2012).

Lombard J, Lopéz-García P, Moreira D. The early evolution of lipid membranes and the three domains of life. *Nature Reviews in Microbiology* **10**: 507–15 (2012).

Shimada H, Yamagishi A. Stability of heterochiral hybrid membrane made of bacterial sn-G_3P lipids and archaeal sn-G_1P lipids. *Biochemistry* **50**: 4114–20 (2011).

Valentine D. Adaptations to energy stress dictate the ecology and evolution of the Archaea. *Nature Reviews Microbiology* **5**: 1070–77 (2007).

アセチル CoA 経路

Fuchs G. Alternative pathways of carbon dioxide fixation: Insights into the early evolution of life? *Annual Review Microbiology* **65**: 631–58 (2011).

Ljungdahl LG. A life with acetogens, thermophiles, and cellulolytic anaerobes. *Annual Review Microbiology* **63**: 1–25 (2009).

Maden BEH. No soup for starters? Autotrophy and the origins of metabolism. *Trends in Biochemical Sciences* **20**: 337–41 (1995).

Ragsdale SW, Pierce E. Acetogenesis and the Wood-Ljungdahl pathway of CO_2 fixation. *Biochimica Biophysica Acta* **1784**: 1873–98 (2008).

アセチル CoA 経路へ向かう岩だらけの険路

Nitschke W, McGlynn SE, Milner-White J, Russell MJ. On the antiquity of metalloenzymes and their substrates in bioenergetics. *Biochimica Biophysica Acta* **1827**: 871–81 (2013).

Russell MJ, Martin W. The rocky roots of the acetyl-CoA pathway. *Trends in Biochemical Sciences*

29: 358-63 (2004).

アセチルチオエステルとアセチルリン酸の無生物的合成

de Duve C. Did God make RNA? *Nature* **336**: 209-10 (1988).

Heinen W, Lauwers AM. Sulfur compounds resulting from the interaction of iron sulfide, hydrogen sulfide and carbon dioxide in an anaerobic aqueous environment. *Origins Life Evolution Biosphere* **26**: 131-50 (1996).

Huber C, Wächtershäuser G. Activated acetic acid by carbon fixation on (Fe, Ni) S under primordial conditions. *Science* **276**: 245-47 (1997).

Martin W, Russell MJ. On the origin of biochemistry at an alkaline hydrothermal vent. *Philosophical Transactions of the Royal Society B* **367**: 1887-1925 (2007).

遺伝コードの起源と考えられるもの

Copley SD, Smith E, Morowitz HJ. A mechanism for the association of amino acids with their codons and the origin of the genetic code. *Proceedings National Academy Sciences USA* **102**: 4442-47 (2005).

Lane N. *Life Ascending: The Ten Great Inventions of Evolution*. WW Norton/Profile, London (2009)〔『生命の跳躍』(斉藤隆央訳，みすず書房)〕.

Taylor FJ. Coates D. The code within the codons. *Biosystems* **22**: 177-87 (1989).

アルカリ熱水噴出孔とアセチル CoA 経路の適合性

Herschy B, Whicher A, Camprubi E, Watson C, Dartnell L, Ward J, Evans JRG, Lane N. An origin-of-life reactor to simulate alkaline hydrothermal vents. *Journal of Molecular Evolution* **79**: 213-27 (2014).

Lane N. Bioenergetic constraints on the evolution of complex life. *Cold Spring Harbor Perspectives in Biology* **doi**: 10.1101/cshperspect.a015982 (2014).

Martin W, Sousa FL, Lane N. Energy at life's origin. *Science* **344**: 1092-93 (2014).

Sousa FL, Thiergart T, Landan G, Nelson-Sathi S, Pereira IAC, Allen JF, Lane N, Martin WF. Early bioenergetic evolution. *Philosophical Transactions of the Royal Society B* **368**: 20130088 (2013).

膜の透過率の問題

Lane N, Martin W. The origin of membrane bioenergetics. *Cell* **151**: 1406-16 (2012).

Le Page M. Meet your maker. *New Scientist* **2982**: 30-33 (2014).

Mulkidjanian AY, Bychkov AY, Dibrova D V, Galperin MY, Koonin EV. Origin of first cells at terrestrial, anoxic geothermal fields. *Proceedings National Academy Sciences USA* **109**: E821-E830 (2012).

Sojo V, Pomiankowski A, Lane N. A bioenergetic basis for membrane divergence in archaea and bacteria. *PLoS Biology* **12(8)**: e1001926 (2014).

Yong E. How life emerged from deep-sea rocks. *Nature* **doi**: 10.1038/nature.2012.12109 (2012).

膜タンパク質が H^+ と Na^+ について見境がないこと

Buckel W, Thauer RK. Energy conservation via electron bifurcating ferredoxin reduction and proton/$Na^{(+)}$ translocating ferredoxin oxidation. *Biochimica Biophysica Acta* **1827**: 94-113 (2013).

Lane N, Allen JF, Martin W. How did LUCA make a living? Chemiosmosis in the origin of life. *BioEssays* **32**: 271-80 (2010).

Schlegel K, Leone V, Faraldo-Gómez JD, Müller V. Promiscuous archaeal ATP synthase concurrently coupled to Na^+ and H^+ translocation. *Proceedings National Academy Sciences USA* **109**: 947-52 (2012).

電子分岐

Buckel W, Thauer RK. Energy conservation via electron bifurcating ferredoxin reduction and proton/$Na^{(+)}$ translocating ferredoxin oxidation. *Biochimica Biophysica Acta* **1827**: 94-113 (2013).

Kaster A-K, Moll J, Parey K, Thauer RK. Coupling of ferredoxin and heterodisulfide reduction via electron bifurcation in hydrogenotrophic methanogenic Archaea. *Proceedings National Academy Sciences USA* **108**: 2981-86 (2011).

Thauer RK. A novel mechanism of energetic coupling in anaerobes. *Environmental Microbiology Reports* **3**: 24-25 (2011).

5　複雑な細胞の起源

ゲノムのサイズ

Cavalier-Smith T. Economy, speed and size matter: evolutionary forces driving nuclear genome miniaturization and expansion. *Annals of Botany* **95**: 147-75 (2005).

Cavalier-Smith T. Skeletal DNA and the evolution of genome size. *Annual Review of Biophysics and Bioengineering* **11**: 273-301 (1982).

Gregory TR. Synergy between sequence and size in large-scale genomics. *Nature Reviews in Genetics* **6**: 699-708 (2005).

Lynch M. *The Origins of Genome Architecture*. Sinauer Associates, Sunderland MA (2007).

真核生物のゲノムのサイズに対して考えられる制約

Cavalier-Smith T. Predation and eukaryote cell origins: A coevolutionary perspective. *International Journal Biochemistry Cell Biology* **41**: 307-22 (2009).

de Duve C. The origin of eukaryotes: a reappraisal. *Nature Reviews in Genetics* **8**: 395-403 (2007).

Koonin EV. Evolution of genome architecture. *International Journal Biochemistry Cell Biology* **41**: 298-306 (2009).

Lynch M, Conery JS. The origins of genome complexity. *Science* **302**: 1401-04 (2003).

Maynard Smith J, Szathmary E. *The Major Transitions in Evolution*. Oxford University Press, Oxford. (1995)〔『進化する階層――生命の発生から言語の誕生まで』(長野敬訳, シュプリンガー・フェアラーク東京)〕.

真核生物のキメラ的起源

Cotton JA, McInerney JO. Eukaryotic genes of archaebacterial origin are more important than the more numerous eubacterial genes, irrespective of function. *Proceedings National Academy Sciences USA* **107**: 17252–55 (2010).

Esser C, Ahmadinejad N, Wiegand C, *et al*. A genome phylogeny for mitochondria among alpha-proteobacteria and a predominantly eubacterial ancestry of yeast nuclear genes. *Molecular Biology Evolution* **21**: 1643–60 (2004).

Koonin EV. Darwinian evolution in the light of genomics. *Nucleic Acids Research* **37**: 1011–34 (2009).

Pisani D, Cotton JA, McInerney JO. Supertrees disentangle the chimeric origin of eukaryotic genomes. *Molecular Biology Evolution* **24**: 1752–60 (2007).

Rivera MC, Lake JA. The ring of life provides evidence for a genome fusion origin of eukaryotes. *Nature* **431**: 152–55 (2004).

Thiergart T, Landan G, Schrenk M, Dagan T, Martin WF. An evolutionary network of genes present in the eukaryote common ancestor polls genomes on eukaryotic and mitochondrial origin. *Genome Biology and Evolution* **4**: 466–85 (2012).

Williams TA, Foster PG, Cox CJ, Embley TM. An archaeal origin of eukaryotes supports only two primary domains of life. *Nature* **504**: 231–36 (2013).

発酵はあとから生まれた

Say RF, Fuchs G. Fructose 1,6-bisphosphate aldolase/phosphatase may be an ancestral gluconeogenic enzyme. *Nature* **464**: 1077–81 (2010).

準化学量論的なエネルギー保存

Hoehler TM, Jørgensen BB. Microbial life under extreme energy limitation. *Nature Reviews in Microbiology* **11**: 83–94 (2013).

Lane N. Why are cells powered by proton gradients? *Nature Education* **3**: 18 (2010).

Martin W, Russell MJ. On the origin of biochemistry at an alkaline hydrothermal vent. *Philosophical Transactions of the Royal Society B* **367**: 1887–1925 (2007).

Thauer RK, Kaster A-K, Seedorf H, Buckel W, Hedderich R. Methanogenic archaea: ecologically relevant differences in energy conservation. *Nature Reviews Microbiology* **6**: 579–91 (2007).

ウイルス感染と細胞死

Bidle KD, Falkowski PG. Cell death in planktonic, photosynthetic microorganisms. *Nature Reviews Microbiology* **2**: 643–55 (2004).

Lane N. Origins of death. *Nature* **453**: 583–85 (2008).

Refardt D, Bergmiller T, Kümmerli R. Altruism can evolve when relatedness is low: evidence from bacteria committing suicide upon phage infection. *Proceedings Royal Society B* **280**: 20123035 (2013).

Vardi A, Formiggini F, Casotti R, De Martino A, Ribalet F, Miralto A, Bowler C. A stress surveillance system based on calcium and nitroc oxide in marine diatoms. *PLoS Biology* **4(3)**: e60

(2006).

細菌の表面積と体積の比

Fenchel T, Finlay BJ. Respiration rates in heterotrophic, free-living protozoa. *Microbial Ecology* **9**: 99–122 (1983).

Harold F. *The Vital Force: a Study of Bioenergetics*. WH Freeman, New York (1986).

Lane N, Martin W. The energetics of genome complexity. *Nature* **467**: 929–34 (2010).

Lane N. Energetics and genetics across the prokaryote-eukaryote divide. *Biology Direct* **6**: 35 (2011).

Makarieva AM, Gorshkov VG, Li BL. Energetics of the smallest: do bacteria breathe at the same rate as whales? *Proceedings Royal Society B* **272**: 2219–24 (2005).

Vellai T, Vida G. The origin of eukaryotes: the difference between prokaryotic and eukaryotic cells. *Proceedings Royal Society B* **266**: 1571–77 (1999).

巨大細菌

Angert ER. DNA replication and genomic architecture of very large bacteria. *Annual Review Microbiology* **66**: 197–212 (2012).

Mendell JE, Clements KD, Choat JH, Angert ER. Extreme polyploidy in a large bacterium. *Proceedings National Academy Sciences USA* **105**: 6730–34 (2008).

Schulz HN, Jørgensen BB. Big bacteria. *Annual Review Microbiology* **55**: 105–37 (2001).

Schulz HN. The genus *Thiomargarita*. *Prokaryotes* **6**: 1156–63 (2006).

小さな内部共生体のゲノムとエネルギー面の影響

Gregory TR, DeSalle R. Comparative genomics in prokaryotes. In *The Evolution of the Genome* ed. Gregory TR. Elsevier, San Diego, pp. 585–75 (2005).

Lane N, Martin W. The energetics of genome complexity. *Nature* **467**: 929–34 (2010).

Lane N. Bioenergetic constraints on the evolution of complex life. *Cold Spring Harbor Perspectives in Biology* **doi**: 10.1101/cshperspect.a015982 (2014).

細菌の内部共生体

von Dohlen CD, Kohler S, Alsop ST, McManus WR. Mealybug beta-proteobacterial symbionts contain gamma-proteobacterial symbionts. *Nature* **412**: 433–36 (2001).

Wujek DE. Intracellular bacteria in the blue-green-alga *Pleurocapsa minor. Transactions American Microscopical Society* **98**: 143–45 (1979).

ミトコンドリアが遺伝子を保持している理由

Alberts A, Johnson A, Lewis J, Raff M, Roberts K, Walter P. *Molecular Biology of the Cell*, 5th edition. Garland Science, New York (2008)〔『細胞の分子生物学　第5版』（中村桂子ほか訳，ニュートンプレス）〕.

Allen JF. Control of gene expression by redox potential and the requirement for chloroplast and mitochondrial genomes. *Journal of Theoretical Biology* **165**: 609–31 (1993).

Allen JF. The function of genomes in bioenergetic organelles. *Philosophical Transactions Royal Society B* **358**: 19–37 (2003).

de Grey AD. Forces maintaining organellar genomes: is any as strong as genetic code disparity or hydrophobicity? *BioEssays* 27: 436–46 (2005).

Gray MW, Burger G, Lang BF. Mitochondrial evolution. *Science* **283**: 1476–81 (1999).

シアノバクテリアの倍数性

Griese M, Lange C, Soppa J. Ploidy in cyanobacteria. *FEMS Microbiology Letters* **323**: 124–31 (2011).

プラスミドが細菌に対するエネルギー面の制約を克服できない理由

Lane N. Bioenergetic constraints on the evolution of complex life. *Cold Spring Harbor Perspectives in Biology* **doi**: 10.1101/cshperspect.a015982 (2014).

Lane N. Energetics and genetics across the prokaryote-eukaryote divide. *Biology Direct* **6**: 35 (2011).

内部共生における選択の対立と解消のレベル

Blackstone NW. Why did eukaryotes evolve only once? Genetic and energetic aspects of conflict and conflict mediation. *Philosophical Transactions Royal Society B* **368**: 20120266 (2013).

Martin W, Müller M. The hydrogen hypothesis for the first eukaryote. *Nature* **392**: 37–41 (1998).

細菌におけるエネルギーのリーク

Russell JB. The energy spilling reactions of bacteria and other organisms. *Journal of Molecular Microbiology and Biotechnology* **13**: 1–11 (2007).

6　有性生殖と，死の起源

進化の速度

Conway-Morris S. The Cambrian "explosion": Slow-fuse or megatonnage? *Proceedings National Academy Sciences USA* 97: 4426–29 (2000).

Gould SJ, Eldredge N. Punctuated equilibria: the tempo and mode of evolution reconsidered. *Paleobiology* **3**: 115–51 (1977).

Nilsson D-E, Pelger S. A pessimistic estimate of the time required for an eye to evolve. *Proceedings Royal Society B* **256**: 53–58 (1994).

有性生殖と集団構成

Lahr DJ, Parfrey LW, Mitchell EA, Katz LA, Lara E. The chastity of amoeba: re-evaluating evidence for sex in amoeboid organisms. *Proceedings Royal Society B* **278**: 2081–90 (2011).

Maynard-Smith J. *The Evolution of Sex.* Cambridge University Press, Cambridge (1978).

Ramesh MA, Malik SB, Logsdon JM. A phylogenomic inventory of meiotic genes: evidence for sex in *Giardia* and an early eukaryotic origin of meiosis. *Current Biology* **15**: 185–91 (2005).

Takeuchi N, Kaneko K, Koonin EV. Horizontal gene transfer can rescue prokaryotes from Muller's ratchet: benefit of DNA from dead cells and population subdivision. *Genes Genomes Genetics* 4: 325–39 (2014).

イントロンの起源

Cavalier-Smith T. Intron phylogeny: A new hypothesis. *Trends in Genetics* 7: 145–48 (1991).

Doolittle WF. Genes in pieces: were they ever together? *Nature* 272: 581–82 (1978).

Koonin EV. The origin of introns and their role in eukaryogenesis: a compromise solution to the introns-early versus introns-late debate? *Biology Direct* 1: 22 (2006).

Lambowitz AM, Zimmerly S. Group II introns: mobile ribozymes that invade DNA. *Cold Spring Harbor Perspectives in Biology* 3: a003616 (2011).

イントロンと，核の起源

Koonin E. Intron-dominated genomes of early ancestors of eukaryotes. *Journal of Heredity* 100: 618–23 (2009).

Martin W, Koonin EV. Introns and the origin of nucleus–cytosol compartmentalization. *Nature* 440: 41–45 (2006).

Rogozin IB, Wokf YI, Sorokin AV, Mirkin BG, Koonin EV. Remarkable interkingdom conservation of intron positions and massive, lineage-specific intron loss and gain in eukaryotic evolution. *Current Biology* 13: 1512–17 (2003).

Sverdlov AV, Csuros M, Rogozin IB, Koonin EV. A glimpse of a putative pre-intron phase of eukaryotic evolution. *Trends in Genetics* 23: 105–08 (2007).

numts（核－ミトコンドリア配列）

Hazkani-Covo E, Zeller RM, Martin W. Molecular poltergeists: mitochondrial DNA copies (numts) in sequenced nuclear genomes. *PLoS Genetics* 6: e1000834 (2010).

Lane N. Plastids, genomes and the probability of gene transfer. *Genome Biology and Evolution* 3: 372–74 (2011).

イントロンに対して働く選択の強さ

Lane N. Energetics and genetics across the prokaryote-eukaryote divide. *Biology Direct* 6: 35 (2011).

Lynch M, Richardson AO. The evolution of spliceosomal introns. *Current Opinion in Genetics and Development* 12: 701–10 (2002).

「スプライシングの速度」対「翻訳の速度」

Cavalier-Smith T. Intron phylogeny: A new hypothesis. *Trends in Genetics* 7: 145–48 (1991).

Martin W, Koonin EV. Introns and the origin of nucleus-cytosol compartmentalization. *Nature* 440: 41–45 (2006).

核膜と核膜孔複合体と核小体の起源

Mans BJ, Anantharaman V, Aravind L, Koonin EV. Comparative genomics, evolution and origins of the nuclear envelope and nuclear pore complex. *Cell Cycle* 3: 1612–37 (2004).

Martin W. A briefly argued case that mitochondria and plastids are descendants of endosymbionts, but that the nuclear compartment is not. *Proceedings of the Royal Society B* 266: 1387–95 (1999).

Martin W. Archaebacteria (Archaea) and the origin of the eukaryotic nucleus. *Current Opinion in Microbiology* **8**: 630–37 (2005).

McInerney JO, Martin WF, Koonin EV, Allen JF, Galperin MY, Lane N, Archibald JM, Embley TM. Planctomycetes and eukaryotes: A case of analogy not homology. *BioEssays* **33**: 810–17 (2011).

Mercier R, Kawai Y, Errington J. Excess membrane synthesis drives a primitive mode of cell proliferation. *Cell* **152**: 997–1007 (2013).

Staub E, Fiziev P, Rosenthal A, Hinzmann B. Insights into the evolution of the nucleolus by an analysis of its protein domain repertoire. *BioEssays* **26**: 567–81 (2004).

有性生殖の進化

Bell G. *The Masterpiece of Nature: The Evolution and Genetics of Sexuality*. University of California Press, Berkeley (1982).

Felsenstein J. The evolutionary advantage of recombination. *Genetics* **78**: 737–56 (1974).

Hamilton WD. Sex versus non-sex versus parasite. *Oikos* **35**: 282–90 (1980).

Lane N. Why sex is worth losing your head for. *New Scientist* **2712**: 40–43 (2009).

Otto SP, Barton N. Selection for recombination in small populations. *Evolution* **55**: 1921–31 (2001).

Partridge L, Hurst LD. Sex and conflict. *Science* **281**: 2003–08 (1998).

Ridley M. *Mendel's Demon: Gene Justice and the Complexity of Life*. Weidenfeld and Nicholson, London (2000)〔『赤の女王――性とヒトの進化』(長谷川眞理子訳, 早川書房)〕.

Ridley M. *The Red Queen: Sex and the Evolution of Human Nature*. Penguin, London (1994).

細胞融合と染色体分離の起源と考えられるもの

Blackstone NW, Green DR. The evolution of a mechanism of cell suicide. *BioEssays* **21**: 84–88 (1999).

Ebersbach G, Gerdes K. Plasmid segregation mechanisms. *Annual Review Genetics* **39**: 453–79 (2005).

Errington J. L-form bacteria, cell walls and the origins of life. *Open Biology* **3**: 120143 (2013).

ふたつの性

Fisher RA. *The Genetical Theory of Natural Selection*. Clarendon Press, Oxford (1930).

Hoekstra RF. On the asymmetry of sex – evolution of mating types in isogamous populations. *Journal of Theoretical Biology* **98**: 427–51 (1982).

Hurst LD, Hamilton WD. Cytoplasmic fusion and the nature of sexes. *Proceedings of the Royal Society B* **247**: 189–94 (1992).

Hutson V, Law R. Four steps to two sexes. *Proceedings Royal Society B* **253**: 43–51 (1993).

Parker GA, Smith VGF, Baker RR. The origin and evolution of gamete dimorphism and the male-female phenomenon. *Journal of Theoretical Biology* **36**: 529–53 (1972).

ミトコンドリアの片親遺伝

Birky CW. Uniparental inheritance of mitochondrial and chloroplast genes – mechanisms and evolution. *Proceedings National Academy Sciences USA* **92**: 11331–38 (1995).

Cosmides LM, Tooby J. Cytoplasmic inheritance and intragenomic conflict. *Journal of Theoretical Biology* **89**: 83-129 (1981).

Hadjivasiliou Z, Lane N, Seymour R, Pomiankowski A. Dynamics of mitochondrial inheritance in the evolution of binary mating types and two sexes. *Proceedings Royal Society B* **280**: 20131920 (2013).

Hadjivasiliou Z, Pomiankowski A, Seymour R, Lane N. Selection for mitonuclear co-adaptation could favour the evolution of two sexes. *Proceedings Royal Society B* **279**: 1865-72 (2012).

Lane N. *Power, Sex, Suicide: Mitochondria and the Meaning of Life*. Oxford University Press, Oxford (2005)〔『ミトコンドリアが進化を決めた』(斉藤隆央訳, みすず書房)〕.

動物, 植物, および基本的な後生動物におけるミトコンドリアの変異率

Galtier N. The intriguing evolutionary dynamics of plant mitochondrial DNA. *BMC Biology* **9**: 61 (2011).

Huang D, Meier R, Todd PA, Chou LM. Slow mitochondrial *COI* sequence evolution at the base of the metazoan tree and its implications for DNA barcoding. *Journal of Molecular Evolution* **66**: 167-74 (2008).

Lane N. On the origin of barcodes. *Nature* **462**: 272-74 (2009).

Linnane AW, Ozawa T, Marzuki S, Tanaka M. *Lancet* **333**: 642-45 (1989).

Pesole G, Gissi C, De Chirico A, Saccone C. Nucleotide substitution rate of mammalian mitochondrial genomes. *Journal of Molecular Evolution* **48**: 427-34 (1999).

生殖細胞と体細胞との差異の起源

Allen JF, de Paula WBM. Mitochondrial genome function and maternal inheritance. *Biochemical Society Transactions* **41**: 1298-1304 (2013).

Allen JF. Separate sexes and the mitochondrial theory of ageing. *Journal of Theoretical Biology* **180**: 135-40 (1996).

Buss L. *The Evolution of Individuality*. Princeton University Press, Princeton (1987).

Clark WR. *Sex and the Origins of Death.* Oxford University Press, New York (1997)〔『死はなぜ進化したか――人の死と生命科学』(岡田益吉訳, 三田出版会)〕.

Radzvilavicius AL, Hadjivasiliou Z, Lane N, Pomiankowski A. Selection for mitochondrial quality drives the evolution of sexes with a dedicated germline. MS in preparation, bioRxiv preprint posted online Sep. 7, 2015; doi: http://dx.doi.org/10.1101/026252.

7 力と栄光

モザイク状の呼吸鎖

Allen JF. The function of genomes in bioenergetic organelles. *Philosophical Transactions Royal Society B* **358**: 19-37 (2003).

Lane N. The costs of breathing. *Science* **334**: 184-85 (2011).

Moser CC, Page CC, Dutton PL. Darwin at the molecular scale: selection and variance in electron tunnelling proteins including cytochrome *c* oxidase. *Philosophical Transactions Royal Society B* **361**: 1295-1305 (2006).

Schatz G, Mason TL. The biosynthesis of mitochondrial proteins. *Annual Review Biochemistry*

43: 51-87 (1974).

Vinothkumar KR, Zhu J, Hirst J. Architecture of the mammalian respiratory complex I. *Nature* **515**: 80-84 (2014).

雑種崩壊，細胞質雑種，種の起源

Barrientos A, Kenyon L, Moraes CT. Human xenomitochondrial cybrids. Cellular models of mitochondrial complex I deficiency. *Journal of Biological Chemistry* **273**: 14210-17 (1998).

Blier PU, Dufresne F, Burton RS. Natural selection and the evolution of mtDNA-encoded peptides: evidence for intergenomic co-adaptation. *Trends in Genetics* **17**: 400-406 (2001).

Burton RS, Barreto FS. A disproportionate role for mtDNA in Dobzhansky-Muller incompatibilities? *Molecular Ecology* **21**: 4942-57 (2012).

Burton RS, Ellison CK, Harrison JS. The sorry state of F_2 hybrids: consequences of rapid mitochondrial DNA evolution in allopatric populations. *American Naturalist* **168** Supplement 6: S14-24 (2006).

Gershoni M, Templeton AR, Mishmar D. Mitochondrial biogenesis as a major motive force of speciation. *Bioessays* **31**: 642-50 (2009).

Lane N. On the origin of barcodes. *Nature* **462**: 272-74 (2009).

ミトコンドリアによるアポトーシスの制御

Hengartner MO. Death cycle and Swiss army knives. *Nature* **391**: 441-42 (1998).

Koonin EV, Aravind L. Origin and evolution of eukaryotic apoptosis: the bacterial connection. *Cell Death and Differentiation* **9**: 394-404 (2002).

Lane N. Origins of death. *Nature* **453**: 583-85 (2008).

Zamzami N, Kroemer G. The mitochondrion in apoptosis: how pandora's box opens. *Nature Reviews Molecular Cell Biology* **2**: 67-71 (2001).

動物のミトコンドリア遺伝子の急速な進化と，環境的適応

Bazin E, Glémin S, Galtier N. Population size does not influence mitochondrial genetic diversity in animals. *Science* **312**: 570-72 (2006).

Lane N. On the origin of barcodes. *Nature* **462**: 272-74 (2009).

Nabholz B, Glémin S, Galtier N. The erratic mitochondrial clock: variations of mutation rate, not population size, affect mtDNA diversity across birds and mammals. *BMC Evolutionary Biology* **9**: 54 (2009).

Wallace DC. Bioenergetics in human evolution and disease: implications for the origins of biological complexity and the missing genetic variation of common diseases. *Philosophical Transactions Royal Society B* **368**: 20120267 (2013).

ミトコンドリア DNA における生殖細胞の選択

Fan W, Waymire KG, Narula N, *et al.* A mouse model of mitochondrial disease reveals germline selection against severe mtDNA mutations. *Science* **319**: 958-62 (2008).

Stewart JB, Freyer C, Elson JL, Wredenberg A, Cansu Z, Trifunovic A, Larsson N-G. Strong purifying selection in transmission of mammalian mitochondrial DNA. *PLoS Biology* **6**: e10 (2008).

ホールデーンの規則

Coyne JA, Orr HA. *Speciation*. Sinauer Associates, Sunderland MA (2004).

Haldane JBS. Sex ratio and unisexual sterility in hybrid animals. *Journal of Genetics* **12**: 101–109 (1922).

Johnson NA. Haldane's rule: the heterogametic sex. *Nature Education* 1: 58 (2008).

性選択におけるミトコンドリアと代謝率

Bogani D, Siggers P, Brixet R *et al*. Loss of mitogen-activated protein kinase kinase kinase 4 (MAP_3K_4) reveals a requirement for MAPK signalling in mouse sex determination. *PLoS Biology* 7: e1000196 (2009).

Mittwoch U. Sex determination. *EMBO Reports* 14: 588–92 (2013).

Mittwoch U. The elusive action of sex-determining genes: mitochondria to the rescue? *Journal of Theoretical Biology* **228**: 359–65 (2004).

温度と代謝率

Clarke A, Pörtner H-A. Termperature, metabolic power and the evolution of endothermy. *Biological Reviews* **85**: 703–27 (2010).

ミトコンドリア病

Lane N. Powerhouse of disease. *Nature* **440**: 600–602 (2006).

Schon EA, DiMauro S, Hirano M. Human mitochondrial DNA: roles of inherited and somatic mutations. *Nature Reviews Genetics* **13**: 878–90 (2012).

Wallace DC. A mitochondrial bioenergetic etiology of disease. *Journal of Clinical Investigation* **123**: 1405–12 (2013).

Zeviani M, Carelli V. Mitochondrial disorders. *Current Opinion in Neurology* **20**: 564–71 (2007).

細胞質雄性不稔

Chen L, Liu YG. Male sterility and fertility restoration in crops. *Annual Review Plant Biology* **65**: 579–606 (2014).

Innocenti P, Morrow EH, Dowling DK. Experimental evidence supports a sex-specific selective sieve in mitochondrial genome evolution. *Science* **332**: 845–48 (2011).

Sabar M, Gagliardi D, Balk J, Leaver CJ. ORFB is a subunit of F_1F_O-ATP synthase: insight into the basis of cytoplasmic male sterility in sunflower. *EMBO Reports* 4: 381–86 (2003).

鳥類におけるホールデーンの規則

Hill GE, Johnson JD. The mitonuclear compatibility hypothesis of sexual selection. *Proceedings Royal Society B* **280**: 20131314 (2013).

Mittwoch U. Phenotypic manifestations during the development of the dominant and default gonads in mammals and birds. *Journal of Experimental Zoology* **281**: 466–71 (1998).

飛翔の条件

Suarez RK. Oxygen and the upper limits to animal design and performance. *Journal of Experi-*

mental Biology **201**: 1065–72 (1998).

アポトーシスによる死の閾値

Lane N. Bioenergetic constraints on the evolution of complex life. *Cold Spring Harbor Perspectives in Biology*. **doi**: 10.1101/cshperspect.a015982 (2014).

Lane N. The costs of breathing. *Science* **334**: 184–85 (2011).

ヒトにおける早期非顕性流産の発生率

Van Blerkom J, Davis PW, Lee J. ATP content of human oocytes and developmental potential and outcome after in-vitro fertilization and embryo transfer. *Human Reproduction* **10**: 415–24 (1995).

Zinaman MJ, O'Connor J, Clegg ED, Selevan SG, Brown CC. Estimates of human fertility and pregnancy loss. *Fertility and Sterility* **65**: 503–509 (1996).

フリーラジカル老化説

Barja G. Updating the mitochondrial free-radical theory of aging: an integrated view, key aspects, and confounding concepts. *Antioxidants and Redox Signalling* **19**: 1420–45 (2013).

Gerschman R, Gilbert DL, Nye SW, Dwyer P, Fenn WO. Oxygen poisoning and X irradiation: a mechanism in common. *Science* **119**: 623–26 (1954).

Harmann D. Aging – a theory based on free-radical and radiation chemistry. *Journal of Gerontology* **11**: 298–300 (1956).

Murphy MP. How mitochondria produce reactive oxygen species. *Biochemical Journal* **417**: 1–13 (2009).

フリーラジカル老化説に関わる問題

Bjelakovic G, Nikolova D, Gluud LL, Simonetti RG, Gluud C. Antioxidant supplements for prevention of mortality in healthy participants and patients with various diseases. *Cochrane Database of Systematic Reviews* **doi**: 10.1002/14651858.CD007176 (2008).

Gutteridge JMC, Halliwell B. Antioxidants: Molecules, medicines, and myths. *Biochemical Biophysical Research Communications* **393**: 561–64 (2010).

Gnaiger E, Mendez G, Hand SC. High phosphorylation efficiency and depression of uncoupled respiration in mitochondria under hypoxia. *Proceedings National Academy Sciences* **97**: 11080–85 (2000).

Moyer MW. The myth of antioxidants. *Scientific American* **308**: 62–67 (2013).

老化におけるフリーラジカルのシグナル伝達

Lane N. Mitonuclear match: optimizing fitness and fertility over generations drives ageing within generations. *BioEssays* **33**: 860–69 (2011).

Moreno-Loshuertos R, Acin-Perez R, Fernandez-Silva P, Movilla N, Perez-Martos A, de Cordoba SR, Gallardo ME, Enriquez JA. Differences in reactive oxygen species production explain the phenotypes associated with common mouse mitochondrial DNA variants. *Nature Genetics* **38**: 1261–68 (2006).

Sobek S, Rosa ID, Pommier Y, *et al*. Negative regulation of mitochondrial transcrioption by

mitochondrial topoisomerase I. *Nucleic Acids Research* **41**: 9848–57 (2013).

フリーラジカルと「生きる速度説」の関係

Barja G. Mitochondrial oxygen consumption and reactive oxygen species production are independently modulated: implications for aging studies. *Rejuvenation Research* **10**: 215–24 (2007).

Boveris A, Chance B. Mitochondrial generation of hydrogen peroxide – general properties and effect of hyperbaric oxygen. *Biochemical Journal* **134**: 707–16 (1973).

Pearl R. *The Rate of Living. Being an Account of some Experimental Studies on the Biology of Life Duration*. University of London Press, London (1928).

フリーラジカルと加齢性疾患

Desler C, Marcker ML, Singh KK, Rasmussen LJ. The importance of mitochondrial DNA in aging and cancer. *Journal of Aging Research* **2011**: 407536 (2011).

Halliwell B, Gutteridge JMC. *Free Radicals in Biology and Medicine*. 4th edition. Oxford University Press, Oxford (2007)〔『フリーラジカルと生体』（松尾光芳・嵯峨井勝・吉川敏一訳，学会出版センター）〕.

He Y, Wu J, Dressman DC, *et al.* Heteroplasmic mitochondrial DNA mutations in normal and tumour cells. *Nature* **464**: 610–14 (2010).

Lagouge M, Larsson N-G. The role of mitochondrial DNA mutations and free radicals in disease and ageing. *Journal of Internal Medicine* **273**: 529–43 (2013).

Lane N. A unifying view of aging and disease: the double agent theory. *Journal of Theoretical Biology* **225**: 531–40 (2003).

Moncada S, Higgs AE, Colombo SL. Fulfilling the metabolic requirements for cell proliferation. *Biochemical Journal* **446**: 1–7 (2012).

有酸素能と寿命

Bennett AF, Ruben JA. Endothermy and activity in vertebrates. *Science* **206**: 649–654 (1979).

Bramble DM, Lieberman DE. Endurance running and the evolution of Homo. *Nature* **432**: 345–52 (2004).

Koch LG Kemi OJ, Qi N, *et al.* Intrinsic aerobic capacity sets a divide for aging and longevity. *Circulation Research* **109**: 1162–72 (2011).

Wisløff U, Najjar SM, Ellingsen O, *et al.* Cardiovascular risk factors emerge after artificial selection for low aerobic capacity. *Science* **307**: 418–420 (2005).

エピローグ――深海より

原核生物か真核生物か？

Wujek DE. Intracellular bacteria in the blue-green-alga *Pleurocapsa minor. Transactions American Microscopical Society* **98**: 143–45 (1979).

Yamaguchi M, Mori Y, Kozuka Y, *et al.* Prokaryote or eukaryote? A unique organism from the deep sea. *Journal of Electron Microscopy* **61**: 423–31 (2012).

図版出典一覧

図 1　複雑な細胞の起源がキメラであることを示す生命の系統樹. 以下より許諾を得て複製し掲載. Martin W. Mosaic bacterial chromosomes: a challenge en route to a tree of genomes. *BioEssays* 21: 99–104 (1999).

図 2　生命の年表.

図 3　真核生物の複雑さ. 以下より許諾を得て複製し掲載. (A) Fawcett D. *The Cell*. WB Saunders, Philadelphia (1981). (B) Mark Farmer, University of Georgia. (C) Newcastle University Biomedicine Scientific Facilities. (D) Peter Letcher, University of Alabama.

図 4　アーケゾア ── 名高い（だが偽りの）ミッシング・リンク. 以下より許諾を得て複製し掲載. (A) Katz LA. Changing perspectives on the origin of eukaryotes. *Trends in Ecology and Evolution* 13: 493–497 (1998). (B) Adam RD, Biology of *Giardia lamblia*. *Clinical Reviews in Microbiology* 14: 447–75 (2001).

図 5　真核生物の「スーパーグループ」. 以下より許諾を得て複製し掲載. Koonin EV. The incredible expanding ancestor of eukaryotes. *Cell* **140**: 606-608 (2010).

図 6　生物学の中心にあるブラックホール. 顕微鏡写真は以下より許諾を得て複製し掲載. Soh EY, Shin HJ, Im K. The protective effects of monoclonal antibodies in mice from *Naegleria fowleri* infection. *Korean Journal of Parasitology*. **30**: 113–123 (1992).

図 7　脂質膜の構造. 以下より許諾を得て複製し掲載. Singer SJ, Nicolson GL. The fluid mosaic model of the structure of cell membranes. *Science* **175**: 720–31 (1972).

図 8　呼吸鎖の複合体 I. 以下より許諾を得て複製し掲載. (A) Sazanov LA, Hinchliffe P. Structure of the hydrophilic domain of respiratory complex I from *Thermus thermophiles*. *Science* 311: 1430–1436 (2006). (B) Baradaran R, Berrisford JM, Minhas GS, Sazanov LA. Crystal structure of the entire respiratory complex I. *Nature* **494**: 443–48 (2013). (C) Vinothkumar KR, Zhu J, Hirst J. Architecture of mammalian respiratory complex I. *Nature* **515**: 80–84 (2014).

図 9　ミトコンドリアの機構. 顕微鏡写真は以下より許諾を得て複製し掲載. Fawcett D. *The Cell*. WB Saunders, Philadelphia (1981).

図 10　ATP 合成酵素の構造. 以下より許諾を得て複製し掲載. David S Goodsell. *The Machinery of Life*. Springer, New York (2009).

図 11　鉄硫黄鉱物と鉄硫黄クラスター. 許諾を得て，以下に掲載の図に基づき作図. Russell MJ, Martin W. The rocky roots of the acetyl CoA pathway. *Trends in Biochemical Sciences* 29: 358063 (2004).

図 12　深海の熱水噴出孔. 写真は以下に許諾を得て転載. Deborah S Kelley and the Oceanography Society; *Oceanography* 18 September 2005.

図 13　熱泳動による有機物の極端な濃縮. 以下より許諾を得て複製し掲載. (a-c) Baaske P, Weinert FM, Duhr S, *et al*. Extreme accumulation of nucleotides in simulated hydrothermal pore systems. *Proceedings National Academy Sciences USA* **104**: 9346–9351 (2007). (d) Herschy B, Whicher A, Camprubi E, Watson C, Dartnell L, Ward J, Evans JRG, Lane N. An origin-of-life reactor to simulate alkaline hydrothermal vents. *Journal of Molecular Evolution* 79: 213–27 (2014).

図 14　H_2 と CO_2 からの有機物のできかた. 以下より許諾を得て複製し掲載. Herschy B, Whicher A, Camprubi E, Watson C, Dartnell L, Ward J, Evans JRG, Lane N. An origin-of-life reactor to simulate alkaline hydrothermal vents. *Journal of Molecular Evolution* 79: 213–27 (2014).

図 15　有名だが誤解されやすい, 3 ドメインからなる生命の系統樹. 許諾を得て, 以下に掲載の図に基づき作図. Woese CR, Kandler O, Wheelis ML. Towards a natural system of organisms: proposal for the domains Archaea, Bacteria, and Eucarya. *Proceedings National Academy Sciences USA* **87**: 4576–4579 (1990).

図 16「驚くべき消失を見せる系統樹」. 以下より許諾を得て複製し掲載. Sousa FL, Thiergart T, Landan G, Nelson-Sathi S, Pereira IAC, Allen JF, Lane N, Martin WF. Early bioenergetic evolution. *Philosophical Transactions Royal Society B* **368**: 20130088 (2013).

図 17　天然のプロトン勾配を原動力とする細胞. 許諾を得て, 以下に掲載の図に基づき作図. Sojo V, Pomiankowski A, Lane N. A bioenergetic basis for membrane divergence in archaea and bacteria. *PLOS Biology* 12(8): e1001926 (2014).

図 18　メタンの生成によってエネルギーを生み出す.

図 19　細菌と古細菌の起源. 許諾を得て, 以下に掲載の図に基づき作図. Sojo V, Pomiankowski A, Lane N. A bioenergetic basis for membrane divergence in archaea and bacteria. *PLOS Biology* 12(8): e1001926 (2014).

図 20　能動輸送の進化として考えられる過程.

図 21　驚くべき真核生物のキメラ現象. 以下より許諾を得て複製し掲載. Thiergart T, Landan G, Schrenk M, Dagan T, Martin WF. An evolutionary network of genes present in the eukaryote common ancestor polls genomes on eukaryotic and mitochondrial origin. *Genome Biology and Evolution* 4: 466–485 (2012).

図 22　生命の 3 つでなく 2 つの主要なドメイン. 以下より許諾を得て複製し掲載. Williams TA, Foster PG, Cox CJ, Embley TM. An archaeal origin of eukaryotes supports only two primary domains of life. *Nature* **504**: 231–236 (2013).

図 23「超倍数性」をもつ巨大細菌. (A) および (B) Esther Angert, Cornell University のご厚意による . (C) および (D) Heide Schulz-Vogt, Leibnitz Institute for Baltic Sea Research, Rostock のご厚意による . 以下にも収録されている. Lane N, Martin W. The energetics of genome complexity. *Nature* **467**: 929–934 (2010), および, Schulz HN. The genus Thiomargarita. *Prokaryotes* 6: 1156–1163 (2006).

図 24　細菌と真核生物の 1 遺伝子あたりのエネルギー. 以下に基づく. (生データ) Lane N, Martin W. The energetics of genome complexity. *Nature* 467: 929–934 (2010); (図版にしたもの) Lane N. Bioenergetic constraints on the evolution of complex life. *Cold Spring Harbor Perspectives in Biology* doi: 10.1101/cshperspect.a015982 CSHP (2014).

図 25　ほかの細菌のなかに棲む細菌. 以下より許諾を得て複製し掲載. (上) Wujek DE. Intracellular bacteria in the blue-green-alga *Pleurocapsa minor*. *Transactions of the American Mi-*

croscopical Society 98: 143–145 (1979).（下）Gatehouse LN, Sutherland P, Forgie SA, Kaji R, Christellera JT. Molecular and histological characterization of primary (*beta-proteobacteria*) and secondary (*gamma-proteobacteria*) endosymbionts of three mealybug species. *Applied Environmental Microbiology* 78: 1187 (2012).

図 26　核膜孔. 以下より許諾を得て複製し掲載. Fawcett D. *The Cell*. WB Saunders, Philadelphia (1981).

図 27　可動性の自己スプライシング型イントロンとスプライソソーム. 許諾を得て，以下に掲載の図に基づき作図. Alberts B, Bray D, Lewis J, *et al*. *Molecular Biology of the Cell*. 4th edition. Garland Science, New York (2002).

図 28　真核生物の有性生殖と組み換え.

図 29　ミトコンドリアの遺伝における適応度のメリットの「リーク（広がり）」. 以下より許諾を得て複製し掲載. Hadjivasiliou Z, Lane N, Seymour R, Pomiankowski A. Dynamics of mitochondrial inheritance in the evolution of binary mating types and two sexes. *Proceedings Royal Society B* 280: 20131920 (2013).

図 30　ランダムな分離によって細胞間のばらつきが増す.

図 31　呼吸鎖のモザイク. 以下より許諾を得て複製し掲載. Schindeldecker M, Stark M, Behl C, Moosmann B. Differential cysteine depletion in respiratory chain complexes enables the distinction of longevity from aerobicity. *Mechanisms of Ageing and Development* 132: 171–197 (2011).

図 32　細胞死におけるミトコンドリア.

図 33　運命は需要を満たす能力に左右される.

図 34　死の閾値. 以下に基づく. Lane N. Bioenergetic constraints on the evolution of complex life. *Cold Spring Harbor Perspectives in Biology* doi: 10.1101/ cshperspect.a015982 CSHP (2014).

図 35　抗酸化物質には危険がある. 以下の文献のデータに基づく. Moreno-Loshuertos R, Acin-Perez R, Fernandez-Silva P, Movilla N, Perez-Martos A, Rodriguez de Cordoba S, Gallardo ME, Enriquez JA. Differences in reactive oxygen species production explain the phenotypes associated with common mouse mitochondrial DNA variants. *Nature Genetics* 38: 1261–1268 (2006).

図 36　じっとしていると体に悪いわけ.

図 37　深海のユニークな微生物. 以下の文献より許諾を得て複製し掲載. Yamaguchi M, Mori Y, Kozuka Y, *et al*. Prokaryote or eukaryote? A unique organism from the deep sea. *Journal of Electron Microscopy* 61: 423–31 (2012).